大学生职业素养教育规划教材

科学技术简史

陶进 杨利润 薄芳珍 编著

清华大学出版社

北 京

内 容 简 介

本书以科学技术的历史发展为线索,阐明科学技术和人类自然观的发展规律,并根据科学技术的发展,介绍自然科学及经典力学、物理学、天文学、数学、化学、地质学、生物学等基础科学的基本内容,以帮助大学生更好地认识科学技术发展的进程,把握规律,开拓未来。

本书共分为 6 章,内容包括四大文明古国的科学技术,古希腊、古罗马及古代阿拉伯的科学技术,近代科学技术的兴起,近现代科学技术的发展,现代科学技术发展,科学技术与社会。本书主要供高等院校通识课教学之用,也可用做科学技术史普及型读物。

图书在版编目(CIP)数据

科学技术简史/陶进,杨利润,薄芳珍编著. --北京:清华大学出版社,2013
大学生职业素养教育规划教材
ISBN 978-7-302-32142-2

Ⅰ. ①科…　Ⅱ. ①陶…②杨…③薄…　Ⅲ. ①自然科学史-世界　Ⅳ. ①N091

中国版本图书馆 CIP 数据核字(2013)第 083126 号

责任编辑:孟毅新
封面设计:张海清
责任校对:刘　静
责任印制:宋　林

出版发行:清华大学出版社
　　　网　　　址:http://www.tup.com.cn,http://www.wqbook.com
　　　地　　　址:北京清华大学学研大厦 A 座　　　　邮　　　编:100084
　　　社 总 机:010-62770175　　　　　　　　　　　邮　　　购:010-62786544
　　　投稿与读者服务:010-62776969,c-service@tup.tsinghua.edu.cn
　　　质量反馈:010-62772015,zhiliang@tup.tsinghua.edu.cn
　　　课件下载:http://www.tup.com.cn,010-62795764
印 刷 者:北京富博印刷有限公司
装 订 者:北京市密云县京文制本装订厂
经　　销:全国新华书店
开　　本:185mm×260mm　　印　张:17.75　　　　字　　数:408 千字
版　　次:2013 年 7 月第 1 版　　　　　　　　　　印　　次:2013 年 7 月第 1 次印刷
印　　数:1~3000
定　　价:36.00 元

产品编号:048804-01

前　言

广义的历史是所有人的生活历程。科学探索和技术创造是人类生活的一个重要方面。在很大程度上,正是由于技术和科学的产生,才使人类的生活和其他动物的生活产生了质的区别。技术的历史,反映人类生存和发展状况的变化轨迹;科学的历史,同人类精神、文化和世界观的进步密切相关。因而,科学技术史是人类历史的一个重要部分。人类几千年积累起来的、丰富的科学知识,构成了一个庞大的体系。要全面理解这个体系,需要懂得这个体系形成的历史,这就是科学技术史。它是一门研究科学技术历史发展及其规律的科学。它以科学技术发展的史实为基础,按照历史进程系统阐述了古代、近代和现代中外科学技术发展的主要成就、发展特点和发展规律,并涉及了科学技术发展的相关问题,展望了其发展趋势。科学史的创始人乔治·萨顿说:"科学史是自然科学与人文学科之间的桥梁,它能够帮助学生获得自然科学的整体形象、人性的形象,从而全面地理解科学、理解科学与人文的关系。"

科学技术正在迅速地改变着人们的生存方式,改变着人们赖以生存的自然环境,同时,科学技术也极大地拓展了人类的智力,丰富了人类的精神世界。更重要的是,科学方法已经被作为分析、解决问题的利器,而应用于社会生活的一切领域。作为现代人,无论从事何种职业,都应当掌握一定的科学技术知识、关心科学技术的进展,不断提升自身的科学素养。因此作为大学生,应该了解人类科技发展史。

本书简述了世界四大文明古国的科学技术,介绍了古希腊和古罗马的文明与科学技术,介绍了文艺复兴时期、牛顿时代的科学成就以及近代工业革命、技术革命的进程与影响,介绍了经典力学、物理学、天文学、数学、化学、地质学、生物学等基础科学在西方的发展情况以及各学科中的代表人物和他们的成就,详细描述了近代自然科学的发展,特别是20世纪科学技术的发展前景和现代科学的成就与未来,阐述了科学技术、科学精神对人类社会发展的影响,并对科学技术的发展进行了反思和探讨。

本书在编排上注重文明史与科学技术史并重,注重社会史、文化史与科学技术史的结合,内容通俗易懂,融知识性、趣味性和时代性于一体,对大学生理解科学技术在人类历史发展中的巨大作用,培养科学精神和掌握科学方法,增强科技意识,普及科学技术知识,拓宽知识面,提高科学文化素质,都有很大帮助。本书是一部简明的科学技术史读本,是为大专院校师生编写的,它既是高职院校大学生学习科学技术的必读课本,又是科技工作者、工程技术人员学习科技史的理想读物。

本书的第1、2章由杨利润(内蒙古建筑职业技术学院)编写,第3、4章由薄芳珍(呼和浩特职业学院)编写,第5、6章由陶进(内蒙古建筑职业技术学院)编写,全书由陶进审阅并定稿。

　　本书在撰写时，因水平所限，学科分类不一定合适，恳请同行、学者提出宝贵意见，并衷心期望读者对不足、疏漏之处提出宝贵意见。

作者

2013 年 5 月

目　　录

第1章 四大文明古国的科学技术

1.1 古埃及的科学技术

1.1.1 古埃及的文明

古埃及是指位于非洲东北部的尼罗河流域。在尼罗河第一瀑布至三角洲地区,公元前4000年前就出现了以农业为主的文明古国——古埃及王国,它是世界上奴隶制历史最悠久的国家,于公元前525年为外族所侵占。时间断限为公元前5000年的塔萨文化到641年。图1-1为古埃及版图。

从公元前4245年埃及南、北王国的首次联合,到332年马其顿王国亚历山大占领埃及、托勒密王朝覆灭,亦即通常所说的历时三千多年的法老王朝。美尼斯是埃及第一王朝的开国国王。他统一了埃及,开启了法老统治时代,建立了在人类文明史上具有长期而辉煌影响的王国。约在公元前3100年,他征服下埃及,使整个埃及初步统一成一个国家,开创了古埃及的第一王朝。他在尼罗河三角洲南端(今开罗附近)修建了新都白城,即后来的孟菲斯城,作为埃及的首都。美尼斯在统一上、下埃及后,曾向外发动征服战争。据历史学家推断,埃及著名的"纳尔迈石板"中刻画的征服者即是美尼斯(图1-2)。据说美尼斯在位时间达26年,他是在一次打猎中不幸身亡的。

图1-1 古埃及版图

图1-2 美尼斯

公元前3世纪,曼涅托将从美尼斯开始至马其顿亚历山大征服止的埃及历史分为30个王朝。后来,学者又在此基础上将古埃及史分为9个时期。从第1~4时期,是奴隶制国家形成和统一王朝出现的时期;第5～7时期,是统一王国重建和帝国时期;第8～9时期,是埃及奴隶制国家衰落和陷于外族统治下的时期。

托勒密王朝(前323—前30)是希腊人在埃及建立的王朝。由亚历山大大帝部将、驻留埃及的总督托勒密·索特尔(约前367—前283)所建。公元前323年,亚历山大死去,托勒密成为埃及的实际统治者,后与亚历山大的其他部将互相混战,最终占有埃及。公元前305年,托勒密正式称王,为托勒密一世,最后的君主是女王克利奥帕特拉七世和其儿子托勒密十五世——小恺撒。这个王朝的诸位君主,都被埃及历史上认为是法老。

王朝强盛时,包括埃及本土、地中海的一些岛屿、小亚细亚一部分、叙利亚、巴勒斯坦的一些地区,首都为亚历山大里亚。王朝的统治主要依靠希腊—马其顿的殖民者,他们控制了整个国家的中央和地方政权。托勒密王朝时期,全埃及的土地属于国王。耕种者主要是王田农民,他们是构成居民的主要部分,有人身自由,但在政治和生产上却受到严格的监督。奴隶制盛行。由于奴隶主的剥削,埃及人民多次起义。公元前30年,罗马军队开进埃及,女王克利奥帕特拉七世自杀身亡,托勒密王朝崩溃。

在神话方面,较早的资料是约公元前3000—前2600年的早期王国和古王国时期的《金字塔书》,这是一些刻在金字塔墓壁上的祷文和大臣墓地的碑铭,上面记载了许多神话故事,相传它们是由早期埃及文明的中心赫利奥波利斯的僧侣们撰写的。中王国时期,文学有了很大发展,出现了许多诗歌、神话故事、民间传说、劳动歌谣等。到新王国时期,文学得到更进一步的发展,神话文学自成体系,因而出现了许多对神和法老的颂歌。这个时期,最有名的是约公元前1580—前1350年间出现的《亡灵书》,它是一种写在长卷纸草上的各种祷文、颂歌和咒文,内容多是歌颂神或法老的歌词,祈求法老、帝王们永存的祷文,还有一些驱除恶魔的咒语。其实,早在古王国时期,在法老的陵墓中便有了各种符咒;后来,在某些中层阶级的死者之棺中也发现了各种宗教符咒,歌颂死者,求其永生等。到新王国时期,由于宗教的发展,人们更加重视对死后人生的安排,于是对死亡之神的解释也更加完善,尤其是人们对奥西里斯这位冥国之王的崇拜逐渐重视,使所谓的冥府众神的故事系统化、完整化。《亡灵书》(图1-3)便是这一变化的产物,它实际上是专门放在石棺里供亡者阅读、给亡灵指导的书,它能帮助死者对付冥国的审判,避免各种不幸,以使亡者幸福平安。现在《亡灵书》包括27篇颂歌,上面记载了许多神话和民间故事,它是我们了解古埃及神话的重要资料。此外,这时期还留下了歌颂太阳神的一首颂诗——《阿通太阳神颂诗》,阿通是太阳神拉的另一神名。据历史记载,在埃赫那通国王统治时,曾一度奉阿通为唯一的太阳神,这首诗是古埃及颂诗中的名篇,它热情歌颂了埃及最伟大的神灵——太阳神,生动地表现了古埃及人民渴望征服自然、改变社会的心情。

图1-3　《亡灵书》

古埃及是个多神崇拜的国家。虽然在新王国时期也出现过阿蒙神这样的"国神",但各地的地方神崇拜一直延续着,而普通人更是从实际的需求出发,各有自己崇拜的神。比较重要的神就有 200 多个,存在时间较短或者影响不大的神则数不胜数。在信仰与生活的互动中,埃及人表现出明确的实用主义态度。

古埃及的众神各司其职,但并没有非常鲜明的个性,神的种种变形和谱系不定,就说明了这一点。古埃及的众神大致可以分为这么几类:动物形象的神、人的形象的神、半人半动物的神、抽象概念拟人化的神。

按古埃及人的观念,人生在世,主要依靠两大要素:一是看得见的人体;二是看不见的灵魂。灵魂"巴"形状是长着人头、人手的鸟。人死后,"巴"可以自由飞离尸体。但尸体仍是"巴"依存的基础。为此,要为亡者举行一系列名目繁多的复杂仪式,使他的各个器官重新发挥作用,使木乃伊能够复活,继续在来世生活。亡者在来世生活,需要有坚固的居住地。古王国时的金字塔和中王国、新王国时期在山坡挖掘的墓室,都是亡灵永久生活的住地。古埃及人认为,现世是短暂的,来世才是永恒的。

埃及艳后——克利奥帕特拉七世,是埃及称作法老的最后一人。之后,这个埃及世界就并入了阿拉伯世界,土地没有改变,但是民族已经不是严格意义上的古埃及这样的一个民族了。现在埃及这块土地上的民族有阿拉伯人、希腊人、罗马人,还有一些土著的埃及人,但是他们已经没有了自己的语言,都是讲着阿拉伯语的这样一个世界混杂的民族了。克利奥帕特拉是最后一个能够自己讲埃及语的一位法老,这位法老有很多传奇的故事。

在科学技术方面,古埃及曾在很长时期内影响了周围的民族,为人类文明留下了宝贵的遗产。

1.1.2 古埃及的天文历法

1. 天文学

天文学又称占星学。古埃及人关于星的研究与知识累积,起源于远古时代农业生产的需要。古埃及的农业生产,由于播种季节和田野、果园的丰收,都要依赖于尼罗河的每年泛滥,而尼罗河的泛滥,又和星体运动有关,特别是每隔 1460 年便会出现日出、天狼升空与尼罗河泛滥同时发生的现象,所以,僧侣从很早便开始制作天体图。

古埃及的农业生产需要掌握尼罗河水泛滥的确切日期,因而根据天象来确定季节就成了十分重要的工作,天文学知识因此而不断地积累和丰富。埃及的观天工作最初是由僧侣们担任的,他们注意观测太阳、月亮和星星的运动,并从很远古的时代起就知道了预报日食和月食的方法。但这种方法是严格保密的,详细情况不得而知。

在新王国时代陵墓中的画面上,我们可看到天牛形象的天空女神努特:她的身体弯曲在大地之上形成了一个天宫的穹隆,其腹部为天空,并饰以所谓"星带"。沿星带的前后有两只太阳舟,其中头上一只载有太阳神拉,他每日乘日舟和暮舟巡行于天上。大气之神舒立在牛腹之下,并举起双手支撑牛腹,即天空。天牛的四肢各有两神所扶持。按另一种神话传说,天空女神努特和大地之神盖伯两者相拥合在一起,其父大气之神舒用双手把女神支撑起来,使之与盖伯分离,仅仅让努特女神之脚和手指与地面接触,而盖伯半躺在大地上。

这些神话传说反映了埃及人关于天、地、星辰的模糊的概念。埃及的某些僧侣被指定为"时间的记录员"。他们每日监视夜间的星体运动,他们需要记录固定的星的次序,月亮和行星的运动,月亮和太阳的升起、没落时间和各种天体的轨道。这些人还把上述资料加以整理,提出天体上发生的变化及其活动的报告。在拉美西斯六世、七世和九世的墓中,保存了不同时间的星体划分图。它由 24 个表构成,一个表用作每半个月的间隔。与每个表一起,构成一个星座图的说明。在第十八王朝海特西朴苏特统治时的塞奈穆特墓中的天文图,可以说是迄今所知的最早的天文图。神庙天文学家所知道的第一组星为"伊凯姆·塞库",即"从不消失的星",显然是北极星。第二组为"伊凯姆·威列杜",即"从未停顿的星",实际上是行星。埃及人是否知道行星与星之间的区别,尚未报道。他们所知道的星是天狼星、猎户座、大熊座、天鹅座、仙后座、天龙座、天蝎座、白羊宫等。他们注意到的行星有木星、土星、火星、金星等。当然,他们的星体知识并不精确,星与星座之间很少能与现代的认识等同起来。太阳的崇拜,在埃及占有重要地位。从前王朝时代起,太阳被描绘为圣甲虫,在埃及宗教中占有显著的地位。

古埃及人有几种关于天地的"创世神话"。但不论哪一种,都认为最初的原始世界是由混沌的水构成的。在古埃及木乃伊的棺木上,就绘画着埃及人对天地的看法:大地是身披植物的斜卧男神西布的身躯,天穹则是曲身拱腰、姿态优美的女神吕蒂。最初,吕蒂和西布是相互联合在一起、静止于原始水中的。在创世之日,一个新的大气之神舒从原始水中出现,它用双手把天盖之神吕蒂承托在上,而吕蒂也就双手伸开、又开双腿支撑自己,成为天宇的四根柱子。西布的身体成为大地之后,立即被绿色的植物覆盖了,在这之后,动物和人也诞生了。太阳神原来藏在原始水中莲蓬的花蕾里,天地分开之后,莲蓬的花蕾开放,太阳神腾空而起,升到天空、照耀天地,使宇宙温暖起来。

埃及人的另一种创世神话,有点类似于我们中国的"天圆地方"说。认为天是一块平坦的或穹隆形的天花板,四方各有一个天柱(即山峰)支撑,星星是用铁链悬挂在天上的灯。认为地是一个方形盒子,南方的一端稍长,方盒的底略呈凹形,埃及就处在这凹形的中心。在方盒的边沿上面,围绕着一条大河,尼罗河只是这条大河的一条支流。河上有一条大船载着太阳往返于东方和西方,使大地形成黑夜和白昼。

第三种观念认为,大地是方方的田野,它漂浮在水面上,四周为海水所包围,在大地之上,是像帽子形状的天穹,神仙的车辇行驶在天穹上面。天穹上积存有水,下落到地面就是雨或雪。

第四种观念认为,大地犹如天井,周围尽是耸峙的高山,中间低洼平坦的地方是人类居住的地方,日月星辰悬挂在天井的上方,照耀大地,大地四周为水包围。

古代埃及人之所以产生这类观念,是与他们生活于尼罗河凹地的地形相关联的。古埃及人的生活全部集中在这条狭窄的、总共只有三四千米宽的尼罗河冲积地带之内,天长日久,就产生了以上种种观念,以后又增添了种种神话迷信色彩,从而流传至今。

大概从公元前 27—前 22 世纪,埃及人不仅认识了北极星和围绕北极星旋转而永不落入地平线的拱极星,还熟悉了白羊、猎户、天蝎等星座,并根据星座的出没来确定历法,最著名的例子是关于全天最亮星——大犬座天狼星的出没。从长期的实践中,埃及人发现,若天狼星于日出前不久在东方地平线上开始出现,即所谓的"偕日升",再过两个月,尼罗河就泛滥了。尼罗河是古埃及人的命根子,它的定期泛滥,既能带来农耕迫切需要的水和肥沃的淤泥,也为广大地区的人民带来洪涝灾害。每年的 6 月,尼罗河洪水泛滥,使埃及人产生了"季节"的概念。河水泛滥时期叫做洪水季,此外还有冬季和夏季。与季节相联系的是,在不同的季节,出现在东方天空的星辰也是不一样的。久而久之,古埃及人就发现了星辰更替与季节变化的对应关系了,经过长期的观察和研究,把原先一年 360 日,改正为一年 365 日。这就是现今阳历的来源。古埃及人还运用正确的天文知识,在沙漠上建筑起硕大无比的金字塔。耐人寻味的是,金字塔的四面都正确地指向东南西北。在没有罗盘的四五千年前的古代,方位能够定得这样准确,无疑是使用了天文测量的方法,这也许是利用当时的北极星——天龙座 α 星来定向的。他们首先利用当时的北极星确定金字塔的正北方向,之后其他三个方向也就不难确定了。

埃及的天文学与数学一样,仍然处于一种低水平的发展阶段,而且还落后于巴比伦。在古埃及的文献中,既没有数理仪器的记述,也没有日食、月食或其他天体现象的任何观察的记录。埃及人曾把行星看成漫游体,并且把有命名的称为星和星座(它很少能与现代的等同起来),所以,他们仅有的创作能够夸大为"天文学"的名字。

古埃及的占星学是很发达的。正如古埃及文明的特色一样,他们的十二星座也是以古埃及的神来代表的。

2. 历法

古埃及人在公元前 2787 年创立了人类历史上最早的太阳历。制定方法是把天狼星和太阳同时在地平线升起的那天(此时尼罗河开始泛滥)定为一年之始,一年三季共 12 个月,每月 30 天,加上年终 5 天节日,全年共 365 天。这个历法每年只有 1/4 天的差数,是今天世界通用公历的原始基础。

埃及人除了知道北极附近的星星之外,从出土的棺盖上所画的图像上可以肯定,他们认识的星象还有天鹅座、牧夫座、仙后座、猎户座、天蝎座、白羊座以及昴星团等。埃及人认星的最大特征是,把赤道附近的星星分为 36 组,每组可能是几颗星,也可能是一颗星。每组管 10 天,所以叫做旬星。当一组星在黎明前恰好升起的时候,就标志着这一旬的到来。现在已发现的、最早的旬星文物,是属于第三王朝的。

古埃及的历法是从观测大犬座(星)得到的。大犬座(星)在我国被称为天狼星;在古埃及则称为"索卜乌德",就是水上之星的意思。古埃及的文明和尼罗河的泛滥有密切的联系。他们发现,三角洲地区尼罗河涨水与太阳、天狼星在地平线上升起同时发生,他们把这样的现象两次发生之间的时间定为一年,共 365 天。把全年分成 12 个月,每月 30 天,余下的 5 天作为节日之用;同时还把一年分为 3 季,即"泛滥季"、"长出五谷季"、"收割季",每季 4 个月。希罗多德说:"埃及人在人类当中,第一个想出用太阳年计时的办法……在我看来,他们的计时办法,要比希腊人的办法高明,因为希腊人,每隔一年就要插进去一个闰月,才能使季节吻合……"在公元前三四千年的时代,每当到夏天,天狼星从东方在黎明前升起来的时候,尼罗河就开始泛滥。埃及人把这看做是圣河泛滥的预告,因而视天狼星为神明,顶礼膜拜。他们修造庙宇,祭祀天狼,祈求丰收。埃及女神爱西斯的庙门正对着天狼星升起的方向。也有人认为,著名的埃及金字塔就是用来观测天狼星用的。

埃及人把昼和夜各分成 12 个部分,每个部分为日出到日落或日落到日出的时间的1/12。埃及人用石碗滴漏计算时间,石碗底部有个小口,水滴以固定的比率从碗中漏出。石碗标有各种记号,用以标识各种不同季节的小时。

非常有趣的是,天狼星的埃及象形字也是三角形的,很像金字塔的形状。古埃及人把这一次黎明前天狼星从东方升起,到下一次黎明前天狼星又从东方升起之间的时间为一年,并把黎明前天狼星升起的一天定为岁首,这叫做狼星年。狼星年的长度是 365.25 天,与今天的精密数字 365.2422 天很接近。于是,他们就把天狼星和太阳同时升起的这一天作为一年的开始,推算起来,这一天刚好是 7 月 19 日。就这样,古埃及人于公元前 4241 年制定了世界上第一部相当精确的历法。该历法规定一年为三个季节:泛滥季节、播种季节、收获季节。一年 12 个月,每个季节 4 个月,每月 30 天,每月里 10 天一大周,5 天一小周。最后一个月另加 5 天,作为宗教假日,这样全年共 365 天。这就是人类历史上第一部太阳历,是现行公历(又称阳历)的祖先。

1.1.3 古埃及的数学

1. 计算方法

古埃及人所创建的数系与罗马数系有很多相似之处,具有简单而又淳朴的风格,并且使用了十进位制,但是不知道位值制。

根据史料记载,埃及象形文字似乎只限于表示 107 以前的数。由于是用象形文字表示数,进行相加运算是很麻烦的,必须要数"个位数"、"十位数"、"百位数"的个数。但在计算乘法时,埃及人采取了逐次扩大 2 倍的方法,运算过程比较简单。

乘法:古埃及人采用反复扩大倍数的方法,然后将对应结果相加。例如,兰德纸草书(希特版)第 32 页,记载着 12×12 的计算方法,是从右往左读的。我们以现代数字来表示,这就是倍增法。

在兰德纸草书中,因为求含一个未知量的方程解法在埃及语中发"哈喔"音,故称其为"阿哈算法"。"阿哈算法"实际上是求解一元二次方程式的方法。兰德纸草书第 26 题则是简单一例。用现代语言表达如下:

一个量与其 1/4 相加之和是 15,求这个量。

古埃及人是按照如下方法计算的:

把 4 加上它的 1/4 得 5,然后,将 15 除以 5 得 3,最后将 4 乘以 3 得 12,则 12 即是所求的量。

这种求解方法也称"暂定前提"法:首先,根据所求的量而选择一个数,在兰德纸草书第 26 题中,选择了 4,因为 4 的 1/4 是容易计算的;然后,按照上面的步骤进行计算。

在用"阿哈算法"求解的问题中,也含有求平方根的问题。柏林纸草书中有如下的问题:

如果取一个正方形的一边的 3/4(原文是 1/2+1/4)为边做成新的正方形,两个正方形面积的和为 100,试计算两个正方形的边长。

不妨从"暂定的前提"出发,首先取边长为 1 的正方形,那么另一个正方形的边长为 3/4,自乘得 9/16,两个正方形面积的和为 1+9/16,其平方根为 1+1/4,已知数 100 的平方根为 10,而 10 是 1+1/4 的 8 倍。原文残缺不全,其结果是容易推测的,即 1×8=8,8×3/4=6,即两个正方形的边长分别为 8 和 6。

埃及人对"级数"也有了简单的认识。在纸草书中,用象形文字写出一列数:7,49,343,2401,16 807,并与之对应一列词:"图画"、"猫"、"老鼠"、"大麦"、"容器",最后,给出和数为 19 607。实际上,这是公比为 7 的等比数列。对此,有的数学史家解释为:"有 7 个人,每人有 7 只猫,每只猫能吃 7 只老鼠,而每只老鼠吃 7 穗大麦,每穗大麦种植后可以长出 7 容器大麦。"从这个题目中,可以写出怎样的一列数? 它们的和是多少? 这种题目就涉及求数列和的问题。

在代数方面,古埃及人能解一元一次方程和一些较简单的一元二次方程。这些知识后来成为古希腊人发展数学的基础。

由于尼罗河水每年泛滥之后须重新丈量和划定土地,年复一年的工作使古埃及人在几何学方面比当时的任何民族都做了更多的实践练习,积累了很多的数学知识。修建水利设施以及建筑神庙和金字塔,使这些数学知识得到应用,并且进一步丰富和发展。

埃及人创建的几何以适用工具为特征,以求面积和体积为具体内容。他们曾提出计算土地面积、仓库容积、粮食堆的体积、建筑中所用石料和其他材料的多寡等法则。

埃及人能应用正确的公式来计算三角形、长方形、梯形的面积。把三角形底边二等分,乘以高,作为三角形的面积;同样,把梯形两平行边之和二等分,乘以高作为梯形的面积。另外,埃及人还能对不同的面积单位进行互相换算。在埃及埃特夫街的赫尔斯神殿的文书中,记载着很多关于三角形和四边形面积计算问题。但是,他们把四边形二对边之和的一半与另二对边和的一半之积作为面积,这显然是不对的,只是长方形时,这才是正确的计算公式。

埃及人曾采用 $S=(8d/9)^2$(其中,S 是圆的面积、d 是圆的直径)来计算圆的面积。由此得到

$$\pi \approx 4 \times (8/9)^2 \approx 3.160\,49\cdots$$

能把 π 精确到小数点后一位,在那个时代,应该说是一件了不起的事。巴比伦人在数学高度发展时期,还常常取 $\pi=3$。

在计算体积方面,经考察兰德纸草书发现,埃及人已经知道立方体、柱体等一些简单图形体积的计算方法,并指出立方体、直棱柱、圆柱的体积公式为"底面积乘以高"。有材料证实,在埃及数学中,最突出的一项工作是发现截棱锥体的体积公式(锥体的底是正方形),此公式若用现代数学符号表示为

$$V = \frac{h}{3}(a^2 + ab + b^2).$$

其中,h 是高,a 和 b 是上、下底的边长。

古埃及人用的是十进制记数法,能计算矩形、三角形、梯形和圆形的面积,以及正圆柱体、平截头正方锥体的体积。他们所用的圆周率 $\pi = 3.1605$。

每年收获季节,埃及的僧侣都要向农民征收赋税。农民主要是上交自己的农产品,这就需要标准重量单位来称量谷子、油、酒等;而捐税的多少,又是按土地的多少来定的,这又需要丈量和计算土地面积了。

求面积的方法,最初很可能是工匠在铺设方砖地面的时候学会的。他们发现:一块地面,如果是三砖长、三砖宽,需要铺九块砖(3×3);另一块地面,三砖长、五砖宽,就需要铺十五块砖(3×5)。这样,计算正方形和长方形的面积,只需用长乘以宽就行了。

但是问题在于,不是所有的土地都是正方形或者长方形。有些土地,好像哪儿都是边,哪儿也有角,形状很不规则,把它们分成若干个三角形倒是方便的。怎样才能求出三角形的面积呢? 其实,一旦掌握了长方形和正方形面积的求法,三角形面积也就不难求了。

一块正方形的麻布,可以折叠成两个大小相等的三角形,每个三角形的面积,恰好是正方形面积的一半。估计古埃及人正是从这类简单的线索中,学会了求三角形面积的方法:长乘宽,再除以 2。

测量土地的工作,想来是十分繁重的。因为埃及的土地主要分布在尼罗河沿岸,每年7 月中旬,河水开始泛滥,淹没大量土地,一直到 11 月才开始退落。洪水退去后,田野里留下一层肥沃的淤泥,帮助农民获得好收成;可是洪水把地界冲掉了,年年都得重新测量土地。因此,人们常把几何学起源于埃及的原因,归功于尼罗河水的泛滥。

在大量的测量工作中,埃及人当然会碰到"圆"这类难办的图形。他们感到难办的地方,是无法把圆分成许多块三角形,而每一块都是由三条直线组成的标准三角形。因此,古埃及人认为圆是天赐予人们的神圣图形。今天,我们都很熟悉圆,天天和圆打交道,可是要认识和掌握好圆的性质也不容易。

实践出真知。早期的埃及人,一定是用绳子绕木桩的方法来画圆。他们从长绳子画出来的圆大、短绳子画出来的圆小知道了:圆面积的大小,是由圆周到圆心的距离来决定的。这就是我们常说的半径。

到了公元前 1500 年前后,当金字塔已成为古迹的时候,一个叫阿赫美斯的埃及文书,写出了一条这样的法则:圆的面积,非常接近于半径为边的正方形面积的 22/3 倍。这在当时是很了不起的发现。

阿赫美斯是怎样得到这个求圆面积的方法的,我们恐怕永远弄不清楚,只能猜想他大概还是用划三角形的方法。现在,他的纸草纸手稿装在精致的镜框里,悬挂在伦敦大英博物馆里。

2. 古埃及的度量衡

古埃及最重要的长度单位是钦定的腕尺(图 1-4)，长度是从肘至中指尖的长，约合 20.62 英寸。在象形文字中用前臂和手表示，读作迈赫(meh)。腕尺又被分成 7 掌或 28 指，每掌等于 4 指。边长为一腕尺的正方形，它对角线(长 29.16 英寸)的一半，叫做雷曼，可分成 20 指，是第二个长度单位，也是丈量土地的主要单位。还有一种腕尺，只有 17.72 英寸，分为 6 掌。腕尺乘以 100 的积，叫哈特，是丈量土地的基本单位。这一长度的平方，即 10 000 平方腕尺，也是 1 个耕地面积的单位。

图 1-4　腕尺

古埃及人主要的容量单位是哈努，合 29.0 ± 0.3 立方英寸，10 哈努为 1 哈加特。以此为基础再进行各种倍加，形成更大的谷物容量单位。另一容量单位是哈尔，等于 1 立方腕尺的 2/3，或相当于一个直径为 9 掌、深为 1 腕尺的容器容量。容量与水存在某种近似关系，因为 1 哈努的水重 5 德本。看来，容量单位乃源于水的重量单位。德本是一种同名的踝饰的重量，它的 1/10 叫加德特，即戒指的重量。

1.1.4　古埃及的医学

在古代世界，埃及的医学一直享有盛誉。从目前流传下来的"埃伯斯纸草卷"、"史密斯纸草卷"、"拉洪纸草卷"、"柏林纸草卷"、"伦敦纸草卷"和"赫斯特纸草卷"中，我们发现古埃及的医学涉及眼病、胃病、心血管疾病、囊肿和疔疮的治疗与研究。

古埃及医生能做外科手术(图 1-5)，能治眼疾、牙痛、腹泻、肺病以及妇科的许多疾病。他们用各种植物、动物和矿物配制药物。古埃及的医药学是当时世界上最先进的，这些知识后来通过古希腊人，对西方的医药学产生了很大的影响。

和其他科学一样，医学也始于祭师，同时其起源也富有神话色彩。就一般平民百姓而言，治病大半靠符咒，不靠医药。在他们看来，生病是撞到了鬼，送走了鬼，病就会好。就感冒而言，感冒有感冒鬼。送感冒鬼，要用下列的话："走，走，走！感冒鬼，你来让他(病人)骨病、头痛、七窍不舒服。走，赶快离开，滚到地上。臭鬼、臭鬼、臭鬼，赶快滚！"

埃及虽流行送鬼治病，但也产生了不少伟大的医生及医学家。他们所建立的规范，甚至

图 1-5　手术

连世称"医学之父"的希腊医生希波克拉底（Hiypporates，前 460—前 357），也不能不衷心服膺。埃及医学很早分了不同专业，有专攻产科的，有专攻胃科的，有专攻眼科的。古代埃及医学精深，早已国际知名。在波斯王居鲁士（Cyrus，前 555—前 529）的御医中，就有一位埃及医生。除专科医生外，埃及还有全科医生，全科医生的雇主，多半是平民。这些医生，除能治各种疑难病症外，还会化妆、染发、修饰皮肤手足及灭绝蚤虱等。

在第十一王朝皇后陵寝内，人们发现了一个药柜。柜中藏有药钵、药匙及许多丸药与草药。古埃及之处方，大半介于药物与符咒之间。一般而言，多数是两者并用。埃及人认为，人体健康之增进，必须做到：第一，注重公共卫生；第二，男性割除包皮；第三，不断清理肠胃。

西库努斯告诉我们：为了预防疾病，他们（埃及人）乃以灌肠、断食、呕吐等方法增进健康。这些方法，有的三四天行一次，有的每天行一次。他们的理论是，吃进身体之食物，除一小部分可以滋养身体外，大半是废物，这些废物如不清除，久之足以使人致病。

通过制作人体木乃伊和动物木乃伊，古埃及人熟知了人和动物的各种器官的形状、位置，并知道了某些器官的功能。在埃及象形文字中，有 100 多个解剖学名词。在"埃伯斯纸草卷"里，有专门记述人类心脏运动的内容："医生秘诀的根本，就是心脏运动的知识，血管从心脏通过人体各部，因此任何医生……在触到头、手、手掌、脚的时候，到处都会触到心脏。因为血管是从心脏伸向人体每一部分的。"因此，埃及人把心脏看成是人体最重要的器官，是人的生命和智慧之源。因此他们在制作木乃伊时，才把心脏留在体内。

对于常见的外科和内科疾病，古埃及医生已有相应的医疗手段。如：用刀切开脓肿，摘除肿瘤，用外敷药物治疗溃疡或者烧伤的病人，用裹缚的方法治疗骨折脱臼；用酒、蜂蜜、鹿茸、龟板、草药根茎和动物的脂肪制成药剂，以治疗内科疾病。

古埃及的医学发展成就，最杰出的表现就是制作木乃伊，它们能历经几千年而保持完整的体形、肤发未损。从它们身上，我们甚至能揣测到法老生前安详的姿态和迷人的笑容。

在埃及前王朝时期，木乃伊是自然形成的，未作什么特别处理。那时，人们把尸体埋在挖得很浅的墓穴里，上面用兽皮或编织物覆盖，再用沙土盖好。由于埃及气温较高，灼热的太阳晒在沙土上，使尸体很快变干并保存完整。进入第四王朝时，古埃及人认识到了内脏是尸体迅速腐烂的重要原因，于是制作木乃伊就有了掏出内脏的重要环节。但在古王国和中王国期间，保存下来的木乃伊屈指可数，其中最重要的原因就是防腐技术的发展水平仍然很低。到新王朝时期，埃及人制作木乃伊的技术趋于完善，出现了有效的尸体脱水和防腐技术。当时，制作干尸已发展成为一种专门的行当，有专门的防腐师和木乃伊制作工场，不仅法老和大臣们死后制作成木乃伊，许多富裕的平民也竞相仿效。

目前保存最早的木乃伊是第五王朝后期、约公元前 2350 年的瓦提，它仍保存在萨卡拉的尼弗尔墓穴里。

古埃及人相信，人死后能在另一世界继续生活，因而将死者解剖制成木乃伊（图 1-6）。由此积累了很多人体生理和解剖知识，这些知识无疑有利于他们医学的发展。

图 1-6　木乃伊

1.1.5　古埃及的农业与建筑

1. 农业技术

尼罗河谷地的土地肥沃,古埃及的农业和畜牧业都很发达。公元前 3000 年,古埃及人就修建了大堤坝和水库,发明了畜耕。培育的作物有大麦、小麦、亚麻、豆类、葡萄等,养育的牲畜有牛、羊、猪、鸭、鹅(图 1-7)。

图 1-7　农耕

在农业繁荣的基础上,各种手工业也得到了相当程度的发展。早在公元前 2700 年,古埃及人就造出了长达 47 米的船。公元前 1600 年,发明了制造玻璃的技术,此外,陶器、亚麻织物、皮革、纸草(用于书写)以及珠宝等制造工艺技术也都达到了很高水平。公元前 1500 年前后,古埃及人学会了青铜冶炼技术,但铜矿资源不丰富。铁器的使用较晚,到公元前 7 世纪才普遍代替铜器。唐卡门墓穴中的金棺和黄金面罩(长 55 厘米,宽 35 厘米,重 8 千克)如图 1-8 和图 1-9 所示。

2. 建筑技术

建筑技术是一项综合性技术,它能在很大程度上反映出一个社会的总的技术水平,在古代尤其如此。古埃及在人类历史上最为显著的技术成就,就是用石头建造至今犹存的巨大金字塔和神庙(图 1-10)。

金字塔是古埃及法老(国王)的陵墓。现存的 70 多座金字塔中,最大的一座为修建于公元前 2600 年的胡夫金字塔。塔高 146.5 米,底为边长 3 米的正方形,全部用琢磨过的

图 1-8　唐卡门金棺

图 1-9　唐卡门黄金面罩

图 1-10　金字塔和神庙

巨大石块筑成,每块平均重 2.5 吨,共用巨石约 230 万块。石块间未用灰泥粘接,砌缝严密。古埃及人的神庙建筑也非常惊人,如现存尼罗河畔卡尔纳克的一座建于公元前 14 世纪的神庙,它的主殿占地约 5000 平方米,矗立着 134 根巨大的圆形石柱,其中最大的 12 根直径为 3.6 米、高约 21 米,可见其何等壮观。在三四千年前使用石器和青铜器的条件下,古埃及人竟然修建起了金字塔和神庙这样宏伟的建筑,实在是人类历史的奇迹。

1.1.6　古埃及的文字与纸草书

古埃及的象形文字形成于公元前 3500 年,一直使用到公元 2 世纪。它们是直接描摹物体形象的文字符号,最初的使用者主要是僧侣。这种文字通常被刻在神庙的墙上和宗教纪念物上,因而古希腊人称为“圣书”。埃及人自己则认为,他们的象形文字是月亮神的发明创造。中王国时期,开始以芦苇笔为书写工具,在纸莎草纸上书写,所以,象形文字中演变出了一种简化的速写形式,称为僧侣体。公元前 7 世纪前后,僧侣体又演变出一种书写速度更快的草书体文字,通常用于日常公文的写作,因而称为世俗体。这三种书体虽然日趋简化,但其内部的基本结构并没有改变。

埃及的象形文字经过发展,逐渐具有表意功能。比如:太阳可以表示“天”,或者“光明”;荆棘则可以表示“锐利”的意思。更进一步的发展,有些象形文字具有抽象的表音功能,这样就出现了表形、表意和表音相结合的“圣书”,其意符和声符都来源于象形的图形。埃及人创造出了 24 个表音符号,这是目前所知人类历史上最早创造的标声符号,但还不是真正的字母文字。后来的腓尼基人,在埃及 24 个表音符号的基础之上,创造出世界上最早的字母文字。古希腊人又在腓尼基的 22 个字母(全是辅音)的基础上,增加了元音字母,形成了希腊字母文字。现在欧洲各国的字母文字都是从希腊字母文字发展而来的,由此可以看出,埃及的象形文字在世界文明发展过程中的地位。

　　古埃及的象形文字(图 1-11)早已失传。直到 1799 年拿破仑远征埃及,其部下在罗塞塔要塞挖掘战壕时,发现了一块有圣书体、世俗体和古希腊文三种文字对照的纪念碑。以这块石碑为线索,法国的商博良博士吸收了许多学者长期研究的成果,到 1822 年,终于对三种字体释读成功,从而标志着埃及学的诞生。

　　古埃及人的书写技术与两河流域不同。尼罗河三角洲盛产一种形似芦苇的植物,叫莎纸草。人们把莎纸草切成长度适宜的小段,将其剖开、压平、排列整齐、连接成片,晒干后即成草纸。他们用芦苇秆作笔,蘸上由菜汁和黑烟灰调制而成的炭墨,就可以在纸草书上面写字了。由于纸草书容易长霉变质,要想经历数千年岁月而保存不变性,没有极特殊的封存环境是不可能残留下来的,所以纸草书成为当今世界极稀罕之文物。例如有两卷用僧侣文写成的纸草书:一卷藏在伦敦博物馆,叫做莱因德纸草书(图 1-12);一卷藏在莫斯科博物馆。两卷纸草书的年代,大约在公元前 1850—前 1650 年之间,相当于中国的夏代。其中,埃伯斯纸草书很出名,它是一部宽 30 厘米、长 20.23 米的鸿篇巨制,记载着多种病症和治疗方法。古埃及也有把象形文字写在羊皮上,或者刻在石碑上和木头上的史料,藏于世界各地。

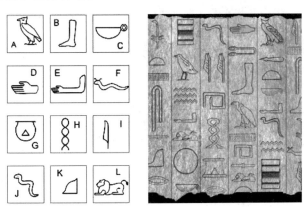

图 1-11　象形文字

图 1-12　莱因德纸草书

1.2　古巴比伦的科学技术

1.2.1　古巴比伦的文明

　　两河,即西亚的底格里斯河和幼发拉底河;两河流域,即今伊拉克美索不达米亚地区。苏美尔人、巴比伦人、亚述人和迦勒底人,共同在两河流域之间创造了巴比伦文明。自公元前 4000 年至公元前 6 世纪,该地区先后有奴隶制的苏美尔、巴比伦、亚述、迦勒底(新巴比伦)王国相继更迭。人类最早的奴隶制国家,大约于公元前 3500 年产生于两河流域。古巴比伦是人们已知的历史最悠久的古代东方国家之一。据历史学者推断,早在公元前 5000—前 4000 年,在两河下游地区就有苏美尔人定居。苏美尔人创造的文化在公元前 2250 年左右达到顶峰,形成两河流域的初始文明,史称古巴比伦文明。

1. 古巴比伦王国

公元前 3500 年以后,苏美尔人在两河流域南部建立起很多奴隶制小国。苏美尔衰落后,古巴比伦城邦兴起。到公元前 21 世纪,苏美尔的帝国被外来民族所灭。两河流域中部的阿摩利人在公元前 19 世纪中期重新统一了两河流域南部,以巴比伦城为中心建立了古巴比伦王国,达到两河流域文明的极盛时期。公元前 1650 年,巴比伦帝国被外族入侵所灭。公元前 1300 年左右,亚述人在底格里斯河的上游开始崛起,到公元前 8—前 7 世纪,其帝国达到鼎盛时期。虽然曾不断地出现政权更迭,但是国家一直处于无序状态,苏美尔很快衰落。

古巴比伦王国是美索不达米亚南部奴隶制城邦,大致在当今的伊拉克共和国版图内,以巴比伦城为中心(图 1-13)。

图 1-13　古巴比伦城的复原图

公元前 19 世纪中叶,阿摩利人灭掉苏美尔人的乌尔第三王朝,建立了以巴比伦城为首都的巴比伦王国。公元前 18 世纪,第六代国王汉谟拉比(约前 1792—前 1750)即位,史称古巴比伦王国(约前 1894—前 1595)(图 1-14)。汉谟拉比继承了巴比伦城邦的王位,他是一位智慧英明、具有雄才大略的政治家。他登上王位后,采取了比较灵活的外交政策,先与拉尔萨结盟,灭亡伊新;接着又与玛里联合,征服拉尔萨,随即挥师直逼玛里。他自称是"月神的后裔",并发动了大规模的战争,征服了苏美尔人和阿卡德人,统一了美索不达米亚平原,最终统一了两河流域,最后定都巴比伦,建立起中央集权的奴隶制国家,成为西亚古代奴隶制国家的典型。随着国家的统一,该地区的文明也达到了全盛时期,史称"巴比伦文明"。

为维护奴隶主的利益,汉谟拉比制定了一部法典,史称《汉谟拉比法典》,是古代西亚

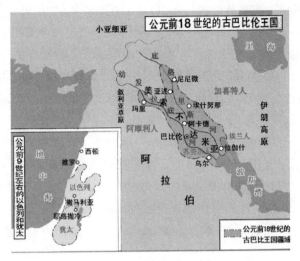

图 1-14　古巴比伦王国版图

第一部较为完备的法典。这是世界上第一部较为完备的成文法典,但不是最早的,最早的叫《乌尔纳木法典》。阿卡德语镌刻的《汉谟拉比法典》石碑,石碑由三块黑色玄武岩合成,高 2.25 米,上部周长 1.65 米,底部周长 1.90 米。石碑上部是太阳神、正义神沙马什授予汉谟拉比王权标的浮雕(高 0.65 米、宽 0.6 米)。浮雕下面是围绕石碑镌刻的法典铭文,共 3500 行,楔形文字是垂直书写的,用阿卡德语写成,分前言、正文和结语三个部分。前言主要宣扬王权神授,炫耀汉谟拉比的丰功伟绩;结语则说明汉谟拉比遵从神意创立公正法典以垂久远,并警告后世,若有敢不尊法典之王,必遭神罚;法典的正文共 282 条内容,包括诉讼程序、盗窃、军人份地、租佃、雇佣、商业、高利贷、婚姻、继承、伤害、债务、奴隶等方面,是世界上现存的、保存最完整的一部法典。

《汉谟拉比法典》中部分铭文(法典第 66～100 条)在古代就被磨损。法典石碑石质坚硬、书法精工,属于巴比伦第一王朝的典型官方文献(图 1-15)。

图 1-15　《汉谟拉比法典》石碑

《汉谟拉比法典》有以下几个主要特点。

① 施行同态复仇法,即奉行以眼还眼、以牙还牙的原则:"如果一个人伤了贵族的眼睛,还伤其眼。如果一个人折了贵族的手足,还折其手足。"(法典第 196 条,第 197 条)

② 阶级歧视:法典缺乏"法律面前,人人平等"的现代观念。在《汉谟拉比法典》中,奴隶毫无权利可言,稍有过失即受到断肢的可怕惩罚。此外,法典中提到了两个法律阶层:一是"人",显然意指贵族;二是所有其他既非"人"也非奴隶的人,他们的法律待遇很差,但拥有某些法律权利。与"人"侵犯"人"相比,"人"侵犯了地位低于他们而非奴隶的人,受到的惩罚要轻一些;而"人"伤害了奴隶,与他损坏了奴隶主的财产所受的处罚相同。对下层社会的赔偿低于上层社会:"如果贵族阶层的人打了贵族出身的人,须罚银一明那。如果任何人的奴隶打了自由民出身的人,处割耳之刑。"(法典第 203 条,第 205 条)

③ 施行严格的、保护商业界财产的规定:"如果一个人盗窃了寺庙或商行的货物,处死刑;接受赃物者,也处死刑。"(法典第 6 条)而卖方有欺诈行为是不受惩罚的,法律只是提醒买方要小心提防。

④ 颁布许多国家干预经济生活和社会生活的规定,包括:确定基本商品每年的价格,限制利息率在 20 须,周密地调整家庭关系,保证度量衡的信誉,城市负责对未侦破的抢劫案或凶杀案的受害者作出赔偿。如果没有抓获拦路的强盗,遭抢劫者须以发誓的方式说明自己的损失,然后由发生抢劫案的地方或地区的市长或地方长官偿还损失。"如果是一条性命(已失去),市长或地方长官须付银子一明那给死者亲属。"(法典第 23 条,第 24 条)

汉谟拉比死后,帝国就瓦解了。王国先后受到赫梯人、加喜特人的入侵,直到公元前 729 年,终于被亚述帝国吞并。

2. 新巴比伦王国

新巴比伦王国由迦勒底人建立。迦勒底人是闪米特人的一支,他们于公元前 1000 年初来到两河流域南部定居。亚述帝国征服古巴比伦王国,并统治了两河流域南部,迦勒底人曾多次起义,反抗亚述的统治。

公元前 626 年,亚述人派迦勒底人领袖那波帕拉沙尔率军驻守巴比伦,他到巴比伦后,却发动反对亚述统治的起义,建立新巴比伦王国,并与伊朗高原的米底(也称米堤亚)王国联合,共同对抗亚述。公元前 612 年,亚述帝国灭亡,遗产被新巴比伦王国及米底王国瓜分,其中新巴比伦王国分取了亚述帝国的西半壁河山,即两河流域南部、叙利亚、巴勒斯坦及腓尼基,重建新巴比伦王国(前 626—前 538),也叫迦勒底王国。

公元前 6 世纪后半期,在尼布甲尼撒二世统治时,国势达到顶峰,国势强盛。国王尼布甲尼撒二世多次发动对外战争,进行扩张。公元前 604 年,尼布甲尼撒二世即位,叙利亚立时归顺新巴比伦王国,但腓尼基及巴勒斯坦地区态度不明,而埃及一向觊觎此区,拉拢推罗、西顿等腓尼基地区与埃及结盟。对此,尼布甲尼撒二世继续与米底王国结盟,又娶米底公主阿米蒂斯为后,以巩固自己后方。公元前 597 年,出兵巴勒斯坦,攻占耶路撒冷,扶植犹太人齐德启亚为傀儡,统治犹太人。公元前 590 年,埃及法老普萨姆提克出兵巴勒斯坦,推罗国王投靠埃及,西顿被占领,犹太人齐德启亚及巴勒斯坦、外约旦等地纷纷倒向埃及。同时,米底王国与新巴比伦王国的关系紧张起来,为此,新巴比伦王国筑起一条新长城防范米底人。然而,米底因要对抗乌拉尔图及西徐亚人,无力再与新巴比伦王国对抗,致使尼布甲尼撒二世于公元前 587 年第二次挥军巴勒斯坦。他围困犹太人的圣城耶路撒冷,齐德启亚突围失败,落入新巴比伦王国军队之手,被挖去双眼后送往巴比伦尼亚。公元前 586 年,耶路撒冷被围 18 个月后城陷,犹太王国灭亡,居民被俘往巴比伦尼亚,史称"巴比伦之囚"。尼布甲尼撒二世又围攻腓尼基的推罗,未果。公元前 574 年,双方议和,推罗国王伊托巴尔三世承认尼布甲尼撒二世为尊者,保持了推罗的自治地位,其他附近的小王国都纷纷向尼布甲尼撒二世称臣。公元前 569 年,埃及发生王位之争,尼布甲尼撒二世曾趁此在公元前 567 年入侵埃及,结果不详,但迫使埃及放弃侵略巴勒斯坦的野心。尼布甲尼撒二世死后不久,国内阶级矛盾及民族矛盾加剧,最后一个国王那波尼达统治时,国王及马尔杜克神庙之间的矛盾加剧,并试图另立新神,那波尼达离开首都,以其子伯沙撒摄政。

公元前 539 年,波斯人崛起,居鲁士二世率军入侵新巴比伦王国时,祭司竟打开大门放波斯军队入城,伯沙撒被杀,那波尼达被俘,新巴比伦王国不战而亡。巴比伦开始失去往日的辉煌,到亚历山大大帝时期,巴比伦城逐渐衰微。公元前 334 年春,亚历山大率领马其顿和希腊各邦的联军,渡过达达尼尔海峡,向波斯进军。当时,波斯帝国已极度衰弱,亚历山大便以快速的攻势征了小亚细亚半岛。公元前 333 年,亚历山大的军队在伊苏斯大败波斯军队,波斯国王大流士三世落荒而逃,大流士的母亲、妻子和两个孩子被俘。此战打开了通往叙利亚、腓尼基的门户。公元前 332 年,亚历山大沿地中海东岸征服了叙利亚和埃及,被埃及祭祀宣布为"阿蒙神之子",还自封为法老。

公元前 331 年春,亚历山大又率军回师亚洲,假道腓尼基向波斯腹地推进,10 月初,在底格里斯河东岸的高加米拉以西与波斯军主力对阵,尽管大流士人多、兵强,但还是遭遇惨败,随后亚历山大联军乘胜南下一举夺取巴比伦,占领波斯都城苏萨和波斯利斯等地,摧毁了大流士政权,掳掠大量金银财宝。亚历山大还把城市里的大部分居民流放出去。从这时起,古巴比伦开始丧失自己的优势地位。从亚历山大进入巴比伦到塞琉西王朝时期,巴比伦城开始沙漠化,城市居民也逐渐离去。再后来,滚滚黄沙完全掩埋了巴比伦昔日的辉煌。公元前 2 世纪,古巴比伦被沙漠彻底摧毁,许多城市被掩埋在黄土里,巴比伦城也成为传说中的王国。直到 20 世纪初,这颗被掩埋了将近 2600 年的两河明珠才被考古学家发掘出来重见天日。

古巴比伦王国经济文化高度发展,不仅发明了文字,而且发明了用于书写文字的泥板书(图 1-16)。古巴比伦时代最伟大的文学作品是《吉尔伽美什史诗》(关于吉尔伽美什和恩启都的故事)。这部史诗生动地反映了人们探索生死奥秘这一自然规律的愿望,也表现了人总不能战胜自然规律和死亡不可避免的思想。所以这位渴求永生的英雄最后不得不承认,应及时行乐,不要担心明天会发生什么事:"吉尔伽美什,你将漂向何方? /你所追求的永生,永远无法得到,/因为上帝造人之际,就让死亡与人相伴。/……吉尔伽美什,穿上新衣,沐浴首身去吧。/凝望挽着你手的儿女,/愉悦怀中娇妻。/人应关心的,唯有这些事。"

图 1-16　泥板书

古巴比伦人将苏美人关于大洪荒和人类产生的传说,整理成完整的故事,反映在巴比伦的神话作品《阿特腊哈西斯》中。

1.2.2　古巴比伦的天文历法

两河流域的古代文明与古埃及文明几乎同时存在,其科技成就也堪与后者媲美。古巴比伦继承了苏美尔人在数学和天文学方面的成果,并有进一步的发展。

如分圆周为 360°、分 1 小时为 60 分、1 分为 60 秒、以 7 天为一个星期,分黄道带为 12 个星座等。

古代美索不达米亚地区有着极为发达的天文学。公元前两千多年以前,已有关于金星出没的准确记录。许多学者认为,这是因为当时的占星术十分盛行的缘故。当时的天象观测工作由祭司们负责,也是寺庙中的一种活动,寺庙中的塔台就是最早的天文台。人们认为天象的变化与人间的事情直接相关,可以从天文现象卜知人间的未来。占星活动促使人们去认真地观测天象,在客观上推动了天文学的发展。

另外,由于战争和自然灾害频繁发生,生命无法保障,人们常常通过观测天象来占卜自己的命运,客观上也推动了天文学的发展。

1. 天文

星座起源于四大文明古国之一的古巴比伦。古代巴比伦人将天空分为许多区域,称为"星座",不过那时星座的用处不多,被发现和命名的更少。黄道带上的十二星座开始就是用来计量时间的,即黄道十二宫,而不像现在用来代表人的性格。

两河流域空气清朗,有利于观测天象。美索不达米亚人已经把行星和恒星区别开来,对行星的运动取得了相当精确的数据。公元前 2000 年,他们发现了金星运动的周期性。一件泥板记载了行星会合周期(即行星与太阳和地球的相对位置循环一次所需时间),相对误差都在 1% 以下。如:他们测得土星的会合周期为 378.06 日,今测值为 378.09 日;他们测得木星的会合周期为 398.96 日,今测值为 398.88 日。

夏夜天空的星星分布与冬夜是不同的。夏天我们可以观测到分居两处的牛郎星和织女星,以及隔在它们之间的银河;而天空最亮的恒星——天狼星以及猎户座,只有在冬季的夜晚才可以看到。这是由于地球的公转,我们永远只能在夜晚看到背对太阳那面天空的星星,但相同的季节,我们所看到的星空是一样的,从而可以知道太阳是周年运动的。天文学上把太阳在恒星背景下所走的路径,叫做黄道。古代两河流域的人已经知道了黄道,并把黄道带划分为十二星座,每月对应一个星座,每个星座都按神话中的神或动物命名,并用一个特殊的符号来表示。这套符号一直沿用至今,形成了所谓的黄道十二宫,也就是现在我们常说的十二星座,它是占星术的常用术语。虽然现代天文学证明春分点实际上是在双鱼座,但人们还是一直沿用古巴比伦人的做法,把春分点定在白羊宫。

美索不达米亚人很早就可以预测月食了。公元前 4 世纪,美索不达米亚人在从事天文观测中编制了日月运行表,用日月运行表计算月食极为方便。

2. 历法

古巴比伦在公元前 30 世纪的后期就已经有了历法。在现在发现的泥板上,有公元前 1100 年亚述人采用的古巴比伦(约前 19—前 16 世纪)历的 12 个月的月名。他们的历法是阴历,即以月亮盈亏的周期 29.5 天为一个月,把一个月定为 29 天和 30 天相间排列。一年 12 个月,即 354 天,不足的天数用置闰(过几年加一闰月)的办法来解决。因为当时的年是从春分开始,所以古巴比伦历的 1 月相当于现在的 3 月到 4 月。一年 12 个月,大小月相间,大月 30 日,小月 29 日,一共 354 天。为了把岁首固定在春分,需要用置闰的办法,补足 12 个月和回归年之间的差额。

公元前 6 世纪以前,置闰无一定规律,而是由国王根据情况随时宣布。著名的立法家汉谟拉比曾宣布过一次闰 6 月。自大流士一世后,才有固定的闰周:先是 8 年 3 闰,后是 27 年 10 闰,最后于公元前 383 年由西丹努斯定为 19 年 7 闰制。古代两河流域人学会了区别行星和恒星,绘制了世界上最早的星图,并把黄道(太阳运行的轨迹)附近的恒星划分为 12 宫,每一宫的星座都以神话中的神或动物命名。

巴比伦人以新月初见为一个月的开始。这个现象发生在日月合朔后一日或二日,决定于日月运行的速度和月亮在地平线上的高度。为了解决这个问题,塞琉古王朝的天文学家自公元前 311 年开始制定日月运行表。这个表只有数据,没有任何说明。它的奥秘在 19 世纪末和 20 世纪初,被伊平和库格勒等人揭开。他们发现,第四栏是当月太阳在黄道十二宫的位置,第三栏是合朔时太阳在该宫的度数,第三栏相邻两行相减即得第二栏数据,它是当月太阳运行的度数。以太阳每月运行的度数为纵坐标绘图,便可得三条直线。前三点形成的直线斜率为 $+18'$,中间六点形成的直线斜率为 $-18'$。若就连续若干年的数据画图,就可得到一条折线。在这条折线上,两相邻峰之间的距离就是以朔望月表示的回归年长度,1 回归年 $=12.5$ 朔望月。

在这种日月运行表中,有的项目多到 18 栏之多,如还有昼夜长度、月行速度变化、朔望月长度、连续合朔日期、黄道对地平的交角、月亮的纬度,等等。

有日月运行表以后,计算月食就很容易了。事实上,远在萨尔贡二世(约前 9 世纪)

时,已知月食必发生在望,而且只有当月亮靠近黄白交点时才行。但是,关于新巴比伦王朝(前626—前538)时迦勒底人发现沙罗周期(223朔望月:19食年)的说法,近来有人认为是不可靠的。

巴比伦人不但对太阳和月亮的运行周期测得很准确,朔望月的误差只有0.44秒,近点月的误差只有3.6秒,对五大行星的会合周期也测得很准确。这些数据远比后来希腊人的准确,同近代的观测结果非常接近。

1.2.3　古巴比伦的数学

大约在公元前1800年,巴比伦人发明了独特的60进制的计数系统。古巴比伦人把圆角划分为360度,1度分为60分,1分分为60秒。这种方法亘古未变,奠定了几何学的基础。他们同时也使用十进制,但没有表示零的记号,因此计数系统并不完善。巴比伦人还掌握了许多计算方法,并且编制了各种数表帮助计算。在这些泥板上,就发现了乘法表、倒数表、平方和立方表、平方根表和立方根表。

公元前1800年,古巴比伦神庙的书吏使用了乘法和除法表,以及计算平方根、立方根、倒数和指数的表格。我们现代生活中一个基本的东西就是从先前的古巴比伦数学中肇源的,即一天分为两个12小时,每一小时分为60分钟,每一分钟分为60秒。而从那时以来,西方的所有文明都继承了古巴比伦人的"十二进制"的计时方法。

巴比伦泥板上有这样一个问题:兄弟10人分5/3米那的银子(米那和后面的赛克尔都是巴比伦人的重量单位,1米那=60赛克尔),相邻的兄弟俩,比如老大和老二、老二和老三所分银子的差相等,而且老八分的银子是6赛克尔,求每人所得的银子数量。从这个例子可以看出,巴比伦人已经知道了"等差数列"这个概念。

巴比伦人也掌握了初步的几何知识。他们会把不规则形状的田地分割为长方形、三角形和梯形来计算面积,也能计算简单的体积。他们非常熟悉等分圆周的方法,求得圆周与直径的比 $\pi=3$,还使用了勾股定理。

古巴比伦人不但能解一元一次方程、多元一次方程,也能解一些一元二次方程,甚至一些特殊的三次方程和四次方程。但是他们还没有负数的概念,只求正根(包括小数根)。

在几何学方面,巴比伦人知道1/4圆的圆周角是直角,会利用边长计算正方形的对角线;他们有计算直角三角形、等腰三角形和梯形面积的正确公式;他们也有计算正圆柱体和平截正方锥体体积的正确公式。他们所用的圆周率为 $\pi=3$ 或 $\pi=3.125$。他们还会把许多几何问题灵活地化为代数问题处理。

巴比伦人首先把数学应用到商业。巴比伦位于古代贸易的通道上,适于商品交换,发展经济。他们用简单的算术和代数知识表示长度和重量,兑换钱币和交换商品,计算单利和复利,计算税额以及分配粮食、划分土地和遗产。

巴比伦把数学应用到兴修水利上。巴比伦人应用数学知识计算挖运河、修堤坝所需人数和工作日数。把数学应用到测定谷仓和房屋的容积,修筑时所需用的砖数等。

巴比伦把数学应用于天文研究。在亚述时代(约前700),开始用数学解决天文学的数学问题;在公元前 3 世纪之后,用数学知识来计算月球和行星的运动,并通过记录的数据,确定太阳和月球的特定位置和亏蚀时间。

1.2.4 古巴比伦的医学

古巴比伦时代的医学是和巫术同行的,当时医学主要分为两大派:实践派和学术派。早在乌尔第三王朝时期,就已出现了"药典",记录了用各种生物和矿物制作的各种嗅剂、熏剂、滴剂、膏剂、灌肠剂、栓剂等,并有一些治病的处方。从这些处方看,尽管当时对许多生物和矿物的疗效已有所了解,但尚处于摸索实验阶段。在整个西亚,巴比伦的医学享有盛名。公元前 13 世纪,巴比伦王曾派御医为赫梯王哈图西利斯三世治病。与当时的埃及一样,侧重于观察和实验成为巴比伦医生诊断病情的理论依据。此外,为了诊断治疗计划书的规范,对于诊断救治后的医疗症状和诊断后的身体症状以及采取对应的措施,都留下了宝贵的病历资料。

古代两河流域留存下来的关于医学的泥板书(在制好的湿泥板上刻上文字)有 800 多块,反映出当时的医生用药物和按摩等许多方法治病。所用植物药已有 150 多种,还把一些动物的油脂制成的药膏用于治疗。记录下医生所治的疾病有咳嗽、胃病、黄疸、中风、眼病等。最古老的关于医学的巴比伦文献,可追溯到公元前 2000 年的前半部的古巴比伦时期。最详尽的巴比伦医学文献,却是巴比伦博尔西帕城的医生所写的《诊断手册》。如同当代古埃及医学,巴比伦人介绍了诊断、预后、身体检查和药方的概念。此外,《诊断手册》介绍了治疗和病因学的方法及经验主义、逻辑学和诊断、预后和治疗的合理性的使用。此文献包含了一份含有许多病症的名单,并详述了试验上的观察和用来结合在病人身上所观察的病症与其诊断及预后的合理规则。《诊断手册》以一组合理的公理和假设为基础,其中包括了一些现代看法,即通过视察病人的症状,我们可能确定病人的疾病、病因、病情的发展及复原的机会。病人的病症及疾病,可通过一些医学上的方法如绷带、油和药丸来治疗。

《汉谟拉比法典》中有许多涉及医疗方面的条款,如规定:施行手术成功时,应付给施手术者多少钱;如果外科手术失败,则砍掉医生的手等。被认为是最早的医疗立法,同时也表明医生已经从祭司中独立出来,成了一种专门的职业。古代两河流域留存下来的关于医学的泥板书有 800 余块。从这些医学泥板书中可以看到,那时的医生们用药物、按摩等许多方法治疗疾病,所用的植物药物已有 150 多种,一些动物的油脂也被制成药膏用于治疗。在他们的记载中有咳嗽、感冒、黄疸、中风、眼病等许多疾病的名称,表明两河流域的医学已经达到了一定的水平。

在两河流域的泥板书上,还可以看到约 100 种动物和 250 种植物的名称,并作了世界上最早的分类。而且他们在生产实践中摸索出,当椰枣树开花时进行人工授粉可以增加椰枣的产量,虽然还不能据此认为他们已经能够分辨植物的性别,但从中可以看出他们已经有了一定的生物学知识。

1.2.5 古巴比伦的农业与建筑技术

1. 农业

"奔腾咆哮的洪水没有人能跟它相斗,它们摇动了天上的一切,同时使大地发抖,冲走了收获物,当它们刚刚成熟的时候。"这是苏美尔人在泥板上留下的诗句,生动地描述了洪水对他们的侵害。虽然在公元前 3500 年前后时,苏美尔人在狩猎的同时已经有了比较发达的农业,但是由于幼发拉底河和底格里斯河上游的降雨量大、汛期长,严重影响了农业生产的发展。

与古埃及人在尼罗河上建筑大堤坝和水库不同的是,古巴比伦在洪水治理上采用疏导的方式。公元前 30 世纪中期,阿卡德王国建立之后,立即展开了大规模的洪水治理工程。他们主要靠大规模的挖沟修渠、疏导洪水的流向,以分散其流量,给洪水留下出路。这样不仅治理了洪水,而且为农业灌溉提供了便利条件。古巴比伦王国是古代两河流域经济繁荣的时期,当时的统治者就以国家法律的形式保障水利设施的合理利用,《汉谟拉比法典》中有好几条条文与水利有关。汉谟拉比时期,有几个年头都以"水利之年"载入史册。王国政府还设有专门官吏,负责开河渠、兴修水利等一系列事务。洪水给古巴比伦带来了威胁,同时也带来了沃土,使两河流域的农业生产得以发展繁荣起来。从农业方面来看,灌溉事业的发展尤为突出。汉谟拉比在位第 33 年开凿的运河规模最大。它能为尼普尔、埃利都、乌尔、拉尔萨、乌鲁克、伊新供应永恒而充足的水。

2. 手工业

古代两河流域在古巴比伦王国时期就出现了青铜器,比古埃及青铜器的出现还早。青铜工具的广泛使用,促进了古巴比伦的农业和手工业的发展。

据《汉谟拉比法典》记载,古巴比伦王国时期的手工业已经有织布、木器、制砖、皮革、石刻、珠宝等行业,大约有二三十个门类,但是,两河流域缺乏金属矿产和木材,人们为了获得这些物资就得出口相应的产品。纺织品,主要是亚麻和羊毛织品,是他们重要的出口产品,这些产品行销亚细亚等地,因此,促进了运输工具的制作。

两河流域的贸易活动主要靠陆路运输,随着出口贸易量的增加,人力和畜力都难以运输众多数量的货物。如果有更轻便、更平稳、更省力的运输工具,必然会大大降低贸易的成本,带动其他行业的发展。人们在畜力牵引的泥橇基础上,又发明了车。大约距今 5000 年前,有轮子的车辆在两河流域出现了。这里是世界上最早出现车子的地方。约公元前 3500 年,美索不达米亚的文字中就有关于车的记载。从美索不达米亚的基什、乌尔、斯萨等坟墓中,发掘了最古老的实物车,当时的车轮子是把圆木切成轮状的实心轮,用牛或驴牵拉,虽然很结实、搬运物件便利,但由于车轮本身重,因此机动性较差。后来使用开了孔的车轮,大大地方便了运输。车的发明是陆上交通工具的重大革新,使古巴比伦的贸易和运输获得了飞速的发展。车辆的制造技术传播到世界各地,极大地促进了各地贸易和生产的发展。车的发明,使人类由迈步行走发展到滚动行走,在运输效率方面得到了巨大的提高。

公元前 3000 年前后的苏美尔人,发明了用陶轮制陶器,还能造出一种用畜力牵引的播种机具。距今 3600 多年前的古巴比伦王国时期,玻璃制造业已有相当大的规模,从一些留存至今的、色彩绚烂的玻璃器件可看出当时的工艺水平之高。

从手工业方面来看,仅《汉谟拉比法典》提到的手工业就有 10 种。从商业方面来看,当时国内外贸易都很发达,巴比伦、西帕尔、尼普尔、拉尔萨等城市都是重要的商业中心。王室和神庙仍然控制着商业,王室和神庙有商业代理人达木卡,其下有助手零售商沙马鲁。白银已成为物价计算的标准。

3. 建筑

古代两河流域的建筑材料主要是木材和未曾烧制的泥砖,有时也用石块,因此能保存下的建筑极少。公元前 7 世纪,古巴比伦王国时期的城市建设表现出了相当高的技术水平。巴比伦城有内外三道城墙,其上共有塔楼 300 多座。用石板铺砌的笔直大道贯通全城。王宫旁的空中花园,被后人称为世界七大奇迹之一(图 1-17)。

图 1-17　巴比伦的空中花园

巴比伦的空中花园,素有世界七大奇迹之一的称号,在公元前 604—前 562 年间,由古巴比伦国王尼布甲尼撒二世为他最爱的王后而建造。王后是波斯人,所以,尼布甲尼撒二世为她建造了这座奇幻的高大建筑,以使她可以经常望乡。空中花园上栽满了奇花异草,并有完整的供水系统。当时到过巴比伦的古希腊人称之为世界奇迹。后来,由于自然因素,幼发拉底河向巴比伦城西改道转移了 9 英里左右,人口也随着河流渐渐迁徙,巴比伦城逐渐毁坏并湮没了。

多年来,人们谈起巴比伦必会想到,传说中美丽的花园和这个花园的主人——塞米拉米斯王后。传说,这位王后最后化为鸽子成仙而去。塞米拉米斯是尼布甲尼撒从米太国娶回来的王后,因为地理环境的差异,她在平秃的巴比伦日夜思念故国的山林,于是便有了一座巧夺天工的花园。这个花园在公元前 6 世纪建成,公元前 3 世纪已经毁坏。

据记载,空中花园呈方形,每边长 120 米,是层层加高的阳台式建筑。每一层内都有坚固的砖砌弯拱,上面铺着用沥青浇铸起来的石板,再铺两层熟砖,熟砖上又覆盖一层铅板,这样是为了防止水分渗漏。在这样的底衬上,铺着一列列芦草,上面是一层很厚的土,足以使大树扎根生长。空中花园的设计充分体现了古代园林设计师的才智。每一层的支柱互不遮挡、安插合理,使每一层的植被都能得到充足的光照。令人叹为观止的是,古巴比伦人在 2500 年前就成功地采用了高层建筑防渗漏技术。

但是,考古学家至今仍未能找到它的确切位置。事实上,大半描绘空中花园的人,都从未涉足巴比伦,只知东方有座奇妙的花园,波斯王称之为天堂,而在两相凑合下,就形成了遥远巴比伦的梦幻花园。在巴比伦文本的记载中,它本身也是一个谜,其中没有一篇提及空中花园。另外,巴比伦的空中花园当然不是吊于空中,所谓"空中花园"实际上就是建筑在"梯形高台"上的花园(图 1-18)。

图 1-18　"梯形高台"上的花园

4. 冶金技术

古巴比伦时期,两河流域已进入青铜全盛时代。大约在公元前 4000 年,苏美尔人就开始制造青铜器。公元前 1800 年前后的古巴比伦时期,青铜器的使用已相当普遍,比古埃及人更先进。在公元前 1900 年前后,两河流域西北部小亚细亚半岛上的赫梯人发明了冶铁技术,并且向两河流域推广了铁器的使用。公元前 8 世纪,两河流域的亚述王国大量地用铁制造武器,形成了十分强大的军事力量,同时表明此时两河流域已进入铁器时代。

古代埃及和两河流域的科技文明表明,人类进入文明社会后,科学已开始从经验性水平之上跨进了理论性知识的门槛。由于政治、宗教上的需要,产生了祭司一类的脑力劳动者。他们掌握了文化,在进行宗教活动的同时,也对科学知识的总结和深化起到了相当大的作用。在社会生产力水平不断提高的过程中,技术取得了长足的进步,表现出了劳动者,尤其是工匠们的智慧和创造力。

1.3　古印度的科学技术

1.3.1　古印度的文明

东方文明古国之一的古印度,地理范围包括今印度、巴基斯坦、孟加拉、尼泊尔、不丹和斯里兰卡诸国。约在公元前 2500 年,印度河中下游地区就出现了较高程度的文明,史称"哈拉巴文化"。

　　印度的远古文明是在 1922 年才被发现的。由于它的遗址首先是在印度哈拉巴地区发掘出来的,所以通常称为"哈拉巴文化";又由于这类遗址主要集中在印度河流域(图 1-19),所以也称为"印度河文明"。哈拉巴文化的年代,约为公元前 2300—前 1750 年。

　　哈拉巴文化是古代印度青铜时代的文化,它代表了一种城市文明。从已经发掘的城市遗址来看,城市的规划和建筑具有相当高的水平。如,摩亨佐·达罗城,面积达 260 公顷,全城划分为 12 个街区,有整齐宽阔的街道和良好的排水系统,有的住宅精美宽敞,开始迈入

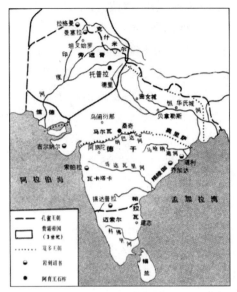

图 1-19　古印度版图

文明的门槛。这一文明延续了几百年,之后逐渐衰落,于公元前 18 世纪灭亡。哈拉巴文化衰落后,由印度西北方入侵的游牧民族雅利安人,在印度创立了更为持久的文明。雅利安人于公元前 2000 年左右出现在印度西北部,逐渐向南扩张。到了公元前 6 世纪初,相传在印度形成了 16 个国家。经过长时期的兼并战争,公元前 4 世纪,在南部的恒河流域建立起以摩揭陀为中心的统一国家。

　　在这一时期,印度西北部的印度河流域遭到波斯帝国的入侵。波斯人统治印度河流域近两个世纪之久,直到公元前 4 世纪后期,才一度被马其顿的亚历山大所征服。旃陀罗笈多领导了反马其顿起义,在驱逐了侵略者后,统一了北印度,不久又推翻了摩揭陀国的难陀王朝,从而建立起了古代印度最为强盛的孔雀王朝。

　　孔雀王朝在阿育王时代发展到全盛时期。他经过多年征战,使王朝版图扩展到除印度半岛最南端以外的整个南亚次大陆,即包括今天的印度、巴基斯坦和孟加拉国。这个庞大的帝国是依靠军事征服建立起来的。因此在阿育王死后不久,便陷入分裂。公元前 187 年,孔雀王朝最后一个国王被推翻。此后,印度半岛再也没有被统一过。

　　古印度是人类文明的发源地之一,在文学、哲学和自然科学等方面对人类文明作出了独创性的贡献。在文学方面,创作了不朽的史诗《摩诃婆国多》和《罗摩衍那》。在哲学方面,创立了"因明学",相当于今天的逻辑学。

　　从文字来看,公元前 3000 年代中叶,古印度居民就创造了印章文字。印度河文明毁灭后,落后的雅利安人只有口头相传的作品。再次出现文字约在列国时代之初,流传至今的最古文字是阿育王所刻的铭文。阿育王铭文所用的文字有两种:一为婆罗谜文,可能源于塞姆人的字母;二是去卢文,可能源于阿拉美亚人的字母。去卢文后来逐渐失传;而婆罗谜文在 7 世纪时发展成梵文。这种文字由 47 个字母构成,在词根和语法结构上与古

希腊语、古拉丁语、古波斯语相似,在语言学上属印欧语系,是近代印度字母的原型。

古印度的文字除了极少数是刻在石头、竹片、木片或铜器上之外,大量的文字则是书写在白桦树皮和树叶子上的。古时的喜马拉雅山下有很大的一片桦树林,早在公元前若干世纪,古印度人就把他们的梵文写在这种树皮或树叶上。玄奘从印度取回的佛经,几乎都是写在这种白桦树皮或树叶上的。大约在7世纪末,中国发明的纸才传到印度,直到11世纪以后,印度才有了自己用纸写的典籍。

古印度最古的文学作品是《吠陀》,其产生最古、文学价值最高的是《梨俱吠陀》,它是一部诗歌总集,共有1028首诗歌,以颂神为主,也有世俗诗歌。所以《吠陀》不单纯是宗教经典作品。古印度最著名的文学作品是《摩诃婆罗多》和《罗摩衍那》两部史诗。前者长达10万颂,后者约2.4万颂,是古代世界绝无仅有的长诗。《摩诃婆罗多》有18篇,主要内容是说婆罗多家族中居楼王一支与般度王一支之间争夺王位斗争的故事。双方经过许多曲折的斗争,最后不得不进行了为期18天的大战。据说战争卷入了印度所有的国家和部落,结果是居楼王一支全部战死,般度王一支取得胜利。相传这部长诗的作者是毗耶娑,实际上是很多代民间诗人逐渐积累并编集起来的。它的基本内容在公元前5世纪已大体形成,而最后定本是在4世纪。《罗摩衍那》有7篇,主要故事情节是:居萨罗国的十车王之子罗摩,因遭继母陷害,与妻子悉达在森林隐居14年。后魔王罗婆把悉达劫到楞伽岛,即斯里兰卡,罗摩在神猴的协助下,率猴兵打败并杀死魔王,救出了悉达,然后携悉达回国为王。相传此诗的作者是蚁垤,实际上,此诗也是在公元前4世纪至2世纪期间逐渐编成的。两部史诗虽然是神话故事,但有哲学、宗教、法学以及各种科学知识的论述,反映了当时印度社会生活各个方面的情况,也反映了雅利安人向东、向南扩张的一些情况。尤为可贵的是,它贯穿着对正义善良的深切同情,对奸诈、残暴等丑恶行为的无情揭露和谴责,是世界文学宝库中的一份瑰宝。

古印度的民间文学作品也占有重要地位。它们大都保存在《五卷书》、《益世佳言集》和《佛本生经》等作品中。其中,《佛本生经》流行最广,主要记述佛陀前生的故事,保存在这里的民间故事都经过了佛教徒的加工整理,原作品的主人公也被附会为佛陀,以宣扬佛教的教义,但它仍保留了不少优秀的、健康的世俗性故事。这些故事鄙视奸诈,同情善良,寓意深刻,爱憎分明。这些伸张正义的作品不仅有重要的文学价值,也为研究当时社会提供了大量的资料。全书有550个故事,其成书年代约在公元前3世纪前后。

印度是世界三大宗教之一的佛教的发源地。佛教在世界上有非常广泛的影响。公元前6世纪,恒河流域的迦毗罗卫国(今尼泊尔境内)的王子乔达摩·悉达多抛弃王室的荣华富贵,离家出走,远行求道。他游历了印度各个地方、各个寺庙,求教了许多学者和高僧,积累了大量的宗教知识和实践经历。经过多年苦苦修行,相传有一天他在恒河边的菩提树下静坐时终于大彻大悟,从此创立了世界三大宗教之一的佛教。他被信徒尊称为释迦牟尼,意为"释迦族的圣人",著有《金刚经》,作为后世传教凭证。佛教最基本的教义是四谛说。四谛即四种真理,包括苦谛、集谛、灭谛和道谛。认为人生一切皆苦,产生苦的原因在于人有各种欲望,因而便有行动(即造了"业"),也就是造了以后的"因",于是因果不断,苦在生死轮回中不断反复。佛教认为,灭苦的关键在于消灭欲望,消灭主观意识,通过修行使人解脱,进入佛教理想的最高境界,即涅槃。佛教把自我和物质世界分别比喻为水流和"自生自灭的火焰",认为一切事物和现象都是永无休止的变化,是无穷无尽的生生灭灭。这里面蕴涵了一种对立面相互依赖、相互转化的辩证法思想。佛教在反对印度婆罗门教中起了重大作用,在客观上促进了印度的新兴奴隶主阶级和市民阶级为代表的奴隶制国家的发展。从公元前 3 世纪开始,佛教向印度境外传播,逐步发展为世界性宗教。

古代印度是神话之邦,宗教、哲学异常发达。因此,印度古代的青铜造像往往是神话的象征、宗教的偶像和哲学的隐喻,熔铸着诸神之灵。印度青铜造像的传统非常悠久,可以追溯到约公元前 2500—前 1500 年印度河时代的青铜小雕像《舞女》。公元前 9—前 6世纪相继兴起的婆罗门教(印度教的前身)、佛教和耆那教,为古代印度艺术包括青铜造像提供了永恒的主题。印度中世纪(7—13 世纪),印度青铜造像达到鼎盛时期。

古代印度实行严厉的种姓制度。种姓制度主要存在于印度教中,对伊斯兰教和锡克教都有不同程度的影响。

印度的种姓制度将人分为四个不同等级:婆罗门、刹帝利、吠舍和首陀罗。婆罗门即僧侣,为第一种姓,地位最高,从事文化教育和祭祀;刹帝利即武士、王公、贵族等,为第二种姓,从事行政管理和打仗;吠舍即商人,为第三种姓,从事商业贸易;首陀罗即农民,为第四种姓,地位最低,从事农业和各种体力及手工业劳动等。后来,随着生产的发展,各种姓又派生出许多等级。除四大种姓外,还有一种被排除在种姓外的人,即"不可接触者"或"贱民"。他们的社会地位最低,最受歧视,绝大部分为农村贫雇农和城市清洁工、苦力等。

种姓制度已经有三千多年的历史,早在原始社会的末期就开始萌芽。后来,在阶级分化和奴隶制度形成过程中,原始的社会分工形成等级化和固定化,逐渐形成严格的种姓制度。

种姓是世袭的。几千年来,种姓制度对人们的日常生活和风俗习惯方面影响很深,种姓歧视至今仍未消除,尤其是广大农村,情况还比较严重。

另外,古印度还有许多哲学派别,对世界的构造提出了许多不同的看法。印度后来宗教极为盛行,到处笼罩着神秘的宗教气氛,神庙、佛塔等宗教场所鳞次栉比。而且绝大多数印度人都信奉某种宗教,同一宗教内部也有许多教派。印度人生活在宗教中,因此他们创造的许多科学技术也都打上了宗教的烙印、为宗教服务。而且垄断了科学文化的祭司和僧侣阶层饱食终日,热衷于纯粹的哲理思辨,对实际生产和生活中的各种问题却没有兴趣,在很大程度上限制了印度科学技术的进一步发展。后来又由于各种原因,到 12—14 世纪以后,其科学技术几乎已经停滞不前了。尽管如此,古印度仍然以其卓越的科学技术成就在世界科技发展史上占有重要地位。他们的科学技术向东经过中亚,远播到中国、日本、韩国和东南亚各地;向西经过西亚、小亚细亚,传入希腊和欧洲,对这些地区的科技发展产生了深刻的影响。

公元前 1750 年前后,哈拉巴文化突然中断,原因不明。公元前 9—前 8 世纪,雅利安人又在这块土地上建立起新的奴隶制国家,直至 7 世纪过渡到了封建社会。自 16 世纪起,西方殖民主义者相继来到印度,至 19 世纪中期,正式成为殖民地。古印度历史上屡经外族入侵,数度分裂又统一,王朝更迭频仍,民族和宗教构成复杂。古印度人在这种特殊的历史背景下,创造了独具特色的科技文明。

1.3.2 古印度的天文历法

古印度人很早就开始了天文历法的研究。早在吠陀时代,他们就知道金、木、水、火、土五星,将五星与日月并称为七曜。把月亮所经过的星座划分为 28 宿,称为"月宫"。但他们认为,太阳、月亮、星星都是围绕地球转的。他们把一年分为 12 个月,每月 30 天,一年共 360 天,所余差额用每隔五年加一闰月的方法来弥补。关于季节的划分,除我们熟悉的春夏秋冬四季外,还有热时、雨时、寒时的三分法,以及渐热、盛热、雨时、茂时、渐寒、盛寒的六分法。1 世纪以后,古印度出现了著名的天文历法著作《太阳悉檀多》,此书已有时间测量、分至点。此书也是重要的数学著作之一。吠陀时代,把一年定为 360 日。在古印度的天文历法史上,先后出现过四部著名的天文历法名著。《太阳悉檀多》是其中最著名的一部,据说它成书于公元前 6 世纪,后人又有增改。书中记述了时间的测量、分至点、日食、月食、行星运动和测量仪器等问题。它成为古印度天文学著作的范本。大约在公元 5 世纪后期,古印度天文学家圣使著有《圣使集》一部。它也是古印度的一部重要的天文学著作。书中讨论了日、月和行星的运动及推算日食、月食的方法。天文学家伐罗河密希罗(或译鸢日),在 505 年汇集古印度五种最重要的天文历法著作,编成《五大历数全书》,它在天文学史上有一定的参考价值。12 世纪,古印度著名的天文学家、数学家作明著《历数全书头珠》一书,在书中,他把前人的成果阐述得更为清晰。古印度天文学的一个明显不足之处在于,不十分注重实际的天文观测。直到 18 世纪,古印度人才在镕里等地建立起拥有较为复杂的观测仪器的天文台。随着天文知识的积累,人们自然产生了对宇宙的一些看法。在吠陀时代,人们认为天地中央是一座名为须弥山的大山,日和月都绕着此山运行,太阳绕行一周即为一昼夜。《太阳悉檀多》则说大地为球形,北极有一称作墨路山的山顶,那里是神仙的住所;日、月和五星的运行,受一股宇宙风所驱使。在作明的著作中,他主张地球是缩自身力量固定于宇宙之中。他认为有七重气,它们分别推动日、月和五星的运动。看来,作明的想法已受到古希腊人的影响。

1.3.3 古印度的数学

古印度在数学方面取得了辉煌的成就,在世界数学史上占有重要的地位。自哈拉巴文化时期起,古印度人用的就是十进制记数法,大约到了 7 世纪以后,才有位值法记数,开始时还没有"零"的符号,只用空一格表示,直到 9 世纪后半叶,才有"零"的符号。这时,古印度的十进位值制记数法才算完备了。这项发明是古印度人对人类进步的一大贡献。

现存最早的古印度数学著作是《准绳经》,这是一部讲述祭坛修筑的书,大约成书于公元前 5—前 4 世纪,书中讲到了一些几何学知识,如勾股定理、圆周率 $\pi = 3.09$ 等。在《太阳悉檀多》一书中,已有用三角学进行计算的记载,给出了最早的三角函数表。499 年成书的《圣使集》中,数学内容有 66 条,其中包括有算术运算、乘方、开方以及一些代数学、几何学和三角学的规则。圣使给出的圆周率为 $\pi=3.16$。10—13 世纪,是古印度数学取得辉煌成就的时期,出现了著名的数学四大家。梵藏于 628 年写成《赞明满悉擅多》,书中对许多数学问题进行了深入的探讨。梵藏是古印度最早引进负数概念的人,他提出了负数的运算方法。他对"零"作为一个数已有一定认识,但他错误地认为零除以零等于零。梵藏提出了解一般二次方程的规则。在几何学方面,他给出了以四边形的边长求四边形面积的正确公式。他给出的圆周率为 $\pi=3.1623$。大雄继续前人的工作,约于 830 年写成《计算精华》一书。在书中大雄认识到,零乘以任意数都等于零,但他错误地认为,零除一个数仍等于这个数。一个分数除另一个分数,等于把这个分数的分子、分母颠倒后与那个分数相乘。有迹象表明,大雄可能已接触过中国古代的数学著作,因而受到中国古代数学的影响。室利驮罗也是一位数学家。现存的室利驮罗的数学著作有《算法概要》一书(1020 年成书)。据说,他还有一部专门论述二次方程的著作。他的主要工作是研究二次方程的解法。在古印度数学发展史上,作明的贡献最大,在他著的《历数全书头珠》中的《嬉有章》和《因数算法章》,反映了古印度数学的最高成就。作明正确地指出:以零除一个数为无限大。零号是印度人的卓越发明,没有零号,就没有完整的位值创记数法,这种记数法能用简单的几个数码表示一切的数,尽管世界上也有不少民族懂得零的道理,然而系统地研究、处理和介绍零,还是印度人的功劳最大。713 年,巴格达的印度天文学家,开始将古印度的天文学和数学书籍译成阿拉伯文,从而也把印度的数码介绍到中亚细亚。12 世纪初,欧洲人开始将大量的阿拉伯文数学著作译成拉丁文。意大利人斐波那契用拉丁文将印度—阿拉伯数码和记数法介绍给欧洲人。阿拉伯数码虽早在十三四世纪就传入中国,但直到 20 世纪初,中国数学与世界数学合流后,国际通用的印度—阿拉伯数码才被中国采用。作明在研究二次方程求解问题时指出:一个数的平方根有两个数,一正一负,需依题意选取适当的根。他明确地指出:负数的平方根没有意义。他还给出了求不定方程整数解的方法。在几何学方面,他给出的圆周率是 $\pi=3.1416$ 或 $\pi=3.1419$,并指出了前一个数值。

1.3.4　古印度的医学

古印度人很重视医学。哈拉巴文化遗址中发现的浴室、下水道系统等,表明 4000 年前的古印度人已具有相当的卫生和医学知识。大约成书于公元前 1 世纪的《阿柔吠陀》,是古印度最早的一部医学著作,用水、地、火、风、空"五大"元素学说解释人的生理和病理,载有内科、外科、儿科等许多疾病的治疗方法,也记载了许多药物。古印度的名医妙闻(公元前若干年)和罗迦(约 120—162),不但医术高明而且都有著作传世。前者外科手术达到了相当高的水平,后者进一步阐发了古印度的医学理论,对病因、病理作了深入研究,提出了一套诊断和治疗的方法。

古印度的医学相当发达,因为古印度素有大慈大悲、普度众生的仁爱思想,所以很看重救死扶伤的医学精神。在古印度历史上,出现了许多著名的医学家和医学著作。出现于公元前 1 世纪左右的《阿柔吠陀》，是目前已知的古印度最早的医学著作。该书认为，人体有躯干、体液、胆汁、气和体腔五大要素，与自然界中的地、水、火、风和空五大要素相对应。躯干和体腔比较稳定，其余三者比较活泼，如果五者失调，人就会生病。这种看法，成为古印度医学的理论基础之一。

妙闻是古印度最有名望的医生之一。在古印度宗教的教义中，禁止用刀子解剖人体，人们只能把尸体浸泡于水中，然后用手撕裂进行观察，因此，妙闻只好暗地里进行解剖学研究。在经后人整理的《妙闻集》里，记载了许多解剖学知识。《妙闻集》里还论述了生理学和病理学的许多问题，研究了内科、外科、妇产科和儿科等各类病症达 1120 种，还记载了摘白内障、除疝气、治疗膀胱结石、剖宫产等多种手术，以及 120 种外科手术器材和760 种药物。

罗迦是古印度另一位著名的医生，他的《罗迦本集》是古印度的医学百科全书。书中进一步阐述了古印度的医学理论，它提出的养生原则包括合理的营养、充足的睡眠和有节制的饮食，至今仍有参考价值。该书对病因、病理作了进一步研究，记叙了一系列相应的诊断和治疗的方法，阐述了 500 余种药物的用法。另外，7 世纪编成的《八科提要》和8 世纪的《八科精华录》，也是古印度医学的重要典籍。

与成熟的药物学相联系，为了寻求"长生不老之药"，并使普通金属转变为金、银等贵重金属，古印度的炼丹术也十分发达。古印度人重视水银和硫磺，而且掌握了升华、焙烧、汽化等技术。虽然炼丹术有种种神秘色彩，但其中包含了某些科学的因素，在一定程度上促进了化学的发展。古印度的医学影响深远。妙闻和罗迦的著作在 5 世纪被译成波斯文和阿拉伯文。八九世纪时，阿拉伯人曾经邀请印度医师主持医院工作和担任教学工作。我国西藏、中原等地，也曾经受到古印度医学的影响。

1.3.5 古印度的农业与建筑

约公元前 2500 年的哈拉巴文化时期，农业生产已有相当的水平，使用青铜器农具，种植多种作物。古印度人是世界上最早的棉花种植者。雅利安人入住印度后，重新发展农业生产。公元前 6 世纪以后，由于铁器的使用，农业生产技术水平更有较大的提高。进入封建社会后，农业继续发展，但总的说来进展缓慢，生产工具的改进方面变化不大。由于最早种植棉花，古印度也成了棉纺织的发源地。公元前 2 世纪，古印度的棉纺织技术已有相当的水平，产品远销国外。

古印度人在公元前 4 世纪已能炼钢。新德里至今尚存一根 5 世纪时铸造的铁柱，高7.25 米、重约 6.5 吨，几乎完全没有锈蚀。古印度的铜铸佛像很多，工艺精美。这些都反映出古印度的冶金技术水平。

古印度人在世界上最早发明烧制建筑用的砖块。从哈拉巴文化遗址发现，当时的城市已有很多两三层楼房和 1800 多平方米的公共大浴室，城内有平直相交的道路网，还有完整的供水和排水系统。三四千年前能建设如此规模的城市，当属世界之最。

最能体现这个文明规模的，是城市遗址及其建筑艺术。在众多的城市遗址中，较大的只有几处,其中哈拉巴和摩亨佐·达罗最大,而保存较好的是摩亨佐·达罗,因此,我们将通过介绍摩亨佐·达罗城遗址来了解印度河的城市文明。

摩亨佐·达罗城占地 266 公顷,城的西部是建在砖台砌高台上的卫城,东部是居民住宅区和商业中心所在地,两部分有一道宽厚的砖墙围护,使其形成一体。卫城有高厚的城墙和塔楼,卫城内有一系列建筑物:中心是一个长方形的大浴池,长 12 米、宽 7 米、深 2.4 米,用砖建成,涂以沥青,以防漏水。浴池附近有供水水井,并有排水沟。学者们认为,这个浴池不单纯是为了洗澡,可能也是履行某种宗教仪式的场所。浴池的西边是大谷仓,东、南、北三面是富丽堂皇的建筑物,这显然是统治者居住、办公和集会的地方。下城显然是按规划建成的,大街笔直,有东西向、南北向,垂直相交。下城也分区,每区又有若干小巷,也是垂直相交。主要大街宽达 10 米,街道交叉处建筑物的墙角砌成圆形,以免有碍交通。街道还有不少分布均匀的柱子,专家们认为是供夜间照明的灯柱。垂直相交的街道下面,又有一整套下水网络,下水道用砖砌成,上有石板顶盖。街道两边都是建筑物墙壁,但这些建筑物的窗户不是临街而开,而是朝自家的院子开的,门基本上也是临小巷而开,很少临街而开。从下城的街、区、建筑物来看,显然是一个贫富差距较大的阶级社会:因为有的城区街道整齐,建筑物是豪华式的楼层建筑,并自备水井和浴室,浴室的地面呈坡度,并有下水管道直接通向室外的街道下水管道,有的建筑物还有垂直的陶管,说明楼房的主人把浴室设计在楼上了;有的城区则是另一番景象,街道狭窄、茅屋土舍、街道无下水道、室内无浴室,这些城区显然是贫民区,想必是热天臭气熏天、雨天道路泥泞。

印度河文明的建筑物与同时期埃及和苏美尔的建筑物相比,有其明显的独特风格。从建筑材料来看,埃及用的是巨石,苏美尔是用太阳晒干的砖,而印度河文明用的则是窑内烧的砖,且尺寸标准;从建筑风格来看,他们比埃及和苏美尔似乎更注重实用和实惠。在艺术方面,基本上无壁画和浮雕之类的东西,但有单独性的青铜和石制雕刻品。其特色印章上有不少动物图案,如牛、独角兽等,可谓栩栩如生;石雕的人像虽庄严呆板,但发须整洁,一副贵族气派;青铜雕的舞蹈少女,佩戴着手镯和臂镯,梳着披肩发,且身材苗条健美。

从建筑艺术看,吠陀时代与列国时代基本上是木质结构,这些建筑物现已荡然无存。阿育王时,开始用砖石建筑材料。桑奇地方保存的佛塔就是用砖建成的,以后又扩大,并砌上一层石块。该佛塔呈半圆形,直径约 30 米,顶端为平台,台上造一方坛,坛上竖立层叠着的伞形柱,这是佛教徒奉祀佛骨的地方。该佛塔周围有环形道路,并绕以栅栏和四个大门,四个大门都布满了以佛教题材为中心的精致雕刻。

前面提到的阿育王沙石柱,也是古印度建筑艺术的重要遗迹。这些高达 15 米的石柱,最重的达 50 吨左右,除奔马、瘤牛、大象等造型的柱头外,最著名的是萨尔纳兹大石柱,其柱头的四个背对背蹲踞着的狮子,栩栩如生、雄劲有力,象征着帝王的权威。

造型艺术中的重大成就,还有我们比较熟悉的石窟艺术,其中最著名的是阿旃陀石窟。它位于海德拉巴省温德亚山脉的深山中,大约于公元前 1 世纪开凿,7 世纪完成。因其在深山中,建成后约有 1000 年人烟绝迹,直到 1819 年才被欧洲人发现。石窟开凿在河流旁半圆形的悬崖上,共 29 个石窟。石窟的建筑有佛殿和僧房两种,内有大量的、以佛教为题材的精美绘画和雕刻,也有以现实为题材的作品,体现了古印度艺术的独特风格和高超技巧,是建筑、雕刻、绘画三种艺术结合的范例,被誉为世界艺术精粹之一。据说,唐玄奘到印度时曾拜访过这里。古印度人竟把一座石山变成壮丽的艺术宝库,充分体现了古印度人民的伟大创造力。

1.4　古代中国的科学技术

1.4.1　古代中国的文明

中国的黄河流域和长江流域的自然条件,都有利于农业的发展。黄河流域进入新石器时代可能在七八千年之前,长江流域约在六七千年之前。但中国进入奴隶制社会的时间,比世界其他几个古文明地区都较晚,大约是从公元前 21 世纪的夏朝开始的。“大禹治水”的传说和记载表明,中国古人与其他古文明地区不同,在洪水面前不是坐船逃难,而是有领导、有组织地和洪水作斗争,不仅制服了洪水,而且还发展了农业。传说,夏代已有了铜器。从商代高度发达的青铜技术来看,这是可能的。夏朝末期的几个国王,以天干为名,如胤甲、孔甲、履癸(即桀),表明那时可能已经采用了干支纪日的方法。

公元前 16 世纪,商灭夏而建立了一个奴隶制大帝国。商代已普遍使用甲骨文,手工业也相当发达,特别是青铜器的制作达到了独步世界的高水平,制品有兵器、礼器和工具。商代高度发达的青铜冶铸技术,为生铁冶铸技术的出现做了准备。商代彩釉陶和白陶的出现,又为后来瓷器的生产准备了条件。

公元前 11 世纪,周灭商。周朝建立后,注意吸收商的文化遗产,推动了中国奴隶社会的发展。从公元前 21 世纪到公元前 475 年的战国初,中国的奴隶社会只延续了 1600 年左右,与西亚、北非、南欧地区存在 4000 多年的奴隶制相比,是大大缩短的。中国是世界上第一个进入封建社会的国家。本书着重叙述的这个历史阶段,即春秋战国时期(前770—前221),就是中国历史上由奴隶制向封建制转变的社会大变革时期。

和主要靠工商业与贸易为生存命脉的古希腊不同,中国的奴隶制是在大陆上发展起来的。黄河中下游的大片平原以及渭河、汾河谷地和长江、淮河中下游的平原地带,几乎连成一片,为农业的发展提供了极好的自然条件。在石器加工和制陶技术的基础上产生出来的青铜冶铸技术,把农业生产技术推到了一个新的高度。熟练地掌握炼钢技术和进一步改进鼓风技术,获得生铁熔铸的高温(1146℃)是不难达到的。所以,不迟于公元前6 世纪,中国已出现了生铁冶铸。铁器的应用,特别是铸铁农具的普遍推广,引起了全社会整个技术基础的巨大变化。V 形铁铧犁和牛耕的使用,大大增加了农业的产量;凿井技术的提高和大规模水利工程的兴建,便于人们向远离河湖的地区移居,使大量荒地得到开垦。

私田数量的增加和农业劳动生产率的提高,促使小农阶层(自耕农和佃农)和以私有土地为资本暴富起来的封建剥削阶层的出现,使封建生产关系得到迅速发展。这种新出现的封建生产关系,更好地适应了当时生产力发展的要求,进一步解放了生产力,使春秋战国时期的生产力得到前所未有的巨大提高,也促成了奴隶社会无法比拟的科学技术的大发展。

中国的奴隶社会没有产生足以和希腊的科学文化相媲美的精神文明,但是作为世界上第一个进入封建社会的国家,不仅在进入封建社会的初期就创造了可以和古希腊相媲美的科学文化,而且以自己的辉煌成就在世界上领先达 1000 多年之久。

春秋战国时期奖励耕战、重视农桑的政策,不仅促进了农业科学技术的提高,而且也促进了天文历法的发展。春秋战国时期,中国已开始采用 19 年 7 闰的制历方法;战国时期,又产生了二十四节气的思想。中国还出现了世界上最早的天文观测记录和星表。

这一时期中国的手工业生产也有了很大的进步,形成了冶铁业、丝织业、车辆制造业、玻璃漆器业等许多独立的生产部门。农业和手工业的发展,又促进了商业贸易的繁荣、水陆交通的发达和城市的发展。各个诸侯国之间的军事征伐、文化交流和商业活动,扩大了各个地区的联系沟通与科学技术的交流,开阔了人们的地理视野,出现了《禹贡》、《五藏山经》等地理著作。

各诸侯国之间的攻伐兼并以及各种势力为了维护自身的利益,都需要笼络收买社会上的智能之士为他们服务,使社会上私学兴起。特别是从孔丘(前 551—前 470)开始的私人讲学活动,使原来被统治阶级垄断的文化知识普及到"国人"之中,社会上由此产生了一批受过礼、乐、射、御、书、数"六艺"教育的"士"。他们各持己见、著书立说、奔走游说、互相争辩,使代表各阶级、阶层利益的学说纷起,造成了思想上解放、学术上自由的"百家争鸣"的生动局面。儒家、墨家、道家、名家等诸子百家,为了发展自己的学派、论证自己的观点、实现自己的主张,都不同程度地关心生产的发展和科学技术的进步,为当时科学技术的发展创造了极为有利的气氛和条件,促进了中国科学文化的繁荣。中国的春秋战国和古希腊一起,在当时世界的东方和西方,同时形成了两个科学文化高峰。

中国的春秋战国时期,在自然知识方面,除前面已述及的天文学、地理学之外,数学、农学、生物学、医学和物理学等都有了相当的发展。

商代已使用了十进位制。春秋时期已可利用算筹进行四则运算;精耕细作的农业技术传统已经形成;生物形态学和分类学知识已大大丰富;中国独特的医学体系,也在这一时期初步形成并得到迅速发展。在医药、病因病理和诊断治疗知识积累的基础上,战国后期成书的《黄帝内经》,对我国古代的医疗经验作了系统的总结。在《考工记》和后期墨家撰写的《墨经》等书中,记载了我国古人在力学、热学、声学、光学等方面获得的物理知识,特别是墨家在光学上所取得的成就,是早于古希腊欧几里得《光学》的杰出成果。

1.4.2　古代中国的天文历法

中国古代天文学起源很早。殷商时代,据甲骨文记载,已经有了关于日食、月食的记录,并且出现了原始历法——阴阳历。

进入奴隶社会以后,天文学逐步得到发展。相传在夏朝已有历法,所以,今天还把农历称为"夏历"。根据甲骨文的记载,商代将一年分为春、秋两个季节,每年有 12 个月,闰年 13 个月,大月 30 天,小月 29 天。商代甲骨文中还有世界上关于日食、月食的最早记录。西周已设专门人员管理计时仪器和进行天象观测;春秋时期,人们已能由月亮的位置推出每月太阳的位置,在此基础上建立了二十八宿体系。根据《春秋》一书的记载,当时已将一年分为春、夏、秋、冬四季。在同一书中还记有"鲁文公十四年(公元前 613)秋七月,有星勃入于北斗"。这是世界上关于哈雷彗星的最早记录。

春秋战国之际,二十八宿体系已经建立。二十八宿是古人在观测日月星辰及五星运动时,沿天球黄、赤道带所划分的二十八个区域,分别是:角、亢、氐、房、心、尾、箕;斗、牛、女、虚、危、室、壁;奎、娄、胃、昴、毕、觜、参;井、鬼、柳、星、张、翼、轸。二十八宿的建立,为观测提供了一个较为准确的量度标志。对异常天象的观测,除了多次记录了日、月食外,《春秋·文公十四年》中还有关于哈雷彗星的记载:"秋七月,有星勃入于北斗。"战国时魏人石申绘制了人类历史上第一张星象表。在我国历法中占有重要地位的二十四节气,经过逐步的发展,到战国时已完备。二十四节气是把周年平分为立春、雨水、惊蛰、春分、清明、谷雨、立夏、小满、芒种、夏至、小暑、大暑、立秋、处暑、白露、秋分、寒露、霜降、立冬、小雪、大雪、冬至、小寒、大寒。它的建立,不仅具有天文意义,而且还对古代农业生产有指导作用。

秦汉时期,天文学有了长足进展,全国制定了统一的历法。西汉武帝时,司马迁参与改定的《太初历》,具有节气、闰法、朔晦、交食周期等内容,显示了很高的水平。这一时期还制作了浑天仪、浑象等重要的观测仪器,对后世有深远影响。特别是两汉时期,在天文学理论上,人们对宇宙的认识逐步深化。先是提出"浑天说",认为"浑天如鸡子,天体圆如弹丸,地如鸡子中黄,孤居于内",即将宇宙比喻为鸡蛋,地球如同蛋黄浮在宇宙中,进而又有人提出"宣夜说",认为"天"没有固定的天穹,而是无边无涯。这实际上是说,宇宙空间是无限的。

随着天文学研究的深入,出现了系统的天文学理论。汉代主要有"论天三家",即"盖天说"、"浑天说"和"宣夜说"。"盖天说"的代表作是《周髀算经》,主张天是拱形的,日月星辰绕天穹中央北极运动,其东升西降是因远近所致;"浑天说"的集大成者是张衡,主张浑天如鸡子,地如鸡中黄,天包地浑圆如弹丸,天地乘气而立,载水而浮;"宣夜说"的代表人物是东汉时的郗萌,主张天体在广阔的空间分布,运动是随其自然的。

在汉代出现了《三统历》,这是我国现存第一部完整的历法。东汉时的刘洪经过多年研究,完成了乾象历,标志着古代历法体系趋于成熟。

三国两晋南北朝时期,天文学仍有所发展。祖冲之在刘宋大明六年(462)完成了《大明历》。这是一部精确度很高的历法,如它计算的每个交点月(月球在天球上连续两次向北通过黄道所需时间)的日数为 27.212 23 日,同现代观测的 27.212 22 日只差十万分之一日。

魏晋时期,东晋虞喜最早发现了岁差现象,即春分点(或冬至点)在恒星间的位置逐年西移。北齐张子信发现了太阳、五星运动的不均匀性。孙吴时,葛衡制成了大于人体的空心圆形浑天仪,非常利于人们的观察。

在历法编制上,祖冲之把岁差应用于其中,编制的《大明历》取一周年长度为365.242 314 81日,和近代科学测定的数值相差仅50余秒,同时改过去的19年7闰为391年144闰。

隋唐时期,又重新编订历法,并对恒星位置进行重新测定。一行、南宫说等人进行了世界上最早对子午线长度的实测。人们根据天文观测结果,绘制了一幅幅星图。在敦煌就曾发现唐中宗李显时期(705—710)绘的星图,共绘有1350多颗星,这反映了中国在星象观测上的高超水平。要知道,欧洲直到1609年望远镜发明以前,始终没有超过1022颗星的星图。

隋唐时期,著名学者僧一行和他人一起进行了人类历史上第一次的对子午线长度的测定。他还创制了用于天体测量的仪器——黄道游仪。另外,又在张衡水运浑象的基础上,制成水运浑天仪,不仅能演示天体的运动,而且还具有报时功能。一行还发现了恒星位置移动现象,比英国人哈雷提出恒星自行早了一千多年。在开元十五年(727),一行完成了《大衍历》初稿,其内容结构十分严密。

宋元时期,制造、改进了许多天文仪器。北宋苏颂等人的水运仪象台以水为动力,带动一套精密的机械,既可观测天体,又可演示天象,还能自动报时,成为世界上著名的天文钟。元代郭守敬制的简仪等,在同类型天文仪器中居于世界领先地位。他还创造了中国古代最精密的历法《授时历》,定一年为365.2425日,这和现行公历——格里高利历是一样的,但比格里高利历早了300多年。

宋元时代,古天文学发展到了顶峰,传统的天文仪器发展到尽善尽美的程度,还涌现出了许多著名的学者,郭守敬是其中杰出的代表。他组织了大规模的测地工作,编制的恒星表多达2500颗。他在前人基础上,运用先进的数学成果,在1280年,完成了中国古代登峰造极的历法——授时历,以365.2425日为一年,和当今通用的格里高利历数值是一样的。

明朝前期,天文学几乎没有进展。明中,欧洲传教士带来了欧洲天文学知识,促进了中国天文学进一步发展。徐光启等人翻译了一批欧洲的天文学著作,并制作了一些天文仪器,安装在北京天文台。清建立后,在中国的传教士又督造了六件铜制大型仪器,这些仪器保存至今。清代学者在天文学理论上也取得一些突破,如在《仪象考成续编》一书中,提出恒星有远近变化,也就是认识到恒星有视向运动。欧洲在1868年才提出这种概念。

1. 历法著作

现在保留下来的最古老典籍之一《夏小正》,相传是夏代(约前21—前16世纪)的历书。

自汉代(前205—220)起,就有完整系统的历法著作留传到现在,包括在各历史朝代中颁行过的和没有颁行过的历法,共约100种,绝大部分收集在《二十四史》的《律历志》

中,这是研究中国历法的资料宝库。

《三统历》,西汉刘歆(? —23)作,一般认为,是根据汉武帝太初元年(前 104)邓平、落下闳等人创作的《太初历》稍加修改而成。

《乾象历》,汉献帝建安十一年(206)刘洪(约 135—210)作。

《皇极历》,隋文帝仁寿四年(604)刘焯(544—610)作,未颁行。

《大衍历》,唐玄宗开元十五年(727)僧人一行(683—727)作,后经张说(667—730)和陈玄景整理成文,开元十七年(729)颁行,使用到天宝十年(751)。

《授时历》,元世祖至元十七年(1280)郭守敬(1231—1316)作,次年颁行。

《崇祯历书》,明末徐光启(1562—1633)主编,李天经(1579—1659)续成,从崇祯二年到七年(1629—1634),前后共用五年时间完成。

2. 天文星占著作

《石氏星经》是现在见到的最早一本天文星占著作,为战国时期(公元前 475—前 221)魏国石申所著。

《五星占》是 1973 年在长沙马王堆汉墓中出土的一份帛书,专讲五大行星运动和一些天文知识,共有 9 部分,8000 字。

汉代还有两本重要的天文著作应该提到,这就是《天官书》和《周髀算经》。

《步天歌》是一本以诗歌形式介绍全天恒星名称、数目、位置的天文学著作,相传是唐代王希明撰,丹元子是他的号,所以,有时也称《丹元子步天歌》。

《灵台秘苑》原是北周庾季才撰,据《隋书·经籍志》载,共有一百二十卷,现在见到的只有二十卷,为北宋王安礼等人重修。

《开元占经》,一百二十卷,唐代瞿昙悉达撰,成书于唐玄宗开元六年到十四年(718—726),所以又称《大唐开元占经》。

唐代另一本天文星占著作《乙巳占》,是李淳风所著,也摘编了许多现已失传的古代星占著作的片段,包括天文、气象、星占,内容也很广泛。

3. 天文仪器著作

汉代大科学家张衡(图 1-20)(78—139)是水运浑象仪的制造者。

图 1-20　张衡

《新仪象法要》是宋代苏颂(1020—1101)为水运仪象台所作的设计说明书,成书于宋哲宗绍圣元年到三年(1094—1096)间,是有关水力运转天文仪器的一本专著。

有关中国古代的几种重要天文仪器,在《宋史·天文志》中可以看到。沈括(1031—1095)的三篇论文,是他在宋神宗熙宁七年(1074)写的《浑仪议》、《浮漏议》和《景表议》。这三篇论文可算是有关仪器的专门著作。《浑仪议》讲到了浑仪和浑象的制造历史,指出浑仪和浑象是两类不同的仪器,接着讲到各代所制浑仪的结构,他对制作浑仪的心得体会。《浮漏议》讲到了在他之前的燕肃对平水壶的最新发明,详细记录漏壶的结构和尺寸、漏壶用水的选择,等等。《景表议》讲述了多表测景的的方法和景表安装制造问题,讨论了大气能见度的影响。这些使我们对古代天文仪器的认识提高了一步。

《灵台仪象志》是清代初年为观象台制造六件大型天文仪器的设计使用说明书,由比利时来华的耶稣会士南怀仁(1623—1688)主编,完成于清圣祖康熙十三年(1674)。

除了上述介绍的天文学名著,中国古代还有许多有价值的天文著作。这里应该特别提到《畴人传》,这是一本关于天文、数学家的传记集,收集了几百位天文、数学家的生平和科学业绩,是研究中国天文学史的重要资料集。

1.4.3　古代中国的数学

中国古代数学,和天文学以及其他许多科学技术一样,也取得了极其辉煌的成就。可以毫不夸张地说,直到明代中叶以前,在数学的许多分支领域里,中国一直处于遥遥领先的地位。中国古代的许多数学家曾经写下了不少著名的数学著作。许多具有世界意义的成就,正是因为有了这些古算书而得以流传下来。这些中国古代数学名著,是了解古代数学成就的丰富宝库。

例如,现在所知道的最早的数学著作《周髀算经》和《九章算术》,它们都是公元纪元前后的作品,到现在已有 2000 年左右的历史了。能够使 2000 年前的数学书籍流传到现在,这本身就是一项了不起的成就。

开始,人们是用抄写的方法进行学习数学并且把数学知识传给下一代的。直到北宋,随着印刷术的发展,开始出现印刷本的数学书籍,这恐怕是世界上印刷本数学著作的最早出现。现在收藏于北京图书馆、上海图书馆、北京大学图书馆的传世南宋本《周髀算经》、《九章算术》等五种数学书籍,更是值得珍惜的宝贵文物。

从汉唐时期到宋元时期,历代都有著名算书出现:或是用中国传统的方法给已有的算书作注解,在注解过程中提出自己新的算法;或是另写新书,创新说,立新意。在这些流传下来的古算书中,凝聚着历代数学家的劳动成果,它们是历代数学家共同留下来的宝贵遗产。

《算经十书》是指汉、唐一千多年间的十部著名数学著作,它们曾经是隋唐时候国子监算学科(国家所设学校的数学科)的教科书。十部算书的名字是:《周髀算经》、《九章算术》、《海岛算经》、《五曹算经》、《孙子算经》、《夏侯阳算经》、《张丘建算经》、《五经算术》、《缉古算经》、《缀术》。

这十部算书,以《周髀算经》为最早,我们不知道它的作者是谁。据考证,它成书的年代当不晚于西汉后期(约前 1 世纪)。《周髀算经》不仅是数学著作,更确切地说,它是讲述当时的一派天文学学说——“盖天说”的天文著作。就其中的数学内容来说,书中记载了用勾股定理进行的天文计算,还有比较复杂的分数计算。当然,不能说这两项算法都是到公元前 1 世纪才为人们所掌握,它仅仅说明在现在已经知道的资料中,《周髀算经》是比较早的记载。

对古代数学的各个方面全面完整地进行叙述的是《九章算术》，它是十部算书中最重要的一部。它对以后中国古代数学发展所产生的影响，正像古希腊欧几里得（约前330—前275）《几何原本》对西方数学所产生的影响一样，是非常深刻的。在中国，它在一千多年间被直接用作数学教育的教科书。它还影响到国外，朝鲜和日本也都曾拿它当作教科书。

《九章算术》，我们也不知道其确实的作者是谁，只知道西汉早期的著名数学家张苍（前201—前152）、耿寿昌等人都曾经对它进行过增订、删补。《汉书·艺文志》中没有《九章算术》的书名，但是有许商、杜忠二人所著的《算术》，因此有人推断，其中或者也含有许、杜二人的工作。1984年，湖北江陵张家山西汉早期古墓出土《算数书》书简，推算成书当比《九章算术》早一个半世纪以上，内容和《九章算术》极相类似，有些算题和《九章算术》算题文句也基本相同，可见两书有某些继承关系。可以说，《九章算术》是在长时期里经过多次修改逐渐形成的，虽然其中的某些算法可能早在西汉之前就已经有了。正如书名所反映的，全书共分9章，一共搜集了246个数学问题，连同每个问题的解法，分为9大类，每类算是一章。

从数学成就上看，首先应该提到的是：书中记载了当时世界上最先进的分数四则运算和比例算法。书中还记载有解决各种面积和体积问题的算法以及利用勾股定理进行测量的各种问题。《九章算术》中最重要的成就是在代数方面，书中记载了开平方和开立方的方法，并且在这基础上有了求解一般一元二次方程（首项系数不是负）的数值解法。还有整整一章是讲述联立一次方程解法的，这种解法实质上和现在中学里所讲的方法是一致的。这要比欧洲同类算法早出一千五百多年。在同一章中，还在世界数学史上第一次记载了负数概念和正负数的加减法运算法则。

《九章算术》不仅在中国数学史上占有重要地位，它的影响还远及国外。在欧洲中世纪，《九章算术》中的某些算法，例如分数和比例，就有可能先传入印度，再经阿拉伯传入欧洲。再如"盈不足"（也可以算是一种一次内插法），在阿拉伯和欧洲早期的数学著作中，就被称作"中国算法"。现在，作为一部世界科学名著，《九章算术》已经被译成许多种文字出版。

《算经十书》中的第三部是《海岛算经》，它是三国时期刘徽（约225—295）所作的。这部书中讲述的都是利用标杆进行两次、三次，最复杂的是四次测量来解决各种测量数学的问题。这些测量数学，正是中国古代非常先进的地图学的数学基础。此外，刘徽对《九章算术》所作的注释工作也是很有名的。一般的说，可以把这些注释看成是《九章算术》中若干算法的数学证明。刘徽注中的"割圆术"开创了中国古代圆周率计算方面的重要方法，他还首次把极限概念应用于解决数学问题。

《算经十书》的其余几部书，也记载了一些具有世界意义的成就。例如，《孙子算经》中的"物不知数"问题（一次同余式解法）、《张丘建算经》中的"百鸡问题"（不定方程问题）等都比较著名。而《缉古算经》中的三次方程解法，特别是其中所讲述的用几何方法列三次方程的方法，也是很具特色的。

《缀术》是南北朝时期著名数学家祖冲之的著作。很可惜,这部书在唐宋之际即 10 世纪前后失传了。宋人刊刻《算经十书》的时候,就用当时找到的另一部算书《数术记遗》来充数。祖冲之的著名工作关于圆周率的计算(精确到第六位小数),记载在《隋书·律历志》中。

《算经十书》中用过的数学名词,如分子、分母、开平方、开立方、正、负、方程,等等,都一直沿用到今天,有的已有近两千年的历史了。

中国古代数学,经过从汉到唐一千多年间的发展,已经形成了更加完备的体系。在这基础上,到了宋元时期(10—14 世纪)又有了新的发展。宋元数学,从它的发展速度之快、数学著作出现之多和取得成就之高来看,都可以说是中国古代数学史上最光辉的一页。

特别是公元 13 世纪下半叶,在短短几十年的时间里,出现了秦九韶(1202—1261)、李冶(1192—1279)、杨辉、朱世杰四位著名的数学家。所谓宋元算书,就指的是一直流传到现在的、这四大家的数学著作,包括:秦九韶著的《数书九章》(1247);李冶的《测圆海镜》(1248)和《益古演段》(1259);杨辉的《详解九章算法》(1261)、《日用算法》(1262)、《杨辉算法》(1275);朱世杰的《算学启蒙》(1299)和《四元玉鉴》(1303)。

《数书九章》主要讲述了两项重要成就:高次方程数值解法和一次同余式解法。书中有的问题要求解十次方程,有的问题答案竟有 180 条之多。《测圆海镜》和《益古演段》讲述了宋元数学的另一项成就:天元术;还讲述了直角三角形和内接圆所造成的各线段间的关系,这是中国古代数学中别具一格的几何学。杨辉的著作讲述了宋元数学的另一个重要侧面:实用数学和各种简捷算法。这是应当时社会经济发展而兴起的一个新的方向,并且为珠算盘的产生创造了条件。朱世杰的《算学启蒙》不愧是当时的一部启蒙教科书,由浅入深,循序渐进,直到当时数学比较高深的内容。《四元玉鉴》记载了宋元数学的另两项成就:四元术和高阶等差级数、高次招差法。

宋元算书中的这些成就,和西方同类成果相比:高次方程数值解法比霍纳(1786—1837)方法早出五百多年,四元术要比贝佐(1730—1783)方法早出四百多年,高次招差法比牛顿(1642—1727)等人的方法早出近四百年。

宋元算书中所记载的辉煌成就再次证明:直到明代中叶之前,中国科学技术的许多方面,是处在世界遥遥领先地位的。

宋元以后,明清时期也有很多算书。例如明代就有著名的算书《算法统宗》。这是一部风行一时的讲珠算盘的书。入清之后,虽然也有不少算书,但是像《算经十书》、宋元算书所包含的那样重大的成就便不多见了。特别是在明末清初以后的许多算书中,有不少是介绍西方数学的。这反映了在西方资本主义发展进入近代科学时期以后我国科学技术逐渐落后的情况,同时也反映了中国数学逐渐融合到世界数学发展总潮流中的一个过程。

中国数学发展的历史表明:中国数学曾经为世界数学的发展作出过卓越的贡献,只是在近代才逐渐落后了。我们深信,经过努力,中国数学一定能迎头赶上世界先进水平。

1.4.4　古代中国的医学

在 3000 多年前的殷商甲骨文中,中国已经有关于医学以及十多种疾病的记载。我国在上古时代医生就已经是专门的职业,如《周礼》的"天官冢宰第一"就有正式文献提到医师的职责。然而,由于当时的经济条件比较落后,并非每个医生都受过严格的专业训练,而一般人中,只要略有学问且自己对医事有所把握者,都可为人切脉开药,直到如今仍有其余迹。周代已经使用望、闻、问、切等诊病方法和药物、针灸、手术等治疗方法。

1. 中国古代的名医

战国时期的扁鹊(图 1-21),医术高明,有"起死回生"之能,被世人尊称为"神医"。扁鹊是我国历史上第一个有正式传记的民间医家,擅长内科、外科、妇科、儿科治疗技术。其医术特点为,调节五脏六腑和以毒攻毒。扁鹊曾为太子治尸厥,实际上太子患的是羊毛疗。扁鹊擅长治疗半身不遂、头痛、痈、羊毛疗和瘀,在接骨和针刺上也有独到之处,在火灸方面有自己的创造性,在学术上自成一派。扁鹊的医术当时在列国中名列第一,无人能比,但他也很孤傲,个性极强,我行我素,经常出言不逊,得罪了不少人,让人下不了台阶,砸了许多御医的饭碗。御医们对其恨之入骨,都有害他之心。后被秦国太医李某派人骗到郊外用棍棒击昏,再用车碾死。他所著的《难经》一书是我国最早的医学文献,由于他对我国医学有重大贡献,在中国医学史上被尊为"祖师"。

张仲景(图 1-22),名机,据传当过长沙太守,所以有"张长沙"之称。他是南阳郡涅阳(今河南省南阳县)人,约生于东汉和平元年(150),卒于建安二十四年(219),活了七十岁左右。他自小好学深思,"博通群书,潜乐道术"。当他十岁时,就已读了许多书,特别是有关医学的书。他的同乡何颙赏识他的才智和特长,曾经对他说:"君用思精而韵不高,后将为良医。"(《何颙别传》)后来,张仲景果真成了良医,被人称为"医中之圣,方中之祖"。这固然和他"用思精"有关,但主要是他热爱医药专业,善于"勤求古训,博采众方"的结果。

图 1-21　扁鹊

图 1-22　张仲景

他处在动乱的东汉末年。那时军阀连年混战,"民弃农业",都市、田庄多成荒野,人民颠沛流离、饥寒困顿,各地连续爆发瘟疫,尤其是洛阳、南阳、会稽(绍兴)疫情严重。"家家有僵尸之痛,室室有号泣之哀",张仲景的家族也不例外。面对这种悲痛的惨景,张仲景目击心伤,"感往昔之论丧,伤横夭之莫救"(《伤寒论》自序)。于是,他发愤研究医学,立志做个能解脱人民疾苦的医生。"上以疗君亲之疾,下以救贫贱之厄,中以保身长全,以养其生。"(《伤寒论》自序)当时,在他的宗族中有个人叫张伯祖,是个极有声望的医生。张仲景为了学习医学,就去拜他做老师。张伯祖见他聪明好学,又有刻苦钻研的精神,就把自己的医学知识和医术,毫无保留地传授给他,而张仲景竟尽得其传。何颙在《襄阳府志》一书中曾赞叹说:"仲景之术,精于伯祖。"经过几十年的奋斗,张仲景收集了大量资料,包括他个人在临床实践中的经验,写出了《伤寒杂病论》十六卷(又名《伤寒卒病论》)。这部著作在 205 年左右写成,而"大行于世"。到了晋代,名医王叔和加以整理。到了宋代,才渐分为《伤寒论》和《金匮要略》二书。《金匮要略》就是该书的杂病部分。张仲景所著的《伤寒杂病论》,专门论述了多种杂病的辨证诊断、治疗原则,为后世的临床医学奠定了发展的基础。

华佗(图 1-23),生在东汉末年,字符化,沛国谯县(今安徽亳县)人。当时朝政腐败、皇帝昏庸、诸侯割据、接连不断的战争,给广大百姓生活造成了极大的痛苦。他拜徐州名医为师,加上他刻苦好学和实践,不仅继承了秦汉以来扁鹊、张仲景的宝贵遗产,而又有发展和创新,掌握了很多医学知识,积累了丰富的经验,练就了高超的医疗技术,对内科、妇科、小儿科、针灸科都精通,对心肺复苏、体外挤压心脏张合和口对口人工呼吸法,他都运用自如。汉代外科学已具有较高水平。据《三国志》记载,名医华佗已开始使用全身麻醉剂"麻沸散"进行各种外科手术。

图 1-23 华佗

2. 中国古代名医药书籍简介

秦汉时期,内外交通日渐发达,少数民族地区的犀角、琥珀、羚羊角、麝香以及南海的龙眼、荔枝核等,渐为内地医家所采用。东南亚等地的药材也不断进入了中国,从而丰富了人们的药材知识。《神农本草经》就是当时流传下来的中国现存最早的药物学专著。它总结了汉以前人们的药物知识,载药 365 种,并记述"君臣佐使"、"七情和合"、"四气五味"等药物学理论。以后形成了《黄帝内经》这样具有系统理论的著作。此书是现存最早的一部中医理论性经典著作。我国最早创建病史制的是西汉名医淳于意。相传他每为病人诊治总要把患者的姓名、住址、症状、脉象、用药等情况记录下来,累积为"诊籍"。据说这是世界上最早的病历卡和医案记载。

从魏晋南北朝(220—589)到隋唐五代(581—960),脉诊取得了突出的成就。晋代名医王叔和所著的《脉经》归纳了 24 种脉象。该书不仅对中国医学有很大影响,而且还传到了国外。我国最早的针灸学专著是晋代医学大师皇甫谧所著的《针灸甲乙经》,被后人奉为"中医针灸学之祖"。这一时期医学各科的专科化已趋成熟。针灸专著有《针灸甲乙经》;《抱朴子》和《肘后方》是炼丹的代表著作;制药方面有《雷公炮炙论》;外科有《刘涓子鬼遗方》;《诸病源候论》是病因专著;《颅囟经》是儿科专著;《新修本草》是世界上第一部药典;眼科专著有《银海精微》;等等。另外,唐代还有孙思邈的《千金要方》和王焘的《外台秘要》等大型方书。

隋唐时期,由于政治统一,经济文化繁荣,内外交通发达,外来药物日益增多,用药经验不断丰富,对药物学成就的进一步总结已成为当时的客观需要。657 年,唐政府组织苏敬等二十余人集体编修《唐本草》,于 659 年完稿。该书也是世界上最早的国家药典。它比欧洲纽伦堡政府 1542 年颁行的《纽伦堡药典》早 883 年。该书共 54 卷,包括本草、药图、图经三部分,载药 850 种,在国外影响较大。

在宋代(960—1279)医学教育中,针灸教学有了重大改革。王惟一著有《铜人腧穴针灸图经》,后来,他又设计制造等身大针灸铜人两具,供教学时学生实习操作。这一创举,对后世针灸的发展影响很大。明代(1368—1644)时,有一批医学家提出把伤寒、温病和瘟疫等病区分开。到了清代,温病学说达到成熟阶段,出现了《温热论》等专著。我国最早的法医学专著,是南宋著名医学家宋慈编著的《洗冤集录》,比西方著作早 350 年。大约在 11 世纪,中医即开始应用"人痘接种法"预防天花,成为世界医学免疫学的先驱。

到了金元时代,中国医学出现了许多各具特色的医学流派。

图 1-24　李时珍

明代医药学家李时珍(图 1-24)总结我国千余年来中药学的经验,历时 27 年,完成了中药学巨著《本草纲目》,此书载药 1892 种、药方 11000 余条、插图 1160 幅,在当时可以说是集我国中药的大成,不仅汇集了以往各药学著作的精华,也对过去某些药书记述错误及不真实的数据和结论作了一些纠正和批判。据知,16 世纪的欧洲,尚无能名之为植物学的著作,直至 1657 年波兰用拉丁文译出《本草纲目》后,才推动了欧洲植物学的发展。在《本草纲目》成书后近两百年,林纳(卡尔·冯·林纳,1707 年 5 月 23 日至 1778 年 1 月 10 日,过去译成林内,拉丁化名又作卡罗鲁斯·林耐乌斯,瑞典自然学者、冒险家,现代生物学分类的奠基人,"现代生态学之父")才达到相同的水平。由于《本草纲目》的辉煌成就,该书被誉为"东方医学巨典",先后被译成多种外文出版,是研究植物学、动物学和矿物学的重要参考数据。李时珍也被列为世界著名科学家之一。《本草纲目》成为中国本草史上最伟大的集成之作,对中国和世界药物学的发展作出了杰出的贡献。

3. 中医及中药的特色

中医、中药在几千年的历史长河中,对我国民族的繁衍昌盛和世界医学的发展都作过巨大的贡献。早在公元前 200 年的春秋战国时代,《内经》、《难经》等经典著作的成书,就确立了中国医学独特的理论体系,并一直有效地指导着中医药的诊疗实践。中医药学体系是以中国古代盛行的阴阳五行学说,来说明人体的生理现象和病理变化,阐明其间的关系,并将生理、病理、诊断、用药、治疗、预防等有机地结合在一起,形成了一个整体的观念和独特的理论,作为医药学的基础。其内容包括:以脏腑、经络、气血、津液为基础的生理、病理学;以望、闻、问、切"四诊"进行诊断,以阴阳、表里、虚实、寒热"八纲"进行归纳治疗的一整套临床诊断和辨证施治的治疗学;以寒、热、温、凉"四气"和酸、甘、苦、辛、咸"五味"来概括药物性能的药物学;以"君臣佐使"、"七情和合"进行药物配伍的方剂学;以经络、腧穴学说为主要内容的针灸治疗学;此外还有推拿、气功、导引等独特的治疗方法。经历代不断发展和完善,成为中国文化史上一份极其宝贵的遗产。

针灸是中国独创性的一种治疗方法,其特点是,在病人身体的一定部位用针刺入,或用火的温热烧灼局部位置,以达到治病的目的。这一疗法大约起源于新石器时代,古人就有了用砭石治病的经验,以后发展为针灸。周代以后,逐渐形成为一项专门的治疗方法。针灸疗法的理论基础是经络学说。在长沙马王堆汉墓出土的周代古医籍中,有《足臂十一脉灸经》、《阴阳十一脉灸经》等帛书,反映了当时经络学说已基本确立。《内经》和《难经》中详细记载了人身十二正经、奇经八脉和全身脉络、腧穴以及它们的分布循行与针疗、刺法、刺禁、灸法、灸禁等具体内容,并高度评价了经络的"决死生,处百病,调虚实"的重要作用,对中国医学和世界医学的发展作出了独特的贡献。经过长期的实践和丰富的经验累积,到西晋时,由皇甫谧进行了第一次较全面的总结,写出了我国现存最早有系统的针灸专书——《针灸甲乙经》,促进了我国针灸医学的发展。由于针灸疗法简便易行,经济实用,适应证广,治疗效果比较迅速和显著,特别是具有良好的兴奋身体机能,提高抗病能力和镇静、镇痛等作用,没有或极少有副作用,又可协同其他疗法进行综合治疗,因此深受人们的欢迎。针灸疗法早在汉唐时就传到日本、朝鲜等国,宋元后又相继传到阿拉伯和欧洲。

在古人大量医学实践的基础上,我国于东汉时完成了第一部药学著作——《神农本草经》。这本书现虽已失传,但其丰富的内容仍被保留在以后历代编修的本草书录中,并被列为我国医学四大经典著作之一。这部药学经典,较欧洲可与之媲美的药学书至少要早16个世纪。

《伤寒杂病论》是我国第一部临床医学专著。东汉张仲景在刻苦攻读《内经》、《难经》等医书的基础上,结合当代人民与疾病对抗的丰富经验,总结出我国医学史上影响最大的一部著作——《伤寒杂病论》,后世将其分成两部分,其中:《伤寒论》十卷,是阐述外感热病的辨证论治专书;另有《金匮要略》六卷,其内容以脏腑辨证论述内科杂病为主,包括疟疾、中风、心痛、黄疸、吐血、反胃等病症。

《伤寒杂病论》不仅一直指导着我国医学家的临证治疗,而且还流传到国外,影响深远,是世界上第一部经验总结性的临床医学巨著。国外最早具有相当水平的专著是阿拉伯医学家阿维森纳所著的《医典》,但它比《伤寒杂病论》的成书至少要晚数百年。

东汉魏伯阳总结了前人的经验,著成《周易参同契》,这是世界上最古老的炼丹文献,也是近代化学的先驱。世界上的科学家们,也公认炼丹术起源于我国。

脉诊是我国医学中望、闻、问、切"四诊"之一,也是我国医学中一种独创的诊断方法。在《周礼》、《内经》中早有较多这方面的记载,历代著名医家,如扁鹊、仓公、仲景、华佗等,都精通脉学。西晋时,王叔和以其丰富的实践经验,总结了前人的有关经验和资料,完成了十卷《脉经》专著,对我国脉象诊断学的发展作出了巨大贡献。其特点在于,正确描述和区分各种脉象,肯定了寸口(相当于手前臂高骨处的桡动脉部位)诊法的定位诊断,并将脉、证、治三者结合进行分析,故对世界医学影响很大。早在公元582年,我国的脉诊学就传到朝鲜、日本等国,700年后为阿拉伯医学所吸收,并于公元10世纪被中东医圣阿维森纳在他的名著《医典》中引述。

1.4.5 古代中国的农业、工业与建筑

1. 古代中国的农业

在中国古代科学技术中,农业科学技术是最丰富的。中国是独立发展、自成体系的世界农业起源中心之一。七八千年前,中国已有相当发达的原始农业。最初,人类仅仅简单地模仿自然界植物生长的过程,进行播种和收获。后来,人们发现被火烧过的地方,庄稼长势好,于是先清除地上的树木、杂草,晒干后放火焚烧,然后再播种。这种耕作方式,被称为"刀耕火种"或"火耕"。

距今七八千年,我们的先民发明了最早的松土农具——未耜。未耜的出现和普遍使用,标志着我国农业进入了"耜耕"或"石器锄耕"阶段。

商周时期,出现了青铜农具。青铜农具比木石工具坚硬、锋利,由于比较贵,农业生产中只是少量使用。

春秋时期,小件铁农具问世。战国时期,铁农具使用范围扩大。

战国时期,牛耕初步推广。此后,铁犁牛耕逐步成为中国传统农业的主要耕作方式。

秦统一六国后,命令郡守在每年春季巡行其所辖各县,督导所属农民务农事、扶助贫困。《秦律》要求官吏按时报告与农业相关的自然情况。《睡虎地秦墓竹简·田律》中就有这样的记载:"稼以生后而雨,亦辄言雨少多,所利顷数。旱及暴风雨、水潦、螽虫、群它物伤稼者,亦辄言其顷数。"这表明秦国统治者对农业生产的关心,目的是及时了解全国农作物的生长情况,以便估算当年的粮食产量。

汉代要求官府在农作物生长季节调查了解作物的长势,根据情况分为好、中、差三等,登记注册。

唐代光是畜牧兽医、园艺、经济作物、农具的著述就有20多种。唐代督促州县官认真管理农业。如果管理不善,以致"部内田畴荒芜"的,"以十分论,一分笞三十,一分加一等,罪止徒一年。"

宋代各级地方长官均兼一地之劝农官,每春二月农作初兴之时,守令出郊劝农,并须作劝农诗一首,宣示君王美意。这样的劝农渐有形式主义之嫌。南宋时,严禁利用劝农之机扰农。"诸缘劝农辄追扰入户者,徒二年。容纵公吏等,与同罪。"

元代为发展农业,在中央设置大司农司,并向各地派遣劝农官员。

清朝政府为了奖励垦荒,还将垦荒作为官吏的考评内容之一,规定垦荒有功的官吏可以升职。顺治六年(1649),清政府将劝垦土地的多寡定为州县官吏的考成标准之一,"六年……始定州县以上官以劝垦为考成"。后来,顺治十五年(1658),又对此作了具体规定,"至十五年,定督抚一年内开垦荒地二千顷至八千顷以上,道府开垦千顷至六千顷以上,州县开垦百顷至六百顷以上,卫所开垦五十顷至二百顷以上,分别议叙。"

明清两代农学著述更是空前,共有250多种。中国古代有些农书的影响是世界性的,例如,北魏贾思勰的《齐民要术》就得到达尔文的高度评价,他在《物种起源》一书中说:"如果以为选择原理是近代的发现,那就未免和事实相差太远……在一部古代的中国百科

全书(指《齐民要术》)中,已经有关于选择原理的明确记述。"至于农业科学技术实践也是最丰富的,实践的领域是最宽广的,实践的社会效应是最大的。

2. 古代中国工业的发展

（1）冶金方面的成就

中国很早就掌握冶铜技术。新石器时代晚期已出现小件的青铜器;夏朝时,能铸造比较讲究的青铜器;商周时代,青铜器的铸造进入繁荣时期,如商朝的司母戊鼎世界稀有;春秋、战国和秦汉时代,青铜器的造型趋向灵便轻巧,更显得精美华丽。

西周晚期,中国已有铁器;战国时期,铁农具逐步推广;到汉代,已取代木、石和青铜农具,有力地推动了社会生产的发展;东汉时,杜诗发明水排,用水力鼓风冶铁,更使中国的冶铁水平长期领先于世界。

① 炒钢和百炼钢技术

所谓炒钢,就是将生铁加热成半液体、半固体状态(速熔融状态),再进行搅拌,利用空气或铁矿粉中的氧进行脱碳,以获得熟铁或钢的技术。所谓百炼钢,就是以炒钢做原料,反复加热、折叠、锻打而成的钢。从出土文物分析,炒钢和百炼钢最迟在东汉前期已被普遍使用。这种炼钢技术大大提高了铁器质量,促进了社会生产的发展。而欧洲一直到18世纪中叶才发明这种技术,比中国晚了1900年左右。

② 球墨铸铁技术

所谓球墨铸铁技术就是将存在于铁内的片状石墨变成球状,以提高铸铁的机械性能。这种技术不仅在铁的冶炼技术方面有重大意义,而且对机械制造业也有重大的推进作用。从出土文物分析,最迟在汉魏时期,中国铁匠已掌握了初步的球墨技术,而西方直到20世纪中前期才发明了该项技术。

③ 使用风箱和煤炭冶炼技术

在宋元时期,中国铁匠冶炼时已使用木风扇,后来又发展成木风箱,大大提高了冶炼炉的效率,并提高了产量。西方在五六百年之后才出现木风箱鼓风技术。在宋代,中国铁匠已懂得用煤炼铁,不仅效果好,而且节省大量木炭,而西方直到18世纪才懂得用煤炭冶炼铁。

④ 灌钢技术

所谓灌钢就是将熟铁条盘卷起来,夹放适量生铁,用泥封裹,以防止加热时氧化脱碳,然后烧炼,再加以锻打,使碳分布均匀,于是就得到高硬度、性能较好的钢。灌钢技术在钢铁冶炼发展史上有重要意义。

⑤ 最早的炼锌技术

宋应星在《天工开物》中已有关于冶炼锌的详细记载。锌的冶炼是比较困难的,因为氧化锌还原为锌的温度达1000℃以上,比锌的沸点907℃还要高,如果技术设备没有达到一定的水平,是很难得到大量的金属锌的。我国是使用火法炼锌最早的国家,最迟在宋代,已冶制铜锌合金,即黄铜了。而欧洲在16世纪上半叶,才从中国学到炼锌技术。

春秋晚期,中国已能制造钢剑。魏晋南北朝时期,还发明灌钢法,钢的产量和质量大大提高了。

（2）制瓷业方面

中国是世界上最早发明瓷器的国家。商朝工匠在烧制陶器的实践中,烧制出了原始瓷器。

到东汉,瓷器的生产技术达到成熟阶段。早期生产的是青瓷,后来又烧出白瓷,到唐代形成了"南青"、"北白"两大系统。

宋代的制瓷技艺大放异彩,瓷窑遍布全国各地,并涌现出一批名窑。宋代著名的江西景德镇瓷窑,到元代发展成为全国的制瓷中心,烧制出了白底蓝花的青花瓷器。

明清时期,著名的瓷器产地很多,景德镇是全国的"瓷都","至精至美的瓷器,莫不出于景德镇"。明中后期,又在青花瓷的基础上,烧制出多种彩瓷。清代还发明了珐琅彩,其色彩鲜艳,效果如同油画一般。

中国瓷器从唐代起已输出国外,明清时期通过海上丝绸之路,更是大量销往亚、非、欧各国。西方国家称中国为"瓷器大国"。

（3）丝织方面

中国是世界上最早养蚕织绸的国家,考古工作者发现了距今五六千年的蚕茧和丝织品残件。商代的丝织品除平纹织物外,还出现了斜纹提花织物。

战国时期,锦、绢、罗、纱等多种丝织品产量很大,质量也高。丝绸之路开通以后,丝绸外销的数量激增。

汉代、唐朝、宋代,丝织业不断发展,水平不断提高。例如:两汉,能织出锦、绣、罗、纱等许多品种;西汉的长安、临淄等拥有全国最重要的官营手工业;长沙马王堆汉墓出土的素纱单衣以及丝绸之路大量丝绸遗物的出土等,都充分说明汉代丝织业的成就。就具体的丝纺织制作技术而言,丝绸制作工序主要包括缫丝、练丝、穿箔、穿综、装造和结花本等。

明清时期,丝织业的发展进入鼎盛时期。苏州和杭州是最著名的丝织业中心,清中期以后,又从中发展出"金宝地"的新品种,也称"妆花遍地金"。

3. 机械技术

（1）纺织机械

中国古代纺织机械经过汉代、唐代的发展,到宋代走向定型化,达到比较高的水平,不仅有手摇纺车、脚踏三锭纺车,还出现了用水力发动的多锭纺车。利用水力和畜力,不仅纺织效率高,而且纺织产品的质量相当好。

（2）天文机械

宋代天文仪器不仅形式多样,而且量多、体大。例如,995—1092 年,先后造了 5 架巨型浑仪,每架用铜均达 10 000 千克左右。公元 1088 年,苏颂、韩公廉等人制成的水运仪象台,更是一座大型的、巧夺天工的仪器。它高 36.65 尺(约 12 米),宽 21 尺。仪象台一边的枢轮是原动轮,由水力推动,枢轮轮边有 36 个水斗和钩状铁拨子,顶部更附设一组杠杆装置,起控制枢轮定速转动的作用。此外,仪象台还有昼夜机轮,它相当于时钟,前有几层木阁,通过击钟、鼓、钲或出现木人等形式,自动地显示时刻。这个昼夜机轮地轴,还同设在木阁上边的一座浑象相接,使浑象的运行同一天时间的运行协调,使仪器星座位置能与天象相和。仪象台的顶部是露台,也设浑仪,它同样是通过一系列齿轮与枢轮相连,和近代转仪钟控制的望远镜一样,随天球转动。整个装置精巧绝伦,集中体现了中国古代高超的机械水平。

4. 建筑技术

中国古代建筑种类繁多,有用于军事的城垣壁垒,如始建于秦代的万里长城,历代不断加修,至今仍巍然屹立;有专供帝王将相享用的宝殿、亭台楼阁、园林水榭,如始建于明代的北京故宫是人类建筑史上的奇葩;水利交通运输方面的桥、路、坝、堰、堤,人工开凿的湖泊、运河,很多工程历千年而不衰,既有舟楫之便,又有防洪防涝之功,更有灌溉及发展渔牧之利,其规模之大,是世界上其他国家无法相比的;还有宗教庙宇、名刹古塔,静穆端庄,世所罕见;更有南北东西因地制宜、适应各地地理气候环境而建的民居;等等。这些建筑都有共同的特点,就是结构科学合理,除了百姓民居外,大都气势宏伟、技艺精巧,与环境地形协调统一,显示了中国古代高超的建筑科学技术水平和独特的风格。

1.4.6　古代中国的四大发明

当我们谈及辉煌的中国古代科技成就时,自然就会想到四大发明。的确,造纸术、火药、指南针、印刷术是古代人类最伟大的发明,它们对于整个古代经济和社会全面发展起了巨大的作用,大大加速了整个人类文明的发展进程。

1. 造纸术

在纸出现前,人们都是用龟甲、兽骨、金石、竹简、木牍以及缣帛等材料书写文字记事的。随着社会经济和文化的发展,需要书写记事的材料越来越多,但是简牍笨重、缣帛昂贵,灞桥纸等粗糙难写。社会迫切需求一种轻便、便宜、便于书写的纸张,正是在这样的背景下,汉和帝时负责监制御用器物的太监蔡伦进行了大胆的试验和革新,在原料上除使用破布、旧渔网等破旧麻类外,还采用了来源极广的树皮,工艺上除了淘洗、碎切、泡沤工序外,据出土纸张考察,极可能还用石灰进行碱液烹煮,既加快了纤维的离解速度,又使植物纤维分解得更细、更散,大大提高了生产效率和纸的质量。公元 105 年,蔡伦把这种纸献给汉和帝,自始天下称之为"蔡侯纸"。这一技术得到迅速推广,至东汉末年,造纸业已形成一个独立的手工业部门。不久,我国制造的纸就远销到国外许多地区。直到 18 世纪前,世界各地都沿用我国的造纸技术。蔡伦的造纸技术极大地推进了我国和世界文化事业的发展。

2. 火药

火药是中国古代伟大的发明。火药的发明源于炼丹术,炼丹材料往往都有硫磺、硝酸钾、炭等材料,这正是火药的基本成分。这些材料在一定的条件下,达到一定的比例时,就具备了火药的特性,如可燃、可爆等。中国古代有一本炼丹术的重要著作《诸家神品丹法》,里边就载有唐初孙思邈的"伏硫磺法",谈到把硫磺、硝酸钾和炭混合炼制火药的新方法。其中说到,操作时要把盛放药物的锅子放入地坑中,四面以土充实。这样做极可能是为了避免爆炸伤人。此外,唐末《真文妙道要略》还记载了一次火药爆炸造成的事故。可见,唐代人们已初步认识到火药这种东西的制造方法及其特性。

在北宋初年,火药技术已较完备,并开始使用在军事方面。最初研制推广了火箭、火球、火蒺藜等火药武器。稍后,曾公亮、丁度等人编著的《武经总要》中记录了多个制造火药的处方,根据不同的军事需要,配制不同的火药。比如,有所谓毒药烟球火药法,蒺藜火球火药法,火炮火药法,等等。这些处方非常具体、详尽、实用,这些处方与后世黑火药的处方已十分接近。

自宋初开始,火药应用于军事上。宋元时期许多史料都有关于火炮的记载。北宋末年,在宋、金战争中发明了"霹雳炮"、"震天雷"等杀伤力较大的火炮。据《金史》记载,"震天雷"威力很大,火药发作声如雷震,热力达半亩之上,人与牛皮皆"碎迸无迹,甲铁皆透"。到了元初,出现了铜铸火铳,它具备了炮的雏形,有较大威力。中国历史博物馆珍藏的元朝至顺三年(1332)的铜火铳,是已发现的世界上最古老的铜铳。明代以后,火药兵器有了更大发展,出现了具有手榴弹、地雷、水雷等现代武器雏形的兵器,以火药作为推进动力运送火药至敌方爆炸的火箭也出现了。

火药及其武器最初是被宋兵使用,稍后,金兵也研制发展了自己的火药武器。蒙古人是在同金兵的战争中俘虏了金国工匠之后,也掌握了火药及其武器,并且在西征时把火药传到阿拉伯。欧洲人是在 13 世纪从阿拉伯人那里知道了火药,他们学会制造火药是在 14 世纪中期以后的事。

火药的发明开始了军事方面具有历史意义的技术和战术革命,各种各样的火器被制造出来了,火器的强大威力改变了战争的面貌,改变了军队的编制、战法和整个指挥系统。火药的发明,对经济、社会生产和文化娱乐也起到了巨大的促进作用,有不可估量的意义。

3. 指南针

指南针是中国古代伟大的发明。虽然指南针产生于宋代,但指南针的前身司南,早在战国时已被发明了。据《韩非子》记载,"先王"就能以天然磁石制成磁勺——司南,以指示方向。汉代王充在《论衡》中也论述到了指南勺。它是以磁石琢成的勺状物,底部圆滑,把它放在铜制的圆盘上,勺柄即能指示出南北方向。在宋代以前,中国对外活动基本上是在陆路进行。对于陆路旅行,太阳和地面各种标记物足可使人不迷失方向,所以指示方向的器具的重要性就没有凸显出来,司南等指示方向的仪器基本没有什么大的发展。到了宋代,通往西域的道路被西夏阻断,通朝鲜的陆路被辽、金先后阻断,东南海上的航路,便成为同朝鲜、日本、印支、印度和阿拉伯世界交往和商贸活动的主要通道。在茫茫大海,天气晴朗时可利用太阳、月亮、星辰来判别方向,但在天气阴暗时就要依靠指南器具了。由于司南勺费时、费力且不实用,于是实用的指南针就登场了。宋代沈括在《梦溪笔谈》中详细记载了当时几种指南针的构造。第一种是"水浮法",就是把灯芯草剪成几小段,横穿在指南针上,让指南针浮在水面上。第二种是把指南针放在指甲上,叫做"指甲旋定法"。第三种是把指南针放在碗边上,叫做"碗唇旋定法"。第四种是把指南针用线吊起来,叫做"缕旋法"。此外还有所谓的"指南鱼",就是把人造磁铁片做成鱼形,放在水面上指示方向。由于宋代期间与阿拉伯地区海上往来频繁,指南针很快就传到阿拉伯地区,其后又传到了欧洲。欧洲关于指南针的记载,最早见于 1190 年。

指南针的应用,使人类获得了全天候航行的能力,人类第一次得到了在茫茫大海上航行的自由。从此,陆续开辟了许多新航线,缩短了航程,加速了航运的发展,促进了各国人民之间的文化交流与贸易往来。指南针的发明和应用,是我国人民对于人类的重大贡献。

4. 印刷术

印刷术是中国古代又一伟大发明。印刷术的发明,对于文化、教育、科技的宣传普及,对于行政公文的颁布和发送,有不可估量的意义。

在印刷术发明之前,人们在进行文化学习时首先要互相传抄教材,这样做费时、费力,而且容易出错。为了提高效率、避免抄错,汉灵帝的大臣蔡邕借图章的办法,把文章刻在石上,再涂上墨,然后用纸拓印,就成为书了。这是最早的印刷术。但是,拓印有很大局限性,不仅费时、费力,且难于存放保管。到了隋唐时期,随着经济、社会、文化等的迅猛发展,对印刷品的需求越来越大,石板拓印根本无法满足社会的需求。当时的印刷品主要有三方面:一是宗教宣传品。隋唐时期佛教盛行,佛像、佛经需求量很大。二是刻印诗集、音韵书和教学图书,唐代诗歌盛行,流传甚广,无论男女老少都十分喜爱。三是历法、医药等书籍的印刷,唐代农业已有很大发展,各地农村出于掌握农时的需要,民间刊印的历法书十分盛行。医药在唐代也得到发展,有关书籍也大量刊印发售。另外,科举考试已制度化,社会对书籍需求非常大。这时,雕版印刷术应运而生。把文字刻在木板上,较之刻在石板上容易得多,储存和印刷方便得多,缓和了当时社会对印刷品的供需矛盾。

在唐代的基础上,宋代的雕版印刷术更加发达,达到鼎盛。宋代刻工技术优良,纸墨装潢精美,后世藏书家对宋版书十分珍视。宋初,最艰巨的雕版工程是太祖开宝四年(971)于成都开始板印全部《大藏经》,计 1076 部,5048 卷,历时 12 年才雕印完工,雕版有 13 万块。可见,雕版印刷虽然是印刷术中一项重大的技术发展,但仍然是费工、费时。大部分的书往往要花几年时间才能完工,存放版片又要占用大量地方。印量少又不重印的书,版片印完后便成废物,人力、物力、时间都造成了浪费。

宋仁宗庆历年间(1041—1048),平民毕昇创造了活字印刷术,从根本上解决了雕板印刷的缺点。毕昇用胶泥制成泥活字,一粒胶泥刻一个字,经过火烧处理使之变硬,成为供排版用的活字粒。毕昇的活字印刷术以边上有框的铁板为版,铁板上放入松香、蜡以及纸灰的混合物。排版时字粒就排放在铁板上,排满一版即在火上加热。松香、蜡等遇热熔化,然后用手板将排好的活字粒压平,冷却后便成为可供印刷之用的字版。印完后,松香、蜡再加热熔化,将活字取出以备再用。毕昇活字印刷术的基本原理,与 20 世纪盛行的铅字排印方法完全相同。它较之雕版印刷,既能节省费用,又能缩短印刷时间,非常经济方便。不仅在中国,在世界印刷技术史上也是一个伟大的创举。

第2章 古希腊、古罗马及古代阿拉伯的科学技术

2.1 古希腊的科学技术

2.1.1 古希腊的文明

古希腊位于欧洲南部,即巴尔干半岛的最南端,东临爱琴海,南隔地中海,西南濒临爱奥尼亚海,北与保加利亚、马其顿、阿尔巴尼亚接壤。古希腊的地理范围除了现在的希腊半岛外,还包括整个爱琴海区域和北面的马其顿、色雷斯、亚平宁半岛以及小亚细亚等地(图 2-1)。

图 2-1 古希腊版图

古希腊文明,主要是指在公元前 8 世纪至公元前 323 年间,被称为希腊人的人们"创造"的文明。此前的几个世纪,称为荷马时期,又称"英雄时期";此后数百年,甚至整个古罗马,据说是希腊文明传遍世界、影响世界的时期,故称之为"希腊化时期"。专家们说到古希腊文明,往往包含"希腊化时期"。

希腊人主要生活在爱琴海两岸的诸"半岛"或者岛屿上,分成大大小小若干个独立的"城邦",从来不是一个统一的国家。他们没有国家概念,更谈不上国家意识。这些"城邦"也不知道为什么称为"城邦",是一个村庄或几个村庄的联合体,人口一般有万儿八千的。

早在古希腊文明兴起之前约 800 年,爱琴海地区就孕育了灿烂的克里特文明和迈锡尼文明。大约在公元前 1200 年,多利亚人的入侵毁灭了迈锡尼文明,希腊历史进入所谓"黑暗时代"。因为对这一时期的了解主要来自《荷马史诗》,所以又称"荷马时代"。在荷

马时代末期,铁器得到了推广,取代了青铜器;海上贸易也重新发达,新的城邦国家纷纷建立。希腊人使用腓尼基字母创造了自己的文字,并于公元前 776 年召开了第一次奥林匹克运动会。奥林匹克运动会的召开,也标志着古希腊文明进入了兴盛时期。公元前 750 年左右,随着人口增长,希腊人开始向外殖民。在此后的 250 年间,新的希腊城邦遍及包括小亚细亚和北非在内的地中海沿岸。在诸城邦中,势力最大的是斯巴达和雅典。

公元前 6 世纪,当古埃及和两河流域相继为外族所侵占,文化也因之衰落时,在欧洲的希腊地区崛起了新的科技文明。古代希腊包括以爱琴海为中心的周围地区,其中有今天的希腊本土和爱琴海东岸(今土耳其西海岸)的爱奥尼亚地区,以及意大利南部(包括西西里岛)的一些地区。早在公元前 2000 年前后,希腊克里特岛就出现了奴隶城邦国家。以后历经变迁,到公元前 6 世纪,以雅典城邦为代表的古希腊社会经济和文化均进入繁荣时期,史称"雅典时期"。此时,出现了大批专门从事学术研究的学者,他们之中的很多人都曾游学古埃及和两河流域,学习了当地先进的科学文化知识。到公元前 4 世纪,北方的马其顿人战胜希腊后,又与希腊人一道发起东侵,建立了地跨欧、亚、非三大洲的大帝国。此时,文化中心由雅典转移到地属埃及的亚历山大城,希腊文化再度繁荣,科学又有了新的发展,史称"亚历山大时期"(或"希腊化时期")。公元前 1 世纪,罗马人征服希腊本土和希腊人活动地区,古希腊历史至此才结束。

在荷马时代末期,铁器得到推广,取代了青铜器,海上贸易也重新发达。直到公元前 800 年,新的城邦又纷纷崛起。城邦的出现和长达数世纪之久的存在,是促使希腊人取得成就而步入古典文明的第一因素。因为城邦为文化繁荣提供了制度上的保证。第二个因素是,因为希腊人在保持自己特点的基础上,继承了爱琴文明和吸收了最早的人类文明中心的埃及和美索不达米亚文明,从而产生了光辉灿烂的古希腊文化。爱琴海是古希腊文明的摇篮。古代希腊的地理范围主要包括今巴尔干半岛南部、爱琴海及南部海中诸岛屿和小亚细亚西部沿海地区,其海外移民西至意大利半岛南部、西西里岛和地中海西北部沿岸,南至北非,东至西亚和黑海沿岸广大地区。古希腊文明首先在克里特岛获得发展。克里特文明以岛屿北部的克诺索斯为中心,在公元前 2000 年前后弥诺斯统治时期臻于极盛。显然是由于某种自然原因,该文明在这之后突然湮没,古希腊文明发展移向巴尔干半岛,伯罗奔尼撒半岛西北部的迈锡尼成为新的文明发展中心。迈锡尼文明吸收了克里特文明的成就,同时在经济、文化、生产技术等方面达到新的繁荣。已见于克里特文明的线型文字,得到了进一步发展和更多的使用。著名的特洛伊战争发生在这一文明阶段的后期(公元前 12 世纪初)。战争结束后,迈锡尼文明衰落。希腊社会在经历了一段时期的历史倒退后,继而进入主要以雅典为中心的新的文明发展时期,取得了前所未有的辉煌成就,成为古希腊文明发展的古典时期。公元前 4 世纪后期,希腊被新崛起的马其顿征服。亚历山大东征促进了东西方经济的交流和文化的融合,古希腊文明进入"希腊化时期",在东方各国文明的影响下,在更为广泛的范围内得到了新的发展。古代希腊作为一个文明古国,曾经在科技、数学、医学、哲学、文学、戏剧、雕塑、绘画、建筑等方面做出了巨大的贡献,成为后来欧洲文明发展的源头。

1. 古希腊的哲学

"哲学"一词源于古希腊,其本义是"爱好智慧之学",因为那时候各学科还未从哲学中完全分离出来。泰勒斯说过一句哲学上的名言:"水是万物的本源",这句话不仅追究万物的共同本源,而且力图从自然界本身说明自然界,而不求助于超越于自然界的事物。赫拉克里特认为,万物的本源是火,他认为过去、现在和未来永远是一团永恒的活火,按规律燃烧又按规律熄灭,旧火熄灭,新火燃烧,故万物生生不息。"人不能两次踏进同一条河流",则是影响极深、极远的辩证法名言。德谟克利特则是古希腊原子论的集大成者,主张世界是统一的,自然现象可以得到统一的解释——世界万物是原子构成的,原子是世界的共同基础。由于原子在形状、大小、数量组成上的不一致,因而形成了世界上形态各异、丰富多彩的事物。对于原子这一基本物质单元的认识,可能与挥发、气味和蒸发等现象的观察者有关,因此这些现象中都存在看不见的物质微粒运动。在遥远的年代、在简陋的条件下,他们凭自己的理性构想出感性的物质世界背后的原子世界,这些思想为近代原子论的诞生提供了启发。苏格拉底、柏拉图、亚里士多德等科学与学术巨人的文化成就,更标志着古希腊文明的空前繁荣。

图 2-2　柏拉图

古希腊哲学家,也是全部西方哲学乃至整个西方文化最伟大的哲学家和思想家之一。柏拉图(图 2-2)是西方客观唯心主义的创始人,其哲学体系博大精深,对其教学思想影响尤甚。柏拉图认为,世界由"理念世界"和"现象世界"组成。理念的世界是真实的存在,永恒不变;而人类感官所接触到的这个现实的世界,只不过是理念世界的微弱的影子,它由现象所组成,而每种现象是因时空等因素而表现出暂时变动等特征。由此出发,柏拉图提出了一种理念论和回忆说的认识论,并将它作为其教学理论的哲学基础。

柏拉图的教学体系是金字塔形。为了发展理性,他设立了全面而丰富的课程体系,他以学生的心理特点为依据,划分了几个年龄阶段,并分别授以不同的教学科目。0~3 岁的幼儿,在育儿所里受到照顾。3~6 岁的儿童,在游乐场内进行故事、游戏、唱歌等活动。6 岁以后,儿童进入初等学校接受初级课程。在教学内容上,柏拉图接受了雅典以体操锻炼身体,以音乐陶冶心灵的和谐发展的教育思想,为儿童安排了简单的读、写、算、唱歌,同时还十分重视体操等体育训练项目。17~20 岁的青年升入国立的"埃弗比"接受军事教育,并结合军事需要学习文化科目,主要有算术、几何、天文、音乐。20~30 岁,经过严格挑选,进行 10 年科学教育,着重发展青年的思维能力,继续学习"四科",懂得自然科学间的联系。30 岁以后,经过进一步挑选,学习 5 年,主要研究哲学等。至此,形成了柏拉图相对完整的金字塔形的教学体系。

根据其教学目的,柏氏吸收和发展了智者的"三艺"及斯巴达的军事体育课程,也总结了雅典的教学实践经验,在教育史上第一次提出了"四科"(算术、几何、天文、音乐),其后便成了古希腊课程体系的主干和导源,支配了欧洲的中等与高等教育达 1500 年之久。

柏拉图认为,每门学科均有其独特的功能,凡有所学,皆会促成性格的发展。在 17 岁之前,广泛而全面的学科内容是为了培养公民的一般素养,而对于未来的哲学家来讲,前面所述的各门学科都是学习辩证法必不可少的知识准备。文法和修辞是研究哲学的基础;算术是为了锻炼人的分析与思考能力;学习几何、天文,对于航海、行军作战、观测气候、探索宇宙十分重要;学习音乐则是为了培养军人的勇敢和高尚的道德情操。同时,他还很重视选择和净化各种教材,如语言、故事、神话、史诗等,使其符合道德要求,以促进儿童心智之发展。

就教学方法而言,柏拉图师承苏格拉底的问答法,把回忆已有知识的过程视为一种教学和启发的过程。他反对用强制性手段灌输知识,提倡通过问答形式提出问题、揭露矛盾,然后进行分析、归纳、综合、判断,最后得出结论。

苏格拉底(图 2-3)是著名的古希腊哲学家,他和他的学生柏拉图及柏拉图的学生亚里士多德,被并称为"希腊三贤"。他被后人广泛认为是西方哲学的奠基者。他的父亲是石匠和雕刻匠,母亲是助产婆。

苏格拉底出生于雅典一个普通公民的家庭。他早年继承父业,从事雕刻石像的工作,后来研究哲学。他在雅典和当时的许多智者辩论哲学问题,主要是关于伦理道德以及教育、政治方面的问题。他被认为是当时最有智慧的人。作为公民,他曾三次参军作战,在战争中表现得顽强勇敢。此外,他还曾在雅典公民大会中担任过陪审官。在雅典恢复奴隶主民主制后,苏格拉底被控告,以藐视传统宗教、引进新神、败坏青年和反对民主等罪名被判

图 2-3　苏格拉底

处死刑。他拒绝了朋友和学生要他乞求赦免和外出逃亡的建议,饮鸩而死。在欧洲文化史上,他一直被看做是为追求真理而死的圣人,几乎与孔子在中国历史上所占的地位相同。多年来,他被认为是反民主的、维护反动的奴隶主贵族利益的哲学家;近来,已有人对此提出了不同看法。

苏格拉底的学说具有神秘主义色彩。他认为,天上和地上各种事物的生存、发展和毁灭都是神安排的,神是世界的主宰。他反对研究自然界,认为那是亵渎神灵的。他提倡人们要认识做人的道理,过有道德的生活。他的哲学主要研究探讨的是伦理道德问题。

苏格拉底无论是生前还是死后,都有一大批狂热的崇拜者和一大批激烈的反对者。他一生没有留下任何著作,但他的影响却是巨大的。哲学史家往往把他作为古希腊哲学发展史的分水岭,将他之前的哲学称为前苏格拉底哲学。作为一位伟大的哲学家,苏格拉底对后世的西方哲学产生了极大的影响。

苏格拉底本人没有写过什么著作。他的行为和学说,主要通过他的学生柏拉图和色诺芬著作中的记载流传下来。关于苏格拉底的生平和学说,由于从古代以来就有各种不

同的记载和说法,所以一直是学术界讨论最多的问题。

古希腊七贤,是古代希腊七位名人的统称。现代人了解较多的只有立法者梭伦和哲学家泰勒斯两人,剩余五人一般认为是奇伦、毕阿斯、庇塔库斯、佩里安德、克莱俄布卢,但无法确定。

梭伦(前638—前559),生于雅典,出生于没落的贵族家庭,是古代雅典的政治家、立法者、诗人,是古希腊七贤之一。梭伦在公元前594年出任雅典城邦的第一任执政官,制定法律,进行改革,史称"梭伦改革"。他在诗歌方面也有成就,诗作主要是赞颂雅典城邦及法律的。

泰勒斯(前625—前547)是古希腊哲学家、自然科学家。约公元前625年生于小亚细亚西南海岸的米利都,早年是商人,曾游历巴比伦、埃及等地,学会了古代流传下来的天文和几何知识。泰勒斯创立了爱奥尼亚学派,企图摆脱宗教,通过自然现象去寻求真理。他认为处处有生命和运动,并以水为万物的本源。泰勒斯在埃及时曾利用日影及比例关系算出金字塔的高。泰勒斯最早开始了数学命题的证明,它标志着人们对客观事物的认识从感性上升到理性,这在数学史上是一个不寻常的飞跃。

奇伦(公元前6世纪)是斯巴达人,是第一个建议任命监察官来辅助国王的人,并于公元前556年担任这一职务。作为监察官,他提高了这个位置的权力,并首次使监察官同国王一起监督政策。他给斯巴达的训练带来了极大的严格性;他最著名的格言是:"遵守诺言。"

毕阿斯(公元前6世纪)是普里耶涅人,他是一名强有力的律师,并总是将他的言语能力用于好的目的。在他看来,人力的增长是自然的,但用语言来捍卫国家利益则是灵魂和理性的天赋。毕阿斯承认神的存在,主张把人的好行为归于上帝。

庇塔库斯(前650—前570)是米提利尼人,是一位政治家和军事领导人。他在阿尔卡尤斯兄弟的帮助下推翻了列斯堡的僭主美兰克鲁斯,成为那里的法律制定者,统治了十年。作为一个温和的民主政治者,庇塔库斯鼓励人们去获得不流血的胜利,但他也阻止被流放的贵族返回家园。

佩里安德(前665—前585)生于科林斯,后为僭主。在位期间,他所统治的城邦获得了极大的繁荣。他改革了科林斯的商业和工业,修筑了道路,开凿了运河。他是一位伟大的政治家,热心于科学和艺术。

克莱俄布卢公元前600年生于林迪,后成为林迪的僭主,据说他曾追溯其祖先到赫拉克勒斯。强壮而英俊的克莱俄布卢对埃及哲学很熟悉。他很关心教育,主张女子应该和男子一样受教育。

2. 古希腊神话

希腊神话产生于希腊的远古时代,曾长期在口头流传,是古希腊人的集体创作,散见于《荷马史诗》、赫西奥德的《神谱》及以后的文学、历史等著作中,因而同一个神话人物的形象或故事情节,在不同的作家笔下往往会有出入,甚至有互相矛盾之处。现在常见的、系统的希腊神话,都是后人根据古籍编写的。

　　希腊神话主要包括神的故事和英雄传说两部分。关于神的故事与英雄传说的总汇，散见在《荷马史诗》、赫西奥德的《神谱》以及古典时期的文学、历史和哲学等著作中。

　　神的故事主要是包括关于开天辟地、神的产生、神的谱系、天上的改朝换代、人类的起源和神的日常活动的故事。在古希腊人的想象中：山川林木、日月海陆，以至雨后的彩虹、河畔的水仙，都是神的身影；生老病死、祸福成败，都取决于神的意志。他们创造了庞大的神的家族：宙斯是众神之首（图 2-4），波塞冬是海神，哈得斯是幽冥神，阿波罗是太阳神，阿耳忒弥斯是猎神，阿瑞斯是战神，赫菲斯托斯是火神，赫尔墨斯是司商业的神，九个缪斯是文艺女神，三个摩伊拉是命运女神。众神居住在希腊最高的奥林匹斯山上，等等。

图 2-4　宙斯为众神之首

　　希腊神话中的神和其他比较发达的宗教中的神不同，他们和世俗生活很接近。多数神很像氏族中的贵族，他们很任性、爱享乐，虚荣心、嫉妒心和复仇心都很强，好争权夺利，还不时溜下山来和人间的美貌男女偷情。以宙斯为代表的大多数神，都喜欢捉弄人类，甚至三番五次打算毁掉人类。古希腊人常在神话中嘲笑神的邪恶，指责神的不公正。《荷马史诗》中说："神给可怜的人以恐惧和痛苦，神自己则幸福而无忧地生活着。"但是，也有像普罗米修斯这样造福人类的、伟大的神。普罗米修斯把天火盗到人间，使人类有了划时代的进步，宙斯把他钉在高加索山上，每天放出恶鹰来啄食他的肝脏。

　　英雄传说是对于远古的历史、社会生活和人向自然作斗争等事件的回忆。英雄被当作神和人所生的后代，实际上是集体的力量和智慧的代表。英雄传说以不同的家族为中心形成了许多系统，包括特洛伊战争、赫拉克勒斯完成十二大业绩、雅典国王忒修斯为民除害、伊阿宋率领英雄夺取金羊毛等脍炙人口的故事。其中《荷马史诗》记述的阿喀琉斯，据传，神谕他有两种命运：或者默默无闻而长寿；或者在战场上光荣死亡。其母亲爱子心切，将他乔装打扮成女孩儿，但智者奥德修认出了他。阿喀琉斯走上了同特洛伊人作战的战场，建立了无数功勋。他的母亲预言他将葬身于特洛伊城下，但他依然挺身参战，体现了希腊人的果敢精神。

　　再比如，广为传颂的赫拉克勒斯完成十二大业绩的故事。赫拉克勒斯是有名的大力士，他在摇篮中就扼杀了一条水蛇。幼年时，恶德女神来引诱他走享乐的道路，但他听从了善德女神的劝告,决心不畏艰险,为众人造福。传说他在成人以后,杀死过有九个头的毒龙和长着蛇头的女妖美杜萨,甚至还到下界打败了冥王哈得斯,把被囚的忒修斯救回人间,使他们夫妻生活美满。关于赫拉克勒斯的故事,充满了英勇豪迈的气概,体现了古代人民热爱劳动、重视集体的宝贵品质。

2.1.2　古希腊的天文历法

古希腊的天文学,开始于学者们对天体运行的观察和思辨。他们的一些结论,在今天看来仍然具有一定的真理性。如"地是在空中,没有什么东西支撑它","月亮并不是本身发光,而是反射太阳的光;太阳和大地是一样大的,是一团纯粹的火","宇宙以地为中心,地也是球形的",日食是因为"太阳经过月亮的上面时,月亮遮掩了(太阳的)光线,在地下投下一个黑影","正如世界有产生一样,世界也有成长、衰落和毁灭",等等。

构建宇宙模型是古希腊天文学的重要内容。毕达哥拉斯学派最早提出一个宇宙模型:整个宇宙为球形,中心天体名"中心火",地球、太阳、月亮和金、木、水、火、土五大行星都绕中心火运行。欧多克索(前408—前355)构建的宇宙模型(图2-5),则是以地球为中心,日、月和五大行星以及恒星分别附着于27个同心透明球形壳层之上,围绕地球而旋转。为了更好地解释一些复杂的天体运动现象,人们用增加同心球的办法继续改进欧多克索的宇宙模型,最多时同心球达到55个。到了亚历山大时代,喜帕克(约前190—前120)创建了本轮—均轮模型来取代同心球模型。这个模型仍以地球为宇宙中心,各天体沿着自己的"本轮"作匀速圆周运动,本轮的中心又沿着各自的"均轮"绕地球作匀速圆周运动。这个模型比同心球模型更简单,能更好地解释日月距离的变化和行星不规则的视运动现象。在地心说流行的古希腊时代,居然有一名叫阿利斯塔克(约前310—前230)的天文学者提出了"日心说"。他认为太阳和恒星是不动的,地球和行星都绕太阳旋转,地球又绕自己的轴每日自转一周。这是哥白尼学说的前驱。可惜在当时它不为人理

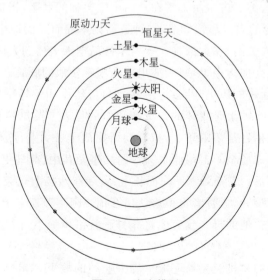

图 2-5　宇宙模型

解,阿利斯塔克还被控犯渎神罪。

古希腊的天文学还有许多方面的成就,如欧多克索和亚历山大时期的埃拉托色尼(约前273—前192),都先后用天文学方法测量过地球赤道的周长,后者测出的结果只比现今测得赤道周长少385.13千米。喜帕克在天文学史上首先发现岁差(即春分点西移现象),他还测算了回归年、朔望月、月地半径之比的数值,都与今测值非常接近。他在天文仪器上也多有创造。

古希腊的天文学虽不乏缺陷和错误,但与其他文明古国相比,它理论性最强,体系也最完整,测算方法也达到了古代的高峰。它对后世的天文学产生了深远的影响。

克罗狄斯·托勒密(图2-6)(90—168)生于埃及,父母都是希腊人。公元127年,年轻的托勒密被送到亚历山大去求学。在那里,他阅读了不少的书籍,并且学会了天文测量和大地测量。他曾长期住在亚历山大城,直到151年。托勒密于公元2世纪,提出了自己的宇宙结构学说,即"地心说"。其实,"地心说"是亚里士多德的首创,他认为宇宙的运动是由上帝推动的。他说,宇宙是一个有限的球体,分为天地两层,地球位于宇宙中心,所以日月围绕地球运行,物体总是落向地面。地球之外有9个等距天层,由里到外的排列次序是:月球天、水星天、金星天、太阳天、火星天、木星天、土星天、恒星天和原动力天,此外空无一物。各个天

图2-6 克罗狄斯·托勒密

层自己不会动,上帝推动了恒星天层,恒星天层才带动了所有的天层运动。人居住的地球,静静地屹立在宇宙的中心。

托勒密全面继承了亚里士多德的"地心说",并利用前人积累和他自己长期观测得到的数据,写成了8卷本的《天文学大成》。在书中,他把亚里士多德的9层天扩大为11层,把原动力天改为晶莹天,又往外添加了最高天和净火天。托勒密设想,各行星都绕着一个较小的圆周上运动,而每个圆的圆心则在以地球为中心的圆周上运动。他把绕地球的那个圆叫"均轮",每个小圆叫"本轮"。同时假设地球并不恰好在均轮的中心,而偏开一定的距离,均轮是一些偏心圆;日月行星除作上述轨道运行外,还与众恒星一起,每天绕地球转动一周。托勒密这个不反映宇宙实际结构的数学图景,却较为完满地解释了当时观测到的行星运动情况,并取得了航海上的实用价值,从而被人们广为信奉。托勒密推算月亮的平均距离是地球直径的29.5倍;而正确的数字是大约30.2倍。"地心说"首先肯定了地球是一个悬空的没有任何支撑的球体,这就为15世纪哥伦布发现美洲大陆提供了理论依据。

2.1.3 古希腊的数学

1. 数学

和其他文明古国注重实用性不同,古希腊非常重视数学的理论、研究。在雅典时期,对数学作出突出贡献的主要有毕达哥拉斯(约前560—前480)学派和智者学派。前者最

著名的成就是对勾股定理（西方称毕达哥拉斯定理）的证明和无理数根号 2 的发现；后者则提出了三个著名的几何作图难题，吸引了当时和后世无数的数学家为之苦心钻研，直到近代才证明出这些作图是不可能的。但数学家们在研究过程中却获得了不少理论成果，如发现了二次曲线和数学证明的穷竭法等。

古希腊数学的最高成就，体现在亚历山大时期欧几里得（约前 323—前 235）的不朽著作《几何原本》之中。该书把前人的数学成果用公理化方法加以系统的整理和总结，即从若干个简单的公理出发，以严密的演绎逻辑推导出 467 个定理，从而把初等几何学知识构成了一个完整的理论体系。《几何原本》为古希腊科学和后世西方学术的发展起了重要的示范作用。

欧几里得（约前 300）（图 2-7），即当亚历山大和亚里士多德死后不久的几年，生活在亚历山大港。他的《几何原本》直到现在还是中学教科书中的主要内容，也毫无疑问是古往今来最伟大的著作之一。直到中国明代徐光启将它翻译并介绍到中国，中国历史上没有任何系统的几何知识。欧几里得几何学是鄙视实用价值的，这一点早就被柏拉图所谆谆教诲过。据说有一个学生听了一段证明之后便问，学几何学能够有什么好处，于是欧几里得就叫进来一个奴隶说："去拿三分钱给这个青年，因为他一定要从他所学的东西里得到好处。"然而鄙视实用，却被实用主义证明了是有道理的。在古希腊时代，没有一个人会想象到圆锥曲线是有任何用处的；最后到了 17 世纪，伽利略才发现抛射体是沿着抛物线而运动的，而开普勒则发现行星是以椭圆而运动的。于是，希腊人由于纯粹爱好理论所做的工作，就一下子变成了解决战术学与天文学的钥匙了。

与欧几里得同时代的阿波罗尼（约前 262—前 190）所著的《圆锥曲线》，也是一部古希腊杰出的数学著作。他用平面截圆锥体而得到各种二次曲线，椭圆、抛物线、双曲线是由他命名的。

阿基米德（图 2-8）（前 287—前 212），是古希腊伟大的数学家、力学家。他生于西西里岛的叙拉古，卒于同地。早年，在当时的文化中心亚历山大跟随欧几里得的学生学习，以后和亚历山大的学者保持紧密联系，因此他算是亚历山大学派的成员。后人对阿基米德给予极高的评价，常把他和 I. 牛顿、C. F. 高斯并列为有史以来三个贡献最大的数学家。

图 2-7　欧几里得

图 2-8　阿基米德

阿基米德研究出了求球面积和体积、弓形面积以及抛物线、螺线所围面积的方法。他用穷竭法解决了许多难题,还用圆锥曲线的方法解了一元二次方程。

总的来讲,希腊时代的科学创新都与数学、几何学有关系。将数学和几何学知识和方法引入,造就了科学史上这一伟大时代。而数学和几何学的发展,与希腊人对哲学的追求是分不开的。从毕达哥拉斯开始,柏拉图、亚里士多德到欧几里得、阿基米德,对数学和几何学的研究,成为一种贵族式的时尚活动,就像我们今天学习钢琴、高尔夫等高雅运动一样,连托勒密王朝的国王都想学习几何学。但罗马人的到来改变了这一切,罗马人讲究实际,对数学和几何学这些看起来没有一点儿用处的东西不感兴趣。科学史上这一黄金时代就此结束了。罗马人接过了希腊人的棒子,几乎全盘接受了希腊文化,开始了罗马时代。

2. 物理学

古希腊的学者们对许多物理现象也悉心关注,作出了不少重要的发现。如,注意到了磁石吸铁现象,知道了"风是空气的一种流动",解释了虹出现的原因,认识到听觉是声音使空气振动造成的,等等。毕达哥拉斯学派研究了弦的长度和音律的关系,发现了要使音调和谐,就必须使弦长成为简单的整数比。

雅典时期著名的学者亚里士多德(前 384—前 322)写出了世界上最早的力学专著《物理学》。他认为地球上物体的自然运动是重者向下、轻者向上,要改变这种自然状态就要靠外力。关于自由落体,他的结论是较重的物体下落速度更快,理由是它冲开介质的力比较大。亚里士多德的物理学研究是没有实验根据的、纯思辨的,因而结论大多不正确。直到近代力学诞生后,才纠正了他的错误。

亚历山大时期的阿基米德不仅是位数学家,也是古希腊成就最大的物理学家,被后人誉为"力学之父"。他在静力学方面的一系列研究成果,如用逻辑方法证明杠杆原理,并给出数学表达式、发现浮体定律、提出计算物体重心的方法等,达到了当时世界的最高水平。他还发明过很多机械,包括螺旋提水器、抛石机之类的比较复杂的生产工具和武器。据说,他确立了力学的杠杆定律之后,曾发出豪言壮语:"给我一个支点,我甚至可以移动地球!"

他的生平没有详细记载,但关于他的许多故事却广为流传。

叙拉古的亥厄洛王叫金匠造一顶纯金的皇冠,因怀疑里面掺有银子,便请阿基米德鉴定一下。当他进入浴盆洗澡时,水漫溢到盆外,于是悟得:不同质料的物体,虽然重量相同,但因体积不同,排去的水也必不相等。根据这一道理,就可以判断皇冠是否掺假。阿基米德高兴得跳起来,赤身奔回家中,口中大呼:"尤里卡!尤里卡!"(希腊语,意思是"我找到了")他将这一流体静力学的基本原理,即物体在液体中减轻的重量,等于排去液体的重量,总结在他的名著《论浮体》中,后来以"阿基米德原理"著称于世。

第二次布匿战争时期,罗马大军围攻叙拉古,阿基米德献出自己的一切聪明才智为祖国效劳。传说,他用起重机抓起敌人的船只,摔得粉碎;发明了奇妙的机器,射出大石、火球。还有一些书记载,他用巨大的火镜反射日光去焚毁敌船,这大概是夸张的说法。总之,他曾竭尽心力,给敌人以沉重打击。最后叙拉古因粮食耗尽及奸细的出卖而陷落,阿基米德不幸死在罗马士兵之手。

流传下来的阿基米德的著作,主要有下列几种。

(1)《论球与圆柱》,这是他的得意杰作,包括许多重大的成就。他从几个定义和公理出发,推出关于球与圆柱面积体积等50多个命题。

(2)《平面图形的平衡或其重心》,从几个基本假设出发,用严格的几何方法论证力学的原理,求出若干平面图形的重心。

(3)《数沙者》,设计了一种可以表示任何大数目的方法,纠正有的人认为沙子是不可数的、即使可数也无法用算术符号表示的错误看法。

(4)《论浮体》,讨论物体的浮力,研究了旋转抛物体在流体中的稳定性。

阿基米德还提出过一个"群牛问题",含有八个未知数,最后归结为一个二次不定方程。其解的数字大得惊人,共有二十多万位!阿基米德当时是否已解出来,颇值得怀疑。

除此以外,还有一篇非常重要的著作,是一封给埃拉托斯特尼的信,内容是探讨解决力学问题的方法。这是1906年丹麦语言学家海贝格在土耳其伊斯坦布尔发现的一卷羊皮纸手稿,原先写有希腊文,后来被擦去,重新写上宗教的文字。幸好原先的字迹没有擦干净,经过仔细辨认,证实是阿基米德的著作。其中有在别处看到的内容,也包括过去一直认为是遗失了的内容。这些内容后来以《阿基米德方法》为名,刊行于世。它主要讲根据力学原理去发现问题的方法。他把一块面积或体积看成是有重量的东西,分成许多非常小的长条或薄片,然后用已知面积或体积去平衡这些"元素",找到了重心和支点,所求的面积或体积就可以用杠杆定律计算出来。他把这种方法看做严格证明前的一种试探性工作,得到结果以后,还要用归谬法去证明它。他用这种方法取得了大量辉煌的成果。阿基米德的方法已经具有近代积分论的思想。然而,他没有说明这种"元素"是有限多还是无限多,也没有摆脱对几何的依赖,更没有使用极限方法。尽管如此,他的思想仍是具有划时代意义的,无愧为近代积分学的先驱。

他还有许多其他的发明。没有一个古代的科学家,像阿基米德那样将熟练的计算技巧和严格的证明融为一体,将抽象的理论和工程技术的具体应用紧密结合起来。阿基米德将数学方法引入物理学,为人们认识自然打下了坚实的基础。而中国直到引入西方物理学之前,对自然的认识始终停留在经验阶段。

阿基米德的贡献,不仅在于他取得的科技成果,还在于他的科学研究方法。他既注重逻辑论证和数学计算,又注重观察和实验,这为后来的近代科学研究作了良好的示范。光学方面的研究成就,当首推欧几里得,他写的《光学》和《论镜》两书,被认为是最早的光学专著。

2.1.4　古希腊的医学

古希腊医学主要以意大利半岛东南部地中海沿岸为中心。当时希腊由较多个民族组成,希腊医学除吸收埃及、巴比伦和亚述的医学以外,还有小亚细亚西部的米诺亚

(Minoa)民族的医学。米诺亚民族于公元前 1000 年左右在地中海沿岸繁荣过,据考古学者研究,那是当时一个比较先进的民族,文明程度较高。虽然他们后来被希腊人征服,但是他们的民族文化并没有被消灭,而且对希腊医学产生了一定的影响。比如,米诺亚民族曾经以蛇作为宗教上的一种符号或表征,而希腊人则以蛇作为医学的象征,这就是希腊医学受米诺亚医学影响的一个佐证。此外,米诺亚人使用的一种排水装置,以后发展为希腊医学卫生设施的一部分。

毕达哥拉斯学派的阿尔克芒(前 6—前 5 世纪)被称为"医学之父",他通过解剖人体发现了视觉神经与连接耳和口腔的欧氏管,认识到大脑是感觉和思维的器官。

亚里士多德(前 384—前 322)是古希腊著名思想家,他与医学和生物学有密切关系,他集古代科学之大成。后世生物学的发展,可以说是以他的发现为基础。他有关生物学的论述,至今被人们称赞。他在著作《自然之阶梯》中,已提出类似达尔文进化论的观点,关于发生和遗传提出了一些论据。他虽然未曾实行过人体解剖,但曾检验过不少动物的尸体。可以说,亚里士多德开始了简单的比较解剖学。他曾以此详细论述了动物的内脏和器官,所使用的说明图,可以认为是最早的、有记录的解剖图。他用于记录子宫的英文名称,被稍加改动沿用至今。他在解剖学方面,记述过动物"胃反刍"现象;对于某些鱼类,也曾进行过较深入的研究;对于大静脉的分支和哺乳动物臂部的表浅血管,也留下了相当准确的记载,且指出多数静脉与动脉相伴行;他还介绍了节肢动物的生殖器官和消化器官。尽管如此,亚里士多德对生理学缺乏理解,不能将静脉与动脉作适当区别,也不能正确判断感觉器官、神经、脑髓间的关系。他错误地认为,脑髓不是重要器官,心脏才是重要器官,是感觉活动的根源。这一点与古代中国的观念很相似,也可能与古埃及有关系。在亚里士多德以前,柏拉图曾认为脑髓是思想、感觉的中心,而亚里士多德则认为心脏是思维的中心。在他看来,脑仅起到冷却的作用,只是防止心脏过热罢了。他对发生学有着浓厚兴趣,而且以发生学为研究手段,进一步从事胎生学研究。他的最重要胎生学研究是以鸡雏做研究对象,这一选择是非常高明的。由于他的观察,人们才知道鸡卵在孵化日第 3 天即有所表现。亚里士多德对于动物生殖的见解,一直影响到 17 世纪的哈维(1578—1650)。从亚里士多德的生命观来看,生物与非生物的区别,在于精神、灵魂是否存在。他认为生物体内的精神是给予形态的东西,即先有精神、后有物质,是一种唯心主义观点。他曾给生命定义为"生命乃是自动营养、自动成长、自动死亡的力"。他认为生命要素有三种:最低是营养与繁殖;其次是感觉;最高是智力和精神。亚里士多德的物质构成的观点,同恩培多克勒相同,认为一切物质由四种元素构成:即土、水、火、风,以各自不同的比例结合而成不同的物质。四元素学说得到后人的继承和发展,化学家波义耳曾反复论述这种观点。亚里士多德学派在生物学方面的贡献,由他的弟子们继续发展。

希腊医学中具有科学精神的,是以医学始祖希波克拉底(前 460—前337)为代表的一派。希波克拉底被誉为"西方医学之父",对这一伟大人物的生平事迹后人知道的并不很多。他大约于公元前 460 年生于科斯岛,家世业医,父亲和祖父都是著名的医生。希波克拉底年轻时受到家庭影响,以后巡游各地兼行医,讲述医学知识,他的足迹遍布小亚细亚的各个都市。后来在科斯学校中做了一名教师,讲授医学课程。他逝世在杰散里的拉里撒。后人推算,希波克拉底约死于公元前 377 年,生活了近百年。著名的希波克拉底誓言充分体现了希波克拉底学派的医学道德,其主要内容摘录如下:

"…… 视业师如同父母,终生与之合作。如有必要,我的钱财将与业师共享。视其子弟如我兄弟。彼等欲学医,即无条件授予……尽我所能诊治以济世,绝不有意误治而伤人。病家有所求亦不用毒药,尤不示人以服毒药或用药堕胎……凡入病家,均一心为患者,切忌存心误治或害人……凡不宜公开者,永不泄露,视他人之秘密若神圣……"

希波克拉底在他自己从事的医学范围内,基本上是一个唯物主义者,他和他的学生将四元素理论发展成为"四体液病理学说"。他认为有机体的生命决定于四种体液:血、黏液、黄胆汁和黑胆汁,四种原始本质的不同配合是四种液体的基础,每一种液体又与一定的"气质"相适应,每一个人的气质取决于他体内占优势的那种液体。如,热是血的基础,来自心,若血占优势,则属于多血质。四种液体平衡,则身体健康;反之,则多病。

希波克拉底的医学思想反映了古希腊思想家自发的辩证观点,倾向于从统一的整体来认识机体的生理过程。比如,他说:"疾病开始于全身……,身体的个别部位立刻相继引起其他部位的疾病,腰部引起头部的疾病,头部引起肌肉和腹部的疾病……,而这些部分是相互关联的……,能把一切变化传播给所有部分。"希波克拉底还注意外界因素对疾病的影响,有比较明确的预防思想。他教导年轻的医生,进入一个没到过的城市时,要研究该城市的气候、土壤、水以及居民的生活方式等,作为一个医生,只有预先研究城市中的生活条件,才能做好城市中的医疗工作。希波克拉底的治疗原则是,要求医生不要妨碍病理变化的自然过程。希波克拉底重视饮食疗法,也不忽视药物治疗。在《希氏文集》中收集了数百种药物,包括藻粟、天仙子、曼陀罗花、鼠李皮等。由《希氏文集》我们可以看出,公元前 4 世纪左右,西方医学已逐渐摆脱迷信的外衣,产生了一个比较合理而且近乎科学的体系。

古希腊的医学知识传自埃及和两河流域,公元前 5 世纪出现了职业医生。

古希腊学者也对生命现象进行了观察和探索,如有人提出过"人是从鱼变化而成的,因为人在胚胎的时候很像鱼"的看法,这是一种原始的生物进化思想。亚里士多德是对生物学贡献最大的古希腊学者。他在生物学史上首创了解剖和观察的方法。他记录了近500 种动物,亲自解剖了其中的 50 种,并按形态、胚胎和解剖方面的差异创立了 8 种分类方法。

2.1.5　古希腊的农业与建筑

1. 农业与冶铁技术

受地理条件的限制,希腊本土农业不发达。以种植油橄榄和葡萄为主,手工业和商业活动占重要地位。雅典就是最著名的工商业中心。制陶、制草、榨油、酿酒、造船、家具制作等,都是古希腊的主要手工业行业。各行业都有较细的分工,反映出其技术上的进步。其中造船技术相当先进,公元前 5 世纪,一般商船达 250 吨位,并能造出桨帆并用的大型战舰。

公元前 10—前 9 世纪时,希腊各地用铁已较普遍,雅典已成为一大冶铁中心。铁器不仅意味着生产力的更高水平,在希腊的具体条件下,它给予农业和手工业生产的影响之大更是难以估量。像希腊那种山多地薄的情况,只有铁器才能使农业生产出现一大突破。当时农业生产面临的最大问题是耕地的开垦,不仅迈锡尼文明原有的平川耕地多半荒芜需重新开垦,而且随着大规模的移民浪潮而遍布希腊各地的新村新居需要伐树开荒,辟丘陵山坡为田亩。无论是生熟荒地,还是盘根错节的灌木丛和土石相杂的坚硬坡地,非有铁斧铁锄不能见效。这也正是青铜时代希腊耕地开发还受较大限制的一个原因。而当时有铁斧砍伐林莽,铁锄破土、挖掘树根,荒地得以开垦,所以希腊农业生产就取得了超过青铜时代的进展。因此,在农业工具中,当时最常用、也最受重视的是铁斧和铁锄,铁犁尚在其次。雅典等地考古发掘所见最普遍的农具,也是斧、锄两类。《荷马史诗》也有几处生动反映了农业使用铁器的情况。在《伊利亚特》中,描写阿喀琉斯为阵亡的战友举行盛大葬礼时开了一个竞技会,其中发给掷铁饼优胜者的奖品就是一大块圆形的生铁。诗人夸耀地说:“即令他有很多肥沃的土地,这块铁也足够他用五个整年。他的耕夫牧人都不会因缺铁而进城去,因为家中将有足够的铁用了。”铁最好用作斧头,因此诗中接着说,发给射鸽冠军的奖品是铁斧:“他把黑铁给予射手以作奖品,用它制十把双刃斧头和十把单刃斧头。”有了铁斧铁锄(鹤嘴锄),配合着史诗羡称的以两头壮牛牵引进行深耕的犁具,希腊的农业生产就可在山多、土薄的条件下取得较好的收成。恩格斯说:“铁使更大面积的农田耕作,开垦广阔的森林地区,成为可能。”这句话可以说最适用于希腊。而铁器在农业生产上的作用却是由点及面,使希腊全境较普遍地出现农耕经济。到荷马时代后期,经济发展与人口增长皆呈上升趋势,而且速度加快;到荷马时代结束时,希腊便能够在各地普遍建立古典城邦。铁器不仅对希腊的农业生产功效卓著,对手工业生产也有同样的作用,恩格斯说的另一句话:铁器“给手工业工人提供了一种其坚固和锐利非石头或当时所知道的其他金属所能抵挡的工具”,显然也非常适用于荷马时代的希腊手工业。例如,造船业,由于有了铁斧铁锯铁锤之类的工具,龙骨技术这时益见完善,把龙骨前端作成冲角,为日后希腊战船的结构奠定了基础。由此可见,荷马时代作为铁器时代的开始,较之迈锡尼的青铜文明仍有其进步意义,尽管社会暂时倒退,希腊文明的恢复和加速发展却已在孕育之中。

2. 建筑技术

古希腊的许多石砌建筑至今尚存残迹。如建于公元前 5 世纪的雅典娜神庙系用白色大理石砌成,阶座上层面积达 2800 平方米,四周回廊上立着 46 根高 10.4 米的大圆柱。亚历山大城是当时世界上最宏伟的城市,其南北向和东西向的两条中央大道均宽达 90 米,港口处一座灯塔建于公元前 279 年,塔高超过 120 米,塔灯能使 60 里外的船只看见光亮。这些都显示出古希腊人高超的建筑技术水平。古希腊人较早地从西亚传入了冶铁技术,公元前 16—前 12 世纪就有了铁器。到公元前 9—前 6 世纪,铁器工具已普遍使用,人们已掌握了铁件的淬火、焊接和锻铁渗碳法制钢等技术。

公元前 8—前 6 世纪,希腊建筑逐步形成相对稳定的形式。爱奥尼亚人城邦形成了爱奥尼式建筑,风格端庄秀雅;多立安人城邦形成了多立克式建筑,风格雄健有力。到公元前 6 世纪,这两种建筑都有了系统的做法,称为"柱式"。柱式体系是古希腊人在建筑艺术上的创造(图 2-9)。

图 2-9　雅典卫城

　　公元前 5—前 4 世纪,是古希腊繁荣兴盛时期,创造了很多建筑珍品,主要建筑类型有卫城、神庙、露天剧场、柱廊、广场等。不仅在一组建筑群中同时存在上述两种柱式的建筑物,就是在同一单体建筑中也往往运用两种柱式。雅典卫城建筑群和该卫城的帕提农神庙是古典时期的著名实例。古典时期在伯罗奔尼撒半岛的科林斯城形成一种新的建筑柱式——科林斯柱式,风格华美富丽,到罗马时代广泛流行。

　　公元前 4 世纪后期到公元前 1 世纪,是古希腊历史的后期,马其顿王亚历山大远征,把希腊文化传播到西亚和北非,称为希腊化时期。希腊建筑风格向东方扩展,同时受到当地原有建筑风格的影响,形成了不同的地方特点。现存的建筑物遗址,如神庙、剧场、竞技场,都深深地反映了古希腊人的艺术趣味。其最突出的建筑语汇——建筑中的四种柱式,陶立克柱式、爱奥尼克柱式、科林斯式柱式和女郎雕像柱式,令古希腊建筑留下了独特且不朽的风姿。其所崇尚的人体美,使希腊建筑无论从比例还是外形上都产生了一种生机盎然的崇高美。建筑上的浮雕更是令建筑物生机勃勃,充满了艺术感。所以,想要研究古希腊的艺术史,希腊建筑就是一切艺术的研究起点,因为它包含的并不仅仅是如何建起一座令后人惊叹不已的建筑物,它包含的还有古希腊人的审美观念、雕刻艺术。古希腊建筑是人类发展历史中的伟大成就之一,给人类留下了不朽的艺术经典之作。其建筑语汇深深地影响着后人的建筑风格,它几乎贯穿在整个欧洲两千年的建筑活动中,无论是文艺复兴时期、巴洛克时期、洛可可时期,还是集体主义时期,都可见到希腊语汇的再现。古罗马的建筑受古希腊建筑影响最深,罗马时期还发展出了自己的一种混合柱式,来源都取自希腊柱式。

　　古希腊建筑风格特点主要是和谐、单纯、庄重与布局清晰。而神庙建筑则是这些风格特点的集中体现者,同时也是古希腊乃至整个欧洲影响最深远的建筑。其中,古希腊建筑史上产生了帕提农神庙、宙斯祭坛(帕加马)这样的艺术经典之作,给世界留下了宝贵的艺术遗产,同时对世界建筑艺术有着重大且深远的影响。如果我们说,古希腊的文化,是欧洲文化的源泉与宝库，那么，古希腊的建筑艺术，则是欧洲建筑艺术的源泉与宝库。

古希腊建筑通过它自身的尺度感、体量感、材料的质感、造型色彩以及建筑自身所载的绘画及雕刻艺术，给人以巨大强烈的震撼，它强大的艺术生命力令它经久不衰。它的梁柱结构、它的建筑构件特定的组合方式及艺术修饰手法，深深地、久远地影响了欧洲建筑达两千年之久。因此，我们可以说，古希腊的建筑是西欧建筑的开拓者。

2.2 古代罗马的科学技术

2.2.1 古代罗马的文明

公元前 7 世纪后期，意大利半岛上的古罗马人建立了奴隶制的城邦。公元前 2—前 1 世纪，罗马人征服了马其顿和希腊人的托勒密王朝，成为跨欧、亚、非三大洲的大帝国（图 2-10）。公元 1—2 世纪是罗马帝国的鼎盛期。公元 3 世纪走向衰落，公元 395 年分裂成东、西部。公元 476 年西罗马为北方的日耳曼人所灭，标志着欧洲奴隶制社会的终结。东罗马则演变为封建制的拜占庭帝国。

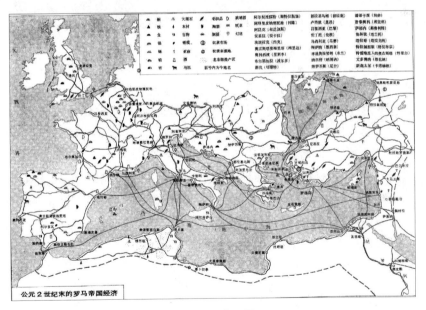

图 2-10 古罗马

1. 罗马建城的传说

在拉丁姆平原，有一座亚尔巴隆伽城。它的国王努弥托耳被其弟阿穆利乌斯篡夺了王位，王子被杀，只留下一个叫西尔维亚的女儿，被迫侍奉灶神维斯塔，终身不许婚配。有一天，西尔维亚在河边小憩，战神马尔斯从天而降，与她相爱，并生下了孪生子罗慕洛斯和列莫斯。阿穆利乌斯知道此事后，十分恐慌和恼怒，下令囚禁了西尔维亚，并将这双胞胎兄弟俩放进篮子里面，投入台伯河，但篮子却被河水冲到岸边。战神不仅救出了西尔维亚,还派来一只母狼把冲到岸边的两个孩子叼走,然后用狼乳喂养他们。不久之后,这对孪生子被王家的牧羊人发现,又把他们带到自己的家里抚养长大。罗慕洛斯和列莫斯长大后推翻了阿穆利厄斯的统治,在台伯河附近的巴拉丁山(即母狼喂养他们的地方)建立了一座新的城市。在决定用谁的名字来命名新城的时候,兄弟俩发生了激烈的争论,最后罗慕洛斯杀死其弟,并以自己的名字来命名,称为罗马城。至于建城的时间,史学传统把它定在公元前753年,也就是罗马历史上"王政时代"的开端。

2. 罗马的对外战争

罗马国家形成和发展的历史,与数百年间陆续进行的千百次大小战争是分不开的。在公元前3世纪以前,罗马的外部环境一直处于危险的境地。起初,它受伊达拉里亚人统治。共和国建立后,它的北方有强大的伊达拉里亚城邦,他们以其强大的经济政治实力控制着罗马所在的整个中部意大利;还有一股像塔克文家族之类被逐出罗马却准备复辟的势力,与罗马的关系自然是形同水火;东部和南部有经常入侵的萨宾、厄魁和沃尔斯奇等山地部落;临近的拉丁城市也不承认罗马一度取得的领导地位,而且掉转矛头指向罗马。为了统一意大利半岛,罗马进行了一系列的战争,主要有三次萨其奈战争和拉丁战争。

(1) 三次萨其奈战争

第一次发生在公元前343—前341,第二次发生在公元前327—前304,第三次发生在公元前298—前290。

(2) 拉丁战争(前340—前338)

罗马势力的不断扩张,使得拉丁姆地区各拉丁部落提高了警戒心。公元前340年,拉丁同盟联合坎佩尼亚和以往的旧敌人伏耳西共同起兵,对罗马宣战,为期三年的拉丁战争爆发了。公元前340年春,拉丁—坎佩尼亚联军与罗马—萨姆尼特联军在苏萨一带决战。决战的结果是,罗马—萨姆尼特联军获胜。罗马军乘胜追击,又连胜两战,将拉丁军队赶出了坎佩尼亚。拉丁—坎佩尼亚联盟便烟消云散了。在拉丁姆地区,领头反对罗马的是安提乌姆和培杜姆。公元前339年,罗马军南下穿插于两城之间,切断了他们的联系后,兵分两路向两城同时发动了总攻击。同年,罗马攻占安提乌姆城。公元前338年,培杜姆也被罗马军攻克。拉丁战争以罗马的全面胜利而结束。

拉丁战争和三次萨莫奈战争的胜利,使罗马基本上完成了对意大利半岛的统一,罗马下一步目标就是要征服地中海地区。在征服地中海西部地区的过程中,发生了罗马历史上有名的布匿战争。

(3) 布匿战争

布匿战争的背景如下。公元前3世纪早期,罗马统一了意大利半岛,成为地中海一大强国。从地理位置和古代文明发展的角度看,罗马成为帝国即意味着它首先要征服整个地中海地区,然后再向四周扩张。当时西部地中海的强国迦太基已与罗马有较多接触,地理位置也最近,和迦太基的战斗是罗马走向帝国之路的第一步。迦太基位于今天北非的突尼斯,由腓尼基人移民建成。公元前3世纪,它已发展为一个富庶的强大国家,本土以迦太基为中心,包括突尼斯、阿尔及利亚一带地区,又在海外占有西西里岛西部、西班牙南部沿海、科西嘉、撒丁、巴利阿里群岛等地,成为罗马向海外扩张的劲敌。双方争夺的焦点是盛产谷物的西西里。

布匿战争从公元前 264 年开始,到公元前 146 年结束,古罗马与迦太基之间共进行了 3 次战争。第一、第二次布匿战争是作战双方为争夺西部地中海霸权而进行的扩张战争,第三次布匿战争则是罗马以强凌弱的侵略战争。

(4) 马其顿战争和叙利亚战争

在布匿战争的前后,罗马又发动了三次马其顿战争和叙利亚战争,先后征服了马其顿和叙利亚。到公元前 150 年,地中海东部地区也为罗马所控制。

3. 古罗马的统治者

(1) 恺撒独裁

恺撒(前 100—前 44)是古罗马的统帅、政治家和作家,著有《高卢战记》、《内战记》等作品。公元前 48 年,恺撒获得终身保民官,并破例担任 5 年的执政官;公元前 45 年,又被宣布为终身独裁官。此外,他还拥有统帅、大教长和祖国之父等尊号,集大权于一身,成为名副其实的军事独裁者。恺撒的独裁统治,引起了共和派的严重不满。公元前 44 年 3 月 15 日,他被布鲁图斯和喀西乌斯为首的阴谋分子刺杀于元老院大厅。

(2) 屋大维

屋大维(前 63—14),出生于骑士家庭,罗马帝国的第一位皇帝。屋大维是恺撒的侄孙,恺撒收养他为义子,指定他为继承人。共和末期内战的胜利后,屋大维按共和传统身兼一系列最高职位,实际上集国家最高权力于一身。公元前 27 年 1 月 13 日,元老院授予他奥古斯都(意为神圣、伟大)尊号。奥古斯都采用元首(意为第一公民或首席元老)称号,故史称他所建立的政治制度为元首制。奥古斯都的长期统治,在帝国全境造成了一个相对稳定的政治局面,开创了延续百余年的所谓罗马和平时期。在他统治期间,罗马世界进入和平与繁荣的黄金时代。

(3) 三头政治

公元前 60 年,克拉苏、恺撒和庞培秘密结盟,共同控制罗马政局,史称前三头政治。恺撒势力因高卢战争(前 58—前 51)日渐膨胀。克拉苏急于事功,公元前 53 年死于侵略安息之战。庞培与元老院勾结反对恺撒。恺撒于公元前 49 年 1 月出敌不意,渡过鲁比孔河,直趋罗马,庞培不战而逃。翌年,法萨卢一役,庞培全军覆没。恺撒被宣布为终身独裁官,前三头政治结束。恺撒死后,罗马内战又起。公元前 43 年,3 个恺撒派人物安东尼、雷必达、屋大维公开结盟,获得统治国家 5 年的合法权力,史称后三头政治。后三头肃清政敌之后,屋大维于公元前 36 年剥夺雷必达兵权,与安东尼争雄。公元前 31 年,双方战于阿克提乌姆海角,安东尼败逃埃及,次年自杀。后三头政治结束。

4. 古罗马的法律

古罗马的法律和法学思想,是他们对西方和世界文化作出的最主要贡献。在罗马王政时代与共和初年,罗马人主要靠习惯法来调整社会关系。解释习惯法的权力被贵族垄断,他们借此来压迫平民。在平民斗争的压力下,公元前 451 年,立法委员会被迫制定了法律十表,次年又补充了二表,构成了所谓的《十二表法》,由于这些表法当时都是由青铜铸成的,所以又称《十二铜表法》,这是古代罗马的第一部成文法典。可惜的是,铜表在公元前390年高卢人入侵罗马时被毁。《十二铜表法》主要汇集了以往罗马的习惯法,其实质仍然是维护私有制和贵族的利益,但它还是适应了当时罗马社会经济文化发展的需要,限制了贵族的专横,打破了他们对法律知识的垄断,在一定程度上保障了平民的利益。

公元1—2世纪,在罗马帝国兴盛之际,罗马法进入了蓬勃发展的时期。在法学史上,它被称为罗马法的古典时期。这时,罗马法学家掀起了研究法律的热潮,形成了百家争鸣的局面。随着皇帝的权力扩大,立法权逐渐被皇帝掌握,法律和法令都开始采用皇帝敕令的形式颁布。这一时期的一些重要法典,包括《格雷戈里安努斯法典》(大约编于公元前294年)、《海摩格尼安努斯法典》(大约编于324年)和《狄奥多西法典》(438年颁布)。到东罗马帝国皇帝查士丁尼执政期间(527—565),罗马法发展到成熟阶段。查士丁尼统治时期,编纂了拜占庭帝国的第一部法典。这部法典在公元12世纪开始被人称为《查士丁尼民法大全》,主要包括《查士丁尼法典》、《学说汇纂》和《法学阶梯》三部分。人们还把公元534年到查士丁尼逝世时的法律编纂后,称为《新律》,作为法典的第四部分。罗马法明确规定了权利主体的权利能力、行为能力及其相互间有关亲权、财产权的法律关系,即民事法律关系,这样,罗马法实际上也就是罗马民法。罗马民法分为"人法"和"物法"两部分,前者规定了人的权利能力和行为能力,后者规定了各种财产权,即物权、债权和继承权。

恩格斯对罗马法予以高度评价,称罗马法是"商品生产者社会的第一部世界性法律"。它对世界法律的发展产生了重要影响,很多地方的法律都沿袭了罗马法的传统。欧洲大陆上的许多国家,甚至欧洲以外的日本,以及中国清末和民国时期的民法制定,都明显受到了罗马法的影响,即使是独立于罗马法之外的英国法律和英美法系,在一些法律规定方面也参照了罗马法的某些规定。

罗马帝国社会发生的危机,严重削弱了边防,日耳曼部落乘虚而入,突破边境防线大批涌入罗马境内。早在2世纪末,从北往南迁徙的日耳曼部落已对罗马边疆构成威胁。到3世纪中叶,法兰克人摧毁了罗马在莱茵河中下游设置的防线,进入高卢地区。另一支阿勒曼尼人继续南下,越过阿尔卑斯山,到达意大利北部。在帝国东部,哥特人等越过多瑙河下游和黑海,占据博斯普鲁王国和色雷斯,随后向南推进,屡次劫掠小亚细亚和爱琴海地区。这些蛮族的入侵虽被罗马暂时阻止了,但造成了严重的后果。罗马采取以蛮制蛮的政策,导致罗马军队逐渐蛮族化,把大批蛮族部落居民以军事移民方式迁到罗马边境,又为后来蛮族大规模入侵开了方便之门。

476年,西罗马帝国皇帝罗慕卢斯·奥古斯图卢斯被迫退位,标志着罗马帝国的灭亡。

5. 基督教产生、发展

(1) 基督教产生的背景

① 社会背景:基督教大约产生于1世纪中叶,最早出现在罗马统治下的犹太下层群众中间,它是受罗马统治的人民、特别是犹太人民反抗罗马统治的群众运动的产物。犹太

民族是一个灾难深重的民族,在古代历史上,它曾一次又一次地受到外族的奴役。公元前63年,罗马侵入巴勒斯坦,将其纳入了帝国的版图,犹太人受到罗马统治者的残酷剥削与压迫。他们不断起来反抗,但都遭到残酷的镇压。特别是在公元66—70年,犹太人掀起了反抗罗马帝国统治的大规模起义,史称"第一次犹太战争"。起义失败后,罗马军队把被俘的犹太人全部钉死在十字架上,以至于"没有地方再立十字架,没有十字架再钉人"。屡次起义失败使犹太人对现实感到绝望,他们找不到出路,转而把希望寄托于宗教,想从宗教中找到安慰,企盼"救世主"来帮助他们摆脱苦难。恩格斯曾经指出,基督教"最初是奴隶和被释放的奴隶、穷人和无权者、被罗马征服或驱散的人们的宗教"。

② 宗教背景:基督教是从犹太教的母体中孕育产生的,它是从犹太教的一个教派发展而来的,其神学思想主要来源于犹太教。它继承了犹太教的一神论和救世主观念以及创世神话,等等,同时接受犹太教的《圣经》而称为《旧约》。犹太教是人类最早的、系统的一神教,它信奉宇宙的唯一真神上帝雅赫维(基督教兴起后,将之称为耶和华),并把犹太人看做是上帝的"选民"。除此之外,基督教还吸收并改造了其他的东方神秘主义宗教的神学思想和崇拜仪式。

③ 文化背景:基督教在形成和早期发展的过程中,受到了古希腊罗马哲学,尤其是斯多葛派哲学、犹太—希腊哲学派和新柏拉图主义的深刻影响。斯多葛派哲学产生于希腊化时期,具有宿命论、博爱和世界公民等思想。犹太—希腊哲学派的思想代表是被称为"基督教之父"的犹太学者斐洛(约前30—约45)。他力图把希腊哲学和犹太教宗教观念融为一体。斐洛认为,上帝是绝对超越的存在,是万物的基础和源泉,它以"逻各斯"为中介创造了万物。这些思想和新柏拉图主义的神秘思想,都对早期基督教徒产生了重要影响。

(2) 基督教的产生与发展

基督教在其产生的初期是被压迫者的宗教,其参加者大多是下层劳动人民,因此初期的原始基督教的政治思想具有比较强烈的反抗意识,它反对罗马统治、仇视富人,号召人民用暴力来推翻罗马的统治,在现实世界上建立起理想的"千年王国"。《圣经》上记载道,耶稣对门徒说过,财主进天堂要比骆驼穿过针眼还难。他还表示,他来世上是要叫地上动刀动兵。由于这个原因和人们的误解,基督教产生后,罗马当局对它进行了多次迫害。然而,随着基督教的广泛传播和罗马帝国危机的不断加深,许多富人、官吏和知识界人士也加入了基督教,他们对教会的影响不断增强,基督教义的反抗色彩淡化,由主张斗争到提倡忍耐和顺从,这就使基督教发生了演变,开始与统治阶级合流。公元313年,君士坦丁皇帝和他的共治者李锡尼共同颁布"米兰敕令",宣布宗教自由,承认基督教的合法地位。公元392年,狄奥多西一世皇帝下令严禁一切异教崇拜和献祭活动,把基督教确立为罗马国教。至此,基督教在罗马世界获得胜利,并成为统治阶级的统治工具。基督教成为罗马国教是西方文化史的重要转折点,从此,基督教文化取代古典文化成为帝国文化的主流,这为西方文化向中世纪的过渡奠定了基础。

2.2.2 古罗马的天文历法

从公元 2 世纪末到 3 世纪末,罗马帝国爆发了严重的社会危机,史称 3 世纪危机。危机表现为农业萎缩、商业萧条、城市衰落、财政枯竭、政治混乱,以及贫民奴隶不断起义和大批蛮族乘机入境,帝国政权陷入风雨飘摇、岌岌可危的境地。

古罗马统治者长年忙于征战和处理庞大帝国浩繁的政务,很少关心科学理论和学术问题。罗马帝国在 1—2 世纪经济非常繁荣,技术上有了相当大的成就。但在科学理论上,与古希腊人相比较,罗马人要逊色得多。轻视理论思维、偏重实际应用,使古希腊的科学研究传统在罗马帝国时期中断了。

罗马人征服希腊人的地域后,有些学者的科学活动仍在继续。因此,在罗马帝国前期,承古希腊文化的余绪,依然有一些科学上的成就问世。

这一时期的代表人物有,生活在埃及亚历山大里亚的天文学家托勒密(85—168),著有《天文学大成》13 卷。该书集古代希腊罗马天文学之大成,书中使用几何系统来描述天

图 2-11 托勒密的"地心说"

体运动,并有包括 1022 颗恒星的星图,在古代是极其完备的。另外,书中还论及了历法的推算,日、月、食的推算以及天文仪器的制作与使用,等等。但由于托勒密信奉"地心说"(图 2-11),为了使这种理论成立,他设计了一种极其复杂的天体几何系统,以解决一些地心说的推算与实际不符的问题,使推算结果与实际观测大致相近。在哥白尼提出"日心说"之前,托勒密的学说在欧洲占统治地位。

托勒密是古希腊天文学的继承者和集大成者。他在喜帕克"地心说"的"本轮—均轮"宇宙模型基础上增加了圆形轨道,构建了一个共有 80 个本轮和均轮的复杂模型。托勒密的这个体系与实际观测结果非常符合,因而被西方天文学界采用了一千多年,直到近代哥白尼提出"日心说"它才被取代。托勒密的《天文学大成》一书,成为天文学史上的名著,后经阿拉伯人翻译,易名《至大论》。托勒密在数学方面也有建树,他证明了许多与天文计算有关的球面三角定理。他还著有 8 卷的《地理学》一书。

《儒略历》源于古罗马。公元前 46 年,罗马统帅儒略·恺撒在埃及亚历山大的希腊数学家兼天文学家索西琴尼的帮助下制订,并在公元前 46 年 1 月 1 日起执行,以取代旧罗马历法的一种历法。所以,人们就把这一历法称为《儒略历》。

《儒略历》以回归年为基本单位,是一部纯粹的阳历。它将全年分设为 12 个月,单数月是大月,长 31 日;双数月是小月,长为 30 日,只有 2 月平年是 28 日、闰年是 29 日。每年设 365 日,每 4 年 1 闰,闰年 366 日,每年平均长度是 365.25 日。《儒略历》编制好后,儒略·恺撒的继承人奥古斯都又从 2 月减去一日加到 8 月上(8 月的拉丁名即他的名字奥古斯都),又把 9 月、11 月改为小月,10 月、12 月改为大月。

《儒略历》比回归年 365.2422 日长 0.0078 日,400 年要多出 3.12 日。从 325 年定春

分为 3 月 21 日提早到了 3 月 11 日。1500 年后由于误差较大,被罗马教皇格里高利十三世于 1582 年进行改善与修订,变为格里历,即沿用至今的、世界通用的公历。

古埃及实行太阳历,古希腊实行太阴历,它们都不太精确和方便。罗马人结合它们各自的优点,制定了儒略历。它规定每千年中,头 3 年为平年,每年 365 天,第 4 年为闰年,1 年 366 天,1 年 12 个月,分 6 个大月和 6 个小月,由于 7 月是恺撒大帝的生日,为了体现他至高无上的地位,要求这个月是大月,于是其他单数月也被定为大月,每月 31 天;双数月为小月,每月 30 天。6 个大月、6 个小月使平年多出一天。由于当时罗马的死刑在 2 月执行,人们认为 2 月是不吉利的月,因此减去一天。屋大维继位后,他的生日在 8 月,因此 8 月也被定为大月。这样一年就有了 8 个大月,再从 2 月里减去一天,成为 28 天,平年还是 365 天;每逢闰年,2 月再加一天,成为 29 天。这种历法就是我们现行公历的主体。

托勒密的地球中心学是科学的地球中心说,是天体观察的总结和描述,与后来的宗教地球中心说具有完全不同的意义。

卢克莱修(前 99—前 55)是古罗马的原子论者,他系统地阐明和发挥了古希腊后期原子论学说的代表人物伊壁鸠鲁(前 341—前 270)的学说。他写的长诗《物性论》是古代原子论哲学的顶峰。

卢克莱修认真研究了物体的下落,认为平常物体下落速度的不同,并非如亚里士多德所说的那样是由于构成该物体的元素不同或重量不同,而是由于空气和水对它们的阻力不同。重的物体所受阻力小,所以下落快些,而轻的物体所受阻力大,所以下落速度慢些,如果在真空中,所有物体都将以同等速度下落。这种观点成为以后伽利略落体实验和落体定律的基础。卢克莱修提出世界是由原子组成的,是无限的,处于不断的发展变化之中。他还提出了生物进化方面的一些观点,认为人也是随着自然的发展而不断进步的。

卢克莱修所探讨的问题是纯粹的科学问题,没有任何政治、经济、军事或宗教目的,尽管卢克莱修的原子学说来自猜测,但对后代物质来源的研究,起了一定的指导作用。

2.2.3　古罗马的数学

古罗马以基督教为国教,实行思想统治,禁锢了人们的思想,古希腊时期那种活跃的学术气氛不复存在,新鲜的思想也难露头角。数学科学更是举步不前。

在这一时期,比较著名的数学科学家有丢番图、帕波斯和希帕蒂娅。

丢番图大致活动于公元 250 年前后,其生平不详。他的著作《算术》和关于所谓多角数(形数)一书,是世界上最早的、系统的数学论文。

《算术》共 13 卷,现存 6 卷。这本书可以归入代数学的范围。代数学区别于其他学科的最大特点是引入了未知数,并对未知数加以运算。它根据问题的条件列入方程,然后解方程求出未知数,如我们前边关于丢番图年龄的计算。算术也有未知数,这未知数就是答案,一切运算只允许由已知数来施行。在代数中,既然要对未知数加以运算,就需要用某种符号来表示它。丢番图将这方面的成果冠以算术之名是很自然的,因此,他有着被后人称作是"代数学之父"的美誉。

　　希腊数学自毕达哥拉斯学派以后,兴趣中心都在几何,他们认为只有经过几何论证的命题才是可靠的。为了逻辑的严密性,代数也披上了几何的外衣。

　　所以一切代数问题,甚至简单的一次方程的求解,也都纳入了僵硬的几何模式之中。直到丢番图的出现,才把代数解放出来,摆脱了几何的羁绊。

　　丢番图认为,代数方法比几何的演绎陈述更适宜于解决问题。解题过程中显示出高度的巧思和独创性,在希腊数学中独树一帜。

　　如果丢番图的著作不是用希腊文写的,人们就不会想到这是希腊人的成果,因为看不出有古典希腊数学的风格,从思想方法到整个科目结构都是全新的。

　　如果没有丢番图的工作,也许人们以为希腊人完全不懂代数,有人甚至猜想他是希腊化了的巴比伦人。

　　丢番图在《算术》中,除了叙述代数的原理外,还列举了属于各次不定方程式的许多问题,并指出了求这些方程解的方法,识别了实根、有理数可能是根和正根。

　　为了表示求知数及其幂、倒数、等式和减法,他使用了字母的减写,用并列书写表示两个量的加法,量的系数则在量的符号之后用阿拉伯数字表示。

　　在两个数的和与差的乘法运算中采用了符号法则。他还引入了负数的概念,并认识到负数的平方等于正数等问题。

　　丢番图在数论和代数领域作出了杰出的贡献,开辟了广阔的研究道路。

　　这是人类思想上一次不寻常的飞跃,不过这种飞跃在早期希腊数学中已出现萌芽。丢番图的著作成为后来许多数学家,如费尔马、欧勒、高斯等进行数论研究的出发点。数论中两大部分均是以丢番图命名的,即丢番图方程理论和丢番图近似理论。

　　丢番图的《算术》虽然还有许多不足之处,但瑕不掩瑜,它仍不失为一部承前启后的划时代著作。

　　古罗马时期的另一位科学家帕波斯,他最有价值的著作是《数学汇编》。帕波斯生活在公元3世纪末,他写了8卷本的《数学汇编》。其中提出的“圆面积大于任何同周长的正多边形面积”、“球体积大于任何同表面积的立体的体积”的著名命题。帕波斯提出了属于射影几何的概念,给17世纪射影几何的诞生提供了思想萌芽。他还研究了极值问题。

　　《数学汇编》在历史上占有特殊地位,这不仅仅是它本身有许多发明创造,更重要的是记述了大量前人的工作,保存了一大批现在别处无法看到的著作。它和普罗克洛斯的《概要》,是研究希腊数学科学史的两大原始资料,其功不可没。

　　帕波斯还写过关于地理、音乐、流体静力学等方面的书,注释过托勒密、欧几里得的著作。他是博学多才的。

　　公元4世纪,希腊数学已是强弩之末,“黄金时代”的几何巨匠已离去五六百年了。到公元146年,罗马人占领亚历山大后,科学便凋谢了。除了托勒密等科学家有所建树外,理论几何的活力已经用完。在此情况下,总结数百年来前人披荆斩棘所取得的成果,以免年久失传,已是十分重要和必要的。而他的主要贡献,正是收集、总结、补充和评述几乎是整个希腊时期的学术工作,使它流传下来并发扬光大。这些功劳是不可磨灭的。

弟奥放达斯对古巴比伦和埃及的代数学进行了重新、系统的研究,写成了《算术》一书,他因此被称为代数学的创始人。他第一次专门研究了不定方程问题,即求得整数解的问题。人们把这类方程称为"弟奥放达斯方程"。他还第一次提出了有别于日常语言的代数语言系统,成为今天代数演算系统的祖先。

另一位数学家希帕蒂娅(370—415)是古罗马女数学家、天文学家和哲学家,新柏拉图学派中亚历山大里亚学派的创始人(图 2-12)。她生于亚历山大城,是当地著名哲学家、数学家塞昂之女,曾助其父注释欧几里得的《几何原本》和托勒密《大综合论》,后任亚历山大城新柏拉图学院的主持人。她不热衷于神秘主义,以数学和各门精密科学的研究促进抽象的形而上学思辨;使教育对宗教保持中立,促使信奉基督教的东罗马帝国有可能接受希腊化科学。希帕蒂娅撰写过介绍柏拉图、亚里士多德以及有关数学、天文学问题的著作。她能言善辩、端庄美貌,并有杰出的才智,吸引了大批学生,其中包括后来成为主教的塞内西乌斯。她提倡对希腊哲

图 2-12　希帕蒂娅

学家的原著进行注释和研究。后被基督教徒杀害,导致许多学者的出走,从而标志作为古代学术中心的亚历山大城衰落的开始。希帕蒂娅著作均佚。据古代一本词典记载,希帕蒂娅还评注了丢番图的《算术》和阿波罗尼的《圆锥曲线》等名著,可惜这些评注本都已失传。

希帕蒂娅也在亚历山大从事科学和哲学活动,讲授数学和新柏拉图主义。她的哲学兴趣比较倾向于研究学术与科学问题,而较少追求神秘性和排他性。

约在 400 年左右,希帕蒂娅成为亚历山大的新柏拉图主义学派的领袖。由于她的学术声望,甚至有的基督徒也拜她为师。

但是,早期的基督徒在很大程度上把科学视为异端邪说,把传播希腊传统文化视为异教徒加以迫害。415 年,希帕蒂娅被信奉基督教的一群暴民私刑处死。

2.2.4　古罗马的医学

医学作为一门实用学科,在古罗马还比较受到重视。罗马的医生继承了古希腊的医学传统,某些方面(如外科手术、药物学等)还有了较大的发展。

希腊医学在希波克拉底以后,在亚历山大达到顶峰,且不久即开始渗入罗马。不过,在此之前,罗马医学有它自己很长的发展历史,它继承了埃特鲁斯坎人的宗教观点,表现在早期罗马人对动物内脏占卜的信赖。希腊的医神阿斯克列庇阿斯,在公元前 295 年以其蛇缠绕手杖的形象被介绍到罗马。当罗马在文明上进一步被希腊化时,希腊文化在罗马人的知识生活中便占了优势,特别是在医学的态度、方法和实践上,几乎完全是学习希波克拉底的。罗马人的上层阶级同古希腊一样厌恶手工的工作。他们认为有文化的人开业行医是不值得的。当时,希腊开业医生流入和扩散于罗马,罗马人蔑视希腊一般人和治疗者。希腊人的社会地位是低下的,许多人还是奴隶。后来由于医生在治病防病中的作

用愈来愈大,他们被授予公民权,能自由进行开业,因此希腊与罗马的态度和方法逐渐融合了。

罗马对健康和疾病的态度与希腊颇为相似,对不治之症和残废很少加以注意。这两个国家的贫民住房均很拥挤,但罗马人比较注意公共卫生和保健。1世纪末,已有9条管道向罗马供水,以后更多,主要用于饮水和公共洗澡;同时有一条排除污水的下水道流到市外,多数街道、马路、小巷保持着清洁的面貌。只有军队中才发展了医院。罗马的自由民和奴隶可以到医生家里看病,直到4世纪,为普通公民设置的医院才在城市出现。

迪奥斯科里德斯(约41—90)根据公元前4世纪迪奥克莱斯关于药用植物的资料,和泰奥弗拉斯托斯(约前372—前287)所著的《植物研究》写了《药物论》,论述了近千种药物,为现代植物术语学提供了最经典的原始材料。

塞尔苏斯约生于公元前10年,卒年不祥。他被公认为最伟大的医学作家。他所著的《医学》是最优秀的医学经典著作之一,后来也是印刷机传入后最早付印的医学著作之一。他本人虽不是临床医生,但他主张清洁:伤口必须洗净,并涂以食醋、百里香油之类。这些物质都有消毒作用。他确定了炎症的4个基本特征:红、肿、痛、热。根据各种疾病对治疗的需求而分成三部分:饮食、药物和外科治疗。他首次提到心脏病及精神病,提到用结扎法来止住动脉出血。现在所谓希腊主义时期医学及亚历山大利亚解剖学和外科学的知识,主要来自塞尔苏斯的《医学》。

普林尼(23—79)是另一位著名的古罗马作家,他所著的《博物志》共37卷,内容极为丰富,包括动物、植物、矿物等,其中第20～32卷是专门讲药物学的。

以弗所的索兰努斯(98—138)是希腊著名的妇产科和儿科医生,他有关妇科病、妊产及婴儿护理方面的著作,支配医学界长达1000年之久。

鲁弗斯(110—180)是罗马时期的解剖学家,他明确描述了视神经和眼球构造,认识到运动神经和感觉神经都与脑子有联系,心跳是脉搏的原因。

但是,尽管如此多的医生各有成就,但罗马医学的高峰时期,是在"神圣的医生"盖论出世才到来的。

古罗马最著名的医学家是盖仑(129—199),他行医多年,后来做了罗马皇帝的御医。他创立了"三灵气说"来解释人体的生理过程:食物营养在肝脏内变成深红的静脉血液后与"自然灵气"混合,由其推动经过心脏右侧循静脉流向全身,然后又从原路流回心脏;一部分血液会从心脏右侧通过隔膜上的细孔流进左侧,由此流经肺而与空气接触后带上"活力灵气"而转变成鲜红的动脉血,并受其推动循动脉流向全身,又从原路返回心脏;流经大脑的动脉血中的"活力灵气",变成"灵魂灵气"由神经系统通至全身,而支配人体的感觉和运动。盖仑的"三灵气说"多是臆测成分,包含不少谬误,但毕竟是关于人体生理过程的、较为系统的学说。它在西方曾长期被奉为权威医学理论,直到17世纪血液循环学说确立后才被取代。盖仑写过131部著作,留传至今的有87部。

2.2.5　古罗马的农业与建筑

1. 古罗马的农业

古希腊重视理论研究,但学者们不曾把技术作为学问来对待。轻视纯理论而注重技术的古罗马,却有学者对技术加以系统研究,写出了一些很有价值的技术专著,如,加图的《论农业》。意大利半岛农业发达,罗马人的农业技术在当时是很先进的。担任过监察官的加图(前 234—前 149)著有《论农业》一书,被认为是西方最早的农学著作。该书包含了许多农业生产技术和农学知识,还有农庄经营管理的内容。稍晚一些的瓦罗(前 116—前 27)也写过一部《论农业》,在农学史上也有一定的地位。

2. 古罗马的建筑

(1) 维特鲁维奥的《论建筑》

罗马成为一个强盛国家后营造了各种建筑,从许多至今犹存的遗迹可看出当时建筑技术的高超。如罗马大角斗场平面为椭圆形,长短径分别为 188 米和 156 米,外墙高 48.5 米,可容纳 5~8 万名观众。古罗马的水道建筑也是工程庞大而壮观。首都罗马水道共有 9 条,总长达 90 多千米。罗马人还在帝国广阔的疆土上修筑了许多公路和桥梁,构成了所谓“条条大道通罗马”的四通八达的交通网。维特鲁维奥(公元前 1 世纪)是古罗马著名的建筑师,他总结了古希腊以来的建筑经验,写出了世界上第一部建筑学专著《论建筑队》,内容涉及建筑的一般理论、设计原理、建筑师的教育以及建筑施工等多方面的问题。该书对西方建筑学产生了深远影响。担任过水道工程官员的弗朗提务(40—103),也写过几部工程学著作。

(2) 赫伦的技术发明

赫伦(1 世纪)是罗马帝国初期著名的学者和工程师,他有许多发明创造,写过不少著作。他制造过复杂的滑轮系统、鼓风机、计里程器、虹吸器、测准仪等多种机械器具。他还发明过一个蒸汽反冲球,作为玩具献给皇帝。这是最早的把热能转化成机械能的技术装置,是近代蒸汽轮机和现代喷气动力的雏形,可惜一直未得到实际应用。赫伦还精于数学,写过一部关于《几何原本》的评注,证明过一些定理。以三角形三边之长求三角形面积的公式,就是赫伦最先得出的。

古代希腊罗马人创造了西方奴隶制社会科学技术的最高成就。这些成就成了西方科技文明的源头。古希腊人注重对自然界的理论性探索,初步运用逻辑推理、数学运算和观察实验相结合的科学研究方法;古罗马人注重科学知识的实际应用和对技术问题进行理论总结,这些优良传统对后来近代科学技术的产生和发展起到了非常重要的启发和示范作用。

罗马人不仅在法律上面为后世留下了珍贵的遗产,他们在建筑方面也取得了伟大的成就。罗马建筑大致有以下几种类型。

① 神庙建筑:罗马最著名的神庙是万神殿,整个建筑由长方形门廊和后部圆顶大厅构成。前部门廊由两排科林斯式列柱支撑,后部的圆顶大厅直径为 43.2 米,墙壁的厚度

为 6.2 米,上部为半球形圆顶,顶端距离地面为 43.2 米。整个万神殿用水泥和砖头建成,内部用彩色的大理石和铜装饰。

② 娱乐场所建筑:主要有剧场、竞技场和浴场等。高大雄伟的哥罗赛姆竞技场是其中杰出的代表(图 2-13),它建于 1 世纪,主要用于角斗和斗兽,也可以灌水成湖进行海战表演。哥罗赛姆竞技场是一座椭圆形的建筑物,长 188 米,宽 155 米,外墙高 48.5 米,中央舞台长 86 米、宽 57 米,观众席从最接近舞台的贵宾席到顶层观众席有 30 多排,可以容纳 5 万多名观众。建筑全部用水泥和砖石砌成,共计 4 层。全场上下分为 5 个区,每区各有直接通往场外的楼梯与通道,共有 80 多个出口。罗马的浴场以卡拉卡拉最为典型,它建于 211—217 年,占地 11 公顷,储水容量为 8 万吨,可容纳 1600 人同时沐浴,内部以浴场为主,并设有休息室、运动场、图书馆、音乐厅、演讲厅等。

图 2-13　哥罗赛姆竞技场

③ 纪念物建筑:主要有凯旋门和纪念柱。图拉真纪念柱高 35.27 米,底径 3.70 米,柱身分为 18 段,全部用白色大理石砌成,柱身上螺旋状地环绕着一条长达 650 英尺的浮雕带,生动地表现了每一次战役的场面。

道路建设也是罗马人的一大成就。到公元 2 世纪,罗马帝国境内有大道 372 条,总长为 80 000 千米,四通八达的大道把罗马与帝国的各个地区紧密连接起来,故有“条条大路通罗马”之说。著名的阿庇乌斯大道由罗马至他林敦,大道宽 4.1 米,路面上铺着玄武岩石块,是当时最为壮观的大道。

古罗马建筑是在继承古希腊建筑成就的基础上,开拓了一个新的建筑领域,在建筑文化的技术和艺术方面都予以了广泛创新,形成了一种新的建筑风格和建筑艺术手法。其中,以光辉的拱券技术、柱式的发展与定型、厚实的砖石墙、逐层挑出的门框装饰为主要建筑特点,并且在建筑理论方面取得了很高的成就。维特鲁威的《建筑十书》在全世界建筑学术史的地位是独一无二的。

古罗马建筑的建筑物遗存类型很多:有广场、剧场、角斗场、庙宇、浴场、住宅和宫殿等建筑。

罗马人和希腊人一样,是直接由野蛮状态进入铁器时代文明的。但是他们不像希腊人那样完全摆脱青铜时代的传统。当罗马人在公元前 510 年赶走了塔克文王朝以后,他们就把伊特拉斯坎人从他们小亚细亚故乡带来的占星术和肝脏占卜术都接受过来了。还有,罗马人并不像希腊人那样发展一种沿海城邦的文明,罗马是一个像斯巴达那样的亦军亦农的社会。罗马元老院的议员们禁止经商,而商人则服从社会上的贵贱准则,总想拥有农田当个奴隶主。罗马人特别缺乏商旅人的那种数量和空间的观念,因此他们在数学上特别不在行。当罗马的文明达到完全成熟的阶段时,西塞罗(前 106—前 43)竟说:“希腊数学家在纯几何学领域领先,而我们则把自己限制在计数和测量上。”

2.3　中世纪欧洲的科学技术

欧洲的中世纪,是指西罗马灭亡至文艺复兴之前,即 5—15 世纪的千年里,封建制在欧洲建立、发展以至于衰落的时期。它分前后两段:5—10 世纪为前期,史称黑暗时期;11—15 世纪为后期。

1. 中世纪前期欧洲科学技术的停滞

中世纪的欧洲基督教会有很大的势力。从 8 世纪起,教会实际取得了社会的政治权力,占有西欧 1/3 的土地,并向全体居民征税。教会还垄断思想文化,禁绝任何违背宗教教义的思想言论。在中世纪前期,由于教会的摧残,学术没有了生机,科学技术停滞不前。

（1）科学的衰落

教皇格里哥利一世(590—604)曾公然宣称:“不学无术是信仰虔诚之母”,并亲自下令焚毁了罗马图书馆。教会推行的信条和准则是“启示高于理性”、“知识服从信仰”、“哲学(包括科学)服从神学”,于是科学成了“教会恭顺的婢女”:数学被用来计算耶稣复活的时刻,天文学要论证上帝在天上的位所,就连古生物化石也被说成是造物主的遗弃物。这些倒行逆施使欧洲在几百年里熄灭了理性思维的火炬,断送了学术研究的生机。古希腊科学思想的余辉,在古罗马时已经黯淡,经中世纪前期的摧残更荡然无存了。

（2）技术的倒退

中世纪前期,欧洲手工业衰败,一些昔日繁华的工商业中心城市几乎成了废墟。各国封建主修建了一块块的庄园,罗马时代的大型水利工程、高架引水桥、公路等都变得无用了。除了农业技术略有进步外,从整体上看,中世纪前期欧洲的技术和罗马帝国兴盛时期相比是大大倒退了。

2. 中世纪后期欧洲科学技术的复苏

从 11 世纪起,教会与欧洲封建主以宗教为借口,对地中海东部沿岸的伊斯兰教国家发动了 8 次“十字军东征”,绵延达 200 年。战争使阿拉伯的社会经济受到极大破坏,但欧洲人在这 200 年里,通过各种方式从阿拉伯人那里学到了许多先进的科学技术,并且重新认识了古希腊的灿烂文化。与此同时,欧洲的城市经济逐渐恢复,工商业有所发展,资本主义因素开始萌芽。在新的社会经济和文化条件下,欧洲在中世纪后期,尤其是在13世纪以后,科学技术出现了复苏的迹象。

3. 科学活动的重新开展

中世纪后期的欧洲,以当时还在阿拉伯人统治下的西班牙为中心,形成了一股把阿拉伯文献翻译成欧洲的拉丁文、学习古希腊科学文化的热潮。到了13世纪,古希腊的学术思想大体上已为欧洲人所知。与此同时,一些附属教会的学校逐步发展为面向社会、以讲授非宗教知识为主的大学。著名的有,意大利波朗尼亚大学(11世纪末)、英国的牛津大学(1168)、剑桥大学(1209)、法国的巴黎大学(1200)等。在大学里,出现了一批具有新思想的学者,他们在欧洲各国开展科学研究活动。罗吉尔·培根(约1211—1292)就是其中的一个典型代表。他曾就读于牛津大学,先后在该校和巴黎大学任教。他认真研究过古希腊和阿拉伯的学术,自己做过大量科学实验,关心各种技术上的发明创造。他还提倡阿基米德开创的实验方法和数学方法相结合的科学方法论。罗吉尔·培根的思想不为教会所容,他受到残酷的迫害,被囚禁十几年。他的著作也被列为禁书。可见,中世纪后期自然科学的复苏是在和宗教势力顽强斗争中进行的。

2.3.1　中世纪欧洲的天文学

从公元476年西罗马帝国灭亡,到15世纪中叶文艺复兴开始,这一千年的欧洲历史,习惯上称为"中世纪"。尤其是5—10世纪,更是欧洲历史上的黑暗时期。当时西欧人连希腊科学家的学说都不清楚了,大地是球形的说法也被列为异端,而《圣经》神话却重新成了宇宙体系的依据。在这一时期里,天文学之所以仍然被列为高等教育的必修课,主要是为了教人学会计算复活节的日期。

阿拉伯科学从公元10世纪开始,由西班牙向英、法、德等国传播。但阿拉伯科学著作被大量译成拉丁文,还是在基督教徒攻克西班牙的托莱多(1085)和意大利南部的西西里岛(1091)以后的事情。翻译工作最活跃的时期是在1125—1280年之间,最著名的译者是克雷莫纳的杰拉尔德。他一生译书80多种,其中包括托勒密的《天文学大成》和查尔卡利的《托莱多天文表》。

古希腊和阿拉伯的科学著作译成拉丁文以后,经院哲学家阿奎那斯立刻把亚里士多德、托勒密等人的学说和神学结合起来。阿奎那斯证明上帝存在的第一条理由就是天球的运动需要一个原动者,即上帝。但是,到了这个时候,由于科学知识的积累,经院哲学家的一些论据,已经不能无条件地被人接受了。与阿奎那斯同时,英国革新派教徒R.培根具有鲜明的唯物主义倾向,主张"靠实验来弄懂自然科学、医药、炼金术和天上地下的一切事物",反对经院式、教义式的盲目信仰,对宇宙理论和科学的发展起了推动作用。

14世纪中期,维也纳设立了大学,逐渐成为天文数学中心。普尔巴哈于1450年出任该校天文数学教授后,学术空气更为浓厚。普尔巴哈在托勒密《天文学大成》的基础上,编成《天文学手册》一书,作为撒克罗包斯考《天球论》的补充;同时又著《行星理论》,详细指出亚里士多德和托勒密两人关于行星的理论是不同的。

普尔巴哈的学生和合作者,德国的雷乔蒙塔努斯(即 J. 米勒),曾经随普尔巴哈去意大利从希腊文原著学习托勒密的天文学。他们两人都发现,《阿尔方斯天文表》历时已二百年,误差颇大,需要修订。后来雷乔蒙塔努斯到纽伦堡定居,在天文爱好者、富商瓦尔特的资助下,建立了一座天文台,并附设有修配厂和印刷所,1475—1505 年间每年编印航海历书,为哥伦布 1492 年发现新大陆提供了条件。

在普尔巴哈和雷乔蒙塔努斯十分活跃的时候,在意大利也出现了两位有名的天文学家:托斯卡内里和库萨的尼古拉。他们都曾求学于帕多瓦大学,彼此是亲密的同学和朋友。前者学医,曾鼓励哥伦布航海,后来成为优秀的天文观测者,系统地观测过六颗彗星(1433,1449—1450,1456,1457Ⅰ,1457Ⅱ,1472),并把佛罗伦萨的高大教堂当作圭表,精确地测定二至点和岁差。后者在任意大利北部的布里克森城(今名布雷萨诺内)主教期间,曾提出过地球运动和宇宙无限的设想。他说:整个宇宙是由同样的四大元素组成的;天体上也有和地球上相似的生物居住着;一个人不论在地球上、或者在太阳上、或者在别的星体上,从他的眼中看去,他所占的地位总是不动的,而其他一切东西则在运动。

2.3.2　中世纪欧洲的数学

1. 中世纪欧洲的数学

中世期初期,大约从 400—1100 年这段长达 700 年之久的时间里,欧洲数学一直没有取得进展,也没有人认真搞数学工作。

欧洲人认为,所有的知识都来源于研读《圣经》,教会神父的教导和教条是《圣经》的补充发挥和解释,具有至高无上的权威。圣·奥古斯丁曾说:"从《圣经》以外获得的任何知识,如果它是有害的,理应加以排斥;如果它是有益的,那它是会包含在《圣经》里的。"这段话代表了中世纪早期的人对研究自然的态度。因此,欧洲中世纪早期没有产生重大的数学成果。

十字军东征(约 1100—1300)为掠取土地的军事征服,使欧洲人进入阿拉伯土地。欧洲人大规模地接触到东方的文明,使他们大开眼界,激起了他们学习东方科学知识的热情。

12 世纪的投雷多大主教雷蒙德创办了一所翻译学院,对阿拉伯文的哲学和数学著作进行全面翻译。被欧洲人译出的著作,有欧几里得的《几何原本》、花拉子密的《代数学》、泰奥多希乌斯的《球面学》、阿基米德的《圆的度量》,还有亚里士多德、赫伦的许多著作。这些译本成了中世纪欧洲数学发展的基础。

在大多数科学里,一代人要推倒另外一代人所修筑的东西,一个人所树立的另外一个人则要加以摧毁,只有数学,每一代人都能在旧建筑上增添一层新楼。

中世纪的数学水平之所以低,是因为缺乏对现实世界的兴趣。中世纪的知识状态是思想一律、教条主义、神秘主义、信赖权威,不断向权威著作求教,进行分析加以评述等。倾向于神秘主义的结果,使人把含糊其词的思想奉为现实,甚至接受为宗教真理。仅存的那么一小点理论科学是呆板、无生气的。神学统治了所有的学问,教会神父编造了万有知识体系。但是除了包含在教义中的以外,他们不去寻求任何别的原理。罗马文明是产生不出数学来的,因为它太注重实际和马上可以应用的结果;欧洲中世纪文明不能产生数学,则是出于截然相反的原因,他们根本不关心现实世界,俗世的事务和问题是不重要的,他们重视死后的生活并重视为此而进行的准备。

数学在一个自由的学术气氛中最能够获得成功,因为在那里,既能够对现实世界所提出的问题发生兴趣,又有人愿意从抽象的方面去思考由这些问题所引起的概念,而不计算能否谋取眼前的或者实际的利益。自然界是产生概念的温床,然后必须对概念本身进行研究,然后反过来能对自然获得新的观点,对它有更丰富的、强有力的理解,从而又产生更深刻的数学。欧洲人后来又对古希腊人的数学著作如醉如痴。随着希腊著作的传入,要求作合理化解释的趋势,对现实世界的研究,通过食品、物质生活来享受现实生活的兴趣以及对自然的乐趣,变得明显起来。

欧洲人逐渐认识到:从数学上来对观测数据和实验事实进行整理和比较,然后核实数学定律,做起来比较容易;而模仿亚里士多德,寻求物质上的或者现实的解释,这种解释很难获得而且用处不大。所以用做实验和归纳法来获得一般原理和科学规律,开始成为知识的重要来源。

2. 中世纪欧洲的物理学

与阿拉伯、中国辉煌的中世纪相反,在中世纪,古代文明的夕阳余晖在欧洲大陆逐渐消失。到了5世纪,教会在政治上成为统治者。由于教徒们只关心天国与来世,因此科学研究成为无人问津的畏途。

《圣经》的词句具有法律意义,一切智慧都在《圣经》里,一切学问都归教会神父们所有。由于5—11世纪的科学成果如此之少,后人称为欧洲的“黑暗时期”。这一时期物理学也是进展甚微。

十字军东征使欧洲人接触到了灿烂的阿拉伯文明。以阿拉伯文保存下来的古希腊罗马著作,以及中国的四大发明等技术,都在这一时期传入欧洲,为欧洲的学术复兴创造了条件。此外,欧洲的手工业和商业进一步发展,出现了城市,建立了许多大学,如牛津大学、剑桥大学、巴黎大学等。正如中世纪欧洲数学的成就在很大程度上归功于大学的产生,中世纪欧洲许多物理学的成就也是在大学中获得的。

1200—1225年间,亚里士多德的全集被发现了。牛津大学校长、林肯区的主教格罗塞特立刻把它翻译成拉丁文。亚里士多德著作的再发现引起了很大的变化。研究亚里士多德一时引起教会的恐慌,甚至在1209年,巴黎的大主教管区禁止出版亚里士多德的著作。

阿奎那充分利用了他的自然知识,把它和神学结合起来。认为知识有两个来源:一是基督教信仰,由《圣经》、神父及教会的传说流传下来;另一个是人类理性所推出的真理,个人的理性是自然真理的源泉,柏拉图和亚里士多德是它的主要解说者。基督教的信仰不能用理性去证明,但可以用理性去检查和领悟。就这样,经院哲学在托马斯·阿奎那手里达到了最高水平。托马斯·阿奎那主张用理性去检查和领悟基督教信仰,这种彻底的唯理论促成了近代科学研究的学术气氛。只是到后来,当亚里士多德的物理学被近代科学发展远远抛在后面,经院哲学才成为禁锢科学发展的枷锁。哥白尼、布鲁诺、伽利略等科学家的悲剧,正是经院哲学所造成的。

2.3.3　中世纪欧洲的医学

中世纪欧洲早期,医院是宗教性质的,且大部分医生是牧师,他们对医学的理解依赖于宗教信仰要多于依赖科学基础。但是中世纪欧洲医生开始去跨越宗教和迷信。基督教牧师翻译由伊斯兰学者撰写的医学和科学文献,这给西方世界提供了理论和实践,并最终促成了早期现代医学的产生。

中世纪 1000 年标志着被人们熟知的中世纪这个历史时期的中点,它从 400 年一直延续到 1500 年。中世纪也被认为是仿中世纪,是连接古代和西欧现代的转折时期。中世纪的早期——有时也指黑暗时代——是一个普遍无知和社会停滞不前的时代。在此期间,西欧文明跌落谷底,古罗马传来的知识仅在一小部分修道院、大教堂以及宫廷学校中幸存。从古希腊传来的知识基本已经消失了,很少有人接受学校教育。许多艺术和工艺技术都丢失了。人口减少,生活变得更加原始。

西欧是黑暗的,但其他地方的生活却是光明的。比如,中世纪早期,西南的伊斯兰帝国和中亚就在医学上做出了许多贡献。医生雷扎斯,生于 9 世纪末 10 世纪初的波斯,写了第一本精确描述麻疹和天花的书。阿维森纳,10 世纪末 11 世纪初的阿拉伯医生,写了一本大百科全书叫做《医学规则》。这本书总结了那个时代的医学知识并精确地描述了脑膜炎、破伤风以及其他许多疾病。这些著作中的大部分信息建立在科学的基础上,这些科学基础是几百年之前由古希腊和古罗马学者建立的——这些知识在中世纪早期不再属于西方世界所有。

欧洲医生——11 世纪的修道士,开始学会了怎样照着希波克拉底的样子去做疾病诊断。他们写了关于疾病的无数报告。基于这些报告,医学史家们知道,婴儿死亡率是极其高的——大约 45%,并且生者的平均寿命都不超过 30 岁。人们普遍遭受失明、传染病、精神病、耳聋以及瘫痪的折磨。据医学史家所知,大部分瘫痪可能由那个时代饮食缺乏所解释,尤其是缺乏维生素,并且许多疾病是简陋的卫生设施所导致的结果。

随着中世纪早期城镇的发展和城市人口的上升,卫生条件变得更差,导致了大量的健康问题。人们饮用废弃物污染了的水源,而且耕地的丢弃也导致了沼泽地的增生、扩散。后果是小儿麻痹症、疟疾以及伤寒的发病率急剧增长。人们也遭受天花、呼吸道疾病、麻疹、猩红热等其他疾病带来的痛苦。

麻风病是那个时候最令人害怕的一种疾病,被认为极其具有传染性。麻风病患者被规划在社会的边缘,并且必须遵循许多限制。这些限制包括,不要接触任何东西和任何人,除了他的或者她的配偶。在公共场合,麻风病患者通过敲铃并发出咔嗒咔嗒的声音来警告人们远离他们。数千的患者被派送到分布在世界各地的麻风病患者聚居地。

医院的兴起,大多数的治疗都是在病人家中或者当地的修道院中进行的。但是在公元 1000 年,已经有一些医院存在了。事实上历史学家认为,医院以及第一所医学院的建立是中世纪欧洲医学重大进步之一。基督教宗教团体为麻风病患者建立了数百所慈善医院。在 10 世纪,在意大利的萨勒诺建立了一所医学学校。它成为欧洲 11—12 世纪医学学习的主要中心。欧洲其他重要的医学学校开设在公元 1000 年。在 12—13 世纪之间,有些学校变成新型发展的大学,比如,意大利的博洛尼亚大学以及法国的巴黎大学。

1000 年使用的医学程序和概念,仍然保持在 19 世纪中期的实践中。直到那个时候,科学发现才使医生朝着更加科学的医学构成而努力实践。

11 世纪以后,医学和自然科学开始了巨大的变革,一股科学之风在文艺复兴时期兴起,从 14—16 世纪,伟大的文化运动在西欧蓬勃发展。在此之前,多数社会严格限制通过解剖人的尸体来进行科学研究。但是在文艺复兴时期,法律并不反对,因此第一次真正有关人体的科学研究开始了。

在 15 世纪晚期到 16 世纪早期,意大利艺术家达·芬奇做了许多解剖实验来学习更多的有关人体解剖学的知识。他通过一连串超过 750 张的图画记录了他的发现。意大利的安德里亚·维萨留斯,他是一名医生,同时也是帕多瓦大学的药学教授,也做了无数的解剖实验。1543 年,维萨留斯利用他的发现写成了人类解剖学的第一部科学教科书——《人体的结构》。

中世纪后期,欧洲许多城市建立了大学。14 世纪时著名的医学学校有萨勒诺、柏龙拉、巴丢阿、蒙派尔、巴黎,这些大学为中世纪欧洲医学发展起了进步作用。中世纪的欧洲,两种医疗方法十分流行——"尿诊术"和"放血疗法"。"尿诊法"促进了人们对尿液的科学研究,"放血疗法"也包含了一定的科学原理。

1347—1352 年间,欧洲黑死病——鼠疫大流行,给人类留下了十分沉痛的回忆。全欧洲有 1/4 的人口死于瘟疫,总计达 2500 万人。

2.3.4 中世纪欧洲的农业与建筑

1. 农业

8 世纪后期,欧洲又出现了三圃耕种制度。三圃制使农业得到了很大的进步,导致小村庄的衰落和大农业村落的兴起。

9 世纪时,利用马来耕作逐渐在北欧地区普及。把项圈套上马肩,以代替容易使马感到气闷窒息的胸带,轻而易举地使得马的拉力提高了 5 倍。这项来自中国的技术 11 世纪时传入欧洲,使马可以代替牛来耕作,因而不适合牛耕的地方也可以得到耕种。

十字军东征以后,欧洲人对东方的农业生产技术有了较多的了解,水稻、甘蔗、棉花被引进欧洲。作为欧洲传统作物之一的葡萄,在中世纪进一步发展,葡萄酿酒技术已比较成熟。

中世纪在农业机具上的一个重要改进,是开始在大家畜身上使用类似现代挽具的一整套装置,这样驮载和拉拽用的大家畜得到了更充分的利用。骑用的马有了一整套的马具,包括挽具、马鞍和马蹄铁;拉车的牛、马、骡等则有了肩轭、车杠和蹄铁。到 13 世纪时,一种新的重轮犁连同模板和舵投入了实际使用。水力磨房、风力磨房、开矿业、道路建筑、排水装置，等等，在 10 世纪也都得到了发展。栽培作物的品种也增加了，例如，出现了黑麦、燕麦、斯佩耳特小麦以及蛇麻草等。

2. 手工业技术

10 世纪以后，欧洲普遍利用水轮磨和风轮磨，来加工粮食、榨糖、榨油、抽水、制革、采矿、锯木，等等。

中世纪的发明还包括：机械锯，带有落锤的锻炉，具有固定板和活门的箱，窗用玻璃和玻璃窗，油灯罩，蜡烛和极细的烛蕊，手推车，远视眼用的眼镜，运河上的水闸，火药以及有摆的落地大座钟，等等。机械的发明以印刷机和火药武器的使用达到了顶点。

在中世纪，水力的应用促进了许多改进，尤其是为炼铁炉使用的风箱提供了动力，从而可以熔铁、铸铁。航海业也得到了发展，舰船造得更大，可以维持更长时间的连续航行。在中世纪，唯一没有得到发展的是起重技术。在失去了成千奴隶的巨大力量以后，工程师和建筑者就改用小块的建筑材料来建造当时高大的纪念性建筑物。

欧洲的纺织技术沿着机械化的道路不断发展的结果，是从纺织业中揭开了众所周知的近代产业革命的序幕。

大约在 12 世纪，中国的造纸术经由阿拉伯传入欧洲。大约到 15 世纪中叶，纸的生产已经牢固确立，而且纸张既好又便宜，很快在欧洲普及流传。

炼铁技术也经过阿拉伯人传入欧洲，14 世纪时已为欧洲人所掌握，从而扩大了铁制机具的应用范围。15 世纪，英国率先使用水力来鼓风炼铁，改变了原有的炼铁工艺，出现了竖炉炼铁技术。这期间采矿业也发展了，以水为动力的矿井排水机械已开始使用。

养蚕技术和丝织技术自中国传入后，欧洲人已开始生产自己的丝织品。欧洲传统的毛纺织业又有了新的发展。15 世纪时，欧洲人已有了自己生产的瓷器。以甘蔗为原料的制糖业开始发展起来。

及至 12 世纪，粮食生产和人口在欧洲都有了显著的增加。随着生产率和人口的增长，工业、工匠的技艺、商业贸易以及城市中心都发展起来了。中世纪早期的发明以及工业技术的改进，改变了欧洲社会的面貌，使它变得有生气起来。然而，人们并没有认识到这些发明的重要意义。那些抄写久已失传的亚里士多德著作的人们受到了社会的尊敬，而那些改变了中世纪面貌的技术发明家却名不见经传。他们可以比作一个巨大的蚁族的成员，每一个小小的个体只是这个伟大事业的一小部分，但是不能指望他们每个个体都会对这个伟大事业有所理解。

3. 建筑技术

欧洲中世纪经历了近千年的封建分裂状态和教会的统治。教堂和城堡作为城市建筑的主要代表，体现了当时最高的建筑技术和艺术成就。

10 世纪开始，教堂建筑采用拱券结构，风格模仿罗马建筑。早期的教堂建筑反映了当时人们的厌世心理，朴素简单、少有装饰。后来由于市民文化的兴起，人们越来越多地在教堂建筑上增加装饰性，增加雕塑、浮雕和壁画，虽然题材仍然主要是宗教性的，但是市民阶层的审美趣味也产生了很大的影响。

拜占庭建筑继承古希腊、古罗马的建筑遗产,同时吸取了波斯、两河流域等地的经验,形成独特的建筑体系。在拜占庭建筑中,中心对称式构图的艺术性形象和铜结构的技术相协调,其代表作是君士坦丁堡的圣索非亚大教堂。

罗曼建筑(又译为罗马风建筑、罗马式建筑等)原意为罗马建筑风格的建筑,10—12世纪在欧洲基督教流行地区比较盛行。罗曼建筑的典型特点是:墙体巨大而厚实,墙面用小券,门窗、洞口多用小圆券;窗口窄小,在较大的内部空间造成阴暗、神秘的气氛。罗曼建筑的代表作是意大利比萨主教堂。

11世纪下半叶,法国北部地区开始兴起哥特式建筑,13—15世纪流行于欧洲,主要见于天主教堂,也影响到了世俗建筑。

哥特式建筑的主要特点是高大的尖形拱门、高耸的尖塔和彩色玻璃镶嵌的花窗,给人一种向上升华、天国神秘的幻觉。

今日可以见到的法国巴黎圣母院和兰斯大教堂、德国的科隆大教堂、英国的林肯大教堂、意大利的米兰大教堂,都是比较有代表性的中世纪哥特式教堂建筑。

15世纪初,文艺复兴浪潮涌进建筑领域。15世纪佛罗伦萨大教堂的建成,标志着文艺复兴建筑的开端。而文艺复兴建筑的最典型代表当推梵蒂冈圣彼得大教堂。

2.4　古代阿拉伯的科学技术

2.4.1　古代阿拉伯的文明

7世纪初,伊斯兰教在阿拉伯半岛的麦加兴起。大约不到一个世纪的时间里,穆斯林军征服周边国家,形成地跨欧、亚、非三洲的哈里发帝国。阿拉伯人也一批批地走出沙漠,陆续到征服地区定居,与当地民众通婚繁衍。伊斯兰教随之成为这些地区的统治意识形态。阿拉伯人给予被征服地人民的,只有伊斯兰教和阿拉伯语,而他们则接受了被征服民族的生产方式、科学技术和文化知识——"征服者被征服"。阿拉伯的早期历史已无史料可证。公元6世纪伊斯兰教兴起后,生活在阿拉伯半岛上的人们开始了一系列征战,于7世纪中期建立起了包括今巴勒斯坦、叙利亚、伊朗和埃及在内的广大地域的奴隶制伍麦叶帝国。近一个世纪后,阿拔斯帝国取而代之,势力更为强盛,地域进一步扩张,社会向封建制过渡,古代阿拉伯进入全盛时期。13世纪中叶,阿拔斯王朝终为蒙古人所灭。

1. 阿拉伯的文学与宗教

文学是阿拉伯伊斯兰文化中最具特色、也是阿拉伯人自己最引以为豪的领域之一。早期阿拉伯文学题材多为谚语、诗歌、故事,语言简洁明快、犀利、朴实,体现了阿拉伯人狂放而直爽的性格。伊斯兰以前的诗歌,以若干《悬诗》为最杰出的代表。帝国强盛的时代,阿拉伯文学由于吸收了帝国内被征服民族及帝国周边民族文学的养分,而获得进一步发展。阿拉伯文学作品以诗歌为主,文字优美,音韵或铿锵激昂、或婉转柔美。历代诗坛,著宿辈出。韵文、散文在阿拔斯帝国时代获得了长足发展。《天方夜谭》（或译《一千零一夜》）在数百年时间中被不断完善。它汲取了印度、希伯来、波斯、埃及、中国和阿拉伯民间文学的精粹，使其成为阿拉伯乃至世界文学中的明珠。

除了自身的文学成就以外，在整理、翻译和改编古典著作方面，阿拉伯人也作出了卓越的贡献。9 世纪初，阿拔斯王朝的哈里发为给伊斯兰神学寻找"理论支持"，竭力鼓励并组织对希腊古典哲学的大规模翻译活动。"智慧之城"巴格达拥有一大批专门的翻译人才。据说，翻译的稿酬以与译著重量相等的黄金来支付。柏拉图、亚里士多德、欧几里得、托勒密、盖伦、希波克拉底等大批希腊人、印度人和波斯人的哲学、科学和医学名著的译本经整理、注释之后，相继问世。这一人类翻译史上的伟大工程，既使人类古典文明的辉煌成果在中世纪得以继承，又为阿拉伯文化的发展奠定了较为坚实的基础。在欧洲文艺复兴时期，经历了漫长黑暗的神权统治的中世纪，古希腊的著作在欧洲大都已经失传。欧洲人是靠翻译这些阿拉伯文的译本才得以了解先人的思想，继而开始他们的文艺复兴的。

阿拉伯人认为，除神学外，哲学是了解世界的必备知识。在融合伊斯兰教"天启"与希腊"爱智慧"精神的事业中，帝国涌现出一批哲学家。阿拉伯第一位哲学家金迪（801—873）、倡导"流溢说"的法拉比（870—950）、完成融合希腊哲学与伊斯兰教神学的巨匠伊本·西拿（980—1037）和独树"双重真理"学说的伊本·鲁世德（1126—1198）等，对中世纪和后来人类哲学的发展作出了巨大贡献。

7 世纪初，穆罕默德（约 570—632）在阿拉伯半岛创立伊斯兰教。7 世纪末，一些伊斯兰教教徒对统治者的奢侈腐化和世俗倾向不满，他们以守贫、苦行和禁欲进行消极的抗议，逐渐形成了苏菲派。该派的思想十分庞杂，除以《古兰经》和"圣训"（即穆罕默德的言行录）为根据外，还受到新柏拉图学派和波斯、印度等东方古老思想的影响。该派的思想以神秘主义为特征，尤其在 8 世纪中叶以后，宣传神秘的爱、泛神论和神智论思想，要求奉行内心修炼、沉思入迷，以达到与真主合一。

8 世纪初出现的穆尔太齐赖派，是阿拉伯中世纪最早的神学-哲学派别，讨论了有关真主的本质及其属性、真主与世界的关系、人类有否意志自由等问题。

12 世纪后，苏菲派思想有了进一步发展。该派形成许多宗派，活动遍及整个伊斯兰世界。苏菲派思想至今在伊斯兰世界仍有很大的影响。

13 世纪初，伊本·阿拉比创立了所谓"一元论"的学说，把客观事物和人的自由意志都看成是真主的本质和属性的表现，从而把神秘主义发展为有系统的泛神论思想。

9—12 世纪，在传播希腊哲学和波斯哲学思想的过程中，在阿拉伯伊斯兰教徒统治下的广大地区出现了为数众多的哲学家。这些哲学家较多地接受了古希腊罗马哲学和各种东方传统思想的影响，尤其推崇亚里士多德，并注释其哲学或科学著作。他们根据社会斗争和生活实践的需要，用从亚里士多德和新柏拉图主义那里获得的精神营养，对《古兰经》及伊斯兰教的教义进行种种解释，同伊斯兰教正统派经院哲学进行斗争。这些哲学家构成了中世纪阿拉伯哲学的主体，西方学者一般称为阿拉伯亚里士多德学派，他们对穆斯林世界有着重要的影响。这些哲学家以巴格达和西班牙的科尔多瓦为中心，分成东、西方两支,代表人物有法拉比、伊本·西拿等。他们多为自然科学家或医生,重视经验知识,强调理性作用,对自然哲学问题和逻辑有浓厚的兴趣,并具有强烈的世俗倾向。但他们仍未完全摆脱伊斯兰神学的束缚,一般都承认真主作为最初实体和始因的存在,认为世界万物是由真主通过理性、灵魂等一系列精神的实体流溢而出,但又主张世界万物是客观存在的,其间有着因果的关系,真主对世间的关系是通过媒介物间接地起作用。他们在一些具体哲学问题上,尽力排除神学,并或多或少得出了泛神论或唯物论的结论。

2. 传承古希腊的科学技术

8 世纪中叶以后,阿拉伯哈里发帝国开始翻译古希腊、古波斯、古印度的著作。大致在一个多世纪的翻译运动时期,希腊的格林关于医学的论文,希波克拉底的《格言》,托勒密的《天文学大成》,欧几里得的《几何学原理》,亚里士多德的《范畴篇》《解释篇》《伦理学》《物理学》《形而上学》等,柏拉图的《理想国》《法律篇》等,印度的《悉檀多》(《历数全书》)、医书《阇罗迦》和《苏斯特拉塔》等,都有了阿拉伯文的译本。随后,这些学者开始了独立创作时期。最初,主要是在东部地区进行;以后,西部地区(主要是在西班牙)也从事了学术创作活动。中世纪"阿拉伯世界"的科学,实际上是不同民族和不同宗教信仰的学者,在哈里发帝国时期共同从事学术活动的结果,所以,它的科学成果并不全是阿拉伯人的精神产品。哈里发帝国需要科学为宗教、为统治者服务。与盲目信仰不同,科学需要理性。阿拉伯社会受益于科学、医学发展的同时,理性思维伴随着科学的发展而发展。

就阿拉伯世界科学兴盛和发展的原因来说,首先与哈里发重视、支持和赞助科学有关。科学受到哈里发的关怀,而得以兴盛和发展。哈里发期望长寿、维持长期统治,因而特别重视医学。巴格达大医院院长拉齐(865—925)的《医学集成》,除了总结阿拉伯人所了解的希腊、波斯、印度的医学知识外,并增添了新贡献,被誉为医学百科全书。著名的哲学家、语言学家、诗人伊本·西拿(980—1037,拉丁文名阿维森纳),被称为医生之王。他的《医典》同样被誉为医学百科全书。哈里发马门(813—830 在位)给翻译家的报酬是,与译出的书本同样重量的黄金。

其次,与宗教传播、发展和宗教生活的需要有关。伊斯兰教规定,穆斯林每天应五次朝向麦加礼拜,还规定了到麦加的朝觐。这些都需要确定麦加的方位。伊斯兰教历每年为 354 天(比公历少 11 天,每年 12 个月,每月 29 天或 30 天)。它的 9 月(莱麦丹)为斋月(可以出现在公历的不同季节)。它还需要确定每年斋月的开始和结束的时间。这也需要观察新月,见月封斋、见月开斋。这很自然地要求知道朝拜中心的位置、节期,不得有误,从而与之有关的天文学、数学、地理学、建筑学都获得了发展。

再次,在早年的哈里发宫廷里留用了一批不同宗教信仰的官员、学者和医生。这些人很自然地会在不同场合发生有关信仰问题的辩论。为在神学辩论中取胜和居优势,需要辩论的工具——哲学和逻辑。翻译古希腊、罗马的哲学和科学著作,就成为哈里发鼓励的事。

最后,应该说,阿拉伯世界科学的兴盛、发展,与商业贸易、航海业发展的需要是分不开的。阿拉伯人善于经商是大家都知道的。商业贸易需要计算,航海需要天文、地理的知识,这就促使了有关学科的发展。

中世纪阿拉伯世界(伊斯兰世界)的科学,在世界科学发展史上有着极其重要的地位。它起到了承上启下、继往开来的作用。他们不仅保存、继承和发展了古代的科学知识,还陆续通过叙利亚、西班牙和西西里岛传入欧洲,大批的欧洲学者到西班牙的大学留学,对欧洲产生了巨大的影响。他们的著作被译成拉丁文后,不断再版,是欧洲各大学的主要教科书。约从 12—17 世纪的时间内,欧洲不仅接受了阿拉伯科学知识,而且它的科学思想也一直统治着欧洲学者。大致在 12 世纪前,已有了伊本·西拿(哲学百科全书《治疗论》)的拉丁文文集;到 13 世纪 50 年代,有了伊本·路西德(《矛盾的矛盾》《哲学与宗教的联系》)的拉丁文文集。伊本·路西德还以"双重真理"说,影响了欧洲的哲学家。一些学者利用这些新的思想材料,作为反对基督教会和经院哲学的斗争武器,出现了像罗吉尔·培根(约 1214—1294)、著名的唯名论者邓斯·司各特(约 1265—1308)、奥卡姆(1300—1350)、唯物主义始祖弗兰西斯·培根(1561—1626)等哲学家。正如恩格斯说的,"在罗马人那里,一种从阿拉伯人吸收来的和从新发现的希腊哲学那里得到营养的、明快的自由思想愈来愈根深蒂固,为 18 世纪的唯物论作了准备"。反之,经院哲学家利用亚里士多德的著作为理论根据,建立起庞杂的经院哲学体系;而基督教会则做出"不得阅读、保存、买卖他的著作,违者将被革除教籍"的法令。

理性思维的发展,无形中促使了人们的思想解放,不可避免地冲击着宗教信条,这是哈里发和宗教界不愿看到的。当科学失去统治者的赞助和支持后,也就开始衰落了。其原因主要是如下。

(1) 9 世纪下半叶以来,伊斯兰世界内部已呈现出衰落的趋势(王室的腐败和争权、哈里发继承制度的弊端、奴隶近卫军权力的扩张、地方小王朝的出现和争夺等),使得阿拉伯科学再也没有以前的那种优越的社会环境了。11 世纪末十字军东征,特别是 13 世纪蒙古人西侵,最终导致帝国的崩溃;而基督教徒于 1492 年收复在西班牙的失地,阿拉伯人在当地的统治也就结束了。

(2) 从政治上对理性的扼杀到宗教上一统思想的确立,是科学衰落的又一原因。那些受到古希腊亚里士多德思想影响的哲学家,为世俗科学发展争得的地盘,随着 9 世纪下半叶哈里发对强调理性的穆尔太齐赖派的镇压、政局的演变,使得阿拉伯世界以前的那种宽容、乐意吸纳外界优秀文化成果的大门也就完全关闭了。加上伊斯兰教权威安萨里(1058—1111)的活动,特别是对法拉比、伊本·西拿等世俗哲学家的批判,在这种思想指导下,科学和理性的发展越来越受到限制,进而在无形中扼杀了科学和理性。

(3) 宗教世界观的影响。最初,宗教界极其敌视理性。可是,宗教的发展又离不开理性。随着越来越多的"乌里玛"(宗教学者,如教义学家、教法学家)接受了理性,甚至以理性为信仰论证和辩护,而具有自由思想的学者或世俗哲学家受到打击后,原来为科学服务的理性,这时却转而为信仰辩护,成为信仰的工具。特别是伊斯兰教关于"真主的启示是一切知识源泉"的思想,使得宗教学科成为唯一的知识部门。这一思想随后在阿拉伯世界越来越占主导地位,科学知识部门越来越受到遏制,以至于萎缩。这样,一度极其繁荣的科学也就无声无息了。

（4）西方近现代科学的发展。由于欧洲学者受到阿拉伯科学的影响后，继文艺复兴、宗教改革运动、工业革命、近代科学的发展，在十六七世纪还影响、支配着欧洲社会的阿拉伯科学和医学，逐渐为欧洲这时兴起的科学和医学所替代，阿拉伯世界的科学和医学最终在世界上的地位和影响消失。

2.4.2　古代阿拉伯的天文历法

阿拉伯人的天文学知识源自印度和希腊，他们也特别注意天文观测工作，取得了不少成就。古代阿拉伯人的天文学，基本上是实用天文学。他们进行了大量天文观测，主要目的在于制定、修正天文表和历法。他们运用印度天文学家发明的正弦表，使球面三角作为一种有效的工具，以用于天文观测和天文计算。在宇宙论方面，他们也曾提出过一些想法，例如，比鲁尼是古阿拉伯以学识渊博著称的学者，他曾提出过地球绕太阳旋转的想法，认为行星的轨道可能为椭圆形。这说明，阿拉伯人曾对地心说体系进行过批评和纠正，在一定程度上启发了日心说的建立。近代著名天文学家哥白尼的著作中记载了阿拉伯人的这一贡献。

771年，一位印度人把《悉檀多》带到阿拉伯，法萨里奉阿拔斯王朝哈里发之命把它译成阿拉伯文，法萨里由此成为古阿拉伯第一位天文学家。阿拉伯天文学开始时，主要着眼于编制星表。

阿尔·巴塔尼（约858—929），出生于土耳其，是一位天文仪器制造商的儿子，青年时代来到巴格达天文台学习和工作。托勒密的《至大论》译出后，开始并未引起大的反响。阿尔·巴塔尼认真研究过托勒密的著作，并用相当精密的仪器进行观测，以检验托勒密的天文理论，还对某些常数作了修正，在传播托勒密体系方面做出了重要的贡献，使之成为阿拉伯天文学的圣典。例如，他发现了春分点对于地球近日点的相对移动，将托勒密确定的位置作了修正；他所确定的回归年长度非常准确，七百年后被作为格里高利改革儒略历的基本依据。

古希腊文明结束后，欧洲社会进入长达一千多年的黑暗停滞时期。托勒密学说受禁，基督教教义采纳希伯来落后的原始宇宙观，其天地模型是个四方的盒状结构。教会认为，天堂比天文重要得多，称科学企图窥测属于全能的上帝范畴内的神圣事物，分明是人类妄自尊大的表现。其中5—10世纪是最黑暗时期，1054年闪耀在天空的超新星，因其与《圣经》无关，所以根本无人注意。

但幸运的是，希腊文明时期的部分典籍还是在寺院里被保存下来了，成为阿拉伯人发掘的宝库。

阿拉伯人是闪米特人的一支。闪米特人曾一次次地在世界历史上扮演重要角色（如巴比伦人、亚述人、腓尼基人等）。7世纪，阿拉伯部族登上历史舞台，在先知穆罕默德创立的伊斯兰教的号召之下，阿拉伯人在不到一个世纪里，其力量就扩张到了小亚细亚、北非和西班牙，威胁着欧洲的基督教世界，导致了两大文化对垒的"十字架与新月之争"。从世界文学名著《一千零一夜》中，可折射出产生这部名著的国度的兴旺、统治者的奢华和民众的智慧。

而且，阿拉伯人在势力扩张的同时，也突然展现了他们对科学、尤其是天文学的浓厚兴趣。他们在基督教的寺院里发现了大量尘封多年、被人遗忘的希腊文手稿，从亚里士多德的著作到托勒密的《至大论》都有，其中所展示的思想和观念虽然遥远，但神圣而亲切，让他们爱不释手。于是，阿拉伯人掀起译书热潮，上万卷希腊文手稿被译成阿拉伯文，其中的科学内容被好学的阿拉伯人大量吸收。古希腊文明的火种终于没有熄灭，而是在阿拉伯人手里继续燃烧，并将其传向后世。

阿拉伯的历法叫希吉来历，我们称"回历"，是太阳历。它以 12 个朔望月为 1 年，奇数月固定为 29 天，偶数月 30 天，但每过约 3 年在这年的年底加一天，称闰年，以保持月长与实际朔望长度（29.5306 天）大体相等。闰年的年份是固定的，以 30 年为一周期，共加 11 天。回历纪元从公元 622 年 7 月 16 日（穆罕默德率穆斯林从麦加迁到麦地那这一天）开始算起。因其不照顾回归年，12 个朔望月仅 354 日或 355 日，一年比公历的一年短约 11 天，所以回历的年经过十六七年后，寒暑颠倒、冬夏易位。但这并不是阿拉伯人天文观测或推算不精确。自从继承了古希腊天文学的传统并制造了更精密的仪器之后，阿拉伯人的天象观测和历法推算都达到了相当高的水准。从月的精度来看，回历从开始使用到现在的 1400 年间，朔日时刻仅比实际时刻落后半天，其精度比儒略历高得多，与现在通用的格里高利历相仿。只是因为增加闰月违反穆罕默德的教义，回历才保持其纯阴历状态，一直延续到今天。

在当时的阿拉伯世界（后来也包括拉丁世界），有一种叫"星盘"的小仪器非常流行。它有点类似于今天的活动星图，一般由黄铜制成：底盘刻有恒星圈以北的天球赤道坐标网，以及观测者纬度上的地平经纬网，细细的刻度密密麻麻，用于标志星体的两种坐标；上盘是星盘，几乎被镂空，只剩下少数亮星的位置和黄道，目的是不要过多遮住底盘的坐标网，亮星的位置用一些扭曲的尖角的尖端表示。它可用来根据太阳、星体的位置测定时间，也可根据已知的时间推测某星体的位置，等等。在那时，星盘是旅行者的测时怀表、天文学家的基本装备、星占学家的唬人法宝。

阿拉伯人的智慧，主要体现在他们对希腊人天文学成果的大量学习和继承上，真正突破性的创造并不很多，主要贡献包括天文观测精度的提高和计算技术的改造等。

阿尔·巴塔尼（858—929）是阿拉伯最伟大的天文学家，他属于巴格达学派（9—10 世纪）。巴格达学派在阿拉伯世界的东部，以巴格达为中心，除继承古希腊天文学外，还受巴比伦、波斯和印度的天文学影响很深。他通过观测，修正了托勒密《至大论》中的不少数据，所确定的回归年长度非常准确，成了七百年后格里高利改历的基本依据。他最杰出的贡献是发现了太阳远地点的进动；他的全集《萨比历数书》（又译为《论星的科学》），是一部实用性很强的巨著，后来对欧洲天文学的发展有着深远的影响。

巴格达学派的另一位重要人物是阿尔·苏菲。苏菲对星图、星座极有研究，有《恒星星座书》传世，书中绘有精美的星图，不少恒星的星等比以前有所改进，他为许多恒星起的专名，如中名毕宿五、中名河鼓二、中名天津四等，一直沿用至今。但他对恒星坐标位置少有改进,因为他常埋头书本而疏于观测,据说,1054 年出现在金牛座的超新星他都没有注意到。

另一个较晚的学派是开罗学派(10—12 世纪),它活跃在阿拉伯世界的中部,以开罗为中心。其中最著名的人物是伊本·尤努斯(? —1009),他从 977—1003 年做了长达 27 年的观测,在此基础上编撰了《哈基姆历数书》,不但有观测数据,而且有计算的理论和方法,用正射投影和极射投影的方法解决了许多三角学的问题。他的日、月食观测记录,为近代天文学研究月亮的长期加速度运动提供了宝贵资料。

西阿拉伯学派,11—13 世纪活跃在西班牙地区。早期的阿尔·扎卡里(? —1100)测出太阳的远地点相对于恒星的移动是每年 $12''04$(真实值为 $11''08$),黄赤交角在 $23°33'$ 和 $23°53'$ 之间来回变化,有《恒星运动论》、《星盘》等专著多种,最重要的是 1080 年主持完成的《托莱多天文表》,在欧洲使用了许多年,1252 年才被《阿尔方索表》所代替。

伊斯兰世界的天文台和天文仪器都曾达到很先进的程度。较著名的有位于伊朗北部的马拉盖天文台,建于公元 1259 年,装备有半径 4 米多的墙象限仪、一座直径约 3 米的浑仪等。还有乌鲁-伯格天文台,位于今乌兹别克境内,乌鲁-伯格是帖木儿大帝的孙子,后来继承了王位,他本人就是一位博学的天文学家,他建的天文台分三层,有一架巨大的六分仪半径竟超过 40 米。为什么造这么大的仪器? 他们认为,仪器尺度越大,测量精度也就越高。其实这种正比关系是有限度的,因为仪器尺度越大,变形也就越严重,晃动也会加剧,反而影响了测量精度。伊斯兰世界的那些天文台常常是某个统治者个人的行为,总是伴随着该统治者的去世而衰退,其兴盛没有超过 30 年的。这一点无法与中国相比,因为中国即使改朝换代,天文观测和记录也依然要延续。

乌鲁-伯格这位帝王天文学家对 1000 多颗恒星作了长期观测,并根据所观测的数据编成《新古拉干历数书》,这是继托勒密之后出现的第一种独立的星表。乌鲁-伯格还是一位占星家,他从占卜星象得知,他将被自己的儿子杀害,于是他决定先下手,将其远远流放。不料这一举措激怒了他的儿子,于是他的儿子发动叛变,真的杀死了他。

这时,欧洲基督教世界的天文学家开始接触到阿拉伯世界的天文学知识,他们中的有识之士为《至大论》等天文学著作的博大精深而震惊。因为近一千年来他们使用的天文学模型、运用的天文学知识实在是太原始了,他们简直不相信一千年前欧洲的土地上还曾产生过这样高深莫测的天文学工具,于是,新一轮的翻译热潮开始,许多阿拉伯文著作又纷纷被译成拉丁文。西班牙国王阿尔方索十世(1223—1284),是一位阿拉伯天文学家的学生,但他本人信奉基督教,因此他特别热衷于将阿拉伯天文学传入欧洲。他主编的《天文学全集》,共 5 大卷,收录了阿拉伯世界几乎全部的天文知识,图文并茂。由他召集犹太、阿拉伯天文学家编制的《阿尔方索表》,曾经在欧洲风行一时。

就这样,阿拉伯人充当了古希腊天文学与近代天文学的"二传手"。古希腊天文学这一度浩浩洋洋的大河曾几乎断流,但幸运的是,它又在阿拉伯的沃野上吸收了足够的水分,再折回欧洲,成为近代天文学的直接源头。欧洲天文学将要复兴了。

但是,奇怪得很,阿拉伯人却从此止步不前了。随着时光的流逝,他们在天文学上的辉煌也成为过去。他们为何失去了这些优势? 是否他们的历史使命就是充当一下"二传手"? 没人能说出确切原因。虽然今日阿拉伯人在世界仍占有较重要的位置,那主要是他们脚底下有丰富的石油的缘故。他们试图寻回"阿拉伯之梦",但那些靠石油暴富的酋长们,除了物质生活的富有之外,看不到有大展宏图的迹象。当然,历史潮流史上曾出现的,可能会再现。也许在将来,闪米特人会再次对现在文明造成冲击。

2.4.3　古代阿拉伯的数学

阿拉伯人的数学和天文学是源自希腊和印度,在吸收和消化后,他们很快取得了可观的成绩。欧几里得的《几何原本》、托勒密的《天文学大成》、古印度的《太阳悉檀多》等名著,均被译成阿拉伯文,有的还被多次翻译。阿拉伯人的数学和天文学研究结合紧密,如,花拉子密(? —850)、白塔尼(? —929)和奈绥尔丁(1201—1274)等,都是阿拉伯著名的数学家兼天文学家。花拉子密以研究代数学和编制天文表著称,白塔尼和奈绥尔丁在天文观测和球面三角学的研究上多有建树。有的阿拉伯天文学家还能不囿于成见,对托勒密的本轮-均轮地心说提出质疑。后来,哥白尼创立日心说时,曾受过阿拉伯人的启发。

从 8 世纪起,大约有一个到一个半世纪是阿拉伯数学的翻译时期,巴格达成为学术中心,建有科学宫、观象台、图书馆和一个学院。来自各地的学者,把希腊、印度和波斯的古典著作大量地译为阿拉伯文。在翻译过程中,许多文献被重新校订、考证和增补,大量的古代数学遗产获得了新生。阿拉伯文明和文化在接受外来文化的基础上,迅速发展起来,直到 15 世纪还充满活力。

花拉子密是阿拉伯初期最主要的数学家,他编写了第一本用阿拉伯语在伊斯兰世界介绍印度数字和记数法的著作。12 世纪后,印度数字、十进制值制记数法开始传入欧洲,又经过几百年的改革,这种数字成为我们今天使用的印度—阿拉伯数码。花拉子模的另一名著《代数学》,系统地讨论了一元二次方程的解法,该种方程的求根公式便是在此书中第一次出现。三角学在阿拉伯数学中占有重要地位,它的产生与发展和天文学有密切关系。阿拉伯人在印度人和希腊人工作的基础上发展了三角学。他们引进了几种新的三角量,揭示了它们的性质和关系,建立了一些重要的三角恒等式,给出了球面三角形和平面三角形的全部解法,制造了许多较精密的三角函数表。其中,著名的数学家有:阿尔巴塔尼、阿卜尔维法、阿尔比鲁尼等。系统而完整地论述三角学的著作,是由 13 世纪的学者纳西尔丁完成的,该著作使三角学脱离天文学而成为数学的独立分支,对三角学在欧洲的发展有很大的影响。

在近似计算方面,15 世纪的阿尔卡西在他的《圆周论》中,叙述了圆周率 π 的计算方法,并得到精确到小数点后 16 位的圆周率,从而打破祖冲之保持了一千年的纪录。此外,阿尔卡西在小数方面做过重要工作,也是我们所知道的以"帕斯卡三角形"形式处理二项式定理的第一位阿拉伯学者。

阿拉伯几何学的成就低于代数和三角。希腊几何学严密的逻辑论证,没有被阿拉伯人接受。

总的来看,阿拉伯数学较缺少创造性,但当时世界上大多数地方正处于科学上的贫瘠时期,其成绩相对显得较大。值得赞美的是,他们充当了世界上大量精神财富的保存者,在黑暗时代过去后,这些精神财富才传回欧洲。欧洲人主要就是通过他们的译著,才了解古希腊和印度以及中国数学的成就。

2.4.4　古代阿拉伯的医学

古代阿拉伯的医学主要是继承和发展了古代希腊和罗马的医学传统。在伊斯兰教鼎盛时期,大量的希腊医学文献被直接翻译成阿拉伯文,或经过古叙利亚文或波斯语转译成阿拉伯语。在所有的希腊医生当中,盖仑(129—199)对阿拉伯人最重要,因为在 3 世纪,盖仑的医学在希腊东部世界处于主流地位,而在 9 世纪,盖仑的几乎所有著作都被翻译成了阿拉伯语。当时的阿拉伯翻译家侯奈因(808—873),在一封个人书信中就列举了盖仑的 129 部著作,概要地说明了这些医书的领域和内容。当时,盖仑的著作有很多手抄本流传,并被广泛引用和评论。其主要著作《医学纲要》对阿拉伯人产生了重要影响,他们根据盖仑的原则和形式,使医学理论进一步规律化和公式化。因此可以说,盖仑的医学决定了阿拉伯和伊斯兰医学各个主要的方面。

中世纪穆斯林承前启后,沟通东西。他们在继承埃及、印度、中国、希腊、罗马等古代人类医学成果的基础上,创立了优秀的阿拉伯-伊斯兰医学体系。而自唐代起,我国对外医学交流的重心乃由印度逐步开始转向阿拉伯伊斯兰地区。从此,一些伊斯兰医药学知识和医疗方法经香料之路与丝绸之路东传,给中国医药学宝库增添了许多新内容。因而扩大了中医的用药范围,增加了治疗经验,并促进了祖国古代医学的发展。

《医典》是古代阿拉伯和伊斯兰医学的经典著作之一。其作者伊本·西拿博学多才,是当时百科全书式的学者,其著作涵盖了哲学、医学、物理学、化学、数学、天文学、地质学、文学和音乐等各个领域。哲学方面,他在法拉比的影响下主要汲取亚里士多德的哲学思想。医学方面,伊本·西拿通常被认为是"医学王子",还有人认为,他的医学成就使伊斯兰医学达到了顶峰。"伊本·西拿对当时所有医学知识都有着渊博的知识。"他的医学代表作《医典》,共五卷,成书于 11 世纪初,相当于我国的北宋初年。《医典》是当时医学知识的百科全书,包含了希波克拉底和盖仑所传授的主要内容,并结合了伊本·西拿自己的医疗实践和经验,还包含临近时代医家所写的医学论题。

拉齐(865—925),欧洲人称其为不但是一位杰出的化学家与哲学家,还是一位著名的医学家。他学识深邃而广泛,一生写作了 200 多部书,尤以医学(与化学)方面的著作影响巨大。拉齐曾先后担任赖伊(今伊朗的腊季)和巴格达医院院长,并从事学术著述,被誉为"阿拉伯的盖仑"、"穆斯林医学之父"。拉齐在医学上广泛吸收了希腊、印度、波斯、阿拉伯甚至中国的医学成果,并且创立了新的医疗体系与方法。他尤其在外科学(例如疝气、肾与膀胱结石、痔疮、关节疾病等)、儿科学(例如小儿痢疾)、传染病及疑难杂症方面具有丰富的临床经验与理论知识。他是外科串线法和内科精神治疗法的发明者,也是世界上早期准确描述并鉴别天花与麻疹者(一般认为中国的葛洪是最早描述天花症状的,在拉齐之前,也有一位阿拉伯帝国的学者介绍过天花与麻疹,但拉齐的论述更为后人所了解),并且将它们归入儿科疾病范畴。拉齐注意到,一种疾病出现的面部浮肿和卡他(咳嗽、流涕、打喷嚏、鼻塞等)症状,与玫瑰花生长及开放之间存在一定的关系,第一个指出,所谓的花粉热就是缘于这种玫瑰花的"芳香"。拉齐的代表作《曼苏尔医书》和《医学集成》是医学史上的经典著作。《医学集成》是一部百科全书式的医学著作,作者花费 15 年的时间完成此书。《医学集成》主要讲述的是疾病、疾病进展与治疗效果。美国国家医学图书馆保存有一部《医学集成》的阿拉伯语手抄本,它是在公元 1094 年由一位佚名的抄写人抄写的,也是该馆最古老的藏书。

古代阿拉伯的医学是在广泛吸收了希腊、印度、中国、波斯等国的医学知识基础上发展起来的。拉齐(865—925)的《医学大成》是一部内容丰富的医学百科全书,以后被译成拉丁文和英文,长期流传于欧洲。继其后的,有被誉为"医学之王"的伊本·西拿(980—1037)的名著《医典》,后来被欧洲许多大学作为医学教科书。阿拉伯学者中,还有人对当时欧洲权威的盖仑学说提出怀疑和批评,可惜未受到重视。

2.4.5　古代阿拉伯的农业与建筑

在古代,阿拉伯人主要从事畜牧业,农业人口较少。大部分阿拉伯人逐水草而居,过着游牧生活。还有介于定居与游牧之间的半定居、半游牧人。阿拉伯人多喂养骆驼、马、绵羊、山羊、骡、驴等家畜。对游牧人来说,骆驼是他们巨大的财富:其肉、乳可以果腹;其皮毛可以御寒;其粪便是天然的燃料。骆驼还可以作为运输、贸易和作战的主要工具,素称"沙漠之舟"。农作物有小麦、大麦、椰枣、葡萄、无花果、西瓜、柠檬、巴旦杏等。麦地那出产的椰枣,果实优良、品种很多,驰名各地,其果实可食、其皮可制绳索、树干为良好的建筑材料;葡萄于 10 世纪从叙利亚传入,以塔伊夫出产的最有名。

阿拉伯古代的建筑别具一格,包括清真寺、伊斯兰学府、哈里发宫殿、陵墓以及各种公共设施、居民住宅等。

中古伊斯兰建筑,主要包括 7—13 世纪阿拉伯帝国的建筑,14 世纪以后奥斯曼帝国的建筑,16—18 世纪波斯萨非王朝的建筑,以及暂不在此讲述的印度与中亚其他国家地区的建筑类型。

伊斯兰建筑风格,如在立方体房屋上覆盖穹窿、形式多样的叠涩拱券、彩色琉璃砖镶嵌的邦克楼,等等,其来源可溯源至古代西亚洲,并曾直接受到古波斯萨桑王朝的影响。阿拉伯帝国时代,东西方文化交流加剧,拜占庭的庞大规模、印度的弓形尖券和精工细镂的雕刻铭文又极大丰富的伊斯兰建筑类型,使其成为建筑历史中一个综合了东西文化的独特体系。

630 年,第一个统一阿拉伯半岛的国家开始对外扩张。8 世纪,形成了东及印度、西至西班牙,版图横跨亚、非、欧三大洲的阿拉伯帝国,首都也从麦地那迁移至大马士革。8 世纪中叶,帝国开始分裂成为以巴格达为中心的东萨拉逊王国(白衣大食),和以西班牙科尔多瓦为中心的西萨拉逊王国(黑衣大食),后来又出现了以开罗为中心的南萨拉逊帝国(绿衣大食)。8—9 世纪的巴格达、10 世纪的开罗与科尔多瓦,曾是世界的经济文化中心。规模宏大的建筑拔地而起,主要有城寨、清真寺、王宫、经学院、墓寺、图书馆与浴场,等等。

清真寺的出现,与伊斯兰教的传播与发展历史息息相关。清真寺建筑的发展,从创立到优化大致经历了如下几个阶段:在伊斯兰教兴起前后,阿拉伯民居大多呈方形,四边有小屋,外面用墙篱围起来。622年9月,穆圣到达麦地那后,常与信士在其居所聚会,听他的教诲和训诫,同他一道做礼拜,因此,先知居所的布局便成了清真寺的最初形式;直到哈里发时期(632—661)的清真寺,均以麦地那清真寺(或称先知清真寺)为模式,其共同点是简朴大方、没有华丽的装饰,如636年修建的巴士拉清真寺、638年修建的库法清真寺等;倭马亚王朝时期(661—750),倭马亚人不仅重视寺内修饰,还注意为清真寺增建其他设施,如半圆形的米哈拉布、宣礼塔(早期的宣礼塔造型大多为方形)、廊檐及浴室等,这一时期的清真寺一扫早期清真寺的简朴形式,里里外外都装饰得富丽堂皇。此外,清真寺一般都建有高大的寺门,例如,于公元691年起相继修建的圆顶寺和阿克萨清真寺、705年修建的叙利亚大马士革清真寺(或称倭马亚清真寺)等;阿拔斯王朝时期(750—1258)的清真寺,大都在半岛之外,规模宏大,建筑形式融入了当地的建筑风格,具有很强的象征意义,且宣礼塔的主流形式最终在这一时期定型,如萨马拉清真寺、伊本·突伦清真寺、伊玛目·伊斯法罕星期五清真寺等一批清真寺;奥斯曼帝国时期(1258—1852)建成的清真寺,星罗棋布。据考证,伊斯坦布尔的著名清真寺均为16世纪所建,其中有些是从拜占庭教堂改建过来的,如由圣索非亚大教堂改建而成的清真寺等;奥斯曼时期以后,世界各地的清真寺大都吸收了倭马亚和奥斯曼两个时期清真寺的特点,并不断融入地方民族特色。因此,清真寺建筑风格和形制的发展演变,清晰地展现出世界文化交融的脉络。

清真寺是与伊斯兰教紧密联系的宗教建筑,它不仅是宗教活动场所,而且是穆斯林社区的核心和穆斯林生活中不可或缺的组成部分,因此,在建筑的各个方面自然要体现伊斯兰的教义和精神。清真寺建筑的规划布局、朝向、建筑体型与轮廓、内部结构、建筑用材、艺术表现和附属建筑等形制,正是这种理念的反映。

2.4.6　古代阿拉伯在科技史上的特殊贡献

阿拉伯人不仅在短时期内迅速发展了自己的科学技术,而且还在世界科学技术发展的历史上作出了特殊的贡献。

1. 沟通东西方科学文化

阿拉伯帝国地处欧、亚、非三大洲的接壤处,而且对外商贸活动频繁,这方便了他们同时接触东西方先进的科学技术和文化,阿拉伯也因而成了沟通东西方的桥梁。中国古代的四大发明以及丝织等先进技术,是经由阿拉伯人传到欧洲的。中国、印度的医药学也转经阿拉伯,对西方产生了一定的影响。阿拉伯人也将西方的以及他们自己的科技成果带到了中国,如,元代时阿拉伯一些天文学家和医生来到中国,带来了包括托勒密著作在内的科学书籍多种,还有天文仪器、阿拉伯药物等。

2. 保存古希腊学术典籍

罗马人没能继承古希腊的学术传统。进入中世纪后,古希腊的科学和文化在欧洲几乎湮灭,大量典籍殆尽。所幸,由于阿拉伯人致力于搜集和翻译这些典籍,因而得以保存。后来的欧洲人,正是从阿拉伯人那里重新发现了古希腊的学术,这对近代自然科学的诞生起到了难以估量的影响作用。

第3章 近代科学技术的兴起

近代自然科学产生于欧洲,有其深刻的社会历史背景。15世纪下半叶,欧洲封建社会内部形成和发展起来的资本主义生产方式,为科学技术的进步奠定了基础。以哥白尼的《天体运行论》和维萨留斯的《人体的构造》的发表为标志,近代科学革命伴随着文艺复兴运动的反封建思想、文学艺术和哲学的发展,终于冲破宗教神学的桎梏发生了。哥白尼"日心说"的提出,牛顿对经典力学的综合,科学领域发生了由古代科学向近代科学过渡的第一次科学革命,形成了以经典力学为中心的科学体系。同时,这一时期的实验技术和生产技术都有长足的发展。18世纪中叶开始的第一次技术革命,极大地推动了社会经济的发展,对人类社会产生了深远的影响。

3.1 近代科学技术的产生与第一次技术革命

16—17世纪,一系列重大的科学发现构成了近代自然科学革命,牛顿力学体系的建立为近代科学奠定了基础。从此,科学摆脱了神学的束缚向前发展,新的学科相继诞生。

3.1.1 哥白尼和维萨留斯的观念革命

近代科学革命是以哥白尼和维萨留斯在天文学领域和生命领域所发动的观念革命为开端的。

1. 哥白尼和"日心说"

哥白尼的"日心说"发表之前,"地心说"在中世纪的欧洲一直居于统治地位。自古以来,人类就对宇宙的结构不断地进行着思考。早在古希腊时代,就有哲学家提出了地球在运动的主张,只是当时缺乏依据,因此没有得到人们的认可。在古代欧洲,亚里士多德和托勒密主张"地心说",认为地球是静止不动的,其他的星体都围着地球这一宇宙中心旋转。这个学说的提出,与基督教《圣经》中关于天堂、人间、地狱的说法刚好互相吻合,处于统治地位的教廷便竭力支持地心学说,把"地心说"和上帝创造世界融为一体,用来愚弄人们,维护自己的统治。因而,"地心学"说被教会奉为和《圣经》一样的经典,长期居于统治地位。

古希腊的大天文学家托勒密,在公元2世纪时,总结了前人在400年间观测的成果,写成《天文学大成》(即《至大论》)一书,提出"地球是宇宙中心"的学说。这个学说一直为人们所接受,流传了1400多年。托勒密认为,地球静止不动地坐镇宇宙的中心,所有的天体,包括太阳在内,都围绕地球运转。但是,人们在观测中,发现天体的运行有一种忽前忽后、时快时慢的现象。为了解释忽前忽后的现象,托勒密说,环绕地球作均衡运动的,并不是天体本身,而是天体运动的圆轮中心。他把环绕地球的圆轮叫做"均轮",较小的圆轮叫做"本轮"。为了解释时快时慢的现象,他又在主要的"本轮"之外,增加一些辅助的"本轮",还采用了"虚轮"的说法,这样就可以使"本轮"中心的不均衡运动,从"虚轮"的中心看来仿佛是"均衡"的。托勒密就这样对古代的观测资料作出了牵强附会的解释。

但是在以后的许多世纪里,大量的观测资料累积起来了,只用托勒密的"本轮"不足以解释天体的运行。这就需要增添数量越来越多的"本轮"。后代的学者致力于这种"修补"工作,使托勒密的体系变得越来越复杂。每个行星需要不止一个"本轮"、总数达 80 个以上的"轮上轮",并且还要引入"偏心点"和"偏心等距点"等复杂概念。这就使它缺少简洁性,而简洁性正是科学家们所追求的。因此对天文学的研究,也就一直停留在这个水平上。"地球是宇宙的中心"的说法,正好是"神学家的天空"的基础。中世纪的神学家吹捧托勒密的结论,却隐瞒了托勒密的方法论:托勒密建立了天才的数学理论,企图凭人类的智慧,用观测、演算和推理的方法,去发现天体运行的原因和规律,这正是托勒密学说中富有生命力的部分。因此,尽管托勒密的"地球中心学说"和神学家的宇宙观不谋而合,但是两者是有本质区别的:一个是科学上的错误结论;一个是愚弄人类、妄图使封建统治万古不变的弥天大谎。随着事物的不断发展,天文观测的精确度渐渐提高,人们逐渐发现了地心学说的破绽。到文艺复兴运动时期,人们发现托勒密所提出的"均轮"和"本轮"的数目竟多达 80 个左右,这显然是不合理、不科学的。人们期待着能有一种科学的天体系统取代地心说。在这种历史背景下,哥白尼的"日心说"应运而生了。

哥白尼于 1473 年 2 月 19 日出生于波兰的托伦市,是现代天文学的创立者(图 3-1)。他 10 岁的时候,父亲去世。幸运的是,他的舅父卢卡斯·瓦赞尔罗德收养了他,使他有机会继续受到良好的教育。

哥白尼曾十分勤奋地钻研过托勒密的著作。他看出了托勒密的错误结论和科学方法之间的矛盾。哥白尼正是发现了托勒密错误的根源,才找到了真理。

哥白尼认识到,天文学的发展道路,不应该继续"修补"托勒密的旧学说,而是要发现宇宙结构的新学说。他打过一个比方:

图 3-1 哥白尼

那些站在托勒密立场上的学者,从事个别的、孤立的观测,拼凑些大小重叠的"本轮"来解释宇宙的现象,就好像有人东找西寻地捡来四肢和头颅,把它们描绘下来,结果并不像人,却像个怪物。哥白尼早在克拉科夫大学读书时,就开始考虑地球运转的问题。他在后来写成《天体运行》的序言里说过:前人有权虚构"圆轮"来解释星空的现象,他也有权尝试发现一种比"圆轮"更为妥当的方法,来解释天体的运行。

哥白尼观测天体的目的和过去的学者相反。他不是强迫宇宙现象服从"地球中心"学说。哥白尼有一句名言:"现象引导天文学家。"他正是要让宇宙现象来解答他所提出的问题,要让观测到的现象证实一个新创立的学说——"太阳中心"学说。他这种目标明确的观测,终于促成了天文学的彻底变革。

哥白尼的观测工作在克拉科夫大学时就有了良好的开端。他曾利用著名的占星家玛尔卿·布利查(约 1433—1493)赠送给学校的"捕星器"和"三弧仪"观测过月食,研究过浩瀚无边的星空。

　　哥白尼在克拉科夫大学学习三年就停了学,而到意大利去学习"教会法"了。这是他卢卡斯·瓦赞尔罗德的主意。因为当时盘踞在波兰以北的十字骑士团经常侵犯边境,为非作歹,而和他们作斗争,就必须有人精通"教会法"。哥白尼认为抗击十字骑士团是义不容辞的责任。他说:"没有任何义务比得上对祖国的义务那么庄严,为了祖国而献出生命也在所不惜。"所以他同意了卢卡斯·瓦赞尔罗德的建议。为了取得出国的路费和长期留学的生活费用,他再次接受他舅父的安排,决定一辈子担任教会的职务。1496 年秋天,哥白尼披上僧袍,动身到意大利去了。

　　他在意大利北部的波伦亚大学学习"教会法",同时努力钻研天文学。在这里,他结识了当时知名的天文学家多米尼克·玛利亚,同他一起研究月球理论。他开始用实际观测来揭露托勒密学说和客观现象之间的矛盾。他发现托勒密对月球运行的解释,正像雷吉蒙腾所指出的那样,一定会得出一个荒谬的结论:月亮的体积时而膨胀、时而收缩,满月是膨胀的结果,新月是收缩的结果。1497 年 3 月 9 日,哥白尼和玛利亚一起进行了一次著名的观测。那天晚上,夜色清朗,繁星闪烁,一弯新月浮游太空。他们站在圣约瑟夫教堂的塔楼上,观测"金牛座"的亮星"毕宿五",看它怎样被逐渐移近的娥眉月所掩没。当"毕宿五"和月亮相接而还有一些缝隙的时候,"毕宿五"很快就隐没起来了。他们精确地测定了"毕宿五"隐没的时间,计算出确凿不移的数据,证明那一些缝隙都是月亮亏食的部分,"毕宿五"是被月亮本身的阴影所掩没的,月球的体积并没有缩小。就这样,哥白尼把托勒密的"地心说"打开了一个缺口。

　　1500 年,哥白尼由于经济困难,到罗马去担任数学教师。第二年夏天,哥白尼回国,后因取得教会的资助,秋天又到意大利的帕都亚学医。1503 年,哥白尼在法腊罗大学取得教会法博士的学位。

　　这时,哥白尼还努力研读古代的典籍,目的是为"太阳中心学说"寻求参考资料。他几乎读遍了能够弄到手的各种文献。后来他写道:"我愈是在自己的工作中寻求帮助,就愈是把时间花在那些创立这门学科的人身上。我愿意把我的发现和他们的发现结成一个整体。"他在钻研古代典籍的时候,曾抄下这样一些大胆的见解:

　　"天空、太阳、月亮、星星以及天上所有的东西都站着不动,除了地球以外,宇宙间没有什么东西在动。地球以巨大的速度绕轴旋转,这就引起一种感觉,仿佛地球静止不动,而天空却在转动。"

　　"大部分学者都认为地球静止不动,但是费罗窝斯和毕达哥拉斯却叫它围绕一堆火旋转。"

　　"在行星的中心站着巨大而威严的太阳,它不但是时间的主宰,不但是地球的主宰,而且是群星和天空的主宰。"

　　这些古代学者的卓越见解,在当时被认为是"离经叛道"的,但是对哥白尼来说,却好比是夜航中的灯塔,照亮了他前进的方向。

1543 年，哥白尼完成并出版了《天体运行论》，他认为天体运动必须满足以下 7 点：①不存在一个所有天体轨道或天体的共同的中心；②地球只是引力中心和月球轨道的中心，并不是宇宙的中心；③所有天体都绕太阳运转，宇宙的中心在太阳附近；④地球到太阳的距离同天穹高度之比是微不足道的；⑤在天空中看到的任何运动，都是地球运动引起的；⑥在空中看到的太阳运动的一切现象，都不是它本身运动产生的，而是地球运动引起的，地球同时进行着几种运动；⑦人们看到的行星向前和向后运动，是由于地球运动引起的（图 3-2）。地球的运动足以解释人们在空中见到的各种现象了。

图 3-2　哥白尼的宇宙体系示意图

　　此外，哥白尼还描述了太阳、月球、三颗外行星（土星、木星和火星）和两颗内行星（金星、水星）的视运动。书中，哥白尼批判了托勒密的理论，科学地阐明了天体运行的现象，推翻了长期以来居于统治地位的"地心说"，并从根本上否定了基督教关于上帝创造一切的谬论，从而实现了天文学中的根本变革。他正确地论述了地球绕其轴心运转、月亮绕地球运转、地球和其他所有行星都绕太阳运转的事实。但是他也和前人一样，严重低估了太阳系的规模。他认为星体运行的轨道是一系列的同心圆，这当然是错误的。他的学说里的数学运算很复杂，也很不准确。但是他的书立即引起了极大的关注，驱使一些其他天文学家对行星运动作更为准确的观察，其中最著名的是丹麦伟大的天文学家泰寿·勃莱荷，开普勒就是根据泰寿积累的观察资料，最终推导出了星体运行的正确规律。这是一个前所未闻的开创新纪元的学说，对于千百年来学界奉为定论的托勒密地球中心说无疑是当头一棒。

　　哥白尼的"日心说"沉重地打击了教会的宇宙观，这是唯物主义和唯心主义斗争的伟大胜利，使天文学从宗教神学的束缚下解放出来，自然科学从此获得了新生。这在近代科学的发展上具有划时代的意义。

　　哥白尼是欧洲文艺复兴时期的一位巨人。他用毕生的精力去研究天文学，为后世留下了宝贵的遗产。由于时代的局限，哥白尼只是把宇宙的中心从地球移到了太阳，并没有放弃宇宙中心论和宇宙有限论。在德国的开普勒总结出行星运动三定律、英国的牛顿发现万有引力定律以后，哥白尼的太阳中心说才更加稳固。从后来的研究结果证明，宇宙空间是无限的，它没有边界，没有形状，因而也就没有中心。

　　恩格斯在《自然辩证法》中对哥白尼的《天球运行论》给予了高度的评价。他说："自然科学借以宣布其独立并且好像是重演路德焚烧教谕的革命行动，便是哥白尼那本不朽著作的出版，他用这本书（虽然是胆怯地，而且可以说是只在临终时）向自然事物方面的教会权威挑战，从此自然科学便开始从神学中解放出来。"

2. 维萨留斯和人体结构

　　直到 16 世纪初期，欧洲人关于人体的知识，主要来源于古罗马医学家盖仑的著作。

盖仑的解剖学和生理学著作既冗长又详尽。他的著作由于考察了脊髓、呼吸机制和心血管系统而具有特殊的重要性。但他的结论只是在很小程度上依赖于人体解剖。他主要依靠那些容易得到的动物,如羊、牛、猪、狗,尤其是北非猿。所以,他犯下一些明显的错误就不足为奇了。如五叶肝(依赖于狗的解剖)和神奇网(人体中并不存在的一种复杂血管网)被作为人体解剖的一部分来描述。直到 16 世纪以前,诸如此类的错误仍然是解剖学教学的部分内容。

盖仑对心血管系统的描述具有特殊的意义。文艺复兴时期,人们在他的原著中发现了各种基本错误,这导致了一种全新的血液流动概念的产生。在盖仑看来,血液形成于肝脏,并由此通过静脉流向身体的所有部位。这种具有丰富自然精气的静脉血具有滋养人体组织的功能,同时带走废物。最后,静脉血在自然精气耗尽之后流到右心室。在清除了积聚起来的杂质之后,大部分静脉血首先被送往肺部,然后再送往肝脏。但是,盖仑假定,在右心室和左心室之间存在着微孔,极少量的静脉血通过这些微孔流向左腔。这部分静脉血在左腔与来自肺里的空气结合,形成了生命必需的生命精气,然后这些生命精气通过动脉被分送出去。最后的转化产生于大脑,这里已准备了动物精气,通过神经来传送它们。这个系统的关键依赖于心室之间的微孔这些并不存在的通道。一旦人们发现了这一点,就有必要对整个系统进行再思考。

但是,一千多年来盖仑的生理学观点并未得到修正。这部分因为盖仑是古希腊解剖学和生理学的最后一位伟大人物,但更因为古代后期的医生们只是对盖仑著作进行了节录和整理,而几乎没有进行新的研究。而且,虽然伊斯兰医学后来受到盖仑的强烈影响,但阿拉伯语原著更注重的是疾病的原因和治疗,而不是解剖学和生理学。西方学术界最初是从 13 世纪的译本中了解东方原著的。由于伊斯兰的这些兴趣,中世纪的西方学者们相对来说几乎不知道盖仑的解剖学著作。13 世纪的医生们较易获得的著作只有一部《论人体各部位的作用》的节本。

13 世纪能够得到的解剖学著作数量有限,而相比之下,人们在早期公开解剖的复兴中却发现了未来的好预兆。在 13 世纪的萨勒诺,人们再次进行了动物实验,而在 14 世纪早期,波伦亚成了解剖学研究的中心。其促进因素不是源于医学院,而是源于法学院,因为法学院的人认为有验尸的必要。蒙蒂诺·德路西(1275—1326)于 1316 年在波伦亚撰写的解剖学教科书,直到 16 世纪开始后很久一直是公开解剖的典范(图 3-3)。在该书中,他首先着手描述的是腹部器官,然后才是外部的头和四肢。这种顺序可使人们首先关注那些很可能腐烂的部位。在缺乏适当保存技术的时代,这是一个非常重要的问题。

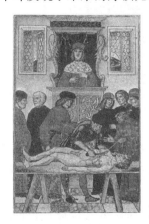

图 3-3　解剖场景

教授讲解教科书,理发师兼外科医生解剖尸体。中世纪的医学院很快就认识到了这种示范的重要性,并且不久就规定,医科学生必须参加指定数量的公开解剖。到了 1400 年,公开解剖就成了大多数大学的普通课程。然而必须强调的是,这些示范旨在使学生熟悉人体的各部位,而并不与新的研究相结合。解剖学的复兴、传统的持续性,使蒙蒂诺的解剖学著作在15世纪末得以出版,但这一时期的医学人文主义则把新的重点放在古代原著上。不久,人们就发现,学者们无法读到盖仑最重要的解剖学著作,但他们很快就做出了不懈的努力,将其编辑成希腊语和拉丁语出版。盖仑的《论人体各部位的作用》到1500年已出版了几个拉丁语译本。托马斯·利纳克雷,这位英国医学人文主义者、伦敦内科医师学会的创始人,曾梦想出版一部完整的希腊语版的盖仑著作。实际上,他为出版许多单本的医学著作尽了努力,其中就有盖仑的《论自然的官能》。巴黎的医学教授安德纳希的约翰内斯·金特甚至更加勤奋,他在自己的早期学术生涯中将许多精力都倾注在古希腊医学原著的翻译整理上。他不但翻译了盖仑的大部分著作,而且还编辑了古代晚期许多其他医生的著作,如艾吉那的玻尔、卡留斯·奥雷利亚努斯、奥利巴苏斯,以及特拉利斯的亚历山大。此外,他还写下了论述黑死病、药用泉水和助产术的各种著作,并在其晚年,著文为帕拉塞尔苏斯派的化学药物作辩护。

　　1543年,也就是哥白尼出版《天体运行论》的这一年,维萨留斯(图3-4)出版了他的伟大著作《人体结构》(图3-5)。维萨留斯(1514—1564)是尼德兰医生、解剖学家。他是文艺复兴时期比利时人,自曾祖始,世代行医。他曾任神圣罗马帝国和西班牙宫廷医生,最早使用人的尸体进行解剖,对解剖学命名加以标准化,是近代解剖学的奠定人。维萨留斯是与哥白尼齐名的近代科学的开创者,他不迷信权威,坚持从实际出发研究人体,以自己的解剖学成就指出了被神学奉为经典的加伦学说和《圣经》中的错误,他因此被教会所迫害,成为近代科学革命中为科学献身的第一人。

图3-4　维萨留斯

图3-5　维萨留斯的《人体结构》

　　这本书共分7卷,包括"骨骼系统"、"肌肉系统"、"血液系统"、"神经系统"、"消化系统"、"脑感觉器官"与无法归入上述系统的其他器官(统称"内脏系统"),系统阐述了他多年来的解剖学实践和研究。《人体结构》引起了神学家和保守医学家的不满,因为它对许多流行观点提出了挑战。例如,盖仑认为人的腿骨像狗腿骨一样是弯的,维萨留斯却说人的腿骨是直的;《圣经》上说,男人的肋骨比女人少一根,维萨留斯却说男人和女人的肋骨一样多;《圣经》上还说,每个人的身体内都有一块不怕火烧并且不会腐烂的复活骨,它支撑着整个人体骨架,而维萨留斯却否定人体内有这样一块骨头存在;亚里士多德认为心脏是生命、思想以及感情活动的地方,维萨留斯则说大脑和神经系统才是发生这些高级活动的场所。在帕多瓦大学,维萨留斯遭到了猛烈的攻击,他不得不于 1544 年离开那里。恰好在这时查理五世邀请他去做宫廷御医,于是他便去了西班牙。在这里他为王室服务了近 20 年。维萨留斯的敌人最终没能放过他,由于他们诬告他搞活人体解剖,宗教裁判所立即判处他死刑,由于西班牙王室的从中调解,死刑最终改判为去耶路撒冷朝圣。1564 年,在朝圣回来的路上,维萨留斯所乘坐的船只遭到破坏,全体乘客被困在赞特岛,最后,维萨留斯在岛上因病而死。

但是在研究人体的这班人马中,除维萨留斯外还有一位塞尔维特,也是一个敢于叛逆的人,于 1553 年 10 月 23 日被加尔文用大火烧死了。维萨留斯在自己的解剖实验中已经发现盖仑关于左心室与右心室相通的观点是错误的,但是他没有猜测到全身血液是循环的。他在巴黎大学医学院的同学塞尔维特朝发现血液循环的道路上迈出了第一步。

迈克尔·塞尔维特(1511—1553)1511 年出生于西班牙的纳瓦拉,最初就读于法国图卢兹大学,后来进入巴黎大学,并在那里认识了维萨留斯,之后两人成为至交。据说,他曾与维萨留斯一道私下进行过人体解剖研究。后来,维萨留斯被迫离开了巴黎大学,塞尔维特继续进行实验研究。这期间,他做出了一生中最重要的科学发现——血液的肺循环:血液并不是通过心脏中的隔膜由右心室直接流入左心室,而是经由肺动脉进入肺静脉,与这里的空气相混合后流入左心室。这一发现通常称为小循环,是导向全身循环的重要一步。

塞尔维特的这一发现首先发表在 1553 年秘密出版的《基督教的复兴》一书中。该书一出版就触怒了当时的天主教与新教的信徒,这是一部主要宣传唯一神教的神学著作。塞尔维特运用他所发现的小循环批评了正统基督教三位一体学说。唯一神教是他们共同的敌人。罗马宗教裁判所下令将塞尔维特逮捕并判处火刑。在朋友们的帮助下,塞尔维特得以逃脱。但是没过多久,他便在日内瓦被新教领袖加尔文抓获,这位狂热的新教徒当年在巴黎时就是塞尔维特的宿敌,这次落入他的魔掌,塞尔维特的处境可想而知。果不其然,加尔文不仅下令将其活活烧死,而且在烧死他之前还几近疯狂、残酷地烤了他两个小时。

为发现血液循环而迈出下一步的是法布里修斯(1537—1619)。他是意大利人,在帕多瓦大学学习医学,是法娄皮欧(1523—1562)的学生,而后者曾经是维萨留斯的学生,也是输卵管的发现者。法布里修斯 1559 年在帕多瓦大学获医学博士学位,1565 年成了该校的外科教授。出版于 1603 年的《论静脉瓣膜》一书中,法布里修斯描述了静脉内壁上的小瓣膜。它的奇异之处在于永远朝着心脏的方向打开,而向相反的方向关闭。法布里修斯虽然发现了这些瓣膜,但没能认识到它们的意义。他的学生哈维创立了血液循环理论,完成了自维萨留斯以来四代师生前仆后继的工作。

像文艺复兴时期科学界众多的主要人物一样,哈维依赖于他前辈的著作,并把许多表面上互不相关的主题连在了一起。哈维最初在剑桥大学接受教育,1597年来到帕多瓦大学,在法布里修斯门下求学。当时,这位老师正在写作论述静脉瓣膜的著作。在拿到医学学位以后,哈维于1602年返回英国,成为圣巴塞罗缪医院的医生和詹姆士一世的御医。他被选为欧洲最有声望的科学社团之一英国皇家内科医师学会会员(1607)。哈维本人曾在该会为卢莱因讲座做过关于解剖学的演讲(1615)。这些记录都向我们表明,他在早期就对血液流动这一主题感兴趣。

哈维在帕多瓦所受的教育是我们理解他的基础。由于这种训练,他成了亚里士多德和盖仑的仰慕者。其仰慕程度可以在《心血运动论》(1628)中看到,在该书中,哈维似乎更愿意将肺循环的发现归因于盖仑;也可以在其《论动物的繁殖》(1651)一书对科学方法的讨论中看到,该书直接以亚里士多德的《分析篇》和《物理学》为基础。但是,循环的发现不仅仅是基于对古代天才的崇敬,基于对其工作应该成为一个新科学时代的基础这种信念。哈维的著作,反映出那个时代对新的观察材料、神秘的类比,甚至使用各种机械实例的兴趣。

《心血运动论》篇幅甚短,但该书既展示了哈维本人的观察证据,又展示了对解剖学文献的详尽了解。哈维首先转向心脏本身,考察过约40个物种的心脏和血液运动。他观察到,在所有情况下,心脏收缩时会变硬,且随着收缩的产生,动脉会扩张。这种周期性的扩张能够从手腕的脉搏中感觉到。同时,他正确地假设说,之所以产生这种情况,是因为血液正在被泵入动脉。于是哈维注意到,心脏的作用也许可与水泵相比。哈维的实验涉及冷血动物的心脏,是因为这些动物的心脏活动较慢。他注意到,首先是心房收缩,然后是心室。他仔细地描述了这个过程:首先,血液通过大静脉流入右心房,当这里产生收缩时,血液就被送到了右心室,此处的瓣膜使其不可能回流。接着,右心室收缩,把血液通过肺动脉送入肺部。瓣膜又一次使其不可能反转方向。并且,由于中隔中不存在微孔,所有这些血液都是通过肺部输送出去。在心脏的左侧,来自肺部的血液首先从肺静脉进入左心房。然后,当此处收缩时,血液就进入左心室。进一步的收缩迫使动脉血进入主动脉和动脉系统。

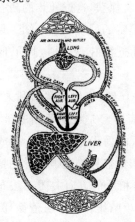

图3-6　哈维所画的"血液循环图"

作为一项生理学发现,它使人们产生了极大的兴趣,但当时哈维却取得了更大的成就。在对静脉瓣膜进行思考时,他阐述道,血液流动不但都是从一个方向进入心脏,而且也都是从一个方向持续不断地进入全身(图3-6)。在这一点上,哈维提出了一个有力的量化论点。假设左心室只能容纳2盎司血,脉搏每分钟跳动72次,那么左心室在1小时内就可迫使约540磅血进入主动脉,但动物体内最多只有几磅血。人们一定会问,这么多的血液是来自哪里,又流向何方呢?哈维的结论是,从主动脉流出的血液只可能来自静脉。虽然有些人曾经更早地提出过神秘的血液循环,但哈维当时涉及了真正的实验,并且提出了一种不可辩驳的定量论据。人们认为,哈维的著作是对人体过程的第一个恰当说明,也是通向现代生理学之路的起点。

3.1.2　布鲁诺的宇宙无中心说

乔尔丹诺·布鲁诺(图 3-7)(1548—1600),出生于意大利那不勒斯附近的诺拉镇。他原名菲利普·布鲁诺,父亲乔万尼·布鲁诺是一名军人。大概他幼年丧失父母,或者是家境贫寒,靠神父们收养长大。这个穷孩子自幼好学,15 岁那年当了多米尼修道院的修道士,并获得"乔尔丹诺"的教名。他全凭顽强自学,终于成为当时知识渊博的学者。这位勤奋好学、大胆而勇敢的青年人,一接触到哥白尼的《天体运行论》,立刻激起了他火一般的热情。从此,他便摒弃宗教思想,只承认科学真理,并为之奋斗终生。布鲁诺信奉哥白尼学说,所以成了宗教的叛逆,被指控为异教徒并革除了他的

图 3-7　乔尔丹诺·布鲁诺

教籍。1576 年,年仅 28 岁的布鲁诺不得不逃出修道院,并且出国长期漂流在瑞士、法国、英国和德国等国家。他四海为家,在日内瓦、图卢兹、巴黎、伦敦、维登堡和其他许多城市都居住过。尽管如此,布鲁诺始终不渝地宣传科学真理。他到处作报告、写文章,还时常出席一些大学的辩论会,用他的笔和舌头毫无畏惧地积极颂扬哥白尼学说,无情地抨击官方经院哲学的陈腐教条。

布鲁诺的专业不是天文学,也不是数学,但他却以超人的预见大大丰富和发展了哥白尼学说。他在《论无限宇宙及世界》这本书当中,提出了宇宙无限的思想,他认为宇宙是统一的、物质的、无限的和永恒的。在太阳系以外,还有不计其数的天体世界。人类所看到的只是无限宇宙中极为渺小的一部分,地球只不过是无限宇宙中一粒小小的尘埃。

布鲁诺进而指出,千千万万颗恒星都是如同太阳那样巨大而炽热的星辰,这些星辰都以巨大的速度向四面八方疾驰不息。它们的周围也有许多像我们地球这样的行星,行星周围又有许多卫星。生命不仅在我们的地球上有,也可能存在于那些人们看不到的遥远的行星上……

布鲁诺以勇敢的一击,将束缚人们思想达几千年之久的"球壳"捣得粉碎。布鲁诺的卓越思想使与他同时代的人感到茫然,为之惊愕。一般人认为布鲁诺的思想简直是"骇人听闻",甚至连那个时代被尊为"天空立法者"的天文学家开普勒也无法接受,开普勒在阅读布鲁诺的著作时感到一阵阵头晕目眩。

布鲁诺在天主教会的眼里,是极端有害的"异端"和十恶不赦的敌人。他们施展奸诈的阴谋诡计,收买布鲁诺的朋友,将布鲁诺诱骗回国,并于 1592 年 5 月 23 日逮捕了他,把他囚禁在宗教判所的监狱里,接连不断地审讯和折磨竟达 8 年之久。

由于布鲁诺是一位声望很高的学者,所以天主教企图迫使他当众悔悟,声名狼藉,但他们万万没有想到,一切的恐吓威胁利诱都丝毫没有动摇布鲁诺相信真理的信念。天主

教会的人们绝望了,他们凶相毕露,建议当局将布鲁诺活活烧死。布鲁诺似乎早已料到,当他听完宣判后,面不改色地对这伙凶残的刽子手轻蔑地说:"你们宣读判决时的恐惧心理,比我走向火堆还要大得多。"1600 年 2 月 17 日,布鲁诺在罗马的鲜花广场上英勇就义了(图 3-8)。

图 3-8　布鲁诺英勇就义图

由于布鲁诺不遗余力的大力宣传,哥白尼学说传遍了整个欧洲。天主教会深深知道这种科学对他们是莫大的威胁,于是 1619 年罗马天主教会议决定将《天体运行论》列为禁书,不准宣传哥白尼的学说。

布鲁诺在哲学上的突出贡献是他在继承和发展古代朴素唯物主义和自然辩证法的优良传统基础上,汲取了文艺复兴时期先进哲学和自然科学成果,论证了唯物主义和辩证法思想,开创了近代唯物主义和辩证法的先河。他依据当代自然科学的最新成果——哥白尼学说,形成了自己崭新的宇宙论。他提出并论证了宇宙无限和世界众多的思想。他认为整个宇宙是无限大的,根本就不存在固定的中心,也不存在界限。而地球只是绕太阳运转的一颗行星,太阳也只是宇宙中无数恒星中的一颗。在无限的宇宙中,有无数的"世界"在产生和消亡,但作为无限的宇宙本身是永恒存在的。布鲁诺不仅抛弃了地球中心说,而且也跨过了哥白尼的太阳中心说而大大前进了一步。他还提出天地同质说,认为物质是一切自然现象共同的统一基础。

布鲁诺明确指出自然界的万事万物都处在普遍联系和不断运动变化之中。这一变化是统一的物质实体包含的各种形式不断转化的过程,事物经过相互转化,形成对立面的统一。布鲁诺还论述了"极大"与"极小"的对立统一。他指出"宇宙里面,体积与点无别,中心与周边无别,有限者与无限者无别,最大者与最小者无别"。他把对立统一原则看做是认识自然、发现真理的诀窍,将这一学说提到方法论的高度。他得出的结论是:"谁想要认识自然的最大秘密,那就请他去研究和观察矛盾和对立面的最大和最小吧!深奥的法术在于能够先找出结合点,再引出对立面。"布鲁诺把这种辩证思想推广应用于社会和日常生活。他说:"不可能有这样的国家、这样的城市、这样的时代、这样的家庭,其成员竟会有相同的脾胃,而没有互相对立、互相矛盾的性格。"他指出意大利既是"一切罪恶"的"渊源",又是"地球的头脑和右手"以及一切美德的"教导者、培育者和母亲"。布鲁诺继承和发展了古代辩证法,成为文艺复兴时期最伟大的辨证理论家。他提出若干重要辨证的原理并做了详细论证,为反对中世纪经院哲学中形而上学的观点作出了重要贡献。

布鲁诺认为人类历史是不断变化和前进的。他反对那种把远古社会美化为“黄金时代”的观点。他主张社会变革,但反对用暴力手段去改造社会;他把理性和智慧看成是改造社会,战胜一切的决定力量,但是他却看不到人民群众实践的社会作用。

布鲁诺的哲学是刚刚启蒙的资产阶级哲学,是文艺复兴时期哲学发展的一个高峰。由于受历史和阶级的局限,他的哲学思想还有很多不彻底的地方,但却对以后资产阶级革命和近代资产阶级唯物论的发展起到了重大的推动作用。

3.1.3　开普勒对正圆观念的抛弃

哥白尼体系继续沿用托勒密体系的本轮—均轮组合法,因为哥白尼本人依然持有希腊古典的正圆运动观念;况且,本轮—均轮组合法能够使得自己的体系与观测现象相符。开普勒则不然,他彻底抛弃了正圆运动的观念,从而确立了太阳系的概念。

开普勒(图 3-9)出生于符腾堡,父亲曾任职于当地新教教会。他在少年时进入符腾堡隐修院学习,曾把当牧师作为理想的职业。1587 年开始,他就读于蒂宾根大学,在这里听了赞成哥白尼“日心说”的麦斯特林教授的天文学课程,并因此而成了哥白尼学说的信徒。1591 年,他获得硕士学位。

为了谋生,他于 1594 年中断了在蒂宾根大学的神学课程,到奥地利南部的格拉茨地方担任路德派学校的数学教师。他同时还编写占星历书,以贴补生活之需。

图 3-9　开普勒

开普勒的思想中具有毕达哥拉斯神秘主义的某些痕迹,他认为自然界具有数学的简单性,行星是依照几何定律运动的。1596 年,他出版了自己的第一本著作《宇宙的奥秘》。该书以 5 种正多面体的几何结构,来解释当时已知的包括地球在内的 6 大行星与太阳的距离。作为哥白尼的信徒,他希望自己的构想能够证明哥白尼的学说。他甚至在做这项工作时不断地祈求上帝,“如果哥白尼说的是真的,那就让我成功吧!”他进行了大量的计算,以验证自己的想法是否与哥白尼的轨道理论吻合。根据上述构想计算出的结果,与通过实际观测推算的距离基本相符,虽然并不完全一致,但开普勒认为这是观测的误差所致。这本在哥白尼的《天体运行论》问世 50 多年后出版的著作,是对哥白尼体系所作的第一次重要的公开辩护,但开普勒也修正了哥白尼的理论。他在确定行星轨道时,不是以地球偏心轨道的中心为参考,而是以太阳作为参考,因为据此得出的数据与他的正多面体结构的构想更为吻合。

《宇宙的奥秘》出版后,开普勒把它寄给了第谷,并由此而同他建立了通信联系。开普勒在书中表达的关于宇宙和谐的思想,受到第谷的赏识。1600 年,开普勒到布拉格同第谷会面,并留下来为第谷整理行星观测资料。第谷逝世后,开普勒确立了自己的任务:一是根据这些观测结果编制准确的星表;二是探索与哥白尼学说一致的行星理论。前一项任务于 1627 年取得了结果,开普勒编制出了望远镜出现之前最好的星表,它以第谷和开普勒的保护人鲁道夫二世皇帝的名字命名,称"鲁道夫星表";后一项任务的进行,则导致了宇宙天文学的重大突破,发现了行星运动定律。在探索行星运动规律时,开普勒注意到,太阳不仅位居中心,而且也是力量的中心。他起先认为,太阳有一个"运动精神",它推动行星沿着各自的轨道运动,行星离太阳越近,受太阳"运动精神"的影响也就越大。后来,他对上述表达做了一个重大的修改,即用"力量"一词代替了"运动精神"的提法,从而使自己的天体物理体系的意义更加完整,并因此而使得对宇宙的解释从有机转向机械。开普勒指出,很有可能,"天体机器并非神圣的有机体,而只是一个时钟结构……因为各种各样的运动是通过物体的一个单一而十分简单的磁力产生的,正如钟内的所有运动都只是一个十分简单的钟锤所产生。"他的这一思想大概受到了英国科学家威廉·吉尔伯特(1544—1603)的影响。吉尔伯特在公元 1600 年出版了关于磁性研究的著作,其中有关于地球是一个巨大球形磁场的思想。

开普勒的最大成就,是发现了行星运动的三大定律。

开普勒对火星的运动进行了长时期的艰苦研究。他在用哥白尼的匀速圆周运动理论计算火星轨道时,得出的结果同第谷的观测数据至少相差 8 弧分。这个误差在当时条件下不算很大,但开普勒相信第谷的观测误差不会大于 4 弧分。于是,他放弃了行星作匀速圆周运动的理论,而在反复计算之后得出了新的结论:行星绕太阳运动的速度是变化的,其轨道是椭圆形的曲线。

1607 年 10 月,开普勒在给友人的信中表示,在他即将出版的书中将提出一种新的哲学或天体物理学,以取代亚里士多德的天体神学或形而上学。

1609 年,他的《新天文学》一书出版,他认为,此书探索的是"运动的自然原因",而在他之前,还没有人用天体力学去解释行星的运动。这是一项具有革命性意义的研究。以前,天文学只是为了产生一种能使行星位置与观测一致的天体几何学;而开普勒的目标是寻找天体运动的真实物理原因,而不仅仅是去发明或修正几何结构。

在《新天文学》中,开普勒提出了火星运动的两条定律:①火星的轨道是一个以太阳为一焦点的椭圆;②太阳到火星的矢径在相等的时间内扫过相等的面积。随后,他把这两条定律推广到其他的行星、月球以及木星的一颗卫星。

1619 年,开普勒又在《宇宙和谐论》中提出了他关于行星运动的第三条定律:各个行星运行周期的平方与其离开太阳的平均距离的立方成正比。在这里,运行周期指的是行星沿轨道运行一周所需的时间,离太阳的平均距离指的是行星绕日运行椭圆形轨道离太阳的最大距离与最小距离之和的一半。

用开普勒三定律计算出的行星轨道与第谷的观测是吻合的,与近代观测的结果也是一致的。全部九大行星,包括当时尚未发现的,都是按照这三个定律而围绕太阳旋转的。

开普勒极大地发展了哥白尼的学说。事实上,到最后他除了保留哥白尼的两个最基本观点(太阳静止地位于中心,以及地球自转和公转)之外,几乎放弃了哥白尼学说中所有别的东西。他不仅建立了一个新的宇宙天文学体系,而且为整个天文学提供了一个新的动力学基础。行星运动定律的发现,成为后来牛顿万有引力概念产生的基石。

开普勒的个人遭遇是令人同情的,伴随他走完人生旅程的,基本上是贫困、孤独和疾病。但他在逆境中奋斗不息,为天文学和物理学的革命作出了卓越的贡献。

3.1.4 伽利略的天文新发现

当开普勒正在孜孜以求地计算行星轨道、进行天文学理论的改造之时,在意大利,另一位伟大的科学家伽利略(图 3-10)(1564—1642)也在从事天文研究。

图 3-10 伽利略

1. 望远镜中的星空

在用望远镜观察天体并宣布一系列重大发现之前,伽利略已是享有盛誉的物理学家和数学家。

1564 年 2 月 15 日,伽利略出生于意大利的比萨。他的父亲是个破落贵族,酷爱音乐和数学。伽利略幼年时期就已表现出对周围事物的强烈兴趣,而且喜欢探寻究竟。父亲希望他学医,认为这样既能发挥他的才能,也可找到收入丰厚的职业。18 岁时,伽利略遵从父命进入比萨大学攻读医学,但数学和物理更使他着迷。后来在数学教师的帮助下,他从学医改为学数理。

在天文学方面,伽利略很早就接受了哥白尼的学说。他在 1597 年给开普勒的信中写道:"我许多年来已经是哥白尼理论的信徒。这个理论给我解释了许多现象的道理,而若按照那些公认的观点,则它们根本无法理解。我已搜集了许多论据来驳斥这些观点,但我不敢公布这些论据。"伽利略在信中提到,伟大的哥白尼成为人们嘲笑的对象,这使他担心公开发表自己的见解会造成麻烦。很显然,这种担忧并非多余的,布鲁诺就是由于信奉包括哥白尼学说在内的"异端邪说"而在三年后被宗教法庭烧死的。

然而,作为一个科学家,伽利略不能不同他已证实的谬误作斗争。1604 年,一颗新星的出现和对它的观测,使他同开普勒紧密合作,同亚里士多德派进行了论战。根据亚里士多德派的观点,这颗新星是不可能存在的。

图 3-11 伽利略望远镜

1608 年诞生的一项发明,为天文学开辟了一条新的道路。这一年,有个名叫汉斯·利帕希的荷兰制镜工匠制成了一种奇妙的"眼镜",即后来所称的望远镜,用它看远处的物体就像近在眼前一样。伽利略听到这个消息后受到启发,立即动手自己制造这种仪器。最初制成的望远镜结构比较简单,即把透镜安置在铜管的两端,用它进行观察,比用肉眼观察可以近 3 倍、放大 9 倍。后来经过改进,观察距离可近 30 倍,形状放大可达 1000 倍(图 3-11)。

当伽利略把他的望远镜对准天空时,他获得了前所未有的重大发现。1610 年 3 月,他出版了一本名为《星的使者》的小册子,报道了自己从望远镜中看到的一切。望远镜清楚地把无数前所未见的恒星展现在他眼前,这些恒星的数量比已知的要多 10 余倍。他于 1610 年在《星际使者》中公布了由此得到的若干重大发现。

(1) 他发现,木星有四个较小的"行星"(后来被开普勒称为"卫星")围绕它旋转,这就好像一个缩小了的太阳系模型,这四个卫星各有其可度量的周期。伽利略指出,这是最令他惊奇并促使他提醒所有天文学家注意的现象,因为它证明地球不是宇宙中唯一有自己卫星的行星,也证明一个像地球那样的星体可以在别的星体围绕其运行的同时,自己又围绕另一个星体运行。他认为,这是支持哥白尼体系的显著而又极好的证据。这就用科学事实推翻了地球之外只有 7 个天体(恒星除外)的传统观念,并且向世人表明,地球不可能是宇宙中所有天体绕之旋转的中心。

(2) 他还发现月球表面并不是平坦、均匀的,而是凹凸不平和粗糙的,有的山脉高达 4 英里。这个发现,加上他后来观测到的太阳黑子(记叙于 1613 年发表的《关于太阳黑子的书信》一书中)存在的事实(其面积大于地球亚、非两洲面积之和),打破了从柏拉图、亚里士多德以来关于天上事物是完美无瑕的神话,驳斥了"月上世界"与"月下世界"属于截然不同的两个世界和"天贵地贱"的神秘主义的观点。

(3) 银河在以往用肉眼看上去好像是延绵不绝的一片光区,而从望远镜中他分辨出,这不过是数以万计单独恒星(其中包括用肉眼连细微的光线都看不见的成千上万个恒星)分布较为集中的结果。这个发现使人们不禁要怀疑:如果上帝为人类利益而创造了宇宙,那为什么把如此之多不可见的东西放在天上?意大利科学家伽利略对近代天文学革命的贡献就在于他借助望远镜和力学(主要是动力学)思想证实和捍卫了哥白尼日心体系。

在《星的使者》发表之后,伽利略继续用自己的望远镜发现了一些重要的现象,并为证实哥白尼体系提供了更多的依据。按照托勒密的学说,金星光亮的一面将始终朝着太阳,而不可能完全朝向地球;而哥白尼曾预言,金星像月亮那样也会出现相变。约在 1610 年年底,伽利略发现了金星的周相:当它呈圆形盘状时,比它呈月牙状时小得多。这一发现有助于说明金星也是环绕太阳运行的。伽利略还注意到了土星的外形。他在 1610 年 7 月 30 日给朋友的信中写道:"我已经发现,土星由 3 个球体构成,它们几乎相触,从不改变相对位置,并沿着黄道带排成一行,中间的球 3 倍于另外两个。"但他后来又注意到,中间大球两边的小球消失了。实际上,他是首次发现了土星环,只是由于其望远镜的能力所限,而未能确定,因为从地球上看,土星环的形状是变化不定的。1610 年 10 月,伽利略还观察到了太阳黑子。在此前后,开普勒和法布里修斯以及沙伊纳等人也注意到了太阳黑子的存在。伽利略确认了黑子位于太阳本身之上的观点,并根据太阳黑子由东向西的移动而确定太阳围绕自己的轴转动。

伽利略的成功使他声名远播。1611 年他前往罗马,在那里受到教皇保罗五世的接见和耶稣会神父们的欢迎。未来科学协会的先驱"天猫座"学会为他举行了宴会并向他表示敬意。但是,还有许多教会权威人士和学者或者拒绝用望远镜来观察天体,或者认为通过望远镜得到的观察结果是虚幻的和不真实的,或者不接受伽利略对于望远镜中看到的一切所作的解释。

伽利略对哥白尼学说的热情有增无减,因为他的发现证明了哥白尼关于地球只不过是太阳系中"另一颗行星"的观点是正确的。1613 年,他发表了《关于太阳黑子的信》,表达了自己对哥白尼学说的信念。此书在欧洲广为流传,也引起了教会的不安。虽然伽利略力图证明《圣经》和哥白尼的理论都是正确的,说上帝通过《圣经》的语言和自然的语言这两种形式来沟通真理,但他还是在 1615 年受到警告。次年年初,有关太阳位于宇宙中心和地球在运动的观点,也被宗教法庭宣布为虚妄的异端邪说。

2.《关于两种世界体系的对话》

在此后的 10 余年间,伽利略潜心于自己的研究工作而很少发表言论。但到 1632 年,他发表了《关于两种世界体系的对话》(以下简称《对话》)这部新著,再次震动了学术界和思想界。为了使自己的见解能为平民百姓所理解,伽利略此书没有使用当时学术著作惯用的拉丁语,而使用了意大利语。为了避免过于直接的表态触怒教会,他以三个朋友谈话的形式表达了支持或反对哥白尼体系的辩论。

《对话》没有公开为哥白尼的体系辩护,但在实际上为这个体系作了有力的说明。书中以望远镜观察到的月球表面、新星、太阳黑子等无可回避的事实,驳斥了亚里士多德的学说。在谈到是所有天体 24 小时内绕地球旋转一周,还是地球在这个时间内绕自己的轴转动一周,而引起星空的视运动问题时,《对话》使人感到,地球转动的说法更可信服。《对话》解释了人们观察到的行星的停止和逆行现象,认为这是由于地球的周年旋转而引起的。

当时,被奉为权威的亚里士多德学说,阻碍人们接受太阳居于中心和地球运动的新体系。亚里士多德认为:如果地球沿着绕太阳的轨道运行,那么恒星的视在位置就应发生变化;如果地球是转动的,那么一个垂直上抛的物体不应落到把它抛出的那个位置,而应稍微偏西,因为该物体在空中时地球已朝东转过了一点,但在事实上,物体一般都落到原来的位置;如果地球是转动的,那么地球表面不很靠近两极的物体将被离心力甩出地球表面。《对话》一一反驳了这些观点。该书认为,由于恒星与地球的距离极为遥远——至少是太阳与地球距离的 1 万倍,所以地球绕太阳运行时的恒星视差不易被觉察。该书引用惯性定律解释了上抛物体落回原地的问题。例如,从一艘静止的或正在航行的船只的桅杆顶部落下的石头,都是落在桅杆脚下。在船只静止的情况下,桅杆、石头和空气同等地共有地球的自转运动,因此石头坠落时通过的空气将不影响其坠落的方向。如果在船只航行时石头的坠落有微小的偏离,那就是由空气的阻力所引起的,因为相对于航船来说,空气处于静止状态。至于离心力的问题,《对话》认为,由于地球绕自己轴转动的速度较慢,所以离心力比引力要小得多,地球表面的物体因此而不受地球自转的影响而留在其表面。

《对话》是继哥白尼的《天体运行论》和开普勒的《新天文学》之后又一部伟大的天文学著作,它明白无误地传递了关于"日心说"宇宙的信息。特别是由于它通俗易懂,使得哥白尼的学说得到了空前的传播。伽利略收到了不少对他和他的著作表示支持和肯定的信件。有人赞扬他用简洁的语言表达了新的理论和新的观测成果,使普通人也能懂得其中的一部分。有人祝贺他在公众中取得了成功,给了哥白尼体系以生命力,并且揭示了自然的奥秘。还有人则认为,他的论据比哥白尼的论据更加有力,他的新提法和新发现意味着新时代的开端。

3. 宗教法庭的审判

教会方面对于伽利略及其著作,有着另外的看法。尽管伽利略在理论上没有给哥白尼的宇宙体系增加什么内容,但上述发现以其为"日心说"提供的强有力证据而沉重地打击了经院哲学和传统教条。当时唯一公开支持伽利略的科学家只有开普勒,他在《同星际使者的对话》一书中指出,这些新发现同他本人的理论是一致的。但教会却把日心说视为洪水猛兽,1616 年教会把哥白尼著作列为禁书,并警告伽利略,让他放弃地动说。伽利略经过长期准备和精心构思,在 16 年之后的 1632 年发表了《关于托勒密和哥白尼两大世界体系的对话》。在这部著作中最重大的贡献在于他成功地分析了反对"日心说"的两个主要理由,即没有恒星视差和地上物体垂直坠落的问题,从而使哥白尼日心体系得到了进一步论证。

在天主教受到新教猛烈攻击的情况下,教皇乌尔班八世希望通过对伽利略的《对话》做出反应,以表示罗马教廷对于保持基督教义纯洁性的决心。某些敌视伽利略的教会人士,也趁机指责伽利略在《对话》中影射教皇是愚蠢的"地心说"捍卫者。于是,伽利略在 1633 年 2 月被宗教法庭传到罗马接受审讯。

那时伽利略年已 70 岁,且身患重病。6 月 16 日,根据教皇乌尔班八世的裁决,《对话》被彻底禁止,伽利略必须公开宣布放弃自己的见解,并且要受到无限期软禁。6 月22 日的早晨,伽利略跪在宗教法庭面前,手摸《福音》书宣布:他相信教会主张和教导的一切都是真理,放弃并诅咒已遭指控的谬误和邪说,永不再以书面或口头形式发表任何可能使自己受到怀疑的见解。然而,伽利略完全是在受到巨大压力甚至被威胁要施以酷刑的情况下,无可奈何地被迫屈从的。据说,在公开认错后,伽利略曾顿足道:"但是,地球确实在运动呀!"虽然有的学者认为这句话纯属传奇,但伽利略确实依然执著地追求科学。作为虔诚的基督徒,他不能想象同教会对抗;但作为杰出的科学家,他不能放弃对自然的探索。

伽利略被隔离居住于佛罗伦萨城外的一所房子。在这里,他继续进行研究,只是回避了可能同教会冲突的问题。1636 年,他完成了《关于两种新科学的谈话》一书。由于意大利已经禁止出版他的著作,此书于 1638 年在荷兰出版。在生命的最后 4 年,伽利略双目失明,但在自己学生的帮助下,他依然不断工作,直到逝世。

伽利略是用望远镜观察天体的第一人,他的发现证实和发展了哥白尼的学说,为天文学革命作出了具有永久意义的贡献。

从哥白尼开始,经过第谷、开普勒,再到伽利略,天文学经历了革命性的变革。这个过程逐渐揭示了宇宙的奥秘,并为稍后英国科学家牛顿对物理世界的伟大综合奠定了基础。

3.2　物理学体系的建立

　　自然科学从宗教神学的禁锢中解放出来,首先发展并成熟起来、形成独立体系的是物理学。经典力学的产生,在于资本主义工厂,即工场手工业生产是经典力学产生的基础。科学实验是力学得以产生和发展的重要条件。

3.2.1　伽利略对亚里士多德运动观念的变革

　　近代力学产生之前,亚里士多德关于运动学的自然哲学理论占据统治地位达 1900 年之久。而亚里士多德的运动学,大多属于哲学猜测与常识的混合物,特别是由于中世纪后期托马斯·阿奎那等人把他的著作奉为经典,而使他错误的运动学理论成为严重束缚力学发展的桎梏。伽利略是在力学上第一个向亚里士多德提出挑战的科学革命家。

1. 发现了自由落体定律

　　在伽利略时代,人们对于物体下落的认识还停留在亚里士多德的重物体比轻物体下落得快。亚里士多德认为,物体运动的快慢与运动物体自身的重量有关,并把这个思想用于落体运动。他指出,体积相等而重量不同的两个物体从同一高度自由落下时其速度比等于这些物体的重量比;比如,两物体重量比为 1∶10,则其下落速度比也是 1∶10。伽利略运用思想实验和归谬法反驳了这些错误理论。

　　他指出,若两个重量、大小不同的物体捆在一起,其下落速度有两种相反的可能:①由于两物体总重量均大于其中任何一物重量,故捆在一起时下落速度比两物体中较重的物体单独下落时速度要快;②由于两物体一轻一重,捆在一起时较轻者牵制较重者的下落速度,因此联合体下落速度大于较轻者而小于较重者。通过分析相同比重物体在同一介质(如空气)中下落的种种情况和介质密度对物体下落的影响,以及经过“冲淡重力”斜面实验,伽利略最终得出三个结论:第一,比重相同而重量不同的物体在空气中以同样的速度运动(下落);第二,在完全没有阻力的介质(即真空)中,所有物体以同样速度作自由落体运动;第三,物体均以匀加速运动自由下落,而下落距离与时间的平方成比例的增加。

　　据传伽利略做过比萨斜塔实验,但没有原始记录作证据。但在 1586 年以前,斯台文(1548—1620)确实做过反驳亚里士多德观点的落体实验:从 30 英尺的高处,同时让两只铅球自由下落,其中一只是另一只重量的 10 倍,而到达地面上发出的清晰响声好像是一个声音。为了进行定量观察,伽利略于 1609 年设计了著名的斜面实验:用一块长约 6 米、宽 4 厘米、厚 25～30 厘米的木板造成一个斜面,上面刻有一条宽约 1 厘米磨得十分光滑的槽(为了减小摩擦),让不同密度、不同重量的光滑小球分别沿斜面上的槽滚下,记下每一单位时间内的小球滚过的距离。通过各种倾斜度的反复试验,伽利略发现,不论是大球还是小球,轻球还是重球,在同样的时间内都滚过同样的距离;而且从整个斜面滚下的时间,总是滚到斜面的 1/4 时的时间的 2 倍。时间的比值为 1∶2,距离的比值为 1∶4,距离同坠落时间的平方成正比,或者落体的速度随时间均匀的增加,这就是自由落体运动定律。这个定律告诉我们,在摩擦忽略不计的情况下,物体沿同一高度、不同倾斜度的斜面到达底端所需要的时间相同,它们的末速度相同。

因此,从同一高度下落的不同物体必将同时落地,与它们的重量无关,从而证明了亚里士多德的重物体比轻物体先落地的观点是错误的。

2. 发现惯性运动

伽利略在斜面实验的基础上,又做了第二斜面的实验,即在斜面的对面再放置一个斜面,下端相连。小球沿高度为 H 的斜面滚下,并沿第二斜面滚上,如果摩擦小的话,小球基本上可以达到同样的高度 H。如果第二斜面的倾斜度减小,则小球不管实际路程的延长,还要滚到高度 H。随着倾斜度不断减小,小球滚过的路程将越来越长。如果第二斜面是水平面,那么小球将以不变的速度值沿平面永远运动下去。于是,他得出结论:"当一个物体在一个水平面上运动,没有碰到任何阻碍时……它的运动就将是匀速的,并将无限地继续进行下去,假若平面是在空间中无限延伸的话。"这就是"惯性原理"。

这清楚地表明亚里士多德的运动观念是不对的。力不是产生运动的原因,而是改变运动的原因,这样便把动力学的研究引上了正确的道路。伽利略在实验的基础上,把运动分成匀速运动和变速运动,从而引进一个重要的概念——加速度。把速度和加速度分开,就可以澄清亚里士多德运动观念中的模糊之处。

伽利略首先定义了匀速运动,认为"我们称运动是均匀的,是指在任何相等的时间间隔内通过相等的距离"。这就表明匀速运动的速度与时间无关,速度是一个常数。但是,变速运动的速度却与时间有关。如何定义匀加速运动呢?伽利略曾提出用瞬时速度的概念来描述变速运动,也曾考虑用物体经过的距离 Δs 来定义速度的增量,经过实验和思考,自己又加以否定。后来他正确地利用速度的增量 Δv 与用去的时间 Δt 成正比的运动,作为匀加速运动的定义,同时也提出了加速度的概念。

伽利略对运动基本概念,包括重心、速度、加速度等,都作了详尽研究,并给出了严格的数学表达式。尤其是加速度概念的提出,在力学史上是一个里程碑。有了加速度的概念,力学中的动力学部分才能建立在科学基础之上。而在伽利略之前,只有静力学部分有定量的描述。

伽利略在单摆实验和小球在相对的两斜面上滚下与滚上运动的实验中发现了类似机械能守恒定律的思想。由此,得出了惯性的概念,从而否定了亚里士多德"力是运动原因"的错误,建立了"力是改变运动的原因"的思想。这些思想连同他对匀速和匀加速运动的定义一起,为牛顿的运动第一定律和第二定律的最终表述奠定了基础。

3. 发展了抛物体运动轨迹的理论

亚里士多德的理论是一个庞大严密的体系,上至天文,下至地理,似乎全在它的囊括之中。正因如此,它所遗留下的漏洞或缺陷也就更具挑战力。比如,中世纪的学者一直耿耿于怀、难以释然的首先是抛物运动。显然抛物运动是强迫运动,它必须受到外力的作用。但问题在于,当它脱离外力之后,却依然可以运动一段距离,此时它的受力来自于何处？按照亚里士多德的说法，那是因为物体周围的空气前赴后继，充当了推动者的角色。但疑问在于，当亚里士多德论证虚空不存在时曾经说过，没有空气，运动速度将达到无限大。可见空气的存在明明是一种阻力，但在抛物运动中，空气怎么又成了一种推力呢？这样的逻辑没法自圆其说。为了弥补这一漏洞，中世纪有学者做出这样的解释，那是因为最初的推力已经成为物体内部的冲力，当冲力耗尽时，物体的运动也就趋于停止了。这就类似于用火烧烤一块石头，当石头远离火堆时，依然可以在一定的时间内保持温度，直至内热耗尽。但问题在于，为了解释抛物运动，人们设想出冲力这一概念，不过如何证明它的存在呢？

伽利略在《关于两种新科学的对话》中不仅反驳了亚里士多德的运动观念，而且讨论了匀速运动、加速运动、单摆和抛射体运动的规律。关于匀速运动，他给出了以下定义："我们称运动是匀速的，是指在任何相等的时间间隔内通过相等的距离。"关于匀加速运动，则是指"运动质点在相等的时间间隔里获得相等的速率增量"。在这两个概念的基础上，再引入"合成速度"的概念，就可以容易地解释抛物体的运动。伽利略将抛物体运动分解为水平方向的匀速运动和垂直方向的匀加速运动，从而证明了意大利数学家塔尔塔利亚（1499—1557）早期的发现：抛物体仰角为 45°时可有最大射程。他第一个成功地证明了炮弹的运动轨迹是一条抛物线。

4. 发现摆的等时性

按照亚里士多德的结论，摆经过一个短弧要比经过长弧快些，这是古希腊哲学家的说法。伽利略却发现单摆的摆动周期与振幅无关，这也是伽利略的一个贡献。相传在 1583 年，当他在比萨教堂祈祷时，他的注意力被点亮以后还在摆动的大油灯的运动所吸引。伽利略以他仅有的"表"——自己脉搏的跳动，来计算油灯摆动的时间。他发现，即使大油灯的运动已大大减弱，但摆动的时间还是相等的。由此伽利略发现了摆的等时性。当时他正在研究医学，就用这种摆来测量病人的脉搏。这一成果，包括后来做的实验，在《关于两门新科学的对话》中也有记载。

由于伽利略想要发现的不是物体为什么运动（降落），而是怎样运动（降落），并通过实验揭示了其中的数学关系，这就使得从他开始，时间与空间在物理科学中具有根本性的意义。不过，由于他认为惯性定律只有在水平面上才成立，因此他的力学停留在重力影响占绝对优势的地面力学上，而未能扩展到天体力学，只有笛卡儿和牛顿才把惯性定律作为普通的力学基本原理来把握。

3.2.2 科学实验传统的形成

近代科学技术成果不仅带来了物质财富的巨大增长，而且给人们的思想领域带来了极其深刻的变化。实验方法的普遍采用，这是区别于建立在直观和思辨基础上的古代自然科学的显著特点之一。科学实验是近代自然科学产生和发展的基础，可以说，没有科学实验就没有近代自然科学，因而近代自然科学也称为实验科学。

1. 近代科学实验的起源

从欧洲文艺复兴时期开始，实验作为探索科学的道路、认识事物的手段，开始得到人们的重视。

近代最早倡导实验方法是 13 世纪英国的罗吉尔·培根。他充分认识到只有实验方法才能给科学以确定性。他断言,论证可以总结一个问题,但不能使我们消除怀疑或承认其为真理,除非通过实验表明其确是真理,实验科学比其他依靠论证的科学完善。罗吉尔·培根强调实验方法,并且身体力行。他通过实验证明,虹是太阳照着雨水反射在天空中的一种自然现象。他研究过凸镜片的放大效果,并且建议可能用这些镜片制成望远镜。培根通过实验进行科学研究之后,认为人应当能够造出自动舟船和车辆,也可以造出潜水艇和飞机那样的东西。他的言论和行为导致了当时的实验风气,并且被后来的弗朗西斯·培根所继承。罗吉尔·培根在实验科学方面的伟大贡献,还涉及磁电、光学、火药、毒气等方面的科学实验。

近代早期另一位代表人物是意大利的列奥纳多·达·芬奇,他倡导了一种亲自动手实验的科学态度和作风,十分强调实验和经验的重要性。他曾说:"我们必须从实验出发,并通过实验去探索原因。""实验决不会犯错误,错误的只是人们的判断。"达·芬奇不但是画家和雕刻家,也是发明家和工程师。他把艺术和科学结合起来。达·芬奇通过解剖实验研究人体的生理构造,他对人体的骨骼、肌肉、神经、血管进行了精细的研究,画出了比例精确的图(图 3-12)。他在解剖学上的最大贡献是创造了一套图解,这种样式至今仍被广泛应用着。他最先采用蜡来表现人脑的内部结构,是设想采用玻璃和陶瓷制作心脏和眼睛的第一人,他甚至绘制过婴儿在母体中的发育图(图 3-13)。达·芬奇研究过心脏和血液循环系统,发现心脏有四个腔,并画出了心脏瓣膜,这是有史以来第一幅有关动脉硬化的解剖图。达·芬奇的实验研究和发明还涉及军事和机械领域,他设计了飞行机械、直升机、降落伞、机枪、坦克、潜水艇、双层船壳战舰、起重机、纺车、机床、冲床、自行车,等等。他在数学和水利工程领域等方面也作出过重大贡献。

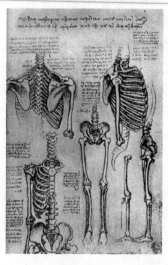

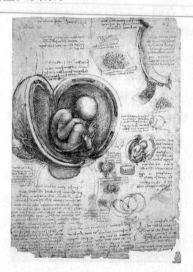

图 3-12　达·芬奇手稿中的骨骼解剖图　　　　**图 3-13　达·芬奇手稿中婴儿在母体中的发育图**

　　还有英国人威廉·吉尔伯特(1544—1603),则通过实验大大发展了对磁性的认识。1600 年出版的《论磁》一书,使他在物理史上享有了不朽的位置。当时的人们持有一种谬见,即将大蒜抹在磁铁上将破坏其磁性,吉尔伯特用实验予以驳斥。实验证明,大蒜丝毫不影响磁铁的磁力。他发现了磁倾角,当一个小磁针放在地球上除南北极之外的地方时,它有一个朝向地面的小小倾斜,这是因为地磁极吸引的结果。吉尔伯特由磁倾角天才地推测出地球是一块大磁石,他还用一个球形的磁石做了一个模拟实验,证明了磁倾角的确来源于球状大磁石。鉴于地球有磁极,吉尔伯特正确地推导出了磁针的北极所指是地球的南极。吉尔伯特所提出的质量、力等新概念也是对近代物理学的重大贡献。牛顿物理学的一个基本要点是区分了质量和重量,有了这个区分,力学才突破了感性经验的范围进入纯理论的领域。吉尔伯特还将琥珀等物体经摩擦后的吸引力归结为电力,并用希腊文琥珀一词创造了"电"这个新词。

　　总之,在 15 世纪以前,科学实验还是零星的、不完善的,它对人们的认识自然还没有起到应有的作用。

2. 科学实验的振兴

　　在生产实践需要的推动下,在新的实验工具出现的协助下,在新的唯物主义哲学思想的影响下,近代科学实验兴起。17 世纪欧洲各国纷纷建立科学团体、科学院,提倡科学实验,追求科学真理。1662 年,英国伦敦的皇家学会成立;1666 年,法兰西皇家科学院成立;1700 年,普鲁士成立柏林科学院。这些科学学会最初只是把一些爱好科学的人士团聚起来,讨论和交换知识。大量有识人士,教师、律师、医生、药剂师、神职人员、贵族、工人,等等,纷纷投入科学实验中。

　　(1) 托里拆利、帕斯卡、盖里克与波义耳

　　伽利略的落体定律对亚里士多德运动观念进行了重大变革,但落体运动规律显然需要在真空中得到真正的验证,因为空气妨碍下落体的自然运动。亚里士多德认为真空是不存在的,因此,真空问题迫切需要得到解答。这一问题被托里拆利、帕斯卡、盖里克与波义耳等人的实验工作破解了。

　　1643 年,意大利物理学家托里拆利(1606—1647)在佛罗伦萨做了著名的"托里拆利实验"。通过实验,托里拆利首先得到了真空,进而发现了真空的来源。他在一根四英尺长、一端封闭的玻璃管内注满水银,用手堵住开口的一端将管子倒立着放入水银盘中,松开手发现水银向下流,但是当流到水银柱高约 30 英寸(760 毫米)时,水银不再往下流了。托里拆利认识到,倒立着的管子里被水银空出来的那一段就是真空,是由空气的重量产生的。由于空气的重量是有限的,所以能支撑的水银柱高也是有限的。托里拆利还注意到水银柱高与天气变化有关,并且给予了正确的解释,指出那是因为天气变化时空气的重量也有变化。这根水银柱事实上就是世界上第一个气压计。

　　法国的帕斯卡(1623—1662)也在思考同样的问题。帕斯卡相信"真空在自然界不是不可能的,自然界不是像许多人的想象那样以如此巨大的厌恶来避开真空"。他用一根 46 英尺长的玻璃管装满红葡萄酒重复了托里拆利的实验,得到了一段真空。帕斯卡还通

过实验进一步发现,在海拔较高的地方,水银柱高度下降了。这进一步支持了托里拆利关于大气压力的观点。帕斯卡不仅研究了大气压力,他还进一步研究了液体压力。他做了大量实验后发现,作用于密闭液体中的压力,可以完全传递到液体内部任何一处,并且垂直地作用于它所接触的任一界面上。这就是著名的帕斯卡原理,它后来成为水压机的一个理论基础。

几乎与意大利和法国同时,德国的工程师盖里克(1602—1686)独立地进行了研究真空问题的马德堡半球实验。1654年,盖里克当众演示了大气压力有多大。他用两个直径约1.2英尺的铜制半球涂上油脂对接上,再把球内抽成真空,这时让两个马队分别拉一个半球,直到用上了16匹马才将两个半球拉开。后人将这两个半球命名为马德堡半球,这个著名的实验使真空和大气压力的概念为世人所接受。

在英国,波义耳(1627—1691)首先证明了伽利略的落体定律:物体下落的时间与物体的重量无关。在抽去了空气的透明圆筒里,果然看到羽毛和铅块同时下落。此外,他还证实了声音在真空中不能传播,而电力却可以穿透真空。

波义耳还在气体力学中做出了很大的贡献,其中最为著名的是他在1662年发现的波义耳-马略特定律。因为法国物理学家马略特在1676年也独立发现了这个定律,故名波义耳-马略特定律。当时波义耳所宣扬的空气压力观点遭到一些人的反对,他们的理由是,支持水银柱的并不是空气压力,而是某种看不见的纤维线。这个批评意见反而促进了波义耳的研究,他进一步做了实验,以证明空气的弹力比起在托里拆利实验中所表现的还要大。波义耳使用一端封闭的弯管,将水银从开口的一端倒入,使空气聚集在封闭的另一端,他不断地倒入水银,被封闭的空气柱在只受到压力的情况下,体积变小,但其支持的水银柱变高了,这就表明空气被压缩时压强更大了。波义耳就是从这一实验中得出一定质量的气体的压强与体积成反比关系。人们对真空问题的研究不仅极大地促进了流体力学的发展,而且为18世纪的第一次技术革命奠定了基础,因为第一次技术革命的主角——蒸汽机的出现就得益于对真空问题的研究。

(2)虎克、惠更斯

英国物理学家罗伯特·虎克(1635—1703)的贡献是多方面的,不仅在实验上有作为,在理论的多个方面亦有贡献,尽管多数都不完整。虎克这个体弱多病、因患过天花而落得一脸麻子、未受过多少教育的少年,聪明好学,对当时正处于孕育当中的新物理学表现得相当有领悟力,可谓生逢其时。虎克于1654年在牛津第一次见到波义耳,即成为波义耳的助手。凭着心灵手巧,虎克帮助波义耳造出了一台精致的抽气机。虎克本人在物理、生物、天文学均有过发现,这当中最著名的是显微镜实验以及著作《显微图》。在使用显微镜进行实验的过程中,他还提出了光的波动学说。

在虎克的诸多理论工作中,关于弹性定律的研究是最为完整的。他通过实验发现,弹簧总是倾向于回到自己的平衡位置,这种倾向表现为一个弹性力,该力的大小与弹簧离开平衡位置的距离成正比,这就是现在众所周知的弹性定律。虎克的这项工作在1678年公布。此外,他还认识到,当弹簧被外力拉到离开平衡位置后,撤除外力,则会在平衡位置附近做周期性的伸缩,伸缩的时间间隔相等。这一发现十分有意义,它为便携式钟表的制造提供了依据,人们可以不再用笨大的钟摆而用小弹簧作为等时装置,手表和小闹钟里的游丝就是这样的小弹簧。

与牛顿同时代的另一位最伟大的物理学家当推克里斯蒂安·惠更斯(1629—1695),他在自然科学的一系列领域做出了重要的贡献。惠更斯最出色的物理学工作是对摆的研究。他敏锐地发现,单摆只是近似等时,真正等时的摆动其轨迹不是一段圆弧而是一段摆弧,他创造性地让悬线在两片摆线状夹板之间运动,从而实现了使摆动轨迹与摆弧相吻合。惠更斯在 1656 年造出了人类历史上第一架摆钟,其奥妙就在于他把自己的发现运用到了摆钟的设计中。惠更斯于 1673 年在巴黎出版的《摆钟论》一书中,记述了摆钟的原理和具体设计,还论述了他自己关于碰撞问题和离心力的研究成果。其实,早在约 1669 年他就已提出解决碰撞问题的一个法则,即所谓“活力”守恒原理:由两个物体组成的系统中,物体质量与运动速度的平方之积被称为该物体的活力,在碰撞前后,两个物体的活力之和保持不变。惠更斯的这些研究成果后来载于 1703 年出版的《论碰撞引起的物体运动》一文中。今天我们知道,“活力”守恒当然只是在完全弹性碰撞时才适用,惠更斯本人尽管没有明确强调这一点,但他给出的相关条件正好与完全弹性碰撞的条件相吻合。“活力”守恒法则是能量守恒原理的先驱。

约在同一时期,惠更斯又写出了《论离心力》一文。著名的离心力公式即出于此文。这个公式表明,一个做圆周运动的物体具有飞离中心的倾向,它向中心施加的离心力与速度的平方成正比,与运动半径成反比。14 年后即 1717 年,牛顿也独立地推出了这个公式,并很快成为发现万有引力定律的桥梁。

惠更斯在光学理论上也颇有建树,在 1690 年出版的《论光》一书中,惠更斯倡导光是“振动的传播”的理论,即波动说。但光是横波,他误以为光也是纵波。由于牛顿主张“光是一种粒子流”,后来的人们慑于他的崇高威望,使得粒子说持续了一个世纪之久,直到托马斯·杨复兴波动说为止。惠更斯生前名满欧洲学界,牛顿称他是“德高望重的惠更斯”,是“当代最伟大的几何学家”。

3. 科学实验方法的建立

(1) 培根创立实验归纳法

弗兰西斯·培根(1561—1626)是英国著名的唯物主义哲学家和科学家。他在文艺复兴时期的巨人中被尊称为哲学史和科学史上划时代的人物。马克思称他是“英国唯物主义和整个现代实验科学的真正始祖”。他是第一个提出“知识就是力量”的人。

培根极力批判经院哲学和神学权威。他还进一步揭露了人类认识产生谬误的根源,提出了著名的“四假相说”。他说这是在人心普遍发生的一种病理状态,而非在某情况下产生的迷惑与疑难。

第一种是“种族的假相”,这是由于人的天性而引起的认识错误;第二种是“洞穴的假相”,是个人由于性格、爱好、教育、环境而产生的认识中片面性的错误;第三种是“市场的假相”,是由于人们交往时语言概念的不确定产生的思维混乱;第四种是“剧场的假相”,是指由于盲目迷信权威和传统而造成的错误认识。

培根指出,经院哲学家就是利用四种假相来抹杀真理、制造谬误,从而给予了经院哲学沉重的打击。但是培根的"假相说"渗透了培根哲学的经验主义倾向,未能对理智的本性与唯心主义的虚妄加以严格区别。

培根认为当时的学术传统是贫乏的,原因在于学术与经验失去接触。他主张科学理论与科学技术相辅相成。他主张打破"偶像",铲除各种偏见和幻想,他提出"真理是时间的女儿,而不是权威的女儿",对经院哲学进行了有力的攻击。

培根的科学方法观以实验定性和归纳为主。他继承和发展了古代关于物质是万物本源的思想,认为世界是由物质构成的,物质具有运动的特性,运动是物质的属性。培根从唯物论立场出发,指出科学的任务在于认识自然界及其规律。培根的归纳法集中体现在他的《新工具》一书中。他尖锐地批判了亚里士多德以及后来经院哲学中对演绎法的过分依赖,认为三段论不能给人以新知识,新的科学工具就是实验和归纳。他认为科学知识是经过证明了的知识,理论的基础、原始的概念和命题是依靠经验得出来的,从经验上升到理论是一个逐步上升的过程。因此他强调,运用归纳法必须记住两条规则:

① 放弃所有先入为主的概念而重新开始;

② 暂时不要企图上升到一般的结论。

培根虽然不是个科学家,也几乎没有进行过认真的科学实验,但他是近代哲学史上首先提出经验论原则的哲学家。他重视感觉经验和归纳逻辑在认识过程中的作用,开创了以经验为手段,研究感性自然的经验哲学的新时代,对近代科学的建立起了积极的推动作用,对人类哲学史、科学史都做出了重大的历史贡献。为此,罗素尊称培根为"给科学研究程序进行逻辑组织化的先驱"。

(2) 笛卡儿创立数学演绎法

笛卡儿(1596—1650),法国数学家、科学家和哲学家。他是西方近代资产阶级哲学奠基人之一。他的哲学与数学思想对历史的影响是深远的。人们在他的墓碑上刻下了这样一句话:"笛卡儿,欧洲文艺复兴以来,第一个为人类争取并保证理性权利的人。"

小时候,他对所学的东西颇感失望。因为在他看来教科书中那些微妙的论证,其实不过是模棱两可、甚至前后矛盾的理论,只能使他顿生怀疑而无从得到确凿的知识,唯一给他安慰的是数学。在结束学业时他暗下决心:不再死钻书本学问,而要向"世界这本大书"讨教,于是他决定避开战争。1628 年,他从巴黎移居荷兰,开始了长达 20 年的潜心研究和写作生涯,先后发表了许多在数学和哲学上有重大影响的论著。在荷兰长达 20 年的时间里,他集中精力做了大量的研究工作。他在 1634 年写了《论世界》,书中总结了他在哲学、数学和许多自然科学问题上的看法;1641 年出版了《形而上学的沉思》;1644 年又出版了《哲学原理》等。他的著作在生前就遭到教会指责,死后又被梵蒂冈教皇列为禁书,但这并没有阻止他的思想的传播。

在哲学上,他推崇理性,是唯理论的代表。对于精神与物质的关系,持有精神与物质互不相关的二元论观点。笛卡儿的演绎法不是简单地重提古希腊的演绎法,而认为作为演绎法的出发点的命题与数学公理相类似,是直观的、可靠的真理。他要求他的演绎法与经院哲学的复杂繁琐的教条相区别,而要遵守以下几个原则。

① 只把那些十分清楚明白地呈现在我的心智之前,使我根本无法怀疑的东西放在我的判断中;

② 把难题尽可能分解为细小的部分,直到可以圆满解决为止;

③ 按从最简单、最容易认识的对象开始,一点一点地上升到对复杂对象的认识;

④ 把一切情形尽量完全地列举出来,尽量普遍地加以审视,以保证没有遗漏。

笛卡儿不仅在哲学领域里开辟了一条新的道路,同时笛卡儿又是一勇于探索的科学家,在物理学、生理学等领域都有值得称道的创见,特别是在数学上他创立了解析几何,从而打开了近代数学的大门,在科学史上具有划时代的意义。

笛卡儿在科学领域的成就同样硕果累累。他创立了解析几何学,为微积分的创立奠定了基础,从而开拓了变量数学的广阔领域。恩格斯曾说:"数学中的转折点是笛卡儿的变数。有了变数,运动进入了数学;有了变数,辩证法进入了数学;有了变数,微分和积分也就立刻成为必要了。"笛卡儿的这些成就,为后来牛顿、莱布尼茨发现微积分,为一大批数学家的新发现开辟了道路。笛卡儿靠着天才的直觉和严密的数学推理,在物理学方面做出了有益的贡献。从 1619 年读了开普勒的光学著作后,笛卡儿就一直关注着透镜理论,并从理论和实践两方面参与了对光的本质、反射与折射率以及磨制透镜的研究。他把光的理论视为整个知识体系中最重要的部分。他从理论上推导了折射定律,与荷兰的斯涅尔共同分享了发现光的折射定律的荣誉。在力学方面,他提出了宇宙间运动量总和是常数的观点,创造了运动量守恒定律,为能量守恒定律奠定了基础。他还指出,一个物体若不受外力作用,将沿直线匀速运动。他发展了宇宙演化论,创立了漩涡说。他认为太阳的周围有巨大的漩涡,带动着行星不断运转。笛卡儿的这一太阳起源的漩涡说,比康德的星云说早一个世纪。他还提出了刺激反应说,为生理学做出了一定的贡献。

笛卡儿是近代科学的始祖。笛卡儿是欧洲近代哲学的奠基人之一,黑格尔称他为"现代哲学之父"。他自成体系,熔唯物主义与唯心主义于一炉,在哲学史上产生了深远的影响。同时,他又是一位勇于探索的科学家,他所建立的解析几何在数学史上具有划时代的意义。笛卡儿堪称 17 世纪欧洲哲学界和科学界最有影响的巨匠之一,被誉为"近代科学的始祖"。

（3）伽利略的数学与实验相结合的方法

伽利略是伟大的意大利物理学家和天文学家,科学革命的先驱。历史上他首先在科学实验的基础上融会贯通了数学、物理学和天文学三门知识,扩大、加深并改变了人类对物质运动和宇宙的认识。他以系统的实验和观察推翻了以亚里士多德为代表的、纯属思辨的传统自然观,开创了以实验事实为根据并具有严密逻辑体系的近代科学。因此,他被称为"近代科学之父"。

在伽利略的研究成果得到公认之前,物理学以至整个自然科学只不过是哲学的一个分支,没有取得自己的独立地位。当时,哲学家们束缚在神学和亚里士多德教条的框框里,他们苦思巧辩,得不出符合实际的客观规律。伽利略敢于向传统的权威思想挑战,不是先臆测事物发生的原因,而是先观察自然现象,由此发现自然规律。他摒弃神学的宇宙观,认为世界是一个有秩序地服从简单规律的整体,要了解大自然,就必须进行系统的实验定量观测,找出它的精确的数量关系。

基于这样的新的科学思想,伽利略倡导了数学与实验相结合的研究方法。这种研究方法是他在科学上取得伟大成就的源泉,也是他对近代科学的最重要贡献。用数学方法研究物理问题,原非伽利略首倡。追溯到公元前 3 世纪的阿基米德、14 世纪的牛津学派和巴黎学派以及十五六世纪的意大利学术界,在这方面都有一定成就,但他们并未将实验方法放在首位,因而在思想上未能有所突破。

伽利略的数学与实验相结合的研究方法,一般来说,分如下三个步骤。

① 先提取出从现象中获得的直观认识的主要部分,用最简单的数学形式表示出来,以建立量的概念。

② 再由此式用数学方法导出另一易于实验证实的数量关系。

③ 然后通过实验证实这种数量关系。

伽利略进行科学实验的目的主要是为了检验一个科学假设是否正确,而不是盲目地收集资料、归纳事实。伽利略不但亲自设计和演示过许多实验,而且亲自研制出不少实验仪器。他的工艺知识丰富,制作技术精湛,他所创制的许多实验仪器在当时及对后世都很有影响,下面举出几项。

① 浮力天平。这是利用浮力原理快速测定金银器皿首饰中金银含量比例的直读仪器。这种仪器当时已用于金银首饰器皿的交易中。

② 温度计。伽利略首创的温度计是一种开放式的液体温度计,玻璃管内盛有着色的水和酒精,液面与大气相通。这实际上是温度计与大气压力计的混合体,这是由于当时他对大气压力的变化还没有明确的认识。尽管如此,其学术价值仍很大,温度从此成为客观的物理量,不再是不确定的主观感觉。

③ 望远镜。伽利略制成的望远镜,可以观察到物体的正像。经过改进后,其倍率由 3 逐步增大到 33,不但指向星空,还可应用于船舰要塞,取得了空前丰硕的发现成果。这种望远镜结构简单,而其倍率和分辨本领受球差和色差的限制较大。

伽利略在人类思想解放和文明发展的过程中作出了划时代的贡献。在当时的社会条件下,为争取不受权势和旧传统压制的学术自由、为近代科学的生长,他进行了坚持不懈的斗争,并向全世界发出了振聋发聩的声音。因此,他是科学革命的先驱,也可以说是“近代科学之父”。虽然他晚年被剥夺了人身自由,但他开创新科学的意志并未动摇。他追求科学真理的精神和成果,永远为后代所景仰。

1799 年,梵蒂冈教皇 J. 保罗二世代表罗马教廷为伽利略公开平反昭雪,认为教廷在 300 多年前迫害他是严重的错误。这表明教廷最终承认了伽利略的主张——宗教不应该干预科学。

(4) 牛顿的科学方法

牛顿一生的重要贡献是集十六七世纪科学先驱们成果的大成,建立起一个完整的力学理论体系,把天地间万物的运动规律概括在一个严密的统一理论中。这是人类认识自然的历史中第一次理论的大综合。以牛顿命名的力学是经典物理学和天文学的基础,也是现代工程力学以及与之有关的工程技术的理论基础。这一成就,使以牛顿为代表的机械论的自然观,在整个自然科学领域中取得了长达两百年的统治地位。

亚里士多德的哲学讲求事物的和谐。求和谐思想是正确的,但亚里士多德认为:天上的日、月、星辰的运行轨道是圆形,因为只有圆运动才是完美的、和谐的,而地上的运动,例如重物直线下落是凡俗的。古希腊哲学家的和谐思想不能在天与地之间连贯。到了17世纪,牛顿用引力理论和运动三定律把天上行星和它们的卫星运动规律,同地上重力下坠的现象统一起来,实现了天上人间的统一,这是牛顿在自然哲学上的伟大贡献。

牛顿在科学上的成就须由他的哲学思想和科学方法来寻根溯源。在物理学科中伽利略的实验工作是实验物理学的开端,牛顿深受其影响。随后牛顿使作为实验科学的物理学形成一个光辉体系,同时也使科学实验方法闯入了哲学思想的殿堂。

牛顿认为从现象中可以得出科学原理,或者说,科学基本原理可以从现象中导得或推出。牛顿在《原理》和《光学》两书中明白表达了他做学问的方法,即要明白无误地区别猜测、假设和实验结果(及由此而归纳得出的结论),还有从某些假设条件下所得到的数学推导。《原理》第一篇14章中处理细微粒子的运动和第二篇命题23中设想气体中有相互排斥质点的模型都是牛顿运用具有物理实质性的数学模型的例子,但是他对这些问题缺少实质性的实验证据,未能写出无可辩驳的论述。1713年,牛顿在出版《原理》第2版时在给他的学生科茨的信中提到,运动定律是居于首位的定律或称为公理,并说它们都是从现象中推断或演绎而来的,并运用归纳法使之普适化。牛顿说:"这是一个命题在哲学中所能达到最高境界的例证。"诚然,必须看到归纳与演绎不能人为地对立起来。恩格斯指出"归纳和演绎正如分析和综合一样,是必然相互联系着的。不应当牺牲一个而把另一个捧到天上去"。牛顿在此早着先鞭。关于实验与假设之间的关系,牛顿在各种场合都有论述。他在给奥尔登堡的信中说:"进行哲学研究的最好和最可靠的方法,看来第一是勤勤恳恳地探索事物的属性并用实验来证明这些属性。进而建立一些假说,用以解释这些事物的本性。"给科茨信中说:"任何不是从现象中推论出来的说法都应称之为假说,而这样一种假说无论是形而上学的还是物理学的,无论属于隐蔽性质的还是力学性质的,在实验哲学中都没有它们的地位。"牛顿这些论述奠定了自然哲学的基础,启开了实验科学的大门,300年来为自然科学的繁荣立下了不朽功勋。牛顿研究事物规律的方法不同于那些只从简单的物理假设出发的人,而是通过逻辑的演绎法得到对事物现象的解释。

牛顿指出,在自然科学里,应该像在数学里一样,在研究困难问题时,总是应当先用分析的方法,然后才用综合的方法。

分析:包括做实验和观察,用归纳法从中作出普遍结论,并不使这些结论遭到异议,除非这些异议来自实验或者其他可靠的真理方面。用这样的分析方法,我们就可以从复合物论证到它们的成分,从运动到产生运动的力,一般来说,从结果到原因,从特殊原因到普遍原因。

综合：假定原因已经找到，并且已把它们立为原理，再用这些原理去解释由它们发生的现象，并证明这些解释的正确性。

爱因斯坦指出："牛顿第一个成功地找到了一个用公式清楚表述的基础，从这基础出发，他用数学的思维，逻辑地、定量地演绎出范围很广的现象并且同经验相符合。在牛顿之前，还没有什么实际的结果支持那种认为物理因果关系有完整链条的信念。"牛顿是完整的物理因果关系创始人，而因果关系正是经典物理学的基石。牛顿出生于笃信基督教的家庭。在剑桥求学时代，他就怀着"宗教生活里亦如科学实验一样，可以自由自在"的幻想在学习。《原理》完成后，他便着手有关基督教《圣经》的研究，并开始写这方面的著作，手稿达150万字之多，绝大部分未发表。可见牛顿在宗教著述上浪费了大量时间和精力。关于牛顿在1692—1693年间答复本特莱大主教4封信论造物主（上帝）之存在，最为后人所诟病。所谓神臂就是第一推动，出于第四封信中。从现代宇宙学来说，第一推动完全可能在物理框架中解决，而无须"神助"。

3.1.3　牛顿经典力学的建立

经过许多科学家的努力，在天文学和力学方面已经积累了丰富的资料。在此基础上，牛顿实现了天上力学和地上力学的综合，形成了统一的力学体系。这是人类认识自然历史的第一次大飞跃和理论大综合。它开辟了一个新的时代，并对科学发展的进程以及后代科学家们的思维方式产生了极其深刻的影响。牛顿力学的建立是科学形态上的重要变革，标志着近代理论自然科学的诞生，并成为其他各门自然科学的典范。然而，在十七八世纪里其他自然科学仍处在积累资料的阶段。

1. 经典力学的成就

牛顿经典力学体系的建立得益于已有的科学成就。哥白尼、伽利略、开普勒、笛卡儿等人在天文学、力学、光学、数学等方面的贡献，为经典力学奠定了坚实的基础。特别是伽利略与开普勒，对牛顿经典力学体系的建立更是有着极其重要的影响。伽利略通过对自由落体的研究，已经发现了惯性运动和在重力作用下的匀加速运动，奠定了牛顿第一定律和第二定律的基本思想。伽利略关于抛物体运动定律的发现，对牛顿万有引力的学说也有深刻的启示作用。开普勒所发现的行星运动定律则是牛顿万有引力学说产生的最重要前提。牛顿非常善于广泛汲取前人的科学成果，并综合运用多方面的知识进行跨学科的研究。通过吸收前人的科学研究成果，牛顿为经典力学体系的建立充实了知识准备。欧洲经过16世纪百余年的宗教和政治改革的大变动之后，到17世纪下半叶进入了一个政治上转为安宁、经济上趋于繁荣的时期。生产实践为力学研究提出了许多问题，这就给科学的发展以推动力。经过16世纪的宗教改革运动和17世纪中后期的资产阶级革命运动，英国科学家拥有了当时世界上最为宽松自由的学术环境。学术环境的改变，使得对力学的研究摆脱了不必要的束缚，催生了牛顿经典力学体系。

牛顿（图3-14）是英国著名的物理学家、数学家和天文学家，1642年出生于英国林肯郡的一个农民家庭，终身未婚。

图 3-14　牛顿

幼年时,牛顿身体较弱,学习成绩也不好,还经常受到别的同学的欺侮。有一次,几个同学逼他太甚,他忽然鼓起勇气反抗起来。从此,再没有人敢欺侮他,他也暗暗下决心,在学习上要超过别的同学,不再让人瞧不起。由于发奋读书,他的各门功课,尤其是数学,都成为班上最优秀的。

少年时期的牛顿,非常喜欢动手做玩具、小器械。他做的灯笼、风筝十分精巧,他的风筝比商店卖的飞得还高。据说,他曾经做过一个"水钟",他在水桶壁上划上均匀的横线,让桶里的水从桶底往外滴,水面不断下降,根据刻度线读出时间,水滴尽了,正好是中午时刻。这个钟类似于我国古代的漏壶。牛顿做的"太阳钟",据说是在木板上划上线,中间钉一枚铁钉,在阳光下,看钉子的影子与哪条线重合,就能读出时间。这个"太阳钟"类似于我国古代的日晷。

1661 年牛顿中学毕业,考入英国剑桥大学三一学院。在大学期间,由于他中学的数学基础好,再加上自己刻苦钻研,他的学习突飞猛进,深受导师的喜爱,导师将自己的专长,毫无保留地传授给了他。

1665 年牛顿大学毕业,获得学士学位,留校做研究工作。从此开始了他的科学生涯。

1665 年秋,伦敦发生了可怕的瘟疫,剑桥大学关门,牛顿回到了家乡。在家乡的 18 个月,可以说是牛顿一生中最重要的时期,几乎他所有最重要的成就都在这个时期奠定了基础。牛顿研究苹果落地的故事,就发生在这期间。

瘟疫过后,牛顿回到剑桥大学。1668 年他取得硕士学位。1669 年,他的导师巴罗博士辞职,并积极推荐他接替了数学教授的职位。他从这年开始,就成为全剑桥大学公认的大数学家,还被选为三一学院管理委员会成员。

牛顿在剑桥大学从事教学和科研工作,长达三十年之久。这三十年是他刻苦钻研的三十年,为了科学研究,他的绝大部分时间都是在实验室里度过的,有时为了检验一个设想,他呕心沥血、通宵达旦,直到有了结果才罢休。牛顿的渊博学识和辉煌的科学成就,都是在剑桥取得的。

1672 年牛顿当选为英国伦敦皇家学会会员。1689 年当选为英国国会议员。1696 年因病离开剑桥大学,到皇家造币厂当监督,1699 年出任造币厂厂长,同时被选为法国科学院八个外国委员之一。1703 年他当选为皇家学会会长，以后每年都连任，直到去世。1705 年英国女皇授予他爵士称号。

1727 年 3 月 20 日，牛顿因病在伦敦逝世，终年 85 岁。因为他一生对国家的贡献，逝世后被葬于威斯敏斯特教堂的墓地。

牛顿是 17 世纪最伟大的科学巨匠，他所取得的科学成就是无与伦比的。同时，他又十分谦虚，他临终这样评论自己："我不知道世界上的人对我是怎样看待的，但在我自己看来，却只觉得我好像是一个小孩子，在海滩上玩耍，不时寻找比平常更光滑的石子，或是美丽的贝壳；可是，在那汪洋大海之中，却充满着无穷的真理，在我面前都未发现。""如果说我比笛卡儿看得远一点儿，那是因为我是站在前辈巨人的肩上。"

牛顿对科学的杰出贡献，是他建立了经典力学的体系，这集中地体现在他的著作《自然哲学的数学原理》一书中。1687 年出版的这部著作共分三卷。第一卷分析了物体在向心力作用下的运动，第二卷分析了物体在阻力介质中的运动。在这两卷中，阐述了作为力学基础的时间、空间、质量、动量、力等基本概念，叙述了运动的基本定律，即牛顿力学三定律，解释了书中所使用的数学问题，并用演绎方法推演出万有引力定律。第三卷是关于宇宙的构造，这是用已发现的力学定律去解释哥白尼学说和天体运动的规律。

牛顿力学三定律构成了近代力学的基础，也是近代物理学的重要支柱。牛顿对于力学的最重要贡献，则是万有引力的发现。牛顿的力学三定律和万有引力定律把天体运动定律与地上物体运动定律统一起来，建立起了经典力学的理论大厦。牛顿把他的力学理论应用于太阳系，解决了天体力学中的一系列问题。他拿出了计算太阳质量和行星质量的方法，证明了地球是一个赤道凸出的扁球，解释了岁差现象，说明了潮汐的涨落，分析了彗星运动的轨迹和天体摄动现象等。

在 18 世纪及以后的一系列事实，证实了牛顿力学的真理性，从而得到了广泛的承认。

对证实牛顿万有引力定律有重要意义的事实，一是哈雷彗星的发现；二是地球形状的证实；三是关于行星摄动现象的证实。此外，如关于引力常数 G 的测定等，也都证实了万有引力定律。1781 年，英国天文学家赫舍尔（1738—1822）发现了天王星，首次发现了行星的摄动。1799 年，法国著名科学家拉普拉斯（1749—1827）出版了《天体力学》一书，建立了行星运动的摄动理论和行星的形状的理论，进一步证实了万有引力定律的正确性。在这之后，人们运用万有引力定律对天王星摄动现象进行复杂的计算，预言了海王星的存在。1845 年发现了海王星，这是对万有引力定律的有力证明。牛顿在这部书中，从力学的基本概念（质量、动量、惯性、力等）和基本定律（运动三定律）出发，运用他所发明的微积分这一锐利的数学工具，建立了经典力学的完整而严密的体系，把天体力学和地面上物体的力学统一起来了。这是物理学史上第一次大的综合。所以，牛顿的《自然哲学数学原理》的出版，标志着经典力学体系的建立。这些对科学发展的进程以及后代科学家们的思维方式产生了极其深刻的影响。

牛顿力学的建立标志着近代理论自然科学的诞生，并成为其他各门自然科学的典范。一批科学家以牛顿的学说为基础，创立了力学的新分支，诸如弹性力学、流体力学、材料力学,等等。到 18 世纪末,牛顿和牛顿力学已取得了巨大的威望,运动三定律和万有引力定律的地位已牢牢确立。

2. 经典力学的局限性

创造历史的人们总是不可避免地要受到历史的制约,牛顿当然也不例外。由于受到时代的局限,牛顿创立的经典力学的基本概念和基本原理存在着固有的局限性,主要表现在以下几个方面。

(1) 引入了绝对时间、绝对空间等基本概念。

按照牛顿的说法,绝对的、真正的和数学的时间自身在流逝着,而且由于其本性而均匀地、与任何其他外界事物无关地流逝着。绝对空间就其本性而言,是与任何外界事物无关,而永远是相同的和不动的。绝对运动是一个物体从某一绝对处所向另一绝对处所的移动。莱布尼茨、贝克莱、马赫等先后都对绝对空间、时间观念提出过有价值的异议,指出过,没有证据能表明牛顿绝对空间的存在。爱因斯坦推广了上述的相对性原理,提出狭义相对论。在狭义相对论中,长度和时间间隔也变成相对量,运动的尺相对于静止的尺变短,运动的钟相对于静止的钟变慢。在广义相对论中,时空的性质不是与物体运动无关的:一方面,物体运动的性质要决定于用怎样的空间时间参照系来描写它;另一方面,时空的性质也决定于物体及其运动本身。

量子论的发展,对时间概念提出了更根本的问题。量子论的结论之一就是:对于一个体系在过去可能存在于什么状态的判断结果,要决定于在现今的测量中做怎样的选择。这种现在与过去之间的相互关系,是与因果顺序概念十分不同的,暗含于时间概念中的因果序列要求过去的存在应是不依赖现在的。

因此,用时间来描述事件发生的顺序,可能并不总是合用的。空间与时间是事物之间的一种次序,但并不一定是最基本的次序,它可能是更基本次序的一种近似。

(2) 引力的本质之谜并未解开。

爱因斯坦的广义相对论对万有引力做出一种解释,就是时空本身是有弹性的,可以弯曲、伸展。当一个有质量的物体置于某一空间时,空间就会弯曲变形,质量越大,空间弯曲变形就越严重。那么,空间为什么会在有质量的物体周围弯曲呢?爱因斯坦也没能给出答案。所以,爱因斯坦的弯曲空间理论也没有说明引力的本质是什么。量子力学关于电荷间的电磁力和强子间的强相互作用力的传递原理的解释也没有说明引力的本质是什么。认为引力是通过引力场或引力子来传递的观点也未得到肯定,因为,至今科学家也没有找到传递万有引力作用的引力子。

(3) 在经典力学中物体的质量是恒定不变的,它与物体的速度或能量无关。

在相对论中质量这一概念的外延就被大大地扩展了。爱因斯坦著名的质能方程 $E=mc^2$ 使得原来在经典力学中彼此独立的质量守恒和能量守恒定律结合起来,成了统一的"质能守恒定律",它充分反映了物质和运动的统一性。质能方程说明,质量和能量是不可分割而联系着的。一方面,任何物质系统既可用质量 m 来标志它的数量,也可用能量 E 来标志它的数量;另一方面,一个系统的能量减少时,其质量也相应减少,另一个系统接受而增加了能量时，其质量也相应的增加。该式说明，物体的质量不再是与其运动状态无关的量，它依赖于物体的运动速度。当物体的速度趋于光速时，物体的质量趋于无穷大。

（4）经典力学定律只适用于宏观低速世界，对于可与光速相比的高速情况和微观世界的适用问题，当时没有涉及，也不可能涉及。

3. 经典力学的影响

（1）对自然观念的影响

牛顿经典力学的成就之大使得它得以广泛传播，深深地改变了人们的自然观。人们往往用力学的尺度去衡量一切，用力学的原理去解释一切自然现象，将一切运动都归结为机械运动，一切运动的原因都归结为力，自然界是一架按照力学规律运动着的机器。这种机械唯物主义自然观在当时是有进步作用的。由于它把自然界中起作用的原因都归结为自然界本身规律的作用，有利于促使科学家去探索自然界的规律。它能刺激人们运用分析和解剖的方式，从观察和实验中取得更多的经验材料，这对科学的发展来说也是必要的。但这种思维方式在一定程度上忽视了理论思维的作用，忽视了事物之间的联系和发展，因而又有着严重的缺陷。

（2）对自然科学的影响

牛顿经典力学的内容和研究方法对自然科学，特别是物理学起了重大的推动作用，但也存在着消极影响。牛顿建立的经典力学体系以及他的力学研究纲领所获得的成功，在当时使科学家们以为牛顿经典力学就是整个物理学，甚至是全部自然科学的可靠的最终基础。在相当长的历史时期内，牛顿经典力学名著《自然哲学的数学原理》一书成为科学家们共同遵循的规范，它支配了当时整个自然科学发展的进程。他研究问题的科学方法与原理也普遍得到赞赏和采用。牛顿研究经典力学的科学方法论和认识论，如运用分析和综合相结合的方法与公理化方法及科学的简单性原则、寻求因果关系中相似性统一性原则、以实验为基础发现物体的普遍性原则和正确对待归纳结论的原则，对后世科学的发展也影响深远。

（3）对社会科学的影响

经典力学不但在自然科学领域产生了很大影响，在社会科学方面，特别是对哲学和人类思想的发展，也产生了重大影响。在经典力学的直接影响下，英国的霍布斯和洛克建立和发展了机械唯物主义哲学，并由于其强大的影响力，使得唯物论从宗教神学那里争得了发言权，并在随后形成了人类历史上唯物主义和唯心主义斗争最为激烈的一段时期。经过康德和黑格尔对辩证法和机械唯物主义的研究和发展，以及马克思和恩格斯对哲学已有研究成果的吸收，结合当时科学发展成果，最终建立了唯物主义辩证法。唯物主义辩证法的建立，在很大程度上得益于牛顿经典力学体系的建立。近现代科学和哲学是发轫于经典力学的，正是从牛顿建立的经典力学开始，人类在思想观念上才开始真正走向科学化和现代化，而它对人类思想领域的影响，也是极其广泛而深刻的。

3.3　第一次技术革命

近代前期自然科学特别是力学的发展,为近代第一次技术革命提供了一定的科学基础。社会生产的需要是近代第一次技术革命的推动力量;这次技术革命又加速了产业革命的进程,为社会生产提供了新的技术基础,带来了资本主义经济的繁荣。

18 世纪的英国得天独厚,比其他任何国家都更早地具备了这两个条件,因而在英国发生技术革命和工业革命也就不是偶然的。英国在 17 世纪爆发了资产阶级革命,使资本主义生产方式取得了统治地位,并且实行了农业改革,改用资本主义经营方式,把农民从他们世代耕种的土地上驱逐出去,为工业提供了雇佣劳动大军。资本的原始积累、繁荣的海外贸易、充分发展的金融系统、丰富的煤和铁矿资源,加上关心工业生产、愿意承担采用新技术的风险的资产阶级,使英国成了技术革命和工业革命的发源地。在当时,英国的棉纺织业迫切要求革新技术,急需新的动力机械,以提高产品竞争能力,因此技术革命首先从棉纺织行业开始。

3.3.1　纺织机的改进与革新

英国的产业革命开始于纺织机械化。英国的棉纺织是 17 世纪从荷兰引进的。最初它是一个新兴幼稚的行业,在国内市场上受到垄断地位的传统毛纺织业的排挤,在国际市场上则受到印度有悠久历史的质优价廉产品的激烈竞争。棉纺织业包括纺纱和织布两个部门。

最早期的纺纱工具十分简单,只包括一个纺锤和一根卷线棒。使纺锤像陀螺那样旋转,就可以把松散的纤维捻紧成纱,然后缠绕在卷线棒上。这种原始的工具经印度人改良后制成了纺车,以机械替代手工旋转纺锤,但还是只能纺出一根纱。现代纺纱机最先出现在英国。

1733 年,英国兰开夏 29 岁的织布工凯伊(1704—1764)发明了织布用的飞梭,不仅能织出宽度加倍的织物,而且使织布机效率提高了一倍,这就引起了纺纱和织布之间的不平衡。当时一架织布机需要五六架纺车纺纱,飞梭的发明使织工工作加快,纺纱就跟不上了,引起了严重的"纱荒"。纱的价格不断上涨,而且供不应求,织布厂受到的损失也越来越大,因而改革纺纱生产成为当务之急。为了解决纺和织失调的矛盾,英国皇家学会和英国"技术与工业奖励协会"公开悬赏纺纱技术的改革者。

1765 年,英国兰开夏织布工兼木匠哈格里沃斯(1720—1778)无意中碰翻了纺车,只见那纺锤由水平状态变为直立,却依然转动不停。这个现象引起哈格里沃斯的思索:既然纺锤能垂直转动,那就让几具并排的纺锤同时转动,不就可以纺出好几根纱吗? 于是,哈格里沃斯按照自己的设想,亲自动手制作,经过反复试验、改进,终于造出了一部由 4 根木腿组成、机下有转轴、机上有滑轨、带有 8 个竖立纺锤的纺纱机。哈格里沃斯以爱女"珍妮"的名字为这台新机器命名。以后,又经多次改进,使纱锭从 8 个逐步增加至 18 个、

30 个、80 个，效率极大地提高了。开始时，他怕人反对新发明的机器，只在家里使用，不敢对外公开。后来因为贫困，到 1767 年才制造了几架纺纱机出售，不料遭到了纺纱工人的反对，把他家砸得一塌糊涂。他在 1770 年才领到多轴纺纱机的专利证。后来人们又造了带有 80 个锭子的多轴纺纱机。这是一项重大的技术革命，恩格斯称之为"从根本上改变了英国工人状况的第一个发明"。由于这种机器结构简单、制作方便，不需要动力机，因而在小厂中广为应用。到 1788 年，英国纱厂中已有 20 000 台这样的机器（图 3-15）。

图 3-15　哈格里沃斯发明的"珍妮纺纱机"

1769 年，英国理发师阿尔克莱特（1732—1792）发明了用水力带动的"水力纺纱机"（图 3-16）。阿尔克莱特作为发明家一直被人怀疑。

图 3-16　阿尔克莱特发明的"水力纺纱机"

因为他早先是一名理发师，对机械制造一窍不通。据说他偷窃了木匠海斯于 1767 年发明的"环铃纺纱机"，加装一套转动设备由水轮带动，初步解决了动力不足的困难。马克思说："在 18 世纪所有的大发明家中，他无疑是最大一个偷窃别人发明的贼，一个非常平凡的小人。"因为他没有任何的技术和经验，他对纺织工业及其需要，是从理发店里的谈话和在兰开夏乡村中兜售假发时道听途说得知的。但是，他是一个工厂主的典型，具有企业家的才能，是工业革命的开路先锋之一。这台机器以水力为动力，不必用人操作，而且纺出的纱坚韧而结实，解决了生产纯棉布的技术问题。但是水力纺纱机体积很大，必须搭建高大的厂房,又必须建在河流旁边,并有大量工人集中操作。于是,1771 年,阿尔克莱特在曼彻斯特建了第一家水力绵纺纱厂,有几千个纱锭并雇佣了 300 个工人。到 1790 年,阿尔克莱特的水力棉纺纱厂已达 150 家之多,大部分工厂拥有七八百工人,资本主义工厂制度取代了家庭手工业。水力纺纱机纺出的纱虽然结实,但略嫌粗些;珍妮纺纱机纺出的纱虽然细,但过于薄弱和易断。

1779 年,英国童工出身的克隆普顿(1753—1827)综合了两机的优点,发明了走锭精纺机。由于这种机器是两种机器"杂交"的产物,故给它取名"骡机",该机纺出的纱线既结实又精细(图 3-17)。

图 3-17 克隆普顿发明的"骡机"

马克思称赞它是"现代工业中一个最重大的发明"。这种机器可以同时转动三四百个纱锭,后来增加到 900 个纱锭。开始时用水力带动,1790 年左右开始用蒸汽机带动。走锭精纺机的出现,标志着纺纱机械的革新已初步完成。纺纱机革新以后,使纺纱能力大大提高,从而又形成了棉纱过剩,出现了新的不平衡,织布机的改革势在必行。

1785 年,英国牧师卡特莱特(1743—1823)发明了水力推动的卧式自动织布机。他偶然了解到由于纺纱机革新,棉纱过剩,织布机跟不上,便决心从事织布机的发明。他亲自到工厂参观、调查,并请了一个木匠和一个铁匠当助手,潜心钻研、多次实验才搞成功,提高织布的效率达四十倍。1791 年,他在曼彻斯特建立了第一座用这种机械织布机装备的工厂,可是遭到了织工们的激烈仇视。一个月后,工厂就被烧掉了。当时出现了自动织机又是需要但又是不得人心的局面。然而技术革命的潮流是不可阻挡的,到卡特莱特1823 年去世时,他发明的这种织机不仅在英国,而且在欧洲已经普遍被采用了。

在纺纱和织布机器革新的过程中,与之配套的一系列机器,如净棉机、梳棉机、自动卷纱机、漂白机、染整机等,也都先后发明出来,实现了棉纺织业整个部门的机械化。由于新式的动力纺纱机和织布机的发明,大大提高了生产效率,英国的纺织工业迅速成为世界第一大轻工业。

3.3.2 蒸汽机

近代蒸汽动力技术的产生,主要源于当时社会生产的直接推动和当时的实验科学的长期孕育。矿井排水的需要是导致实用性蒸汽机产生的最直接原因。在 16 世纪中叶以前，英国主要是用木材作为酿酒、烧砖、制造玻璃等工场手工业的能源，以后又以煤作为能源，刺激了煤矿的开采。钢铁工业的发展，使煤的需求量猛增，这又大大促进了采煤业的发展，使煤矿矿井的深度不断增加。当时，人们主要是用马拉辘轳推动水泵来抽排矿井深处的积水。16 世纪德国有个矿井的水泵，需要 93 匹马来推动。到 17 世纪末，英国有些矿井用来抽水的马匹竟达 500 多匹，这是令矿主们极为烦恼的事情。蒸汽机的发明正是在矿井排水问题的刺激下产生的。

1. 蒸汽机的发明

在 16 世纪末和 17 世纪初，包尔塔进行了蒸汽压力实验，托里拆利和巴斯噶等进行了大气压力实验，那么格里凯进行了真空作用实验。这三大实验基础的相继形成，使人们得以从实验上开始认识蒸汽、大气和真空的相互作用。而这些重大的实验成果也就为早期蒸汽动力技术的产生奠定了牢固的实验科学基础。

最先把蒸汽动力技术的设想付诸实施的，是法国著名物理学家、工程师巴本（1647—1712）。从 1674 年开始，巴本即致力于蒸汽泵的实验设计。经过一段时间的实验研究与理论探索，他从欧洲当时的炼铁场广泛使用的那种活塞式风箱中受到启发，认为有可能把风箱变为汽缸，而把风箱中的活塞变为汽缸中的活塞。在实验时，他先将汽缸的底部注入少量的水，再把汽缸放到火上加热。当汽缸内的水沸腾后，蒸汽即推动活塞慢慢上升。然后，又把火从汽缸下抽掉，汽缸内的蒸汽即慢慢冷凝。由于蒸汽的冷凝，汽缸内产生真空，在大气压力的推动之下，活塞又慢慢下降。通过这一实验，使巴本认识到，利用蒸汽压力、大气压力、真空作用的交互作用，完全可以推动汽缸内的活塞及其活塞杆作往返的直线运动。而这种运动所产生的机械动力可以带动其他机械的运动。在发明带有活塞的蒸汽泵之后，考虑到蒸汽压力大可能会使汽缸爆炸，巴本又在 1680 年发明了安全阀。这样，第一台可以把热能转变为机械能的实验型蒸汽泵，就于 1680 年在英国试验成功了。1690 年，巴本首先发明了第一台活塞式蒸汽机，但他未能制成实用的蒸汽机。

继巴本之后，在近代蒸汽动力技术的发展中作出重要贡献的是英国机械工程师赛维利（1650—1715）。赛维利的蒸汽泵的设计原理源于包尔塔的蒸汽力原理。他的蒸汽泵的主要构件，是汽缸与锅炉。赛维利的汽缸与巴本的汽缸很不相同。赛维利的汽缸未采用活塞，只是在其中接有吸水管、排水管和进气管。当蒸汽从锅炉经过汽管进入汽缸后，即使这部分蒸汽冷却，而冷却后造成的真空就把矿井中的水从吸水管中吸进来，此时再将蒸汽注入汽缸，这部分进入汽缸的蒸汽所产生的压力就把水从排水管中排放出来。后来，赛维利研究了巴本的蒸汽泵，在他的蒸汽泵中也采用了安全阀。1695 年赛维利制造出了几台这样的蒸汽泵。这是近代蒸汽动力技术的第二次突破。1698 年塞维利发明了实用的无活塞式蒸汽机。这种机器在矿井中得到应用，被称为"矿山之友"，但受当时材料和技术的限制，无法推广。

后来，纽可门研究了赛维利蒸汽泵。他认为赛维利蒸汽泵有两大缺点。一大缺点是热效率太低。纽可门在设计上作了重要革新：他不让冷却水直接进入汽缸，而是把冷却水通过一个细小的龙头向汽缸内进行喷溅。另一大缺点是赛维利蒸汽泵基本上还是一种水泵，而不是典型的动力机。针对这一点，他在赛维利蒸汽泵中引入了巴本的活塞装置，这样蒸汽压力、大气压力和真空即可在交互作用下推动活塞装置作往复式的机械运动。而这种机械运动一旦传递出去，蒸汽泵也就成为蒸汽机。直到 18 世纪，纽可门才制成第一台能把热能转变为机械能的较原始的蒸汽机。这种机器综合了巴本机和塞维利机的优点，不需高压蒸汽即可排水，效率也有较大的提高。但是，这种蒸汽机结构不合理、耗煤多，活塞只能作往复运动，不能作旋转运动，因此热效能较低。

从巴本蒸汽泵到纽科门蒸汽机的早期蒸汽动力技术的发展，已最初向人类社会预告了即将兴起的第一次工业革命的信息，特别是预告了蒸汽时代的即将到来。

随着工业发展对新动力的需求日益突出，推动了对蒸汽机作进一步的改进。从 18 世纪 60 年代起，英国的工程师斯米顿开始研究改进纽可门蒸汽机。他测量了一百多种当时的蒸汽机的部件和效率，并对所得资料进行了系统的比较分析。斯米顿本人没有对蒸汽机的结构做任何改进，但是他积累的数据为改进蒸汽机提供了方便。在工业革命中，大量的发动机被应用，这促使作为机械员的瓦特对改进蒸汽机产生了兴趣。

2. 蒸汽机的改进

瓦特是世界公认的蒸汽机发明家。他的创造精神、超人的才能和不懈的钻研精神，为后人留下了宝贵的精神和物质财富。瓦特改进、发明的蒸汽机是对近代科学和生产的巨大贡献，具有划时代的意义。它导致了第一次工业技术革命的兴起，极大地推进了社会生产力的发展。瓦特运用科学理论，逐渐发现了这种蒸汽机的毛病所在。1765—1790 年，他进行了一系列发明，比如分离式冷凝器、汽缸外设置绝热层、用润滑油润滑活塞、行星式齿轮、平行运动连杆机构、离心式调速器、节气阀、压力计，等等，使蒸汽机的效率提高到原来纽科门机的 3 倍多，最终发明出了现代意义上的蒸汽机。

图 3-18　瓦特

1736 年，瓦特出生于英国苏格兰格拉斯哥市附近的一个小镇格里诺克(图 3-18)。他的父亲是一位经验丰富的木匠，祖父和叔父都是机械工匠。少年时代的瓦特，由于家境贫苦和体弱多病，没有受过完整的正规教育。他曾经就读于格里诺克的文法学校，数学成绩特别优秀，但没有毕业就退学了。但是，他在父母的教导下，一直坚持自学，很早就对物理和数学产生了兴趣。瓦特从 6 岁开始学习几何学，到 15 岁时就学完了《物理学原理》等书籍。他常常自己动手修理和制作起重机、滑车和一些航海器械。1753 年，瓦特到格拉斯哥市当徒工。由于收入过低不能维持生活，第二年他又到伦敦的一家仪表修理厂当徒工。凭借着自己的勤奋好学，他很快学会了制造那些难度较高的仪器。但是繁重的劳动和艰苦的生活损害了他的健康，一年后，他不得不回家休养。一年的学徒生活使他饱尝辛酸，也使他练就了精湛的手艺，培养了他坚韧的个性。

1764 年，学校请瓦特修理一台纽科门式蒸汽机，在修理的过程中，瓦特熟悉了蒸汽机的构造和原理,并且发现了这种蒸汽机的两大缺点:活塞动作不连续而且慢;蒸汽利用率低,浪费原料。以后,瓦特开始思考改进的办法。直到 1765 年的春天,在一次散步时,瓦特想到,既然纽可门蒸汽机的热效率低是蒸汽在缸内冷凝造成的,那么为什么不能让蒸汽在缸外冷凝呢?瓦特产生了采用分离冷凝器的最初设想。在产生这种设想以后,瓦特在同年设计了一种带有分离冷凝器的蒸汽机。按照设计,冷凝器与汽缸之间有一个调节阀门相连,使它们既能连通又能分开。这样,既能把做工后的蒸汽引入汽缸外的冷凝器,又可以使汽缸内产生同样的真空,避免了汽缸在一冷一热过程中热量的消耗。据瓦特理论计算,这种新的蒸汽机的热效率将是纽可门蒸汽机的三倍。从理论上说,瓦特的这种带有分离器冷凝器的蒸汽机显然优于纽可门蒸汽机,但是,要把理论上的东西变为实际上的东西,把图纸上的蒸汽机变为实在的蒸汽机,还要走很长的路。瓦特辛辛苦苦造出了几台蒸汽机,但效果反而不如纽可门蒸汽机,甚至四处漏气,无法开动。尽管耗资巨大的试验使他债台高筑,但他没有在困难面前却步,继续进行试验。当布莱克知道瓦特的奋斗目标和困难处境时,他把瓦特介绍给了自己一个十分富有的朋友——化工技师罗巴克。当时罗巴克是一个十分富有的企业家,他在苏格兰的卡隆开办了第一座规模较大的炼铁厂。虽然当时罗巴克已近 50 岁,但对科学技术的新发明仍然倾注着极大的热情。他对当时只有三十来岁的瓦特的新装置很是赞许,当即与瓦特签订合同,赞助瓦特进行新式蒸汽机的试制。

从 1766 年开始,在三年多的时间里,瓦特克服了在材料和工艺等各方面的困难,终于在 1769 年制出了第一台样机。同年,瓦特因发明冷凝器而获得他在革新纽可门蒸汽机的过程中的第一项专利。第一台带有冷凝器的蒸汽机虽然试制成功了,但它同纽可门蒸汽机相比,除了热效率有显著提高外,在作为动力机来带动其他工作机的性能方面仍未取得实质性进展。就是说,瓦特的这种蒸汽机还是无法作为真正的动力机。由于瓦特的这种蒸汽机仍不够理想,销路并不广。当瓦特继续进行探索时,罗巴克本人已濒于破产,他又把瓦特介绍给了自己的朋友、工程师兼企业家博尔顿,以便瓦特能得到赞助继续进行他的研制工作。博尔顿当时经四十多岁,是位能干的工程师和企业家。他对瓦特的创新精神表示赞赏,并愿意赞助瓦特。博尔顿经常参加社会活动,他是当时伯明翰地区著名的科学社团"圆月学社"的主要成员之一。参加这个学社的大多都是本地的一些科学家、工程师、学者以及科学爱好者。经博尔顿的介绍,瓦特也参加了"圆月学社"。在"圆月学社"活动期间,由于与化学家普列斯特列等交往,瓦特对当时人们关注的气体化学与热化学有了更多的了解,为他后来参加水的化学成分的争论奠定了基础。更重要的是,"圆月学社"的活动使瓦特进一步增长了科学见识,活跃了科学思想。瓦特自与博尔顿合作之后,即在资金、设备、材料等方面得到了大力支持。瓦特又生产了两台带分离冷凝器的蒸汽机,由于没有显著的改进,这两台蒸汽机并没有得到社会的关注。这两台蒸汽机耗资巨大,使博尔顿也濒临破产,但他仍然给瓦特以慷慨的赞助。在他的支持下,瓦特以百折不挠的毅力继续研究。自 1769 年试制出带有分离冷凝器的蒸汽机样机之后,瓦特就已看出热效率低已不是他的蒸汽机的主要弊病,而活塞只能作往返直线运动才是它的根本局限。1781 年,瓦特仍然在参加"圆月学社"的活动,也许在聚会中会员们提到天文学家赫舍尔在当年发现的天王星以及由此引出的行星绕日的圆周运动启发了他,也许是钟表中齿轮的圆周运动启发了他。他想到了把活塞往返直线运动变为旋转的圆周运动就可以使动力传给任何工作机。同年,他研制出了一套被称为"太阳和行星"的齿轮联动装置,终于把活塞的往返的直线运动转变为齿轮的旋转运动。为了使轮轴的旋轴增加惯性,从而使圆周运动更加均匀,瓦特还在轮轴上加装了一个火飞轮。由于对传统机构的这一重大革新,瓦特的这种蒸汽机才真正成为能带动一切工作机的动力机。

1781 年年底,瓦特以发明带有齿轮和拉杆的机械联动装置获得第二个专利。由于这种蒸汽机加上了轮轴和飞轮,这时的蒸汽机在把活塞的往返直线运动转变为轮轴的旋转运动时,多消耗了不少能量。这样,蒸汽机的效率不是很高,动力不是很大。为了进一步提高蒸汽机的效率,瓦特在发明齿轮联动装置之后,对汽缸本身进行了研究。他发现,他虽然把纽可门蒸汽机的内部冷凝变成了外部冷凝,使蒸汽机的热效率有了显著提高,但他的蒸汽机中蒸汽推动活塞的冲程工艺与纽可门蒸汽机没有不同。两者的蒸汽都是单项运动,从一端进入、另一端出来。他想,如果让蒸汽能够从两端进入和排出,就可以让蒸汽既能推动活塞向上运动又能推动活塞向下运动,那么,它的效率就可以提高一倍。

1782 年,瓦特根据这一设想,试制出了一种带有双向装置的新汽缸。由此瓦特获得了他的第三项专利。把原来的单项汽缸装置改装成双向汽缸,并首次把引入汽缸的蒸汽由低压蒸汽变为高压蒸汽,这是瓦特在改进纽可门蒸汽机过程中的第三次飞跃。通过这三次技术飞跃,纽可门蒸汽机完全演变为了瓦特蒸汽机。从最初接触蒸汽技术到瓦特蒸汽机研制成功,瓦特走过了二十多年的艰难历程。瓦特虽然多次受挫、屡遭失败,但他仍然坚持不懈、百折不回,终于完成了对纽可门蒸汽机的三次革新,使蒸汽机得到了更广泛的应用,成为改造世界的动力。

1784 年,瓦特以带有飞轮、齿轮联动装置和双向装置的高压蒸汽机的综合组装,取得了他在革新纽可门蒸汽机过程中的第四项专利。1788 年,瓦特发明了离心调速器和节气阀;1790 年,他又发明了汽缸示工器,至此瓦特完成了蒸汽机发明的全过程(图 3-19)。

1785 年,瓦特当选为英国皇家学会会员。1814 年,他被法国科学家学会接纳为外国会员。

1790 年以后,优厚的专利税使瓦特成为一个很有钱的名人。1819 年 8 月 5 日,瓦特

图 3-19　瓦特改良的蒸汽机模型

在希思菲尔德郡的家里去世,遗体埋葬在汉德沃尔斯郊区的教堂里。

瓦特生活在十八九世纪的英国,所以在他的身上不可避免带有时代和阶级的局限。他曾经阻挠双筒蒸汽机和高压蒸汽机的发明和推广,还嘲笑别人用蒸汽机来驱动车辆的努力。

3. 蒸汽机的影响

以蒸汽机的广泛使用为主要标志的第一次技术革命使社会生产力空前提高,带动人类从农业和手工业时代进入以大机器生产为特征的工业化时代。

采矿业、纺织业和冶金业是当时的工业革命的主要行业。在采矿业中,1783 年,英国著名的康沃尔采矿中心的所有纽可门蒸汽机几乎全部被瓦特蒸汽机取代。随后,在其他金属矿区、在煤矿,原有的纽可门蒸汽机也相继被瓦特蒸汽机所取代。在纺织业中,1785 年,诺定昂郡建立了英国的第一座蒸汽纺织厂。由于采用瓦特蒸汽机作为原动机,使纺织厂打破了必须建在河谷地区的地理条件限制,使纺织业的发展进入了一个新的时期。在冶金业中,从 1790 年开始,许多炼铁厂相继采用蒸汽机来开动更大的鼓风机。

由于社会生产对瓦特蒸汽机的需求量越来越大,这也使以蒸汽机的制造为主体的机器制造业随之发展起来。自此之后,车床、刨床、钻床、磨床等各种机床制造工业以及纺织、采矿、冶金、运输等各种工作机的制造业也相应地发展起来。以农业机械为例,在 18 世纪末和 19 世纪初,在英国的许多大农场就相继出现了播种机、收割机、打谷机、割草机等多种农业机械。尽管这些农业机械都是以人力或畜力为动力的,但它们却是瓦特蒸汽机在推动第一次工业革命的深入发展中结出的技术果实。这说明,第一次工业革命的风暴不但在工业领域迅速发展,而且迅速波及工业以外的其他领域。

从 18 世纪中叶到 19 世纪中叶,英国机械工业得到了突飞猛进的发展。怀特·鲍尔发明的滚筒使纺织实现了从手动向机械运动的转变。以此为开端,在机械加工中取代了手工而使用了各种机床。

车床是“机器之母”。1797 年,亨利·莫兹利发明了成功的车床。其实,最先发明车床的人也不是莫兹利,但在他对车床进行了创造性的改进。莫兹利的高明之处在于,他发明了刀架。刀架是机床的核心,后来相继出现的刨床、钻床、镗床等各种机床,都离不开刀架。所以,人们称莫兹利为“车床之父”。

在莫兹利的工厂里,理查德·罗伯茨被公认为是一名真正的车工。其主要业绩是改进了刨床和车床,奠定了今天机床的基础。1817 年,罗伯茨制作了一台刨床,这台刨床上配有进给箱。该进给箱是手动的,可以水平、垂直给进,同时也可以某种角度倾斜给进。

斯密顿是 18 世纪最优秀的机械技师。斯密顿设计的水车、风车设备达 43 件之多。蒸汽机的发明导致了产业革命,促进了机动船和机车的出现,从此开始了近代运输业。1807 年,美国富尔顿制造了木制蒸汽轮船。1814 年,英国的发明家斯蒂芬孙设计成功了第一台蒸汽机车。这台能牵动 30 多吨货物的机车用来运煤。

19 世纪最优秀的机械技师数惠特沃斯。他于 1834 年制成了测长机,该测长机可以测量出长度误差万分之一英寸左右。这种测长机的原理和千分尺相同,通过转动分度板可以进出的螺纹夹持住工件,使用滑尺读出分度板上的分度。1835 年,惠特沃斯在他 32 岁时发明了滚齿机。除此以外,惠特沃斯还设计了测量圆筒的内圆和外圆的塞规和环规,建议全部机床生产业者都采用同一尺寸的标准螺纹。后来,英国的制定工业标准协会接受了这一建议,从那以后直到今日,这种螺纹作为标准螺纹被各国所使用。

另外,在科学技术上、在生产关系上,瓦特蒸汽机的发明也起到了重要作用。瓦特蒸汽机的发明,第一次大规模地把热能转变为机械能,这就直接推动了科学、热力学和能量转化方面的基础理论的研究,同时了直接推动了纺织、采矿、冶金、机械等各类技术科学的发展。

瓦特为蒸汽机的推广使用做出了不可磨灭的重要贡献,有力地推动了社会的前进。恩格斯在《自然辩证法》中这样写道:"蒸汽机是第一个真正国际性的发明⋯⋯瓦特加上了一个分离的冷凝器,这就使蒸汽机在原则上达到了现在的水平。"后人为了纪念这位伟大的发明家,把功率的单位定为"瓦特"。蒸汽机的发明和使用的时代被称为"蒸汽时代"。

3.3.3 钢铁冶炼技术的革新

由于工作机和动力机技术革命的需要,提供燃料和原料的煤炭和钢铁工业由此发展壮大起来。当时英国冶炼矿石的燃料是木炭,炼铁厂都设立在森林附近,而远离森林的矿床是被放弃的。后来,随着森林的消失,高炉也逐渐消失了。为什么不用煤炭炼铁呢?因为煤炭里面含有或多或少的硫化物,而铁矿石和硫化物发生作用,炼出来的生铁质量不行,容易破碎,不能锤打加工,当时又不知道怎样补救,因而就不能利用煤。后来,木材的缺乏使炼铁工业濒临灭绝,逼得人们另找出路。

1. 早期的冶炼技术

(1) 焦炭炼铁法

1709 年,英国人达比首先找到了把煤炼成焦炭,再用焦炭代替木炭炼铁的方法。达比去世后,他的儿子继续研究改进焦炭炼铁方法,到 1735 年,终于成功地将这种方法用于英国炼铁工业。达比家族的创业史概括了英国的冶金史。

(2) 鼓风炼铁法

1760 年,工程师斯密顿发明了用水力驱动的鼓风机,罗布克(1718—1794)成功地将这种鼓风法用于炼铁生产,并用它去除硫等杂质,从而提高了炼铁效率。到 18 世纪末,英国的炼铁已普遍采用了蒸汽机鼓风技术。达比的发明只能炼出粗铁。1783 年,英国工程斯科特(1740—1800)发明了反射炉和搅拌法精炼优质的铁。反射炉是将燃烧室和熔化室分开,火焰由顶部反射通过炉料,使铁中含有的大部分碳素与氧化合,达到精炼的目的。为了促使和加速这个化合过程,需用很长的铁钎不停地搅动铁水,这个工序需要工人在高温下付出巨大的体力劳动。这种搅拌法与我国公元前 2 世纪的炒钢技术十分相似。1788 年,斯科特又发明了轧机并取得了专利。通过滚轧的方法,既可把炉渣挤压出去,又可将精炼的铁轧制成铁条和铁板。这时瓦特发明的旋转式蒸汽机也开始应用于炼铁工业,使英国的冶铁生产大幅度上升。1788 年,英国铁产量为 69 300 吨,到 1791 年就上升到 125 079 吨,三年时间将近翻了一番。

(3) "泡钢"炼钢法

在炼钢技术方面,英国在 18 世纪初用的方法叫"泡钢",即将低碳熟铁棒放在木炭上加热 1 天左右,用渗碳的方法使其含碳量增高到钢的含碳成分。

（4）坩埚炼钢法

1750 年,英国钟表匠和医生亨兹曼发明了用煤气作燃料在坩埚内炼钢的方法,称"铸钢"。由于他没有专利证,为了保密,他在夜里干活,而且只雇佣可靠的人当助手。但他无法长期保密,不久还是传开了。这种"坩埚钢"质量虽高,可以做钟表发条、手术刀等,但是产量低、成本高,只能供特殊用途使用。

2. 冶炼技术的革新

18 世纪,由于使用焦炭作为冶金的燃料,同时又发展了功率强大的鼓风机,在英国以至欧洲大陆出现了大规模的钢铁和机械加工企业。但在 19 世纪的前半期,钢主要是用掺碳和坩埚两种方法生产,因此无论是产量或是质量都受到局限。英国当时是主要产钢国,1850 年,它的生铁年产达到 250 万吨,而钢产量只有 6 万吨。这种局面在转炉炼钢和平炉炼钢法诞生之后,得到了彻底改变。钢在 19 世纪下半叶可以大量生产,逐渐代替了熟铁。

（1）转炉炼钢的诞生

18 世纪时人们已经懂得,一块海绵铁放入反射炉中加热,由于生铁中的碳和硅在高温下被空气氧化,其韧性可以得到显著的提高。但是 19 世纪中期转炉炼钢法的创造却是从一件偶然的事件开端的。

英国人贝塞麦(1813—1898)是一位很有才干的发明家。他在研制有来复线的炮膛过程中,因铸铁质量不好,发生过炮身炸裂、炮手炸死的事故。这件事促使他下决心炼制一种耐高压的铁。一次,当他加大风压吹炼生铁时,发现在风口处有一块未熔的生铁块,明显地表现出高温脱碳的一些特征。这启发他试验用强风吹铁除去碳的冶炼方法。在试验中他又发现除碳的过程并不需要燃料,只要二次强制吹风,就会由于杂质燃烧出现自然增温,从而使铁水脱碳转化为钢。1856 年,他在伦敦自己的工厂中,建立了一座固定式熔炉,用 6 个风口从底部送风,一次能炼 350 公斤铸铁,结果使人确信这是一种高效的、冶炼纯净铁或钢的方法。同年,他发表了题为"不同燃料制造熟铁和钢的方法"的论文。随后,他设计制造了一种容量为 5 吨的、可倾斜的转炉。用转炉炼钢,只要 10 分钟就可以把10 吨左右的铁水炼成熟铁或钢;而用搅拌法则需要几天,木炭炉甚至需要几个月。因而,转炉的高效率震惊了世界冶金业。但是,在进一步推广中,却证明了贝塞麦的转炉根本无法使用,其原因是当时的生铁多含硫、磷,而贝塞麦侥幸地使用了低磷、低硫的生铁试验,才得以成功,但贝塞麦并不知道这一点,他因此被人嘲笑,被视为骗子。

1858 年,冶金学家盖兰逊(瑞典人)发现恰当地控制停风就能保持钢中的含碳量,并发明了碳的快速分析法,随时可以分析出炉中铁的含碳量,从而保证了转炉炼钢的质量。同年,瑞典引进了转炉的炼钢法获得成功。后来,冶金学家马谢特(1811—1891)针对转炉钢过分氧化、质地疏松的弱点,加入一种含锰量较高的铁,使钢中的氧和硫的含量下降,并调整了钢中的碳成分,使钢锭坚实而光滑,但钢中含磷的弱点长期没有解决。

1864 年,美国引进转炉炼钢,这是因为美国的铁矿含磷、含硫量低,结果证明转炉方法很成功,于是这种快速炼钢方法在美国得到了大规模的推广。

（2）平炉炼钢技术

当贝塞麦在伦敦研究转炉炼钢时,威廉·西门子(1823—1883)和弗得里希·西门子兄弟从德国迁居英国。1846 年起,他们开始研究一种改进搅拌炉热效率的方法。1856 年,他们利用废气的余热给蓄热炉加热,再把热传递给空气和燃料,结果冶金炉产生了极高的温度,甚至将试验用的坩埚也熔化掉了。后来,他们将这一专利用在玻璃熔化技术和炼钢炉上,以节约燃料。

1857 年,他们的助手柯柏提出用这一方法加热和熔化金属。1860 年,预热温度已达到 620℃。1861 年,西门子发明了煤气发生器,建造了一个煤气和空气进行热交换的预热炉,用发生的煤气熔化金属钢料,同时对炉体结构也作了改进,防止炉体因高温熔化。这些措施虽然节约了燃料,但并未彻底代替搅拌炉。西门子的工作在英国并未受到重视,却引起了法国冶金专家马丁父子的关注。1863 年,他们发明了一种新型蓄热炉,利用生铁和废钢做原料在平炉上炼钢成功。后来,西门子又在高温操作中加入矿石,使之与碳、硅发生氧化,从而使平炉炼钢工艺完善。两年后,西门子兄弟与马丁父子达成协议,把这种炼钢法取名叫"西门子-马丁平炉炼钢法"。

1867 年,平炉炼钢法获巴黎万国博览会奖金。平炉炼钢法是先使燃料燃烧,然后让炉内的空气预热达到高温,再把高温气体吹入熔炼室使生铁中的杂质氧化,只要预先调整好生铁和废钢的比例,就可以改变钢的含碳量。因此,这是一种经济实用的炼钢方法,受到各国的重视,发展很快。第一座平炉只有 1.5 吨,后来逐渐发展到 4 吨、50 吨、100 吨。1868 年,美国引进了该项技术。1870 年,俄国也引进了该项技术。

到 19 世纪末,平炉炼钢超过了转炉炼钢,成为当时首屈一指的炼钢技术。不论是西门子平炉炼钢还是贝塞麦的转炉炼钢,都必须配以酸性炉渣,否则易使炉壁腐蚀。但是酸性炉渣不能除去钢中的高磷、高硫杂质,使钢的质量受到影响,这一难题困扰着当时的冶金学家和化学家。1877—1878 年,托马斯(1850—1885,英国人)证明,用碱性炉衬和碱性石灰石熔剂可以除去生铁中的磷。他后来找到一种镁矿石作炉衬,能经受碱性炉渣的侵蚀。1879 年,他的方法在大型平炉上试验成功,到 19 世纪 80 年代在欧洲迅速得到推广。

转炉和平炉炼钢法的逐步改善,大大推动了 19 世纪钢的产量。1870 年,世界钢产量只有 50 万吨,20 年后,钢产量竟提高到 2800 万吨,平均年增长率为 28%,增长速度之快是之前罕见的。

3.3.4　化工技术的发展

18 世纪欧洲的产业革命,促进了以酸碱制造技术为代表的近代化学工业的产生。19 世纪是无机化学工业和有机合成工业兴起和繁荣的时期。大规模的制酸、制碱、漂白、火药、无机盐、染料、纤维等化工技术的兴起和发展,为蒸汽动力技术革命提供了大量的原料和材料。近代化工技术是在技术革命的推动下产生和发展的,而化工技术的发展又丰富了技术革命的内容,反过来推动了技术革命的发展。

1. 酸碱工业技术的产生和发展

酸和碱是重要的化学工业中最基本的化工原料,也直接或间接地作为其他工业的原料。纯碱和硫酸的产量可以作为衡量一个国家化学工业发达程度的标志。

(1) 近代硫酸工业

18 世纪中叶,由于纺织、印染工业的需求,形成了对硫酸工业发展的巨大推动力。19 世纪初,铅室法制硫酸的工厂遍布英、法、俄、德等国,这种方法是把硫磺和硝石在铅室内加热,再用盛水的玻璃容器吸收生成的烟雾。1806 年,人们初步阐明了氧化氮的催化机理,从此硫酸工业进入了连续生产阶段。

1818 年,英国人希尔提出用黄铁矿代替稀缺的天然硫磺。到 19 世纪 30 年代后,这一方法才得以推广。1827 年,法国人盖-吕萨克(1778—1850)提出在铅室后面设吸硝塔,以吸收尾气中的氮氧化物。这一建议不仅降低了成本,而且减少了对环境的污染,但是却使硫酸产品中含硝。

1859 年,英国人格罗韦(1817—1902)建议另设一个脱硝塔使硝硫酸中的氮氧化物分离出来,使之重回铅室,而脱硝后的硫酸,则返回脱硝塔继续作淋洒液,这样使得氮氧化物得以循环使用。自此,铅室法制硫酸的工艺流程和设备才日趋完善。19 世纪 60 年代后,人们了解到在脱硝塔中二氧化硫的氧化比之铅室更迅速,于是便尽量扩大脱硝塔的容积,缩小造价昂贵的铅室。直到 20 世纪初才出现了完全无铅室的塔式法制硫酸。由于硫铁矿成为制酸的原料,一些缺少硫铁矿资源但炼焦和石油工业发达的国家,开始研究从焦炉气和石油气中回收硫化氢制酸,这一工作在 19 世纪中得到成功。

在 19 世纪,还发展了接触法生产浓硫酸的技术。1831 年,英国的菲利普斯将二氧化硫和空气通过加热的铂丝管,生成三氧化硫,然后经水吸收制成浓硫酸。这一方法成为近代接触法制酸的发端。到 20 世纪,它已成为硫酸工业中的主要方法。

19 世纪虽然已经发明了工业制硝酸和磷酸的方法,但还没有形成硝酸和磷酸的工业生产规模。

(2) 近代制碱工业

18 世纪以来,欧洲各国用碱量激增。当时法国是欧洲工业发达国家,碱的消费量很大。拿破仑入侵欧洲各国后,它依赖的西班牙植物碱断绝,法国科学院于是悬赏重金征求制碱新法。1788 年,法国人勒布兰(1742—1806)提出了一种利用氧化钠为原料的工业制碱方法。它是将食盐和硫酸共热,得到氯化氢和硫酸钠,再将硫酸钠和煤末、石灰共热,得到碳酸钠和硫化钙。这一方法曾被人们长期使用,几乎没有更动。

1823 年,英国政府宣布豁免盐税,因而使勒布兰法在英国得以推广。1825—1890 年,勒布兰法为欧洲各国普遍采用,最高年产量达到 60 万吨。勒布兰法的副产品是氯化氢和硫化钙,在当时都是难以应用的废气和废料,既损害工人健康,又污染了环境。1836 年,英国人戈塞基(1799—1877)创造洗涤塔用来外处理氯化氢废气,同时生产出盐酸,但是当时盐酸的用途小,污染问题仍未解决。后来,造纸工业发展很快,需要大量氯气作漂白剂,于是在 1866 年,由威尔登等人的努力,将盐酸和空气混合,通过催化剂生成氯气。与此同时,腾南特发明了用氯气和石灰制造漂白粉的方法。这样,氯化氢的污染问题才得以解决。

硫化钙的污染也是同样严重:堆积如山的废物经日晒雨淋,向四周散发着臭气,使周围居民难以忍受。1862 年,门德(英国)研究出用空气氧化而使硫析出的处理办法。钱斯·克劳斯提出碳化法,即将硫化钙送入碳化塔中,用二氧化碳处理,生成碳酸钙和硫化氢,再将硫化氢在窑中燃烧,经催化作用生成硫磺回收。通过上述办法,不仅减轻了污染,而且大大增加了勒布兰的产品品种,形成了综合性化工企业,这在化工发展史上具有重大意义。

在勒布兰法的发展过程中,还不断发展出一些新的化工设备,如洗涤塔、旋转煅烧炉、机械烤炉、带有转动括刀的特兰锅、善克氏浸溶装置等。这些设备的结构和原理,为后来的化工设备提供了重要的参考。可以说,近代无机化学工业是由勒布兰法开拓的,它无论在原理、化工流程、生产设备、综合开发等方面,都为现代大型化学工业奠定了基础。然而,勒布兰本人始终没有领到法国科学院的奖金,不得不在救济院中度过残生。

勒布兰法由于主要利用固相反应,造成了生产不连续,产品纯度低、设备腐蚀严重等缺点。

1811 年,法国光学家菲涅耳最先提出用碳酸氢铵和食盐制碱的思想。1832 年伏格尔、1837 年汤姆(英国)作了试生产试验,1838 年达亚尔和海明指出了氨碱法的主要化学反应方程式,他们还在伦敦附近设厂试生产。但是由于工艺、设备等方面欠成熟,这种制碱法到 19 世纪 50 年代末也未能推广。

1861 年,苏尔维(1838—1922,比利时)用海盐吸取氨和二氧化碳,制得碳酸氢钠。他立即申请到专利,2 年后,集巨资组建苏尔维制碱公司。1865 年,他筹建的第一座制碱厂投入生产,又经过 2 年的努力,终于使设备和工艺逐步完善。他的产品质地纯净,故称纯碱。氨碱法生产的主要原料是盐和石灰石。将石灰石煅烧,生成氧化钙和二氧化碳;二氧化碳和氨气经盐水吸收得到碳酸氢钠;碳酸氢钠煅烧后制成纯碱。全部流程以气相和液相为主,更适于大规模生产。此后,欧美各国纷纷建造苏尔维法制碱厂,而勒布兰法则日渐衰落。烧碱又叫苛性钠,它是用石灰处理纯碱溶液制得的,所以当用勒布兰法大量生产纯碱后,烧碱也随之发展起来。苏尔维法推广后,用苛化法制烧碱变得更便利,这是因为纯碱和氢氧化钙都是苏尔维法制碱厂的产品。因此,苏尔维法制碱厂都附有烧碱车间。

1890 年,斯特劳夫(德国)用电解法制烧碱成功,各国烧碱工业自此转向电解法。

2. 煤焦油化工技术的产生和发展

18 世纪末开始,由于冶金工业的发展,需要大量的焦炭,而生产焦炭时产生副产品煤焦油和煤气。当时,煤焦油被当做废物扔掉,污染环境,造成公害。随着炼焦工业的发展,煤焦油的堆积也愈来愈严重,煤焦油的利用就成为当时生产中迫切需要解决的一个重要问题。19 世纪初,人们从煤焦油中分离出了多种重要芳香族化合物,又以这些芳香族化合物为原料合成了多种染料、药品、香料、炸药等有机产品。到 19 世纪中叶,形成了以煤焦油为原料的有机合成工业。

（1）染料的合成

1834 年，德国化学家米希尔里希用苯和硝酸作用，制得硝基苯。1842 年，俄国人齐宁（1812—1880），发现硝基苯和醇溶液可以用硫化氢还原，生成苯胺，这是一种适合做染料的物质。后来人们又找到了适合工业用的还原剂，铁屑和盐酸。与此同时，人们在实验室里用从煤焦油中提炼出的芳香族化合物为原料，人工合成了硝基苯和苯胺。

1856 年，英国化学家柏琴（1838—1907）用重铬酸钾处理苯盐，目的在合成奎宁，却意外地得到一种紫色颜料，定名为苯胺紫。这是第一种人工合成的染料，适于染毛和丝。第二年，第一座以煤焦油为原料的合成染料厂建成投产，不久苯胺紫便风行世界。

1858 年，德国的霍夫曼（1818—1892）用四氯化碳处理粗苯胺，得到一种红色染料，定名为碱性品红。这种染料也可以直接染毛和丝，同鞣酸合用可以媒染棉织品。两年后，他用苯胺与碱性品红的盐酸盐共热，又得到一种叫苯胺盐的蓝色染料。此后的 10 年里，人们又陆续合成了一批苯胺紫的衍生物，例如，碱性蓝、醛绿、碘、藏红等，其中的一些是酸性染料。19 世纪 60 年代因此被叫做"苯胺紫十年"。

茜素原是从植物茜草中提取出的绛红色染料。1868 年，德国人格雷贝（1841—1927）和里伯曼（1844—1914）用茜素和锌粉一起蒸馏，得到蒽。他们据此推断，茜素是二羟基蒽醌，并认为有可能人工合成茜素。他们第一步从煤焦油中提取蒽，又将蒽气化成蒽醌，再将蒽醌溴化并水解，最终得到茜素。次年，他们用强碱与蒽醌溴共熔，得到与天然茜素完全相同的产物。由于这一工艺要消耗大量的溴，不适合工业生产。后来，经过改进，让蒽醌与浓硫酸在高温下共热，生成的产物再与强碱熔融，也制得茜素。后一种工艺很适合工业生产，立即为工厂接受。1871 年，合成茜终于投入批量生产，取代了天然茜素。

1878 年，另一种天然染料靛蓝的人工合成，由德国化学家拜耳（1835—1917）研究成功。拜耳早在 1865 年就曾设想，用还原的办法使靛红转化为靛蓝，这设想直到 13 年后才获得成功，同时他还研究出合成靛红的方法。然而，拜耳的合成工艺不适合工业生产，但他却悟出了靛蓝的顺式结构。靛蓝的工业生产直到 19 世纪末才实现。

除去上述染料外，偶氮染料的合成也取得了进展。19 世纪的后半期，各类染料品种日增，使染料的色谱趋于完善。1873 年，第一个硫代染料也出现了，在染料工业得到了广泛应用。

（2）药品的合成

19 世纪中叶，化学家们对药物的化学结构有了较深入的认识，从而开始了药物的人工合成研究。

1859 年，德国人柯尔柏（1818—1884）首先合成了水杨酸。水杨酸是一种用于防腐、消毒的药物，临床用于治疗风湿、感冒等症。柯尔柏将苯酚的苛性钠水溶液制成干燥的粉末，然后通入二氧化碳并加热，所得熔块经水解、酸化后就得到了水杨酸。后来，人们用水杨酸和甲醇在硫酸作用下合成了水杨酸甲脂，继而又合成了水杨酸苯脂。水杨酸苯脂是一种很好的外用药，它原是从冬青树等植物中提炼出来的，故又叫冬青油；水杨酸苯脂的药性比水杨酸更持久、平和。

在 19 世纪 80 年代，又合成了"安替比林"和"非那昔丁"，这两种都是退热药。

（3）香料的合成

香料的人工合成也取得了进展。1868 年，柏琴用水杨醛、醋酸酐和醋酸共热，得到香豆素。香豆素过去一直是从柑橘皮中提取出来的香料，有着很好的经济价值。1876 年，德国人瑞迈尔（1856—1921）和蒂曼（1848—1899）发现苯酚、苛性钠溶液和氯仿反应，可以制成水杨醛，至此才解决了香豆素合成的原料问题，为工业化生产扫清了障碍。

（4）炸药的合成

19 世纪以来，由于炸药开始用于采矿和工程，因而大大推动了炸药的研究和生产。

1846 年，瑞士人桑拜恩（1798—1868）用硝酸和硫酸的混合液浸棉花，制成有强烈爆炸力的硝化纤维，又叫火棉。同年，意大利人索布雷罗（1812—1888）把甘油缓缓注入浓硝酸和浓硫酸的混合液中，得到一种无色油状液体，这种液体只要稍受震动便立即爆炸。这种液体就是硝化甘油，它无论贮存、运输都很不安全，一时无法应用。

1867 年，瑞典化学家诺贝尔（1832—1896）发现，用硅藻土可以吸收硝化甘油，所得物质仍能爆炸，但安全稳定得多，在一般条件下就可以运输和存储，这样他就发明了一种有实用价值的炸药。诺贝尔又经过一系列的实验和研究，得到一系列以硝化甘油为主要成分、能安全使用的炸药。1875 年，诺贝尔做出了重大改进，他把硝化甘油与火棉混合，得到一种爆炸力更强、然而更安全的胶状物。他的第一种配方叫炸胶，是用 92%～93% 的硝化甘油与 7%～8% 的火棉制成，可以用于深井、水下和坚硬岩石爆破。他又适当减小硝化甘油的比例，得到一种双基无烟药，适合做子弹与炮弹的发射药。

诺贝尔是一位出色的发明家和企业家（图 3-20），他一生共有355 项专利发明，他逝世前留下遗嘱，设立诺贝尔奖，以奖励对科学、文化及和平事业有重大贡献的人。

在 1839 年，罗朗利用苯酚合成了苦味酸。苦味酸能使蛋白质染成黄色，因此在 1849 年有人用它做丝绸的染料。自 1871 年起，一度用它来做炸药，但是它有强酸性，与重金属生成苦味酸盐，这种物质对震动与摩擦十分敏感，常有炸膛事故发生。19 世纪 80 年代后，人们制成三硝基甲苯，即 T.N.T 炸药后，便淘汰了苦味酸炸药。

图 3-20　诺贝尔

3. 化肥技术的产生

化肥生产已有 140 多年历史。17 世纪初期，科学家们开始研究植物生长与土壤之间的关系。19 世纪初，德国人 J. 李比希研究植物生长与某些化学元素间的关系。他在1840 年阐述了农作物生长所需的营养物质是从土壤里获取的，他确定了氮、钙、镁、磷和钾等元素对农作物生长的意义，并预言农作物需要的营养物质将会在工厂里生产出来。不久，他的预言就被证实。

从 19 世纪 40 年代起到第一次世界大战，是化肥工业的萌芽时期。那时，人类企图用人工方法生产肥料，以补充或代替天然肥料。磷肥和钾肥的生产开始得比氮肥早，原因是农业耕作长期施行绿肥作物、粮食作物轮作制以及大量使用有机肥料,所以对氮肥要求不很迫切。

1840年,李比希用稀硫酸处理骨粉,得到浆状物,其肥效比骨粉好。不久,英国人 J. B. 劳斯用硫酸分解磷矿,制得一种固体产品,称为过磷酸钙。1842年他在英国建了工厂,这是第一个化肥厂。1872年,在德国首先生产了湿法磷酸,用它分解磷矿生产重过磷酸钙,用于制糖工业中的净化剂。1861年,在德国施塔斯富特地方首次开采光卤石钾矿。在这之前不久,李比希宣布过,它可作为钾肥使用。两年内有14个地方开采钾矿。

19世纪末期,开始从煤气中回收氨制成硫酸铵或氨水,作为氮肥施用。1903年,挪威建厂用电弧法固定空气中的氮加工成硝酸,再用石灰中和,制成硝酸钙氮肥,两年后进行了工业生产。1905年,用石灰和焦炭为原料在电炉内制成碳化钙(电石),再与氮气反应制成氮肥——氰氨化钙(石灰氮)。

第4章 近代科学技术的发展

近代第一次技术革命在欧洲和北美引起了巨大的反响。由于生产力迅速发展,工场手工业向机器大工业转变,新的工业部门不断崛起,从而发展为各国的工业革命。同时,它又向人们提出来许多亟须从理论上加以解决的大课题,从而促进了数学、物理学、化学、生物学等各门自然科学的全面发展。到了19世纪,近代科学的各个门类相继成熟起来,由此建立了近代科学的大厦。

18世纪下半叶到19世纪,自然科学各个学科得到了全面系统的发展。数学学科的系统化发展又为其他学科的发展提供了新的、很有效地数学工具;在物理学领域,以牛顿力学为基础统一了声学、光学、电磁学和热学,有效地支配着小到电子、大到宇宙天体的物理世界。在化学领域中,继拉瓦锡氧化理论之后出现的原子-分子论、元素周期表等,揭示了物质世界是多样性的统一,使化学有了坚实的、系统的理论基础;而生物学中的细胞学说和生物进化论的创立,使生物科学从经验科学上升到理论科学。电磁学理论的建立和发展,引起了以电力的广泛应用为标志的第二次技术革命,使人类社会由蒸汽时代进入电力时代。

4.1 近代数学和物理学的发展

到了18世纪末,数学和物理学进入全面高涨的大发展时期,获得了举世瞩目的巨大发展。在19世纪,数学和物理学进入鼎盛时期,达到了完整、系统和成熟的阶段。

4.1.1 近代数学的系统化

近代初期,随着自然科学的发展,数学的作用越来越大,不少著名的学者都指出了数学的极端重要性。伽利略曾经认为:“宇宙就如同一本大书,科学写在其中。它展现在人们面前,任人们观看、阅读,但任何人都必须首先学会理解书上的语言、学会阅读这本书所用的字母,才能懂得这本书。它是用数学语言写成的,它的印刷符号是三角形、圆以及其他几何图形。没有它们,人就只能在黑暗的迷宫里徘徊。”开普勒对数学和自然科学之间的关系是这样表述的:“上帝在创造世界时受到数学考虑的指导,同时又使人类的心灵能够洞察数量关系;人演习数学就是认识已在自然界中物化的上帝的思想。”

笛卡儿也说:“在一切世俗的科学中都应该运用数学的概念和证明,应该遵循次序和测量两大原则,即指在演绎过程中对各种命题进行顺序排列和数量处理。”

这一时期,数学的主要成果表现在解析几何、微积分的创立和对数方法等方面。

1. 解析几何

解析几何亦称坐标几何,它采用代数的记号和方法来表示并解决几何学中的问题,建立了几何曲线和代数方程之间的对应,从而可以使几何和代数的方法和知识一起用来解决几何或代数中的问题。

古代巴比伦、埃及和希腊、罗马的一些数学家,已经知道图形的几何与数的代数之间的某些对应,但那时代数的记号和方法尚处于比较原始的状态,那时的数学家也还处于对现实世界的完全依赖和附属的状态,因此,建立几何与代数之间的对应工作受到了限制。

直到 17 世纪初期,由于代数学渐趋完善,并日益成为研究自然科学的重要工具和手段,解析几何的发展出现了一个突进。

(1) 笛卡儿的《几何学》

1637 年,笛卡儿(图 4-1)的《几何学》作为其《方法谈》一书的附录而问世。《几何学》的第一和第二部分论述解析几何,第三部分论述方程理论。

图 4-1　笛卡儿

笛卡儿把代数思想和记法引进了几何学。他用字母标示直线段,通常用 a、b、c 标识已知的或变化的线段,用 x、y、z 标识未知的或变化的线段,构成了字母或字母组合的乘积和幂,采用了至今还使用的那种书写指数的系统。他使用分析法来解几何问题。这种方法假定问题已经解出,然后写出在作图中涉及的各种直线的长度之间必定成立的全部隐关系,每一个关系都由一个方程表示,因而该问题的解便归结为所有这些联立方程的解。

笛卡儿的解析几何学的基本概念,是二维平面上的点与有序实数偶之间的对应。获得这种对应的办法,是使平面上两条相交直线,与点一起成为一个坐标系。例如,给定一个简单的线性方程,就有与它相对应的几何曲线。这条曲线由平面上所有的、其坐标(x, y)满足这个方程的点构成。相反,给定了一条几何曲线,也就有与它相对应的代数方程,使其所有点的坐标满足这个方程。

(2) 费马的创见

与笛卡儿同时代的法国数学家费马(1601—1665),也独立地发明了把代数应用于几何问题的方法,提出了用可以导出曲线特征性质的方程来表示曲线的思想。

费马的职业是律师,曾担任图卢兹议会的顾问,数学只是他的业余爱好。在研究古代几何学的基础上,他发现,如果通过坐标系把代数运用于几何,将使轨迹的研究更易于进行。在《平面和立体的轨迹引论》这部著作中,费马提出,使两条直线彼此成一定角度,最好是直角,将其交点作为原点,使离原点的距离分别同方程的两个变元成正比,就能方便地表示出方程。在他的著作中,还第一次出现了表示一条通过原点的直线的方程。他还用自己的符号写出了抛物线方程和等轴双曲线方程。

费马也是最早发现极大值和极小值问题的一般解法的数学家之一,并因此对从解析几何向微积分的过渡产生了推动作用。费马生前发表的研究成果甚少,他的大部分著作和学术通信都是在他逝世后才出版的,上述《轨迹引论》就是在 1679 年问世的。

(3) 德扎尔格的方法

当笛卡儿和费马发现解析几何学的基本原理时,另一位法国数学家德扎尔格(1591—1661)也提出了一些对几何学日后发展具有重要意义的概念。

德扎尔格生于里昂,是一个职业建筑师,曾作为军事工程师在军队中服务,后来担任过枢机主教黎塞留和法国政府的技术顾问。他在 1628 年与笛卡儿相识,随后成为巴黎一个数学家组织的成员。他最主要的著作是《试论锥面与平面相截的结果的初稿》,1639 年出版于巴黎。他在对圆锥曲线的研究中,引入了射影几何学的主要概念。他用一个平面以不同方式截割锥面或柱面,得到了各种类型的圆锥曲线,并且提出了根据锥面底部的圆的几何性质推导出圆锥曲线的几何性质的方法。

德扎尔格的这一创新对帕斯卡产生了重要影响,受到其赞赏并被进一步应用。但在他们两人都辞世之后,德扎尔格的方法很快遭到冷落。直至 19 世纪中叶,射影几何学重新引起人们的兴趣之时,德扎尔格思想的重要意义,才获得普遍的承认,并成为迅速发展起来的射影几何学的基础。

2. 微积分的创立

微积分成为一门学科,是在 17 世纪。但是,微分和积分的思想在古代就已经产生了。

公元前 3 世纪,古希腊的阿基米德在研究解决抛物弓形的面积、球和球冠面积、螺线下面积和旋转双曲体的体积的问题中,就隐含着近代积分学的思想。作为微分学基础的极限理论来说,早在古代已有比较清楚的论述。比如,我国的庄周所著的《庄子》一书的"天下篇"中,记有"一尺之棰,日取其半,万世不竭"。三国时期的刘徽,在他的割圆术中提到"割之弥细,所失弥小,割之又割,以至于不可割,则与圆周和体而无所失矣"。这些都是朴素的、也是很典型的极限概念。

到了 17 世纪,有许多科学问题需要解决,这些问题也就成了促使微积分产生的因素。归纳起来,大约有四种主要类型的问题:第一类是研究运动的时候直接出现的,也就是求即时速度的问题。第二类问题是求曲线的切线的问题。第三类问题是求函数的最大值和最小值问题。第四类问题是求曲线长、曲线围成的面积、曲面围成的体积、物体的重心、一个体积相当大的物体作用于另一物体上的引力。

17 世纪的许多著名的数学家、天文学家、物理学家,都为解决上述几类问题作了大量的研究工作,如法国的费马、笛卡儿、罗伯瓦、笛沙格,英国的巴罗、瓦里士,德国的开普勒,意大利的卡瓦列利等人,都提出了许多很有建树的理论,为微积分的创立做出了贡献。

17 世纪下半叶,在前人工作的基础上,英国大科学家牛顿和德国数学家莱布尼茨分别在自己的国度里独自研究和完成了微积分的创立工作,虽然这只是十分初步的工作。他们的最大功绩是把两个貌似毫不相关的问题联系在一起:一个是切线问题(微分学的中心问题),一个是求积问题(积分学的中心问题)。牛顿和莱布尼茨建立微积分的出发点是直观的无穷小量,因此这门学科早期也称为无穷小分析。这正是现在数学中分析学这一大分支名称的来源。牛顿研究微积分着重于从运动学来考虑,莱布尼茨却是侧重于几何学来考虑的。

牛顿在 1671 年写了《流数法和无穷级数》,这本书直到 1736 年才出版。他在这本书里指出,变量是由点、线、面的连续运动产生的,否定了以前自己认为的变量是无穷小元素的静止集合。他把连续变量叫做流动量,把这些流动量的导数叫做流数。牛顿在流数术中所提出的中心问题是：已知连续运动的路径，求给定时刻的速度（微分法）；已知运动的速度，求给定时间内经过的路程（积分法）。

德国的莱布尼茨是一位博才多学的学者。1684 年，他发表了现在世界上认为是最早的微积分文献，这篇文章有一个很长而且很古怪的名字，《一种求极大极小和切线的新方法，它也适用于分式和无理量，以及这种新方法的奇妙类型的计算》。就是这样一篇说理也颇含糊的文章，却有划时代的意义，因为它已含有现代的微分符号和基本微分法则。1686 年，莱布尼茨发表了第一篇积分学的文献。在发表上述论文之前，莱布尼茨已于 1675 年 10 月 29 日的数学手稿中，创用积分符号 $\int$。$\int$ 是 sam（总和）一词的第一个字母的拉长写法。此后，莱布尼茨在 1684 年发表的那篇简介中，创用了微分符号 d。在 1686 年发表的这篇论文中，莱布尼茨首次同时使用了 dx、dy、$\int x$、$\int y$ 这样的微分符号和积分符号。他是历史上最伟大的符号学者之一，他所创设的微积分符号，远远优于牛顿的符号，这对微积分的发展有极大的影响。

微积分学的创立，极大地推动了数学的发展。过去很多初等数学束手无策的问题，运用微积分，往往迎刃而解，因而显示了微积分学的非凡威力。

由于莱布尼茨先于牛顿发表了微积分，而牛顿又先于莱布尼茨发明了微积分，加上他们之间又有过直接和间接的交往，因此，正当虎克为万有引力的发现居先权与牛顿发生争执时，由于莱布尼茨论文的发表，一场关于微积分的发明居先权之争，几乎同时爆发了。在争议中，牛顿和莱布尼茨各自说明了自己发明微积分的时间、过程和方法。牛顿说，他早在 1665 年 11 月就发明了微分，1666 年 5 月又发明了积分。莱布尼茨说，他是在 1674 年发明微积分的，他的微积分是他独立发明的。在提出谁是这门学科的创立者的时候，竟然引起了一场轩然大波，造成了欧洲大陆的数学家和英国数学家的长期对立。英国数学在一个时期里闭关锁国，囿于民族偏见，过于拘泥在牛顿的"流数术"中停滞不前，因而数学发展整整落后了一百年。

其实，牛顿和莱布尼茨分别是自己独立研究、在大体上相近的时间里先后完成的。他们的研究各有长处，也都各有短处。那时候，由于民族偏见，关于发明优先权的争论竟从 1699 年开始延续了一百多年。

应该指出，这是和历史上任何一项重大理论的完成都要经历一段时间一样，牛顿和莱布尼茨的工作也都是很不完善的。他们在无穷和无穷小量这个问题上，其说不一，十分含糊。牛顿的无穷小量，有时候是零，有时候不是零，而是有限的小量；莱布尼茨的也不能自圆其说。这些基础方面的缺陷，最终导致了第二次数学危机的产生。

直到 19 世纪初，法国科学学院的科学家以柯西为首，对微积分的理论进行了认真研究，建立了极限理论，后来又经过德国数学家维尔斯特拉斯进一步的严格化，使极限理论成为微积分的坚定基础，才使微积分进一步发展起来。

微积分作为数学的一个分支，其形成是与牛顿和莱布尼茨的名字联系在一起的。他们在积分学和微分学这两个数学领域之间建立了联系，并引入了微分、积分运算的通用符号和方法，从而使微积分成为科学研究的强有力工具。

3．对数的产生

17 世纪初,计算技术有了一个重大的进步——这就是对数的发明。借助于这种方法,乘法和除法划归为加法和减法,开方划归为简单的除法。

首先提出这种方法的,是苏格兰的纳皮尔(1550—1617)。纳皮尔是一位教会和国务活动家,数学是他的业余爱好。而在数学中,他特别热衷于研究设计便于计算的方法。大约从 1594 年开始,他着手构筑他的计算体系。

通过排出一个固定数(作为基底)的各次幂的表,便能迅速地算出根、积和商。1614 年和 1619 年,纳皮尔所著的两本有关对数规则的书先后出版,系统地介绍了对数及其构造方法。

伦敦的亨利·布里格斯(1561—1631)是纳皮尔的朋友,他立即认识到了对数的实用价值,并在 1624 年出版的《对数算术》一书中给出了前 30 000 个自然数的常用对数,直到小数 14 位。后来,荷兰数学家阿德里安·弗拉克在 1628 年对此作了补充,使之覆盖了从 1～100 000 的一切数。开普勒对纳皮尔的发明也十分重视,并按照自己的思路构思了对数表,并于 1624—1625 年间发表。

对数的发明,使得需要进行大量繁杂计算的数学家、天文学家等能够极大地减轻负担,因此,这种方法很快就被普遍接受了。

4．概率论的产生和发展

概率论是研究大量随机现象的统计规律的一门数学。它产生于 17 世纪,经过 18—19 世纪的发展,逐步变成内容丰富的数学分支。

17 世纪,一些数学家对赌博中机遇问题的考察是产生概率论的直接原因。作为一门经验科学的古典概率论,最直接起源于一种相当独特的人类行为思想的探索:人们对于机会性游戏的研究思考。所谓机会性游戏是靠运气取胜的一些游戏,如赌博等。这种游戏不是哪一个民族的单独发明,它几乎出现在世界各地的许多地方,如埃及、印度、中国等。在自古至今各国文献的记载中,有关赌博等机会性游戏的记载文献是非常丰富的,赌博手册的存在、各种随机发生器的发明,各个时代和国家经常展开的反对赌博的斗争活动等,都是早年机会性游戏流传的明证。

荷兰科学家惠更斯(1629—1695)于 1657 年写成的《论赌博中的计算》,是概率论最早的著作。18 世纪瑞士的伯努利、法国的布丰等数学家继续发展概率论,丰富了它的内容和方法。概率论产生于人类的一种特殊的活动——机会性的游戏,而培育它成长壮大的其他因素却丰富多彩。首先,是一门与经济、政治和宗教信仰等有密切关系的、关于数据的学问——统计学,对概率论发展产生了重大的影响。

正是伯努利具体指出了概率论可以走出赌桌旁,而迈向更广阔的天地这一光辉前景。他的大数定律,成为概率论从一系列人们视之为不怎么高尚的赌博问题转向在科学、道德、经济、政治等方面有价值和有意义的应用的一块踏脚石,从而吸引了欧拉、拉格郎日、达朗贝尔、孔多塞、拉普拉斯等一大批数学家投身于其中。

伯努利的工作,也显示了逐渐发展的统计是概率论施展潜力的最重要舞台。但是,由于统计学所研究的许多现象比赌博中的输赢等现象要复杂得多,许多问题涉及连续和无限的情形,这样主要以离散组合方法为主的古典概率论就显得不是很充分了。所幸的是,18世纪分析学的发展为概率论方法的这种扩展提供了及时的条件,于是分析的方法开始大规模地进入了概率论研究的领域。早期在这方面做出重要尝试的是,与伯努利几乎同时对概率论做出重要贡献的另一位数学家棣莫弗(1667—1754)。

在数学分析与概率论的结合方面做出有益尝试的数学家们还有:伯努利家族众多科学成员中的一员丹尼尔·伯努利(1700—1782),研究了由他的哥哥尼古拉·伯努利在1713年首先提出的著名的彼得堡悖论。丹尼尔·伯努利在其工作中还明确地示范了怎样将微积分(60年前发明的)应用于概率的研究。欧拉(1707—1783)分类整理了许多概率问题,拉格朗日(1736—1813)更是系统地把微积分应用于概率论,由此把概率论推进了一大步。

19世纪法国的拉普拉斯、德国的高斯和俄国的切比雪夫等数学家的研究,又把概率论大大地推进了一步,在概率论基础上发展了新的分支——数理统计。概率论和数理统计用于探索纷纭复杂的大量偶然现象背后隐藏着的必然规律,在现代科学技术中获得了极为广泛的应用。

5. 代数学的发展

近代代数学在19世纪以前的突出成就有,代数符号的创立、对数方法的发明和方程论的进展。最早的代数符号是16世纪法国数学家维埃特(1540—1603)创造的,他用元音字母表示未知数,用辅音字母表示已知数。数学语言走向符号化、形式化,是数学自身抽象化程度提高和更加成熟的表现。英国数学家耐普尔(1550—1617)于1614年发明了对数方法,大大减轻了天文学和工程技术中繁重的计算劳动,很快得到推广和应用。

近代方程论主要研究三次以上一般方程的解法,为了找出这种通用的方法,17—18世纪许多数学家绞尽了脑汁终未如愿,但研究过程中还是获得了很多别的新发现。19世纪初,挪威数学家阿贝尔(1802—1829)终于证明了高于四次的一般方程不可能用根式来求解。法国数学家伽罗瓦(1811—1832)继而研究可以用根式求解的 n 次方程的类型问题,由此开辟了代数学的一个新的领域——群论。以此为标志,进入了抽象代数学(或称近世代数学)的阶段。除群论外,代数数论、超复数系、线性代数、环论、域论等许多新的分支相继出现,代数学的研究向着更加抽象的纯理论方向发展了。

6. 非欧几何学的出现

18—19世纪,几何学出现了一系列新的分支学科,如画法几何、微分几何、拓扑学等。此外,还有一项突破性的成果,就是非欧几何学的建立。

非欧几何的历史,开始于努力清除对欧几里得平行公理的怀疑。据说,在欧几里得以后的两千多年的时间里,几乎难以发现一个没有试证过第五公设的大数学家。但是,两千多年来,许多数学家在这方面的努力都失败了。例如,公元4世纪的普洛克拉斯试图通过把平行于已知直线的线定义为和已知直线有给定固定距离所有点的轨迹的方法,来废除特殊的平行公理,但是他没有意识到,他只是把困难转移到另一个地方罢了,因为必须证明这样的点的轨迹的确是一条直线,当然证明这一点是困难的。但如果承认这个命题是一个公理,那么就容易证明:这个公理和平行公理是等价的。

到十七八世纪,许多数学家,如意大利耶稣会教士萨开里(1667—1733)、瑞士的兰伯特(1728—1777)、法国的分析数学家拉格朗日(1736—1813)和勒让德(1752—1833)、匈牙利的玻尔约(1775—1813)等,为了试证平行公设,而改用反证法,即从第五公设不成立的情况着手,追究它能否得出与已知定理相矛盾的结果。如果得不出,它又会产生怎样的事实。实际上,这样的思想方法,已经开辟了一条通向非欧几何的道路,并且得出了许多耐人寻味的事实。而这些事实,正是从第五公设不成立这一假定下推导出来的,这恰恰就是非欧几何学中的定理。

罗巴切夫斯基(1793—1856)于 1826 年 2 月在喀山大学数理系的一次会议上提出了关于非欧几何的思想。1829 年,他正式发表了题为《论几何学基础》的论文,以后,他又发表了题为《具有平行的完全理论的几何新基础》等多篇著作,论述他关于平行公设的研讨以及对新创立几何体系的探索。

到了 19 世纪末期,非欧几何逐渐被人们所接受。非欧几何的产生具有极为深远的意义,它把几何学从传统的模型中解放出来,"只有一种可能的几何"这个几千年来根深蒂固的信念动摇了,从而为创造许多不同体系的几何打开了大门。1873 年,一位英国数学家把罗巴切夫斯基的影响比作由哥白尼的"日心说"所引起的科学革命。希尔伯特也称非欧几何是"这个世纪最富有建设性和引人注目的成就"。

传统观念认为现实物理空间是平直的、曲率为零的欧几里得空间,因而非欧几何学开始被视为仅仅是理智的游戏。现代科学诞生后,非欧几何学首先在爱因斯坦的广义相对论中获得了应用,才使人们改变了看法。

4.1.2　物理学大厦的建立

18—19 世纪,科学和技术进入了全面高涨的大发展时期。物理学更是一马当先,获得了举世瞩目的巨大发展。由伽利略、牛顿等人创立的经典物理学在 19 世纪末进入了鼎盛时期,达到了完整、成熟和系统的阶段,充分反映了物理学在 19 世纪发展的深度和广度,因而物理学大厦建立起来了。当然,18—19 世纪物理学取得的进展是多方面的,但成就最大,影响最深的是热学、光学、声学、电磁学。

1. 热学

19 世纪物理科学最伟大的成就,当属热力学第一定律和热力学第二定律。能量守恒定律深刻地显示了物质世界的普遍联系,成为理解整个自然界的基本准则。

(1) 计温学(测温学)

冷和热这两个词习惯上指两种完全相反的感觉,也经常表示对这两种感觉物理原因的推测。如果一个物体能对我们产生冷和热的作用,就推测它是冷的或是热的,或认为它包含冷或热。在亚里士多德的哲学体系中,冷和热都属于基本的性质,它们和干与湿一起构成四元素。

在近代,对热现象的实验研究是从测量"热度"开始的,在科学地定义温度概念之前,人们往往把温度的变化与物体所含热量的多少混为一谈,用"热度"来表示。如要定量地测定热度,许多科学家致力于测温计的研制。

1593年,伽利略制造了一个空气测温计,它是利用空气受热膨胀的道理来反映温度变化的。可是由于他的设计不好,影响气体膨胀的因素太多,所以这一仪器不能准确地表示温度的变化,后来它就很快被液体测温计所代替。

1641—1645年间,意大利西门图学院的科学家制造了一种用带色的酒精做材料的液体温度计,并在该仪器上标出刻度。以后,科学家们一方面寻找更理想的材料;另一方面改进标记刻度的方法。经过半个多世纪的努力,终于形成了三种较为适用的温标,这就是世界上仍在通行的华氏、摄氏和勒氏温标。

由于生产技术的发展,要求对热现象进行定量的研究,如温度计的制作和改进最初是和进行气象观测的实际需要相联系的,直到18世纪末,液体温度计才制得较为完善,"温标"的概念也已逐步形成。

1714年,德国人华伦海特(1686—1736)制造出一种充填水银的温度计。虽然他不是水银温度计的发明者,但是由于他发明了净化水银的办法而使这一液体得以在温度计中普遍采用。华伦海特作了两种温度计:一种装上酒精;另一种装上水银。他发现,同一种液体的沸点将随气压的降低而减小。利用这一关系,他把温度计与气压计联合起来,制造了一种温度气压计。华伦海特的温度标记方法称为华氏温标,用°F来表示。他的温度计和温标在英美国家中最为流行。

1730年,法国人勒奥默(1683—1757)制造了一种酒精温度计。他反对使用水银这种膨胀系数较小的材料而选用酒精。他采用的温标是以水的冰点为零度、水的沸点为第二固定点,把其间分为80等份,他定点水的沸点为80℃。这样,酒精的体积在每一勒氏度之间就膨胀了原体积的1/1000,勒氏温标较多地被德国人采用。

1742年,瑞典人摄尔修斯(1701—1744)确立了另一种温标。他把水银温度计插入正在融解的雪中,定出冰点;然后他把这温度计插入沸腾的水中,定为沸点。之后,他把冰点和沸点之间的间隔等分为100格,为了避免测量低温时出现负数,他把水的沸点定为零度,而冰点定为100℃。这样一来,温度越高,度数越低,使用起来不太方便。八年之后,由摄尔修斯的同事施勒默尔建议,把这标度倒转过来,以冰点为0℃、沸点为100℃,这样使用起来更为方便。这种改进温标就是后来的百分温标。1948年,第九届国际计量大会根据"名从主人"的惯例,把百分温标重新命名为"摄氏温标",单位是摄氏度,用℃表示。它曾在法国占据优势,并长期为科学界所采用。

温度计的发明和改进为测量温度的变化提供了便利,对热学的发展有着积极作用。

（2）量热学

由于温度计的发明和改进,有了科学的热量概念和精密的量热仪表,热学才真正地走上了独立发展的道路。

从17世纪起,意大利的科学家们通过实验发现,在同一温度下具有相同重量的不同液体分别与冰混合时,冰被融化的数量各不相同。这表明不同物质的放热能力不同(即相同重量的不同物质在下降相同的温度时放出的热量不同)。起初,有人认为,物质的这种能力可能与它们的密度有关,密度越大,物质吸收或放热的能力越大。可是,华伦海特通过实验发现,水银的吸热或放热能力仅仅是同体积水的 2/3,这就打破了上述猜想。

由于化学中对燃烧现象的研究,化学开始向热学渗透,热化学即随之诞生。正是在热化学的研究中,大约在 1760 年,英国化学家布莱克进一步研究了这一问题,他做了如下的实验:把温度为 150℃的金子与同重量的 50℃的水相混合,它们达到的平衡温度为 55℃。这时金子的温度下降了 95℃,而水的温度只升高 5℃。可见相同重量的金子每下降或上升 1℃时它们的放热与吸热能力之比为 1∶19。这个实验说明物质的吸热与放热能力与它们的密度并不是成比例变化的。布莱克通过实验比较了各种物质与同重量但不同温度的水混合达到热平衡后的温度变化,从而推算出这些物质每升高或降低一度时它们吸收或放出热量与同重量的水吸收或放出热的比值。他把这个比值叫做物质的热容量,其实它就是物质的比热。由于测出了各种物质的比热,这样,就从测温学中逐渐发展出了量热术。这就是我们今天在物理学中用 $\Delta Q = Cm\Delta t$（其中,C 为比热,Δt 为温度差,m 为质量,ΔQ 为热量)的公式来求出物体吸收或放出热量的方法。

布莱克的工作由拉瓦锡和拉普拉斯等人加以发展。他们把一磅水升高或降低 1℃时所需的热作为热量的单位,称作卡。1780 年,麦根仑首先使用了比热这一术语,并把它定义为物质在一给定温度下单位物质质量中所含的全部热量。随后,拉瓦锡等人通过液体与同重量但不同温度的水相混合的办法测定了各种液体的比热,同时还给出了求比热的一般公式。他们发现,物质的比热并不是不变的,在不同温度下略有差别,不过在通常温度下可以认为几乎没有变化罢了。

由于布莱克等人把"温度"和"热量"这样两个不同的热学概念区别开来,并提出了"比热"和"潜热"这些新的热学概念,从而开创了量热学这门新的学科。

(3) 热质说与热动说

在进行量热学的研究中,布莱克曾对热的本质进行过初步探讨。他把热看成是一种特殊的物质,他认为热是一种流体,它可以渗透到物体中去,并在热交换的过程中从一个物体流向另一个物体,水是"热质与冰的结合"。尽管在热交换前后,热质在不同物体中的含量有所改变,但是它们的总量是守恒的。热质说能够解释许多已知的热现象,因而成为 18 世纪占统治地位的一种观点。

拉瓦锡推翻了"燃素说",在 1780 年又与拉普拉斯合作,完成了正确测定物质热容量的课题。拉瓦锡倾向于把热当作一种物质来处理的。这样,由布莱克提出、拉瓦锡明确归纳而成的热质说,在 18 世纪末到 19 世纪前 30 年左右在物理学上占了统治地位。

18 世纪末,开始有一些人对"热质说"表示怀疑。1798 年,科学家汤普森(即伦福德伯爵,1753—1814)在德国的一家兵工厂用锐钻头和钝钻头这样两种不同的钻头钻造炮膛,钝钻头比锐钻头钻进的深度要小得多,但钝钻头所产生的热量比锐钻头所产生的热量反而要大得多。而根据"热质说",钝钻头产生的热量更大,释放出来的热质更多,因而钻进的深度也应更大；但事实却与由"热质说"所推出的结论完全相反。汤普森认识到，热不过是机械运动的一种形式，它的本质在于机械运动，运动产生热。这样，他就提出了最初的与"热质说"对立的"热动说"。汤普森最先发现了热运动与机械运动的本质联系，使热学与力学实现了最初的渗透和结合，这就为热力学的诞生在实验上和理论上迈开了第一步。

但是，由于布莱克的热质说在那时仍具有广泛而深远的影响，因此汤普森的热动说发表之后，并未立即产生显著的影响。在热动说发表之初，只有一个人立即接受了汤普森的热动说，这个人就是英国青年电化学家戴维。

1799 年，戴维进行了一次摩擦冰块的实验。戴维断言，两块冰在相互摩擦中将会产生一定的热，而它们在摩擦中产生热的标志，即是它们都将在相互摩擦中溶化。实验结果证明，他的预言成了事实。这一实验，使汤普森的热动说进一步得到了实验上的证实。

显而易见，正是在力学、热学、化学的相互渗透中，发生了热动说与热质说的论争。虽然热动说直到 1826 年才为苏格兰植物学家布朗（1773—1856）所发现的分子热运动最后证实，但正是热动说与热质说进行的争论，不仅为热学与力学的相互渗透从而产生热力学这门新兴的边缘学科创造了条件，而且为以后能量定律的发现奠定了一块基石。

（4）热力学的建立与发展

19 世纪初期，蒸汽机在工业生产中的作用日益重要，人们迫切要求提高蒸汽机的效率，这就促使人们深入思考热和机械运动的转化问题，因而热力学成为一门具有重要意义的科学。

法国工程师萨迪·卡诺完成了对蒸汽机的抽象研究。他在 1824 年出版了《关于火的动力思考》一书，他强调为了以最普遍的形式去研究由热得到运动的原理。他设计了一部经过抽象化的理想热机，没有任何漏气、没有摩擦损失，能用完美的循环方式工作。

卡诺基于这样一个原理："凡有温差的地方就能够产生动力。"在此基础上，他设计出了著名的卡诺循环，并依据热质守恒和永动机不可能原理证明了卡诺定理。显然，卡诺的理论是以错误的热质说为基础的。后来他自己也意识到这一点，终于在 1830 年抛弃热质说而转向热的运动说。

卡诺关于热机理论的研究，无论在实践上和理论上都是极重要的，从而促使物理学家们对热的规律作深入的探讨。1850 年，克劳修斯对热机的工作过程重新作了分析，他说："功的产生很可能伴随着两种过程，即一些热量被消耗了，另一些热量从热物体传到了冷物体。"这一原理成为热力学的基础，叫做热力学第一定律，实质上就是能量转化与守恒定律。

为了证明卡诺定理，克劳修斯和汤姆孙引入了一条新的原理，表述为"热不可能自动地从冷的物体传到热的物体"，这一原理后来叫做热力学第二定律。第一定律表明封闭系统中能量是守恒的；第二定律表明能量的转化是按一定方向进行的，热不会自发地从低温传向高温。

根据卡诺定理可以证明：当热力学系统从一个平衡态经绝热过程达到另一平衡态，

它的熵永不减少。如果过程是不可逆的(在自然界存在的过程),则熵的数值增加。这就是著名的"熵增加原理"。事实上,熵越大,系统就越接近平衡态,系统的能量也就有更多的部分丧失了转化能力。

汤姆孙和克劳修斯把这一原理推广到全宇宙,从而导出"热寂说"。1865 年,克劳修斯认为"全宇宙的总能量是常数,就像全宇宙物质总量一样",但是,由于宇宙中的正转化不断增加,使宇宙不断膨胀,而各种运动都通过机械运动转化为热,最终达到宇宙的热平衡,也就是熵是最大的状态。"宇宙就永远处于一种惰性的死寂状态。""热寂说"提出后,不少科学家提出了质疑。其中,玻尔兹曼从统计的意义指出,自然界有起伏运动,相反方向的过程可能性虽小,但几率不等于零,宇宙的热平衡趋势也会为新的起伏破坏。

(5) 能量守恒与转化定律的确立

古人已经有过运动不灭的猜测。18 世纪末叶以来,人们相继发现了许多不同物质运动形式相互转化的事例。人们早就知道摩擦这样的机械运动可以转化为热运动,而蒸汽技术则是把热运动转化为机械运动的实际应用。1800 年,人们发现电解水可以得到氢和氧,知道了电运动可以产生化学变化;同年发明的伏打电堆(一种原始电池)又表明化学变化能够产生电。1805 年,人们知道了电流经过导体会产生热,1821 年德国人塞贝克(1770—1831)制成了温差电偶,又说明热可以转化为电。摩擦(机械运动)生电的现象是人们早就知道了的,1820 年人们又知道电和磁可以相互转化,次年更知道了电与磁的联合作用能够产生机械运动。这一切都表明,过去看起来似乎是各不相关的、不同的物质运动形式之间,必定存在着某种内在联系。经过一大批科学家的努力,作为自然科学的基石之一的能量守恒与转化定律终于确立。

1842 年,德国医生迈尔(1814—1878)力图找到机械功与热能在量上的对应关系。经过多年的努力,他利用别人的实验数据,经过计算先后得出两个数值。他的数据虽然都不大准确,但有开创性的意义。英国业余科学家焦耳(1818—1889)从少年时代起就对科学有浓厚的兴趣,一生在家里做过许多科学实验。1840 年,他在实验中发现了电流通过导体产生热量的规律,即我们现在所说的焦耳定律,通常表示为 $P = I^2 R$(其中,P 为热功率,I 为电流强度,R 为该导体的电阻)。热功当量的确认,使人们认识到热量和机械功有着严格的对等关系,这是科学史上的重大事件。过去,人们只是以思辨的方式推断能量的守恒与转化;如今,有了电→热转化的定量关系,又有了机械能→热转化的定量关系,这就把能量守恒与转化推向科学的认知阶段。

其后,又经过许多科学家的努力,能量守恒与转化定律才最终得以确认。这里既需要理论的概括,也需要多方面的实验检验与证明。为此作出重要贡献的有,德国科学家亥姆霍兹(1821—1894)、克劳修斯(1822—1888),英国科学家 W. 汤姆孙(1822—1888)等人。到了 19 世纪 60 年代,能量守恒与转化定律作为自然界的普遍规律便得到科学界的公认。"能量"这个概念是 W. 汤姆孙提出来的,用以取代过去的"力"那个含混的说法,很快便得到大家的认可。至于"能量守恒与转化定律"这样一个完整的提法,则源自恩格斯(1820—

1895)的《自然辩证法》。能量守恒与转化定律通常的表述是：在任何孤立的物质系统中，不论发生何种变化，无论能量从一种形式转化为它种形式，或从一部分物质传递给另一部分物质，系统的总能量守恒。

在此之前，曾有许多人煞费苦心地试图制造不消耗能量、又能做功的"永动机"，虽然没有人能够成功，但仍有不少人在作这种努力。1875 年，法国科学院正式声明不再受理审查任何有关"永动机"的设计方案。

能量守恒与转化定律的确立，给了科学家们很大鼓舞。它被称为物理学的"最高定律"，"宇宙的普遍基本定律"。恩格斯则称之为 19 世纪三大发现之一。运用这个定律研究物质运动的问题时，常常可以只从起始状态和终结状态的能量变化上作总体的把握，不必考虑变化的具体过程和细节，这就给了人们很大的方便。在哲学上，它为人们对物质世界运动形式的多样性和统一性，对物质运动在量上和质上守恒性的认识，都提供了科学上的依据。

2. 光学

(1) 光学理论的发展

古希腊时期已知道光的直进和反射规律；托勒密在光折射实验基础上提出了入射角与折射角成正比的思想；而关于视觉的本质，伊壁鸠鲁和亚里士多德等提出过一些哲学猜测。中世纪伟大的数学家、天文学家伊本·海赛姆用实验测定了折射率。但总的来说，古代与中世纪的光学知识是极其有限的，因此近代光学基本是从零开始的。

开普勒是近代光学的奠基人。他在 1611 年出版的《屈光学》中解释了荷兰望远镜或伽利略望远镜及显微镜所涉及的光学原理，并提出了改良望远镜的建议。他的建议在近代导致远距照相透镜组合的发明。开普勒第一次明确提出了光度学基本定律，即光强与离光源的距离平方成反比的变化。他还研究了球面像差一类的复杂现象，为巴罗等后人的几何光学研究提供了基础。关于视觉理论，他还提出视网膜上的成像本身不构成整个视觉行为的正确思想。他对折射规律的研究虽方法正确，但未获成功。

第一位提出精确的折射定律的是荷兰人斯涅尔(1591—1626)。根据他于 1621 年的研究结果，可容易地推出现代形式的折射定律。不过，是笛卡儿于 1637 年第一个发表了折射定律，并尝试给它一个物理证明。但是否与斯涅尔独立地发现该定律，则尚存疑问。在发表有关折射定律的这本《屈光学》中，笛卡儿还提出了关于光的本性的微粒假说。他在《气象学》中对虹霓理论的研究，成为牛顿对虹霓解释的前提。

关于光的本性的波动说，在达·芬奇的著作和伽利略书信中已有迹象。但正式认真地提出光具有周期性的是意大利数学家格里马力迪(1618—1663)。他从波动观点出发，解释了似乎同光的直线传播定律相悖的衍射现象。他还指出，颜色的不同，乃是眼睛受到速度不同的光振动刺激的结果，这个思想对后来的光学发展具有根本性意义。他的光学著作，在他死后两年发表。在同一年(1665)，虎克的科学著作《显微术》问世，其中光学部分对多种透明薄膜的闪光颜色现象进行了实验和理论的探讨。他注意到，在一定的厚度范围内，云母薄片里会出现虹霓的色彩，不同厚度的部位颜色不同。虽然他未能确定厚度与颜色之间的精确关系,却为牛顿对"牛顿环"现象的研究奠定了基础。虎克认为光是一种振动,发光体的每一次振动或脉动必将以球面向外传播。不过,比较系统地提出光波动理论的,还是荷兰物理学家惠更斯(1629—1695)。他认为,构成一个发光体的微粒把脉冲传送给邻近的一种弥漫媒质的微粒,每个受激微粒都变成一个球形子波(即次波)的中心。这就是 1678 年提出的著名的惠更斯原理。

牛顿在大学时期就对光学有浓厚兴趣,为了制造一种能消除色差的望远镜而开始研究颜色理沦。1672 年他在《哲学学报》上发表的对色散现象的研究成果,是他第一次公开发表的科学论文。他对色散的解释立即引起他与虎克等人的争论。牛顿最初吸取了虎克的波动思想,倾向于把微粒说和波动说结合起来,1675 年他提出弹性以太的思想以解决微粒说的困难,但他拒绝纯粹的波动理论。而在 1704 年他的《光学》中,牛顿则彻底主张光的微粒假说。通过牛顿和惠更斯的争论,才逐渐明确关于光的本性的两种学说。荷兰物理学家惠更斯提出光的波动学说,并从波动学说出发,推出了光的反射和折射定律。伟大的物理学家牛顿根据光的直线传播,提出了光的微粒流理论,认为光是由很小的微粒构成,类似于质点。光的波动说和微粒说在解释各种光现象时都有成功的一面,但都不十分圆满。不过,牛顿的微粒说中包含了波动说的要点,但他更倾向于微粒说的观点,由于牛顿在学术界的声望很高,他的支持者和崇拜者们把牛顿推举为微粒说的代表,这场关于光的本性之争持续了一百多年。在这段时期内,微粒说一直处于上风,波动说发展得十分缓慢。

19 世纪初,沉寂达一个世纪之久的波动说开始复兴,其中功劳最大的当属英国物理学家托马斯·杨和法国工程师菲涅耳。1801 年,杨巧妙地从同一列波的波面上取出两个次波源,这两个次波源恰好满足相干的条件,进行了著名的杨氏双缝干涉实验,在人类历史上最先为光的波动性提供了有力的实验证据,是导致光的波动理论被普遍承认的一个决定性的实验。衍射也是波的重要特征,1818 年巴黎科学院举行了一次规模很大的科学竞赛,竞赛题目的表达方式带有明显的有利于微粒说的倾向性,而且参加竞赛评比委员会的多位著名科学家都是微粒说的拥护者,其中有毕奥、拉普拉斯、泊松等。年轻的菲涅耳把惠更斯学说加以发展,提出了波动的数学理论,由于新理论具有较强的说服力,反对派也马上接受了。会后,著名的数学家泊松根据菲涅耳的理论推算出,圆屏衍射时在圆屏阴影的中央应该出现一个亮斑,并认为这是根本不可能发生的事,泊松兴高采烈地宣称他驳倒了菲涅耳的理论。但是,当菲涅耳和阿拉果通过实验证明了这个亮斑确实存在时,光的波动理论被确信无疑是正确的,而这个亮斑却戏剧性地被冠上了泊松的名字。

对光的波动理论有进一步推动作用的是光速的测量,其中最著名的是 1850 年傅科用高速旋转镜法测出了光在真空中的传播速度。1873 年,英国物理学家麦克斯韦的重要著作《论电和磁》问世,标志着电磁场理论的全面建立。麦克斯韦在建立电磁场理论的时候,就注意到人们对光速的测量数据,根据麦克斯韦方程组计算出电磁波在真空中的传播速度与光速的测量值吻合得相当好。麦克斯韦在理论上预言:光是一种电磁波。1887 年,赫兹用实验证实了电磁波的存在,并证明了电磁波和光波的一致性,我们平时所看见的光只不过是电磁波谱中的可见光部分。光学和电磁学这两个彼此独立的领域,从此联系在了一起。为此,恩格斯对 19 世纪的自然科学给予了较高的评价:"经验自然科学获得了巨大的发展和极其辉煌的成果,甚至不仅有可能完全克服 18 世纪机械论的片面性,而且自然科学本身,也由于证实了自然界本身所存在的各个研究部门之间的联系,而从经验科学变成了理论科学,并由于把所得到的成果加以概括,又转化成为唯物主义的自然认识体系。"

(2) 光学仪器的发明和改进

① 望远镜

最早利用透镜的光学性能,是同改善视力的目的联系在一起的。大约在 14 世纪前,就已有了使用眼镜的记录。14 世纪初,威尼斯的眼镜制作业大概已有一定规模。那时,为了防止眼镜制作者用玻璃代替水晶欺骗顾客,还制定了专门的法律。14 世纪中叶,戴眼镜已成为上层人士的一种时尚,不少人甚至在请人绘制肖像时都要求画成戴眼镜的。但从使用眼镜到发明望远镜,经过了大约 300 年的时间。

16 世纪后期,意大利学者波塔(1535—1615)讨论了有关望远镜的原理。他提出可以把凸透镜和凹透镜结合起来使用以观察远处和近处的物体。据说,意大利在 1590 年就已有了望远镜,它由一个凸面物镜和一个凹面目镜组成,但当时可能没有受到特别的注意。

关于望远镜的最早发明者,有种种不同的说法。其中较为普遍的看法是:17 世纪初,荷兰制镜工匠利帕希。利帕希偶然地把目光穿过两个透镜观看远处教堂顶上的风标,他惊奇地发现,风标被放大了。于是,他开始制作"远距离观望仪器"。他最初制成的望远镜比较简单,由一个双凸透镜作为物镜和一个双凹透镜作为目镜。1608 年 10 月,荷兰议会审议了利帕希的专利申请。

根据议会的决议,成立了一个专门委员会与利帕希商谈,并探讨是否可将这种仪器改进为可用双眼同时观察。利帕希得到了一笔经费,两个月后制成了一个双筒望远镜。但他未能获得专利权,因为当时还有其他人试图获得这项专利。正是在这时,望远镜在欧洲各国传开了。1609 年,在巴黎、法兰克福、米兰、威尼斯和伦敦,都已能买到这种可用来观看远处景物的仪器。

伽利略在 1609 年,听到了荷兰人制造出了一种观察远处的物体就像近在眼前一样清楚的仪器这一消息。作为杰出的科学家,他敏锐地意识到了这一发明所具有的科学可能性。他依靠自己精深的光学知识,独立地制成了由一个平凸透镜和一个平凹透镜组成的望远镜。这种望远镜本质上是与荷兰望远镜相同的,但比荷兰工匠制得更好。

望远镜一出现,首先被认为对于军事和航海具有重大意义。但当伽利略用它进行天文观察并获得重大发现之后,望远镜就成了人们认识自然、发展科学的新工具了。

不久,开普勒在 1611 年出版的《屈光学》中,解释了荷兰望远镜或伽利略望远镜的光学原理,并进一步提出了使用两个双凸透镜的望远镜结构,即后来所称的"开普勒望远镜"。这种望远镜可以获得比荷兰望远镜更宽阔的视野,镜筒也可以更短。他还证明,一个凹透镜和一个凸透镜在适当距离上的组合,能够得到比单用一个凸透镜时更大的图像。这一见解后来导致了远距离照相透镜组合的发明。

开普勒(图 4-2)在望远镜光学原理方面很有研究,但他自己没有制作望远镜。第一架被称为"开普勒望远镜"的天文望远镜,大约是在 1613—1617 年间由耶稣会教士沙伊纳制成的。沙伊纳还发明了在用望远镜做天文观察的时候保护眼睛的方法,即把有色玻璃片安装在透镜前面以减低光的强度。

图 4-2　开普勒

在此后的时间里,望远镜的结构和性能不断获得改进,尤其是牛顿在 1668 年超越了折射式望远镜的框框,制成了第一架反射式望远镜。

② 显微镜

显微镜大约和望远镜产生于同一时期,而且,究竟是谁最先发明了显微镜也是不明确的。很可能显微镜最早也出现于荷兰,是米德尔堡一个名叫扎哈里亚·詹森(1580—1638)的眼镜工匠制成的。他的显微镜由一个作为物镜的双凸透镜和一个作为目镜的双凹透镜所组成,而最先把显微镜用于科学研究的大概也是伽利略。约在 1610 年,他用显微镜研究了昆虫的运动器官和感觉器官。

17 世纪中叶,英国物理学家罗伯特·虎克(1635—1703)制成了以一个半球形单透镜作为物镜和一个平凸透镜作为目镜的显微镜。这个显微镜有一拉筒,可调节距离。镜筒安装在一个支架上,可以变化角度。为了增加被观察物体的亮度,还使用了一个带球形聚光镜的照明灯。虎克出版了一本书,具体地介绍了显微镜及其用途,并描述了自己在显微镜中看到的世界:他画出了雪片的晶体结构、苍蝇的眼睛、蜜蜂的蜇刺器官、羽毛的结构、霉菌的形状等许多人们前所不知的东西。他还第一次使用"细胞"这个词来称呼软木的蜂窝状结构。虎克的工作使显微镜迅速流行,促进了人们对微观世界的认识。

3. 声学

(1) 振动与音调

近代对声学的研究也始自伽利略。他对摆的振荡定律的发现,引起了他对弦的振动以及和应振动现象的注意。他做了这样一个实验:用一块薄铁片在一块黄铜板上以不同速度来回划动,每当产生一个清晰的律音时,就记下铜板上留下的一条条等距离线痕的数量。划动的速度较快时,获得的律音较高,铜板上留下的线痕数目较多且间距较小;而划动速度较慢时,获得的律音较低,线痕的数量较少而间距较大。通过这样一个简单的实验,伽利略首先指出,振动频率是决定任何发声体所产生的律音音调的主要因素。

法国学者梅森(1588—1648)也做了很多实验,研究弦的振动。他确定了一个律音的音调与产生该音的给定材料的弦的长度、粗细和张力之间的关系。他对用金、银、铜、黄铜、铁制成的弦作了比较,发现当弦的长度、粗细和张力都相等时,产生的音调和金属的比重成反比。

（2）声音的速度

关于声音的速度问题,在 17 世纪上半叶引起了学者们的注意。亚里士多德曾认为,在空气中,高音的传播速度比低音快。但卡桑狄（1592—1655）认为,这个结论是不正确的。他做了一个实验,让一门炮和一支枪朝某个方向射击,让一些人在一定的位置上注意射击的闪光和声音。他测量了他们从看到闪光到听到声音之间的时间间隔,然后把从他们到发射地点之间的距离除以这个时间,从而得出了声音的速度。实验和计算结果表明,炮和枪的射击所产生声音的速度是一样的。由于当时条件的限制,他得出的声音在空气中的速度与实际音速比较高出了不少。而在有关风向是否影响声音速度的问题上,他错误地认为不论风向如何,声音的速度都是一样的,这一看法直到 18 世纪初才得到纠正。

4. 电磁学的建立

关于电、磁现象,史籍早有记载。在我国的文献中即有"磁石召铁"的记载。古希腊人也很早就发现,经过摩擦的琥珀能吸引细小的物体,也知道磁石能够吸铁。但是作为科学的电学和磁学,是从 17 世纪才开始的。

（1）电学和磁学的早期进展

静电和静磁现象有很多相似之处,中国古人没有能分清楚。英国女王的御医吉伯（1544—1603）是最早把电和磁作为两种现象来研究的人。1600 年他发表了一部著作,记载了他对电磁现象的实验研究。他经过实验认定,地球具有磁性,有如一块大磁石;他认识到磁石有两个磁极,若把一块磁石从中间截断,切口处又会形成新的磁极;他知道同名磁极相互排斥,异名磁极相互吸引;他推测磁石之间的作用力与两磁石之间的距离成反比。吉伯的这些工作成就,显然是在指南针为欧洲人广泛应用以后的研究发现。关于静电现象,他发现除了琥珀之外,还有许多物质经过摩擦可以吸引其他物体,如金刚石、水晶、硫磺、火漆、玻璃等,金属类物质则没有这种性质。他的工作为近代电磁学研究揭开了序幕。

到 18 世纪,人们在实验研究中又有如下发现:自然界中有两种不完全相同的电。一种是以毛皮摩擦玻璃、水晶等物所产生的电,当时称为"玻璃电",后来叫做"正电";另一种是以丝绸摩擦琥珀、树脂等物所产生的电,当时称为"树脂电",后来叫做"负电"。这两种电,同名相斥、异名相吸。

① 电的传导和电的感应现象。原先人们只知道摩擦生电,通过与带电物体接触也可以使另一物带电;后来发现,利用一根金属线就能够使电从一物传至另一物,即电可以通过金属线来传导;又发现,使一不带电物体与一带电物体靠近但不与其接触时,也能使该物带电,即静电感应的现象。

② 尖端放电现象。天空中的雷电早就引起人们的注意。后来人们在实验中看到,当两个带有足够多电荷的物体靠近到一定距离时,两个物体之间会发生放电现象,这时可以看到火花和听到噼啪的声响,与天空中的雷电现象十分相似。1752 年,美国政治家兼科学家富兰克林（Benjamin Franklin,1706—1790）冒着生命危险在雷雨天里用风筝把空中的电引入室内,证明了它与由摩擦而生的电完全相同,从而弄清楚了雷电产生的机理。

③ 静止电荷间相互作用的规律。法国物理学家库仑（1736—1844）于 1785—1786 年

间发现了库仑定律。

④ 电池的发明和电流及其效应的研究。1780 年,意大利医生伽伐尼(1737—1789)在实验中发现,当两种不同金属分别与蛙腿的肌肉和神经相接触,金属的另外两端又相连时,便有电从那里流过,蛙腿的肌肉因此而不断地抽搐。他误以为电是生物体产生的。伽伐尼的工作引起了意大利科学家伏打(1745—1827)的注意。根据他的发现,伏打于 1800 年制成了名为"伏打电堆"的最早电池。有了电池,人们就可以获得持续的电流,使电学研究推向了新的阶段。

英国人尼科尔森(1753—1815)在得知制成伏打电堆后,把从两电极引出的金属丝置于水中并保持一定的距离,发现电流使水分解为氢和氧。这就是电解现象。

1826 年,原先是一名中学教师的德国人欧姆(1787—1854)报告了他发现的、后来以他的名字命名的欧姆定律。他引入了电动势、电流强度、电阻等这些现在常用的概念,并给出了精确的定义。欧姆定律是电学的基本定律之一。欧姆定律的发现是科学史上的重要事件,但当时它并未引起科学界的重视,甚至受到一些人的非难,十多年以后人们才认识到它的意义。

英国科学家法拉第(1791—1867)于 1833—1834 年间对电解现象进行了深入的研究,他发现了电解定律,这是电学研究的又一项重要成果。它表达了电运动与化学运动间的关系,在理论上和实用上都有重要意义。

上述一系列重要发现,以及上文已经述及的焦耳发现的电能转化为热能的焦耳定律,等等,表明电学已经逐渐形成了自己的学科体系。不过,电学在 19 世纪更重要的进展还在于人们弄清楚了电和磁之间的关系。

(2) 电磁关系的研究

直到 19 世纪初,大多数人仍旧认为电和磁是毫不相关的两种现象,但是自 18 世纪 30 年代以来,不断有人注意到电和磁之间相互关联的现象,例如,富兰克林就曾发现莱顿瓶放电使钢针磁化;丹麦科学家奥斯特(1777—1851)偶然发现,在通电导线近旁平行放置一磁针,磁针会因电流通过导线而发生偏转。

奥斯特的发现震动了整个欧洲的科学界,正如法拉第所说,它"猛然打开了科学中一个黑暗的大门"。法国科学院院士安培(1775—1836)听到这个消息后,立即重复了这个实验。一周后他向法国科学院报告了初步的研究成果,提出圆形电流可能产生磁场,而磁铁类似于通电线圈;他还发现了安培右手定则,据此解释了地磁场的成因,认为是由于地球上有从东向西流动的电流造成的。又过了一周,他报告了关于圆形电流相互作用的现象。1926 年 10 月初,他发现两条通电导线相互作用,当电流同向时相互吸引、电流异向时相互排斥。1926 年 12 月初,他报告了一个重要的研究成果,利用一组精巧的实验和巧妙的数学方法,推导出了两个电流元之间的作用力公式,即著名的安培定律。这一定律揭示出磁现象可能只是电特性的一种表现。

法拉第又从另一个角度来思考,既然电流有磁效应,那么磁会不会也有电效应? 磁能不能产生电? 他用一个外径 6 吋的软铁圆环,其上各绕两个线圈,当其中一个线圈在通电或断电的瞬间,在另一个中就感应出电流来,使放在附近的磁针偏转。后来他用磁棒插入空心线圈中也得到了感应电流。要是设法使电流或磁场持续的变化,我们就能得到持续的感应电流。这正是发电机的工作原理。他根据这个想法设计制造的第一台试验装置终于在 1831 年 10 月产生出了持续的电流。数年之后可供实用的发电机问世,随后依据同样的原理人们又制成了电动机。发电机和电动机的发明,是人类历史上的重大事件,它标志着电气时代的来临。

法拉第还以场和力线的概念成功地描述了电磁感应定律。与法拉第同时进行有关电磁感应研究的还有亨利(1799—1878),发现了自感现象。物理学家楞次(1804—1865)提出判断感生电流方向的方法,现在称之为楞次定律。

法拉第虽然提出了场的概念,但是他的数学功底不太好,构建严密的电磁理论的任务只能由其他人完成,其中贡献最大的是他的学生麦克斯韦。麦克斯韦吸收了许多人的研究成果,于 1873 年发表了他的名著《电磁通论》,终于建成了电磁学理论的基本框架。

麦克斯韦的主要功绩在于,他把前人的电磁理论加以推广,使之适应变化着的电场和磁场,他列出了两组表征变化着的电场和磁场的偏微分方程组,即通常所说的麦克斯韦方程组。麦克斯韦提出了电磁波的概念。通过选取适当的单位,麦克斯韦推算出电磁波的传播速度等于光速,这个数值是一个常数。他还预言,电磁波也具有如同光一样的反射和折射等性质,光在本质上也就是电磁波。

麦克斯韦的工作使电、磁和光这些从前看来不相干的现象得到了理论上的统一,实现了人类知识的又一次伟大的综合,他因此被誉为继牛顿以后最伟大的数学、物理学家。

电磁理论的建立和电磁波的发现为无线电技术奠定了坚实的基础,使人类社会生活的各个方面都进入了一个新的时代。这也充分表明,这时科学已经大大地走在技术的前头,成为推动技术进步的主要杠杆。

4.2　化　学　革　命

4.2.1　燃素说

与数学、物理学科相比,化学是发展较晚的学科,主要原因有两个:一是受时代的局限,18 世纪中叶以前,人们对物质结构的认识尚未达到元素、原子层次;二是受错误的燃素说的禁锢,直到 18 世纪下半叶以后,化学才从燃素说的束缚中解放出来,走上正确发展的道路,取得了一系列惊人的成果。道尔顿创立了近代原子学说;阿伏伽德罗为解释理论与实验矛盾创立了分子学说;门捷列夫发现了元素周期律。随着工业革命的兴起,有机化学也得到了系统的发展。

1. 近代化学起源

近代化学迟至 17 世纪中期才产生,它的产生与炼丹术有很大关系。炼丹术的指导思想是深信物质能转化,试图在炼丹炉中人工合成金银或修炼长生不老之药。他们有目的的将各类物质搭配烧炼,进行实验。为此涉及了研究物质变化用的各类器皿,如升华器、蒸馏器、研钵等,也创造了各种实验方法,如研磨、混合、溶解、洁净、灼烧、熔融、升华、密封等。

与此同时,进一步分类研究了各种物质的性质,特别是相互反应的性能。这些都为近代化学的产生奠定了基础,许多器具和方法经过改进后,仍然在今天的化学实验中沿用。炼丹家在实验过程中发明了火药,导致了若干元素、金属盐类、无机酸、酒精等许多新的化学发现。这一时期化学的进步,酝酿了决定性的变革。正是在广泛地总结该时期化学实践的基础上,波义耳在 1661 年出版了《怀疑的化学家》一书,对亚里士多德的“土、气、火、水”四元素理论和帕拉塞尔苏斯的“盐、硫、汞”三要素学说作了全面批评,提出了自己的新的化学元素概念。他为化学赢得了独立的科学地位;把严密的实验方法引入化学;最终确立了元素定义。正是由于这三大贡献,波义耳使化学最终摆脱炼丹术的襁褓,进入了近代化学新的发展时期。

2. 氧化燃烧理论取代燃素说

17 世纪到 18 世纪中期,很多化学家和医学、生理学家曾广泛地研究了燃烧和呼吸现象,并对这种现象提出了各种学说,其中,以德意志医生兼化学家施塔尔为主提出的“燃素说”影响最为深远。他认为一切可燃的物质中都含有一种气态的要素,即所谓燃素,它在燃烧过程中从可燃物中飞散出来,与空气结合,从而发光发热;而且把一切化学变化、甚至物质的化学性质,乃至颜色、气味的改变,都归结为物质释放燃素或吸收燃素的过程。这一学说固然把当时所知的大多数化学现象作了统一的解释,帮助人们摆脱、结束了炼丹术思想的统治,促使化学得到解放,起到了积极作用。但是当人们对化学反应进行了更多的定量研究之后,它便陷入了自相矛盾的困境。

1772—1785 年间,法国化学家拉瓦锡(图 4-3)对一系列燃烧现象进行了周密的定量研究,并从英国化学家普里斯特利那里了解到从氧化汞中制取氧气的方法。于是,他提出了正确的关于燃烧现象的氧化学说,彻底批判了燃素说,从而把倒立在燃素理论基础上的化学理论端正了过来;并确认氮、氢、氧为元素;对水的组成则从分解和合成两方面做出了科学的结论。拉瓦锡在他的一系列化学实验和论述中,实际上都自觉地遵循和运用了质

图 4-3　拉瓦锡

量守恒定律,而且又以严格的实验对这一定律做了证明,并在1789年作出科学的陈述,从而对化学的发展建立了革命性的功绩。氧化说的建立,推翻了统治理论化学长达一百多年之久的燃素说,从而最终扫清了带有若干炼丹术理论色彩的燃素论在理论化学中的残余影响。自此之后,近代化学真正进入了一个新的发展时期。拉瓦锡尊重实验事实而又长于理论思维,终使他最终在当时的理论化学中建立了卓越的功勋。

3. 重要气体的发现

17—18世纪,化学家们发现并区分了碳酸气、氢气、氮气、氧气、氯气以及氧化氮、硫化氢、一氧化二氮、氨、氯化氢、氧化硫、氟化氢等气体。虽然许多人并未能正确地解释它们,但认识了空气的复杂性和气体的多样性,积累了一些化学知识。英国化学家J.梅奥、J.布莱克、H.卡文迪什、J.普里斯特利,瑞典化学家C.W.舍勒等为此作出了卓越的贡献。

4.2.2　近代化学的发展

1. 原子—分子说

从氧化说建立到新世纪到来之前的20余年时间内,化学又取得了一些新进展,如:又相继发现了钼、碲、钨、钛、钇、铬、铍等新元素;法国化学家雅·查理(1746—1823)于1785年发现了气体的膨胀定律;1791年,康德的学生,德国化学家李希特尔(1762—1807)发现了酸和碱的中和定律以及当量定律;法国化学家普吕斯(1754—1826)于1799年发现了化学反应的定比定律。这些新定律的发现,对化学的进一步发展有重要的实验意义。

到了18世纪末和19世纪初,由于人们在实验化学与理论化学中相继取得的新发现和新进展,人们越来越突出地感到这样两个问题:其一,氧化学说并不能解释一切化学现象;其二,应当探索化学反应的本质。当新世纪到来时,对于包括化学在内的整个自然科学来说,新的科学革命不但早已具备了一种历史必然性,而且也逐渐具备了一定的现实可能性。

古希腊哲学家认为,世界本是由原子组成的,文艺复兴后原子论又开始复兴。这对当时的科学产生了广泛而深远的理论。在早期近代科学中,波义耳和牛顿都提出过原子的观点,但是近代原子论的真正奠基者是道尔顿。

图4-4　道尔顿

道尔顿(1766—1844)生于英国坎伯兰一个贫困的山村(图4-4)。1799年,他开始进行专门的化学研究。1801年,道尔顿在一些气体分析实验中,发现了气体的扩散现象,发现了气体的热膨胀定律和分压定律,正是从这里出发,道尔顿最终走向了有关物质结构和化学反应的原子论。

道尔顿为建立化学原子论所作的直接研究,始于1803年。1803年9月6日,他在笔记中写下了原子论的要点:①原子是组成化学元素的、非常微小的、不可再分割的物质粒子。在化学反应中,原子保持其本来的性质。②同一元素的所有原子的质量以及其他性质完全相同。不同元素的原子具有不同的质量以及其他性质。原子的质量是每种元素的原子的最基本特征。③有简单数值比的元素的原子结合时,原子之间就发生化合反应而生成化合物。化合物的原子称为复杂原子。④一种元素的原子与另一种元素的原子化合时,它们之间成简单的数值比。

在 1803 年 9 月 6 日提出原子论的要点之后,在同月内,他即根据当时一些化学家对一些化合物分析的结果,并试用以氢的原子量为单位,初步计算出了氧、氮、硫、碳等元素的原子量。与此同时,他还创用不同的圆形符号,用来表示不同元素的原子。由于当时尚未建立化合物的分子理论,道尔顿还提出了复合原子的概念,并试用各种圆形符号的规则组合来表示化合物的复合原子。这种表示方法,实际上是后来出现的分子式的先驱。

1803 年 10 月 21 日,道尔顿在曼彻斯特文哲会上宣读了《论水对气体的吸收》的论文,首次报告了他的化学原子论的要点,公布了他所编制的第一个原子量表,以及说明为何用原子论来解释物质的化学结构和化学性质。1807 年,英国化学家汤姆孙在他的《化学体系》一书中,向人们详尽地介绍了道尔顿的原子论。同年,道尔顿着手撰写他的主要化学著作《化学哲学的新体系》,该书的第一卷于 1808 年正式出版,道尔顿把他的原子论的主要实验和基本理论都写入了这一著作中。这样,道尔顿的化学原子论即由此正式问世。

道尔顿的原子论的建立,是继拉瓦锡的氧化学说建立以后,在理论化学中所取得的最重大的进步,它对当时的科学和哲学都具有重大的意义。在科学上,原子论首次揭示出了原子这一化学现象的物质载体,揭示出了一切化学现象不过是原子的运动这一化学本质。由于原子论揭示了化学的这一核心和本质,化学才真正明确自己的研究对象,才真正奠定自己的科学基础,化学也才真正成为科学。在哲学上,由于原子论以元素的原子量为元素的本质属性,这就初步揭示出了化学变化中的质与量的关系,揭示出了化学反应中的本质与现象的关系,并由此初步揭示出元素的内在联系及其相互关系。因此,在继天体演化学说诞生之后,原子论又一次冲击了当时僵化的自然观,同时,对于科学方法论的发展,对于辩证自然观的形成,乃至对后来的整个哲学认识论的发展,也都具有重要意义。

原子论的建立,极大地推动了化学以及与化学相关的一些学科的发展,自此以后,化学及相关学科发展迅速。由于原子论的建立,导致了意大利物理学家阿伏伽德罗(1776—1856)的分子论的建立,导致了瑞典化学家贝齐力乌斯(1779—1848)等人所进行的元素的原子量的测定工作,导致了后来门捷列夫(1834—1907)的元素周期律的发现。因此,原子论是 19 世纪初理论化学进入新的发展时期的一个伟大的开端。正如恩格斯所说:"化学中的新时代是随原子论开始的。"原子论提出后不久,法国科学家盖-吕萨克根据气体体积在化合反应前后的简单比例关系,认为在同温同压下,相同体积的不同种气体所含的原子数目相同。

这受到了道尔顿的极力反对,因为这违背了他的原子理论:由于一体积的氧与一体积的氮反应生成二体积的氧化氮,根据盖-吕萨克假设,会导致有"半个氧原子与半个氮原子"存在的结论。

这引起了意大利科学家阿伏伽德罗的注意,并发现只要稍加修改二者的理论,就可以把二者完美地结合起来。他认为在物质和原子之间还存在一个层次——分子,原子由吸引力组成单分子,并假定所有单质气体的分子都由偶数个原子组成,他没有说明为什么不可以考虑奇数原子组成单个分子。

阿伏伽德罗大胆地修正了盖-吕萨克的假说"在同温同压下,相同体积的不同气体有相同的分子数目"。但是,他的"所有单质气体都是由偶数个原子组成"的结论过于武断了。于是,在化学家眼中,原子被假设为不可再进一步分割的"元素",成为构成宇宙的基本成分。随着人们发现的元素数目的增加,化学家手中的原子数也逐渐增长。20世纪早期,这个数目就达到了92个,这意味着世界上有几十种不同的"原子"。

阿伏伽德罗于1811年发表了一篇论文,论述了关于原子量和化学式的问题,他以吕萨克的实验为基础,进行了合理的推理,首次引入了一个与原子概念既有联系又有区别的分子概念。他认为,所谓原子是参加化学反应时的最小质点,所谓分子是在游离状态下单质或化合物能独立存在的最小质点。

分子是由原子组成的。同种元素的原子结合成的分子即为单质,而不同元素的原子结合的分子即为化合物。在分子概念的基础上,他提出了分子论,主要内容是:①分子是物质具有独特性质的物质结构的最小单位,是物质结构中的一个基本层次,无论是单质还是化合物,在其不断被分割的过程中,都有一个分子阶段;②单质的分子可由多个原子组成;③在同温同压下,同等体积的气体含有同等数目的分子。他的分子论使道尔顿的原子论与吕萨克的气体反应的体积定律在新的理论基础上统一起来,从而成为化学和物理学的统一理论基础——原子—分子论。

阿伏伽德罗以原子—分子论为依据,测定了气体物质的原子量和分子量,并确定了化合物中各种原子的数目。他根据气体反应时的体积比,确定了氨分子的组成为 NH_3(道尔顿错误地定为 NH),水分子的组成为 H_2O(道尔顿错误地定为 HO),这些结论都是正确的。但他的正确思想并未被当时化学界和物理学界所承认和重视,反而被冷落了大约半个世纪,主要原因是由于当时科学的发展还不足以对分子作出系统的、明确的论证。

原子—分子论确立以后,为原子量的测定工作铺平了道路,而随着大量元素的发现和原子量的精确测定,人们开始探讨元素性质和原子量之间的变化关系,导致元素周期律的发现。

2. 元素周期律的发现

19世纪以来,随着分析化学的发展、电化学的兴起以及光谱学的进步,到1869年已发现了63种元素。关于各种元素物理及化学性质的研究资料,也已积累得相当丰富。原子-分子学说到1860年卡尔斯鲁厄会议以后,得到了公认。原子量、当量、分子量间的关系经过曲折的发展过程终于得到澄清,很快有了统一、正确的原子量。原子价学说的确立,又进一步揭示了元素化学性质上的一个极重要方面,阐明了各种元素相化合时在数量上所遵循的规律。于是,各种元素之间是否存在着内在联系的问题便引起了科学家们的思考。到了19世纪后期,解答这个问题的时机逐渐成熟。

早在 1829 年,德意志化学家德贝赖纳发现有几个相似元素的组,每组包括三个元素,每组中的元素性质相似,而中间一个元素的化学性质又介乎前后两元素之间,而且原子量也差不多是前后两元素的算术平均值。他确定的三元素组有:①锂、钠、钾;②钙、锶、钡;③氯、溴、碘;④硫、硒、碲;⑤锰、铬、铁。当时由于发现的元素只有 54 个,德贝赖纳的分类仅限于局部元素的分组,没有可能把所有元素作为一个整体来进行研究。但他的这种对元素进行归纳分类的工作,对后人还是有启发的。

1862 年,法国化学家德尚古多提出了元素的性质随原子量而周期性变化的论点,创造了"螺旋图"。他将 62 个元素按其原子量的大小循序标记在绕于圆柱上升的螺线上。这样就清楚地看出,那些性质相似的元素基本上处在圆柱的同一条母线上,如 Li-Na-K,S-Se-Te,Cl-Br-I,等等。但是由于元素性质的周期性重复并不是总遵循以原子量差值为常数的原则,所以在图上一些性质迥异的元素也混入一组里,造成了混乱,因此他的论文当时未被巴黎科学院接受。但是从认识论的观点看,他从元素的整体上探讨了元素性质和原子量之间的内在联系,为揭示元素性质的周期性做了第一次尝试。

1864 年,德国的迈尔也按原子量大小顺序列出了一张《六元素表》,并详细讨论了表中元素的性质。迈尔对元素的分族作了较好的安排,在表中还留出了未发现元素的空位。但他的工作不够彻底,他排列过的元素还不足当时已知元素的半数。次年,英国的纽兰(1837—1898)将元素按原子量排列时,发现每隔 7 个元素,元素的性质就会周期性重现。他认识到,相似元素常相隔 7 个或 7 的倍数重现,他把这一规律称为"八音律"。他列出的前 2 直列,几乎与现代周期表的第 2、第 3 周期对应,但自第 3 列往后显得混乱。这一方面是由于当时原子量的测定不准确,造成了错误;另一方面他没有考虑为未来发现的原子留出必要的空位。人们嘲笑他的"八音律",英国化学会也拒绝发表他的论文。迈尔并没有灰心,他继续从事周期律的研究。1868 年,迈尔发表了"原子体积周期性图解",表示出元素的原子量与原子体积的关系。1869 年,他也制作了一个化学元素周期表,不过他比较强调元素物理性质的周期变化,但较门捷列夫的周期表增加一个"过渡元素族"。几乎同时,俄国化学家门捷列夫(1834—1907)也发现了元素周期律(图 4-5)。

图 4-5　门捷列夫

1869 年,俄国化学家门捷列夫对上述的工作进行了认真的研究、核对;对已掌握的大量化学事实做了对比、验证,努力从中探寻各种规律;对于有疑问的原子量,他根据该元素的化学性质、原子价、当量,做了一些校正。这就使他坚信,各种元素之间一定存在着统一的规律性,若按原子量排列,元素的性质必然呈现出周期性的变化。同年,他按此原则把当时已知的元素排列成表,全表有 66 个位置,留有 4 个空位,表示有待发现。表中钍、碲、金、铋是按它们的性质来决定其位置的,而原子量与位置存在着矛盾,他认为这是由于原子量测定上出现了差错。1871 年,门捷列夫不顾权威的指责和一些人的嘲笑,发表了第二个经进一步修订的周期表:他将元素表的周期改为横排,竖行则是同族元素;在同族元素中他又划分了主族和副族;预言了 6 个待发现的元素;大胆地修订了某些元素当时已公布的原子量值。他的这些科学预见,很快为后来的实验证实。

1875 年,法国人布瓦博德朗(1838—1891)在分析闪锌矿时发现了一种新元素,他命名为镓(Ga),他测量了镓的性质,将结果发表在《巴黎科学院院报》上,不久他接到门捷列夫的来信,指出他把镓的比重测错了。布瓦博德朗重做实验,果然证明门捷列夫是正确的。他赞扬道:"我以为没有必要再来说明门捷列夫这一理论的巨大意义了。"元素镓就是门捷列夫所预言的"类铝"元素。又过了 4 年,门捷列夫预言的"类硼"元素被瑞典人尼尔森(1840—1899)发现,它的一切特征都与门捷列夫的预见相符。这个元素命名叫钪(Sc)。又隔 7 年,德国科学家文克勒(1838—1904)发现了锗(Ge)元素,其性质与门捷列夫预言的"类硅"相同。文克勒惊叹道:"再没有比'类硅'的发现能更好地证明周期律的正确性了。"

周期律的发现奠定了现代无机化学的基础,它说明自然界的元素并不是孤立的,而是存在着内在联系的统一体。元素性质随原子量增加而变的事实,显示出物质由量变到质变的过程。恩格斯高度评价了这一发现,他说:"门捷列夫不自觉地应用黑格尔的量转化为质的规律,完成了科学上的一个勋业,这个勋业可以和勒维烈计算尚未知道的行星海王星轨道的勋业居于同等地位。"

周期律的发现表明元素性质的发展、变化过程是由量变到质变的过程,它具有科学的预见性。门捷列夫不仅利用这一规律正确地修订了一些元素的原子量(In、La、Y、Er、Ce、Th、U 等),而且预言了大约 15 种元素的存在以及它们的性质。他预言的"类铝"(镓)、"类硼"(钪)和"类硅"(锗)都在其后的 15 年内陆续被发现,其性质与门氏预言的惊人一致。这有力地证明了周期律的科学性,使它赢得了整个科学界的公认和高度评价。它是化学发展史中的一个里程碑,是近代化学发展的最高峰。

英国化学家拉姆齐等对多种惰性气体元素的发现,为周期表补充了一个零族,更深化了化学家们对周期律的认识。

4.2.3 有机化学的兴起

在 18 世纪欧洲,已经用蒸馏手段分离、提取到了一些相对较纯的有机化合物,早期的有乙醇、乙醚、丙酮、安息香酸、琥珀酸、乙酸和甲酸。18 世纪中叶以后,尤其以瑞典化学家舍勒的工作成果最为卓著。他从天然有机产物中用钙盐沉淀法提纯,制取了草酸、苹果酸、酒石酸、柠檬酸、乳酸、尿酸、棓酸、焦棓酸、粘蛋白酸等;又通过化学反应制取了草酸、甘油和酯类。其他化学家又制取了一系列烃类化合物和酯类、醚类化合物。19 世纪的前 20 年中,有些化合物的分离、提取工作又有了长足进展,例如,众多的糖类、有机碱类化合物被离析了出来。总之,大量纯净有机化合物的取得为有机化学学科的建立准备了条件。

"有机化学"这一名词于 1806 年首次由贝采里乌斯提出。当时是作为"无机化学"的对立物而命名的。由于科学条件限制,有机化学研究的对象只能是从天然动植物有机体中提取的有机物。因而许多化学家都认为,在生物体内由于存在所谓"生命力",才能产生有机化合物,而在实验室里是不能由无机化合物合成的。

1813 年法国化学家谢弗勒尔探明脂肪皂化反应的机理,判明脂肪是脂肪酸与甘油的结合物。这一研究的重大意义在于使化学家们了解到,研究天然产物的组成、性质,就必须把它们的各个组分以原始的形式离析出来。为此,必须利用一些惰性溶剂把有机化合物加以解剖、分割。

1824 年,德国柏林大学的青年教师维勒(1800—1882)在研究"氰作用于氨水时",发现,除了形成草酸外,还生成一种"肯定不是氰酸铵的白色结晶物"。为了弄清这究竟是什么物质,他花了近 4 年的工夫,1828 年他无意中用加热的方法终于确证这种白色的结晶就是尿素。这是个特别值得注意的事实,因为它提供了一个从无机物中人工制成有机物,并确实是所谓动物体上的实物的例证。维勒的发现震动了整个化学界。在此之前,生命力论在有机化学领域中占据着统治地位。生命力论者认为,动、植物有机体具有一种生命力(即活力),只有依靠生命力才能制造有机物,所以有机物只能在动、植物有机体内才能合成,人工仅能合成无机物。维勒的发现证明,无机与有机没有不可逾越的鸿沟,在适当的条件下二者可以相互转化。因此,尿素的人工合成是一次大突破,它彻底动摇了"生命力"论,打开了有机化学的大门。此后,乙酸等有机化合物相继由碳、氢等元素合成,"生命力"学说才逐渐被人们抛弃。

1831 年,法国斐鲁兹从氰酸制成蚁酸。1844 年,法国人维勒的学生柯尔伯(1818—1884)用无机元素合成醋酸,这是人类第一次从单质出发实现完全的有机合成。1854 年,法国的勃特罗(1827—1907)合成了油脂类的物质。1861 年,俄国人布特列洛夫(1828—1886)用多聚甲醛与石灰水第一次合成了糖类物质。油脂和糖类物质是人体内的重要物质,在生命过程中起着重要作用。由于合成方法的改进和发展,越来越多的有机化合物不断地在实验室中合成出来,其中,绝大部分是在与生物体内迥然不同的条件下合成出来的。这些成就使人们确信:人工完全可以进行有机合成;过去对无机物适用的一些化学定律,同样也适合于有机物。这样,无机界和有机界的鸿沟大部分填起来了,"生命力"学说渐渐被抛弃了,但"有机化学"这一名词却沿用至今。

1. 有机化合物元素的分析

这是认识有机化合物的入门。这项工作的开创者可以认为是拉瓦锡。法国化学家拉瓦锡发现,有机化合物燃烧后,产生二氧化碳和水。他的研究工作为有机化合物元素定量分析奠定了基础。因为他最早理解、掌握了氧的性质,并用氧气燃烧法测定了有机化合物中碳、氢、氧的百分含量,但他得到的数据较为粗略。此后,道尔顿、泰纳尔、贝采里乌斯等对有机化合物中碳、氢的分析方法都有所改进。1810—1815 年间,盖-吕萨克和泰纳尔先后选用氯酸钾和氧化铜为氧化剂来分解有机化合物,得到了第一批较准确的有机物元素分析数据。他们的方法后来又得到贝采里乌斯的改进,但由于他未能正确地确定有机物的分子量,因此未能得到正确的化学式。1830 年,德国化学家李比希对碳氢分析又作了重大改革,用氯化钙吸收水蒸气,用苛性钾吸收 CO_2,他设计的仪器很快被推广。

1833 年,法国化学家杜马首创以 CuO 为氧化剂的有机氮测定法。但直到 1883 年,丹麦化学家克达尔发明了用硫酸消化把有机氮转变为游离氨的测氮法,才得到了令人满意的结果。有机元素分析的建立,为确定有机物化学式创造了条件。18 世纪后半叶,从动植物体中分离和提取有机化合物的工作有了较大的进展:例如,1773 年从人尿中分离出尿素,1815 年从动物脂肪中分离出了胆固醇等。于是有机分析也相应发展起来,其中最重要的是碳氢分析。

1830 年,李比希(1803—1873,德国)制成了燃烧仪。他让有机物的蒸汽与红热的氧化铜接触后燃烧,可以准确地算出有机物中碳和氢的含量。燃烧仪的出现,使碳氢分析成为一种精确的定量分析技术,这对后来有机化学的发展起着十分重要的作用。

2. 有机化学理论的发展

由于有机物提纯、有机分析和有机合成取得了大发展,使 19 世纪中后期有可能逐步形成和建立有机化学的概念和理论。

1834 年后,杜马、法拉第、李比希、维勒等注意到,卤素原子具有从有机化合物中把氢原子逐个取代的性质,说明原来被认为是"稳定的"所谓有机基团,并不是稳定的。杜马曾总结了这类取代反应的一些规律。

有机化学中的类型说,为杜马所提出。他把含有相同数目原子的、以同样方式化合并表现出相似基本化学性质的一组化合物,称为同类型化合物。各种有机化合物可以分为若干类型。这一学说总结了有机取代反应的一些实验规律,是对有机化合物进行分类的初步尝试。

1837 年由洛朗提出,认为一切有机化合物都是由基本碳氢核团构成的。他把碳氢化合物看成是最基本的有机化合物,其他类有机化合物都是它们的衍生物。

1857 年凯库勒通过对一系列化学反应的归纳,他指出:H、Cl、Br、K 是"一原子的"(即一价的),其亲合力单位数为 1;O、S 是"二原子的",N、P、As 是"三原子的",亲合力单位数分别为 2 和 3。他又根据沼气型化合物得出结论:碳原子与四原子的氢或两原子的氧是等价的。他的碳四价学说,对有机结构理论的形成起了重要作用。1858 年凯库勒发展了碳的四价学说,提出碳原子间可以相连成链状的学说,认为在含有几个碳原子的物质分子中,碳原子的亲合力必然在碳-碳相结合时抵消了一部分。他首次正确地表达出了沼气、光气、碳酸、氢氰酸、氯乙烷、乙酸、甲酸甲酯等化合物的化学结构式。1858 年,英国化学家库珀发展了凯库勒上述学说,他通过对化合物结构的表达图式,首次提出了化学键的概念。1864 年迈尔建议,以"原子价"这一术语代替"原子数"和"原子亲合力单位数",于是原子价学说得以确立。

1861 年,俄国化学家布特列洛夫提出,"一个分子的本性取决于组合单元(原子或原子团)的本性、数量和化学结构。"所以,一方面依据分子的化学结构可以推测出它的化学性质,另一方面也可以依据其性质及化学反应而推断分子的化学结构。

19 世纪四五十年代,化学家们接触到了一系列从煤焦油中提取出的芳香族化合物,并了解到了它们的很多性质。它们给化学家的重要印象是含有较多的碳;它们都含有一个由 6 个碳原子构成的核,这个核内碳原子间的结合格外牢固。芳香族化合物中最简单的就是苯,化学式为 C_6H_6,其他芳香族化合物都可以视为 C_6H_6 中的氢原子被其他基团所取代而生成的衍生物。1865 年,凯库勒凭借他的丰富想象力,提出了苯分子是一个6个碳原子构成的封闭式环状链。苯环结构的发现,对有机化学的发展产生了巨大的影响,成为19 世纪以煤焦油为原料的有机化学工业的先导。

4.3　生物学的创立

随着人类为了自身生存的需要和对有机界奥秘探索兴趣的增长,有关动植物的知识逐渐积累。早在文艺复兴前,包括解剖学和生理学知识的医学已在大学中占有重要地位。文艺复兴后的 17 世纪,生理学继解剖学而成为医学的重要部分。实验方法也继观察、描述、比较和推测之后,开始在生物学中应用。显微镜的发明,标志着揭示微观生物界的开始。18 世纪,动物学、植物学已经进入大学的讲堂,集前人大成的动植物分类学也为以后系统的分类学奠定了基础。

19 世纪的生物学在科学史中占有重要的位置。从 1802 年法国的拉马克和德国的特雷维拉努斯正式使用"生物学"一词开始,生物学结束了"襁褓"时期,生物学也取得了突飞猛进的发展,主要成果有细胞学说、达尔文进化论和孟德尔的遗传理论。其中,细胞学说、达尔文进化论,被誉为 19 世纪科学上的重大发现,不仅丰富了生物学的理论,而且为辩证唯物主义自然观的诞生奠定了重要的科学基础。

4.3.1　早期的生物学成就

近代早期,涌现了一批新的博物学家,建立了一些动物园和植物园。近代动物学和植物学渐具雏形。

1. 动物学和植物学的初创

瑞士博物学家格斯纳(1516—1565)编著的 5 卷《动物志》相继出版。《动物志》全面总结了当时欧洲有关动物的知识和传说。法国博物学家贝隆著于 1551 年的《海洋鱼类自然史》,以亚里士多德的分类办法为基础,探讨了海洋鱼类。但他把海豚也列入其中,并作了仔细研究,甚至包括其胚胎。此后,他又发表《鸟类自然史》,分类描述了约 200 种鸟。隆德莱(1507—1566)也是法国博物学家,还曾担任过解剖学教授和枢机主教的私人医生,对疾病诊断和药物制剂发表过不少见解。他的主要著作,是 1554 年出版的《水生动物》书中详细描述了约 250 种海洋动物,其中主要是地中海的。意大利学者阿尔德罗范迪(1522—1605),在 1599 年出版了自己 3 卷本的研究鸟类的著作。3 年后,他又出版了关于昆虫的著作。这些书都对动物及其生活做了详细的描述,几乎每种动物的叙述都配以插图。书中虽然仍有不少夸大和想象的内容,如 300 英尺长的海蛇、狮身人面兽,等等,但也有大量实际的描述。早期的动物研究在分类问题上并未做深入研究,因而把蝙蝠也当作鸟类而作了探讨。

15 世纪以来,由于对自然兴趣的增长,人们开始注意观察和研究自己身边的植物,并因此而发现,有许多植物是古代植物学权威提奥弗拉斯特和第奥斯科里斯所不曾指出过的。作为这种观察、研究和发现的结果,出现了专门描述某些地区植物群的著作,这些著作一般都附有木刻制版的插图。有三位德国学者在这方面做了开创性的工作,他们是:

布伦费尔斯(1488—1534),其主要著作是两卷本的《药用植物图说》,1530 年出版。书中对各种植物作了描述和医疗效果的介绍,并附有详细准确的插图。这些插图是由画家直接根据植物的自然状态临摹下来的。这本书虽然仍遵循第奥斯科里斯的意见,但它表现出的对植物的细致观察和忠实描述,开始了植物学的新方向,其作者后来被林耐称为现代植物学的奠基人之一。

博克(1498—1554),他的主要著作《新草药志》出版于 1539 年,该书不仅描述细致准确,而且还打破常规,对 700 种左右的植物根据相似结构作了分类。在 1546 年再版时,博克又增加了详尽的插图。

富克斯(1501—1566),他的一部被认为是博物学历史上具有里程碑意义的著作《植物志》,于 1542 年问世。他的书条理清晰,描述精细,术语准确,插图逼真。他在序言中指出,每幅插图都是根据植物的本来形状和特点绘成的,而且尽量画出它们的根、茎、叶、花和果实。特别值得提及的是,他是按字母的顺序,描述了众多植物的形状、生存环境、性味、药用功能和最佳采集时间的。

但是,重大的转折已在这时开始。一些大学逐渐把植物学从医学中独立出来;作为这门学科教学研究手段的植物园,也相继出现。

2. 生物分类学的探索

林耐(1707—1778)生于瑞典司马兰省的牧师家庭,他的父亲是个乡村牧师,曾开辟过一个规模不小的花园。幼年的林耐受到了热爱花草种植的家庭气氛的熏陶,这也许是使林耐后来成为著名植物学家的最初动因。

林耐在进行生物分类学研究之初,由于没有找到统一的生物命名法,因此在建立统一的生物分类体系的过程中遇到了困难。后来,他从瑞士植物学家鲍兴的双名制命名法中得到启发,认为有可能运用双名制命名法建立统一的生物命名法。林耐吸取了鲍兴的双名法的基本原则,改进了其中的不足之处,又从英国生物学家雷伊那里吸取了种的概念,建立起了以人为分类法为基础的属名与种名相结合的新的双名制命名法,例如,他以动物的心脏、呼吸器官、生殖器官、感觉器官和皮肤特征等多种性状为分类的综合标志,将动物分为六大纲。

(1)心脏有二心室、二心耳,血温、红色:

胎生——哺乳纲

卵生——鸟纲

(2)心脏有一心室、一心耳,血冷、红色:

肺呼吸——两栖纲

腮呼吸——鱼纲

(3)心脏有一心室、无心耳,血冷、白色:

有触角——昆虫纲

有触手——蠕虫纲

在通过广泛的植物考察、植物种植、标本分析以及理论研究的基础上,林耐对传统的人为分类法中已有的分类范畴作了一些改进。他继承和发展了雷伊的种的概念,把它引为人为分类法的等级序列概念中的基本概念,从而建立起了纲、目、属、种这样由四级分类概念所构成的等级序列。

对于整个自然系统,林耐把整个自然界划分为有生与无生两界;把整个有生界划分为植物和动物两个亚界;亚界下分纲,其中把植物划分为 24 纲,把动物划分为 6 纲;纲下再分目;目下再分属;属下再分种。种是这个等级序种中的最基本的分类单位。这样,林耐就建立起了一个由纲、目、属、种四级分类序列构成的人为分类系统。

林耐的分类序列概念与现代分类学的区别在于:他的属与目之间没有种;他的纲上没有门;但他在种这一级中列有亚种。

由于确定了分类的基本标志,又确定了分类的等级序列,林耐就以他的新的双名制命名法为基础,在对 7700 种植物和 4400 种动物统一命名之后,最终完成了以人为分类法为基础的生物分类系统。

林耐的生物分类学成就,集中地反映在他的《植物种志》、《瑞典动物志》和《自然系统》这三部主要著作中。其中《植物种志》最初写作于 1746 年,前后历经 6 年时间,直到最后完全建立双名法之后,才在 1753 年定稿出版,此书建立了植物的人为分类系统。《瑞典动物志》最初出版于 1746 年,后来修改再版,在再版本中,林耐建立了动物的人为分类系统。《自然系统》是林耐的最主要著作,在林耐生前就已经再版 12 次。

4.3.2 生物学三大理论的建立

1. 细胞学说的创立

细胞的发现始于 17 世纪中叶。1665 年,虎克(1635—1703,英国)用一台自制的显微镜在观察软木片时发现了细胞,他写道:"这些空洞,或'细胞',并不很深,而是由许许多多的小匣组成,它们是连续的长孔,用横壁隔开。"细胞这个词就是由虎克创造的。17 世纪 70 年代后,意大利解剖学家马尔丕(1628—1694)和荷兰的显微镜专家列文·虎克(1632—1723)分别观察过活的细胞和骨细胞等。但在此后的一百多年里,对细胞的认识没有新的发现。

1828 年,冯·莫尔(1805—1872,德国)用显微镜仔细观察植物的细胞壁结构,以及细胞质的流动现象。他发现细胞通过生成新的间壁完成增殖。

1831 年,布朗医生(1773—1858,英国)用一台改进了的消色差显微镜发现了著名的"布朗运动"。他在观察兰科植物表皮细胞时,发现细胞中有一个小核,他称之为"细胞核"。但这一发现未能引起重视。早在 1825 年,普金耶(1789—1869,捷克)在鸡的卵巢中就曾观察到鸡的卵子中也有一个核,他把卵细胞的物质统称原生质。1837 年,他研究了神经细胞与小脑神经节细胞,他指出细胞不仅是只有一个坚硬的外壳,其内部还包含有原生质,原生质在细胞中应具有更重要的作用。他还宣布,在动物脾脏和淋巴腺的细胞中观察到了细胞核。1838 年,生物学家弥勒(1801—1858,德国)概括了上述成就,指出一切动物组织中都普遍存在细胞结构。舒尔茨(1825—1874,德国)把细胞定为"一团有核的原生质",并强调原生质才是生命的物质基础;他还证明,在不同的植物细胞中,原生质基本上是相同的。在 19 世纪 30 年代,人们对细胞的研究已取得了一定的成果,这为细胞学说的诞生创造了条件。

细胞学说的建立,归功于植物学家施莱顿(1804—1881,德国)和动物学家施旺(1810—1882,德国)的工作。

施莱顿原是一名律师,后改学医学和植物学。1838 年,他发表了著名的论文《论植物的发生》,明确提出细胞是植物结构最基本的单位和借以发展的实体。这样,他通过细胞找到了动物与植物的共同点。细胞不单是一个独立的生命单元,而且由细胞组成了不同的生物个体,他把研究结果通知给施旺。施莱顿还在柏林求学时就结识了动物学家施旺,施旺是著名生物学家弥勒的学生,他自 1835 年起就从事研究发酵和腐败的现象,并由酵母和微生物的研究认识到细胞的作用。当他得知施莱顿的研究成果后,便决心把它扩大到动物学领域里。1839 年,施旺通过蝌蚪的鳃软骨及脊索的观察与研究,发现了动物细胞的结构与细胞核,这样,他把施莱顿的学说成功地扩展到动物界,形成了完整的细胞学说。

细胞学说认为,细胞是动、植物的最基本结构单位。一切动、植物虽然形态千差万别,但却在细胞结构的基础上统一起来。这个学说认为细胞是各自独立的、完整的生命单位,如施莱顿所说:"在每个单独的细胞中都存在着生命的本质。"动、植物的发育过程就是细胞的形成过程,细胞一旦形成就被安排在一定的结构之中。但这一细胞学说只承认有机体仅是细胞简单的总和。最低等的生物只有一个细胞,高等生物则由许多细胞组成。施旺还试图对细胞分类,如血液细胞、皮肤细胞等。

施旺强调:"有机体的基本部分不管怎样不同,总有一个普遍的发育原则,这个原则便是细胞的形成。"而发育过程就是细胞的形成过程。施莱顿把这一过程具体化,他认为一个新细胞起源于一个老细胞的核。每个细胞都有两个生命,一个属于细胞自身的,另一个属于生物组织全体的。细胞则依赖这两种生命赋予的力量形成:这力量之一是新陈代谢,它把细胞内的物质转化为可以形成新细胞的物质;另一种是吸引力,即通过浓缩和沉淀形成细胞之间的物质,最终形成新细胞。细胞核的作用是极重要的,它发展出细胞的其余部分。

新的细胞学说没有细胞用分裂方式增殖的思想,对细胞内各种物质的作用也缺乏更深入的认识。然而,施莱顿和施旺的学说发表后,立即受到生物学家和医生们的重视,他们用自己的研究不断修正和发展了细胞学说。

1842 年,生物学家耐格里(德国)研究植物花粉时,看到亲细胞的细胞核分裂为两个子细胞的核。他还发现一种"暂时的细胞形成核"的现象,后来人们才知道他所指的是染色体。同年,动物学家普罗沃斯特和杜马也观察到蛙卵细胞的分裂。1854 年,巴里(1802—1855)公布了兔卵裂变图片。接着,医生雷马克(1815—1865,德国)和寇力克

(1817—1905,瑞士)把细胞的分裂和胚胎的发育联系起来,他们证明卵子和精子原来是单细胞,通过细胞分裂完成了胚胎的发育过程。这样到 19 世纪 50 年代,细胞通过分裂增殖的现象得到公认。

1861 年,解剖学家舒尔兹(1825—1874,德国)集细胞学研究之大成,把细胞质、原生动物、卵细胞统一起来,把细胞定义为"一团有核的原生质",并指出原生质是生命的基础。

细胞学的产生揭示出动物、植物、高等生物和低等生物都是以细胞为共同联系的基础;生物体的一切发育过程则是通过细胞的增殖和生长来实现的。恩格斯说:"由于这一发现,我们不仅知道一切高等有机体都是按照一个共同规律发育生长的,而且细胞的变异能力指示了使有机体改变自己的物种并从而实现一个比个体发育更高的发育道路。"

2. 进化论的创立与发展

(1) 早期进化论

进化的观念可以上溯到古希腊时代。至 18 世纪时,已有不少生物学家发表了倾向某种生物进化的观点。但是,作为当时生物学理论的主流,仍是反对进化论的。

生物学家莫伯丢(1698—1759,法国)是这一时期生物进化论的代表。他认为,物种的变化源于生物机体的偶然变异,这种偶然变异,若能适应环境就被保存,否则被消灭,偶然变异多次重复就产生了新的物种。植物园负责人布丰(1707—1788,法国)是继莫伯丢之后另一位进化论代表,他曾详细描写过物种的起源和发展过程,他认为气候、营养等条件都会影响物种的变异。

18 世纪末和 19 世纪初,拉马克(1744—1829,法国)发展了早期的进化论。拉马克提出了两条著名的进化法则,其一是动物器官"用进废退",其二是所谓"获得性遗传"。动物的器官使用得较多或较少就会产生变异,这种变异是永久性的,并能导致遗传。他举例说:长颈鹿由于吃高大树木的叶子而发展了长颈,并把这一特点遗传给后代。他还推测,为了看得更远,猿学会了直立行走,这种经常的、持续的行为必然使身体结构产生了变化,又通过遗传使这种结构变化得到发展和强化。他进一步推测:由于猿和人在身体结构上是相似的,人可能是由猿进化来的。

拉马克的学说在生前没有得到人们的理解,晚年时他双目失明,过着孤苦潦倒的生活。拉马克的著作对于达尔文产生过很大的影响。

(2) 达尔文的进化论

查理·达尔文(图 4-6)(1809—1882,英国)出生于一个医生家庭。1831 年,经植物学家亨斯罗推荐,达尔文以自然科学家的身份随贝格尔舰作环球考察,历时近 5 年。

这次环球航行对达尔文的科学研究产生了极为深远的影响,达尔文在 5 年的考察中采集到大量的标本,并把每日的见闻仔细而生动地记下来。他的笔记经整理,分别出版。1838—1843 年出版了《贝格尔舰航行期内的动物志》,共 5 卷。1839 年出版《在贝格尔舰上旅行》一书,这是一部深受欢迎的著作,曾被译成多种文

图 4-6　查理·达尔文

字,连达尔文自己也感叹:"一本旅行记,而且是科学性的书,竟能够在出版后很长的岁月中获得这样的成功,这真使人惊奇。"达尔文在航行中深受赖尔的地质进化论影响,他根据《地质学原理》书中的理论,考察并解释了一些地质现象。回国后共完成了三部地质学著作:1842 年出版了《珊瑚礁》,1844 年出版了《火山岛》,1846 年出版了《对南美洲的地质观察》。1859 年,他的名著《物种起源》出版,这部著作用丰富的材料系统地阐述了进化论学说。直到《物种起源》一书出版,进化论才在社会上引起广泛的关注和轰动。

《物种起源》是达尔文毕生心血的结晶,它全面阐述了达尔文的进化论学说,成为一部可以和哥白尼的《天体运行论》、牛顿的《自然哲学的数学原理》相媲美的伟大著作。

达尔文的研究是从变异开始的,达尔文把变异分为"一定变异"和"不定变异"。所谓一定变异,是指在相同环境下,同一物种的一切个体都会发生的相似变异,例如严寒地区的兽类都有较厚的皮毛。不定变异是指在同一生活条件下,同物种的不同个体上产生的变异,例如,植株上结出的果实存在着差异。变异是普遍存在的现象,是不可避免的。这主要是由三方面原因造成的:生活环境变化、器官的用进废退以及器官的相关变异。达尔文还指出变异的可遗传性。

生物的品种是怎样产生的呢?生物的进化又是怎样体现的呢?达尔文对家养动物和栽培植物作了实验,他研究了 150 个品种的家鸽,许多品种的家鸡、黄牛、马和绵羊,植物有甘蓝、苹果、蔷薇等。这些人工培育的品种有着共同的特征,那就是它们的一些特性都符合人类的需要和爱好,但对生物自身不利。例如,优良的奶牛可以生产大量牛奶,远远超过养育幼牛的需要,巨大的乳房却使奶牛行动不便;同样,肥猪满足人类食肉的需要,猪的行动却因此变得迟缓;等等。达尔文说"这事情的关键,全在人类的积聚选择或连续淘汰之力"。通过与人工选择的类比,达尔文建立了他的自然选择理论。他发现"一切生物都有高速率增加的倾向",他以大象为例:假设一对大象自 30 岁起至 90 岁止,每 10 年生育一头小象,并活到 100 岁,740 年后,这一对大象的家族就有近 1900 万头。可事实上,世界上的大象存活数远低于这个值,那么是什么因素抑制了生物的高速增殖呢?达尔文认为,每个生物在其成长过程中要经受一系列残酷的生存斗争,结果许多胚胎和个体灭亡了,生存下来的仅是很少一部分。

自然界的生存斗争有三种形式:其一是同一物种内部的斗争,例如,同种植物争夺肥料、水分。这种斗争最激烈,因为同种个体居住在同一地区,需要相同的食物。其二是种间斗争,这种斗争体现了生物的互相联系和制约的关系,斗争的结果将达到某种生态平衡。达尔文指出,红三叶草靠土蜂传播花粉,而土蜂的数目受田鼠制约,因为田鼠往往捣毁蜂窝;田鼠的数目又受到猫的制约。这说明"系统相距很远的植物和动物,却被复杂的关系网联结在一起"。其三是物种同环境的斗争,例如,植物同干旱与炎热斗争等。自然界通过生存斗争的方式淘汰掉一大批生物,保留下一小部分适应这一斗争的生物,从而实现了自然选择。

达尔文把变异看做生物进化的原料,把自然选择看做生物进化的途径。他充分讨论了自然选择的规律和特点。他指出,自然选择之所以是必要的,也是可能的,是因为生物有繁殖过剩现象,繁殖数量愈多,选择的余地就愈大。由于在生存斗争中,只有有利变异性强的物种才能获得生存,而那些于生存不利的变异被排斥、遭淘汰;大自然年复一年地重复这种选择,通过种间斗争选择好物种个体;通过种内斗争,选出物种中好的个体;通过生物与环境的斗争,挑选出能适应环境的物种及个体;另一方面物种的优良变异又通过遗传得到保留和发展;于是,物种的偶然变异通过自然选择,逐渐成为新物种的必然属性,因而实现了物种的进化。达尔文把这一现象叫做“适者生存”。他说:“我把这种有利的个体差异和变异的保存,以及那些有害变异的毁灭,叫做‘自然选择’。无用无害的变异则不受自然选择的作用,它或者成为彷徨的性状……或者由于生物的本性和条件的性质,终于成为固定的。”达尔文反对灾变论的观点,他断定“自然界里没有飞跃”,变异只能是一种缓慢的和渐进的进程。他写道:“因为自然选择只是利用细微的、连续的变异而发生作用,它从来不能采取巨大、突然的飞跃,而一定是以短的、确实的、虽然是缓慢的步骤前进。”达尔文并没有认为已解决了一切难点,他在著作中指出,既然物种的变异是缓慢的、渐进的过程,为什么找不到大量的中间过渡类型呢? 一些高度完善的器官与本能又是如何形成的呢? 他试图做过某些解释,但是并没有完满的答案。赫胥黎也指出过一个缺陷:血缘相近的不同物种,杂交的后代往往生殖不蕃,如果物种有一个共同的来源,为什么我们竟看不到这类现象? 达尔文在这部著作中还暴露出一些不足之处,例如,强调物种生存斗争,却忽视了物种间的合作;强调进化的渐变,却忽视了物种在进化过程中的突变。到19 世纪末,许多育种学家都指出,大的突变常常发生,特别在杂交之后,新的品种可以立刻出现。

《物种起源》的出版震动了西方科学界,它像汹涌的洪水冲破了物种不变论的堰闸,终于引发了一场大辩论。一些守旧的学者发表了措辞尖刻的言论,例如,天文学家 J. F. 赫歇尔把进化论说成是“胡闹定律”;解剖学家欧文发表了激烈的批评文章;地质学家塞治威克写信给达尔文,说这本书“有些部分使我觉得好笑,有些部分则使我为你忧愁”。在信的落款上写道:“你以前的朋友,现在是猿人的后代”;就连赖尔开始时也不理解,他曾说“人类是由猴子进化而来的”这句话太使人寒心(图 4-7)。

图 4-7　神创论者调侃达尔文的漫画

进化论粉碎了神创论和目的论,给宗教神学以沉重的打击。1860 年,英国教会在牛津大学召开英国科学促进会,提出“拯救心灵和打倒进化论”的口号。牛津大主教威尔伯·福斯集中攻击了人是由猿进化来的论点,并和赫胥黎展开了著名的论战;红衣主教孟宁则辱骂达尔文主义是“牲畜哲学”,歪曲进化论主张“没有上帝,而猴子就是我们的亚当”,等等。

但是进化论立即得到一批有见识的学者赞同,其中最勇敢、最热情、最忠诚的捍卫者是赫胥黎,他用大量解剖学与生物学的例证证明,人是由猿进化而来。他这方面的著名著做有《人类在大自然界的地位》、《进化论与伦理学》等。

19 世纪 80 年代后,进化论终于成为最有影响的科学思潮。

4.3.3　孟德尔的遗传学

19 世纪后,从事杂交育种研究的生物学家逐渐增多。1791—1823 年,奈特用豌豆进行杂交实验,他发现白色豌豆种与灰色豌豆种杂交的第一代中,灰色种的性状得到表现。他又用白色种子的亲本同第一代杂交种回交,在第二代杂种中,得到了灰色与白色两种颜色的豌豆。他认为两种豌豆的亲本都把自己的因子遗传给杂种第一代,但一种因子会抑制另一种因子的作用,前者叫显性因子,后者叫隐性因子,但他没有对杂种第二代的特性作深入研究。同一时期,意大利人加利西奥在 1816 年也提出了"显性"概念。

1820 年,约翰·古斯利用"蓝色的普鲁人"和白色的"西班牙侏儒"两个豌豆种杂交,结果杂种第一代全部是白色,第二代蓝白两种颜色都有,说明在杂种第二代发生了性状分离。在他之后观察到"显性"与"分离"现象的,还有法国人路易·德·维尔莫兰(1856—1860)。

1863 年,植物学家诺丹(1815—1899,法国)发现第一代杂种性状常在两个亲本之间,第二代杂种的性状出现了混乱的变异,其各类型数目符合几率定律。以上数人的工作对遗传学的发展都有不同贡献,但他们的实验规模太小,不足以确定有关的定量的规律。

此外,植物学家格特纳(1772—1850,德国)曾用 700 多种植物作了 1 万多项杂交实验,产生了 250 种杂交类型。

在 19 世纪,对遗传学作出重大贡献的是孟德尔(1822—1884,奥地利)。

他创造了用统计方法寻找遗传规律的方法,并提出解释这种规律的理论,后人把这些统称为孟德尔的遗传学说。

图 4-8　孟德尔

孟德尔(图 4-8)出生于一个农民家庭,曾在维也纳大学学习生物学,1853 年他在布隆修道院做修士,后来任该院院长。自 1854 年起,他在修道院的花园里从事了 9 年的豌豆杂交遗传的试验研究。1866 年,他发表了《植物杂交实验》,全面阐述了他的遗传学说,并公布了其主要的实验结果。

孟德尔研究杂交育种的初衷,是因为这"关系到有机类型的进化历史",为此他决定进行大规模的精确实验。他认为:用于杂交实验的植物应当具有稳定的特性,以便于观察;实验的植物应不受外来花粉的影响,以确保实验的可靠性;植物还应是易于栽培的、生长期短的。经过一番慎重的选择之后,他决定用豌豆做实验对象。他从 34 种豌豆中选出 22 种性状稳定的品种,从中又观察到有 7 对性状有明显的差别。他用这 7 对相对性状稳定的豌豆进行杂交,发现杂种第一代只有一种性状表现出来。然后单独播种第一代杂种,令其自花授粉,发现子二代中有两种性状分离出来,两种性状的比例经统计大约是 3∶1。孟德尔强调,杂交第二代相对性状的比例存在 3∶1 的规律,是由大量实验植株得到的统计规律。就单个种子来说,究竟表现为何种性状是具有偶然性的,他举例说一株有 43 个圆形性状,只有两个皱皮性状,另一株只有 14 个圆形,却有 15 个皱皮的,这些同 3∶1 的规律有较大的偏离。这样,孟德尔通过对大量杂交实验(每年实验的植株数为 28 000 到 30 000 株)进行精确的定量分析,开创了生物学研究的新方向。

在此基础上,他假定生物体内存在一种遗传物质,叫遗传因子。每一对遗传因子决定了一种性状。在细胞中遗传因子都是成对出现的,其中一个来自雄性亲本,另一个来自雌性亲本,它们可以是相同的,也可以是不同的,但是在生殖细胞中,遗传因子是单个出现的。

当雌雄双亲把自己的一个因子传给杂种第一代时,两个因子将结合在一起,既不会中和,也不会抵消,但是一个因子会压抑或掩盖另一个因子的作用,前者就叫显性因子,后者叫隐性因子,这时表现为显性性状。只有当两个隐性因子结合时,才表现为隐性性状。

利用杂种第一代为亲本产生杂种第二代时,这时共有 4 个遗传因子独立交配,互不干扰。例如,以 R 代表显性因子,r 表示隐性因子。在子二代中,Rr 与 Rr 交配,形成了 RR、Rr、rR 和 rr 这 4 种组合,前 3 种性状为显性、后一种为隐性,所以显性与隐性之比为 3∶1。这样,孟德尔就圆满地解释了实验统计规律,建立了分离定律。

1865 年,孟德尔在奥地利自然科学学会第二次会议上报告了上述研究成果,然而与会者却没有能认识到,这是一个划时代的贡献。后来,他的学说几乎被人遗忘,直到 1900 年才被人重新发现。

孟德尔的遗传学说最先证明,遗传现象是有规律可循的,并由此可以推算出杂交品种的数量,这对人工培育新品种具有指导意义。孟德尔最先指出,遗传是有物质基础的,遗传因子仅存在双亲的生殖细胞中。同一时期,达尔文还提出过“泛生论”,认为遗传物质以微粒形式存在于生物个体的各个部分,尽管“泛生论”曾一时占了上风,但现代遗传学证明它终归是错误的。在今天看来,孟德尔的遗传因子也并不是遗传信息的真正物质载体,实际上,这个问题的解决已超过了 19 世纪细胞遗传学的能力,它最终只能在 20 世纪的分子遗传学中得到答案。

4.4　第二次技术革命

第二次技术革命发生在 19 世纪下半叶,它以电能的开发和应用为标志。第二次技术革命极大地促进了社会生产的发展和改变了人们的生活质量,也引起了社会经济结构和组织结构的巨大变革,特别是两次技术革命对人类交通运输机械的影响,使人类社会步入“电气化时代”。

4.4.1　运输机械的革命

1. 蒸汽机的改进和火车的发明

18 世纪末,瓦特蒸汽机在工业上得到了推广。但是,因为高气压而引起爆炸的问题未能得到解决,所以瓦特本人坚持发展低压蒸汽机。这种蒸汽机的功率多在 80 马力以下,机身又笨重,不适宜做机车的动力。但要提高功率就必须提高蒸汽压力,这样对锅炉、汽缸、活塞的制造技术就提出了更高的要求,在当时这些难题解决起来并不容易,因此初期的高压蒸汽机常发生爆炸事故,人们仍然认为,只有瓦特的低压蒸汽机才是安全机。

1800 年,崔威·席克(1771—1883)研制了使用几个大气压蒸汽工作的蒸汽机。4 年后,他研制出一种单缸高压蒸汽机车,车头仅有 4 个轮子,动力通过齿轮系统传递给车轮。这辆机车拉着 5 辆 4 轮货车,装载着 10 吨铁和 70 名乘客出现在伦敦街头,机车时速达每小时 8 千米,虽然总共只行驶了 15 千米,却引起了轰动。由于当时使用铸铁制造的铁轨太脆,试运行几次之后,便损坏了,人们却以为这是由于崔威·席克的火车轮空转造成的结果。

1813 年,有个叫兰顿的制造了一辆奇特的蒸汽机车,机车的后面安装了两条像马腿一样的机构,他以为这样就可以防止车轮打滑。同一时期还有人发明了带齿的轨道和车轮,车速达到每小时 6 千米,牵引着 6 吨的煤行驶。

法国人马克·塞贵因做出了一项有实用价值的发明,他的多管锅炉使受热面大大提高。哈克·沃斯发明了从烟道排出废气的办法,废气在烟道内产生了一种抽风的效应,帮助锅炉中煤的燃烧。他们的发明一直使用至今。

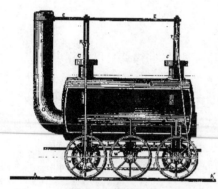

图 4-9　蒸汽机车

从 1814 年起,煤矿司炉工乔治·斯蒂芬孙(1781—1848,英国)开始研制真正的蒸汽机车,到 1825 年,他共研制了 19 台火车,顺利地解决了当时运送煤炭的问题。同年 9 月,他研制出功率较大的机车"运行号",这台机车可以牵引 38 节客车,共载着 450 名乘客在斯托克顿到林顿之间行驶,在当时,这是仅有的一条长 21 千米的铁路。后来"运行号"的时速提高到每小时 24 千米(图 4-9)。这一成就使斯蒂芬孙大受鼓舞,他不顾许多人的激烈反对,决定兴建从利物浦到曼彻斯特的铁路,这条铁路共有 63 座桥梁和 2 千米长的隧道。

1829 年,这一工程完成,次年顺利通车。

1829 年,斯蒂芬孙制成了当时最先进的机车"火箭号"。他采用了多管锅炉和利用废气抽风的技术。为了增加废气的抽力,火车的烟囱高达 4.5 米,蒸汽机的活塞可以直接推动车轮。在雷因普希的比赛中,"火箭号"获得优胜。同年,"火箭号"在利物浦到曼彻斯特的铁路上运行,时速达到每小时 29 千米,证明用它牵引火车是切实可行的。历史上通常把这一年作为蒸汽机车的诞生日期。蒸汽机车和铁路运输对英国的经济发展做出了巨大贡献,并为其他各国所仿效。

1860 年,英国的伦敦地下铁路工程开工,3 年后完成了长 6 千米的地段,由于使用蒸汽机车牵引,隧道内常常是烟尘滚滚,但是它为人们带来了便利,仍受市民的欢迎。

1872 年,纽约建成了第一条高架铁路。人类进入"铁路时代",也标志着第一次工业革命的完成。

2. 内燃机与汽车的发明

蒸汽机在 19 世纪暴露出固有的缺点:其一是效率低,当时仅达到 5%～8 %;其二是体积过于笨重,巨大的蒸汽锅炉占据了大量空间,因而限制了它应用的范围;其三是烧煤带来了污染,当时的工矿区无不浓烟滚滚,烟囱林立;其四是运行事故多,不安全,例如,在 1862 年到 1879 年的 17 年里,蒸汽机的爆炸事故多达 1 万起,造成成千上万工人死亡。

18 世纪末,法国工程师蓝蓬和英国的斯垂特开创了内燃机的研究,前者以煤气做燃料,后者则使用松节油,但都没成功。

1820 年,英国人塞歇尔发明了一种煤气机,在实验室内仅运行了 60 分钟。

1833 年,英国莱特提出了使用煤气-空气的混合物做燃料,将这种燃料在气缸中点燃,推动活塞做功。5 年后,他的同胞巴内尔特为这种发动机发明了点火装置,并让煤气先经过压缩再点燃爆发,因而发明了煤气压缩式内燃机。

1860 年,技术工人雷诺(1822—1900,法国)汲取了以往内燃机的成果,终于制成了第一台实用的内燃机。他的发明与一台单缸卧式蒸汽机几乎一样,仅仅以煤气代替蒸汽,用电火花将煤气点燃。这台发动机的功率只有 1～2 马力,效率也只达到 4%,但毕竟可以实用了。雷诺的发明本质上是一台二冲程、无压缩、电点火的煤气机,其优点是运转平稳、造价便宜、结实耐用,吸引了不少客户,也吸引了许多优秀工程师和教授来访问他,人们开始认真考虑用内燃机取代蒸汽机的可能性。

1862 年,法国工程师罗沙对内燃机作了较深入的理论研究,他首先提出了四冲程循环原理,成为后来各种内燃机的理论基础。

还在 1860 年,一位德国商人奥古斯特·奥托(1832—1891,德国),在获知雷诺的发明后也开始研制内燃机。他一开始就遇到如何控制煤气爆发的冲击力问题,后来他采用了真空原理来解决这一难题。1876 年,他研制成功第一台单缸、4 冲程煤气机,功率不足 4 马力,整台机件小巧紧凑,工作平稳,热效率提高到 12%～14 %。

奥托的四冲程内燃机具有很灵活的特性,它不仅外形可随意改变,而且多缸可共用同一根轴做功,在燃料方面也不仅局限于煤气。因此,许多国家都开始生产这种发动机,到 19 世纪末,全世界已拥有 20 万台这种发动机。

到 19 世纪 90 年代,输出功率已发展到 200 马力,热效率超过了 20%。

煤气作为内燃机的燃料,存在难储运、难以控制的弱点,所以很早人们就开始寻找液体燃料以替代煤气。19 世纪 60 年代,开始工业开采石油,最初人们只会利用从石油中提炼出的煤油点灯,而把像汽油这类轻质油处理掉。

1873 年,奥地利人霍克首先发明了一种雾化器,能将煤油与压缩空气通过喷嘴实现雾化混合,然后送入汽缸。同年,美国的布雷顿,发明了一种双缸双动煤油机。

1875 年,奥托-兰根发动机公司的技师迈巴赫,在一台奥托发动机上用汽油做燃料试验。到 19 世纪 80 年代中期,他和戴姆勒发明了第一台汽油发动机,这台发动机附有一个戴姆勒发明的表面汽化器,他们没有采用火花塞装置,而是设计了一种白金管的明火点火装置。靠这一装置,发动机的转速达到每分钟 600～900 转。

1885 年,德国杰出的工程师本茨(1844—1929)研制成一台卧式 4 冲程汽油机。他也采用了表面汽化器,并利用废气的热量使汽油汽化。

本茨采用了较先进的电火花塞技术,他让感应线圈和蓄电池组成高压系统,实现了发动机汽缸内的高电压火花放电,这种技术既安全又稳定。

在火车出现后,人们开始努力研制出一种真正取代马车的轻便机动车。

最早的汽车是使用蒸汽机的车辆,1829 年,英国的詹姆斯用蒸汽机制作了一辆不需要铁轨的车辆,这种车一路上发出隆隆的声响,用浓烟污染着环境,而且在后来的使用中事故不断发生。即使是这样,伦敦还在 1883 年开办了公共交通公司,拥有 10 辆蒸汽汽车为市民服务。

内燃机出现后,人们自然想到利用这种轻便的发动机来驱动车辆。1826 年,英国人塞缪尔·布朗曾建造过一台 4 马力的煤气机,用它驱动过一辆车。1845 年,英国人汤姆孙发明了充气轮胎,安装在蒸汽汽车上,使噪声大大降低,也改善了汽车的行驶状态。19 世纪 60 年代中期,奥地利的马库斯第一次把一台汽油机安装在一辆手推车上。有人认为,这是第一台真正的汽车。

1885 年,本茨研制出一种三轮汽车。这种车使用单缸汽油机驱动,通过一根皮带带动车轮转动,调节皮带的松紧可以起到离合器和变速器的作用(图 4-10)。

汽车的转向是通过齿轮、齿条机构控制前轮的方向来实现的。这种三轮汽车经过不断改进,于 1888 年开始进入市场,很快便受到使用者的欢迎,19 世纪 90 年代开始成批生产。1906 年本茨和他的两个儿子在拉登堡成立了奔驰父子公司。奔驰汽车成为世界著名品牌。

图 4-10　本茨发明的汽车

3. 船舶革命

海上贸易给欧洲工业国带来了巨大的利益,为了通商需要和争夺海上霸权,西方各国竞相建造船舰,努力发展航海技术。19 世纪后,由于蒸汽机技术日臻完善和钢铁工业的发展,开始了用蒸汽机做船舶动力和用钢铁造船的新时代,从而开始了船舶革命。

1785 年,约翰·菲奇(美国)首先在波托马克河上试验蒸汽轮船,他发明了一种机械桨,由蒸汽机带动划船。次年,英国人威廉·赛明顿也建造了两侧有机械桨轮的蒸汽船。但他们的发明没有引起重视。

蒸汽轮船在 19 世纪得到迅速发展。1803,在欧洲游历的罗伯特·富尔顿(1765—1815,美国)见到蒸汽船舶的试验,并对此产生了兴趣。是年,他建造了一艘蒸汽船在塞纳河试航,但没有成功,他向拿破仑建议用蒸汽机驱动战舰也未被采纳。1807 年,他回国建

成一艘蒸汽船,蒸汽机功率为 20 马力,带动两侧的轮桨。这艘轮船叫"克勒蒙特"号
(图 4-11),全长 45 米,宽 4 米,装有高大的烟囱,它的奇特外形受到看热闹的人们的嘲笑,
他们把它叫做"富尔顿傻瓜"号。但是在试航中,它沿哈德逊河逆流而上,32 个小时内航
行了 240 千米。试航的成功彻底改变了公众的舆论。从此,在内河航行的轮船迅速发展
起来了。同年,美国的约翰·史蒂文森建造了带轮桨的海轮,首次完成了海上试航。
1819 年,美国的蒸汽轮船完成了横渡大西洋的航行,但是这艘"萨凡纳"号实质上仍是一
条机帆船。此后,轮船得到不断改进,到 19 世纪 40 年代,轮船功率已达到 400～700 马
力,横渡大西洋已屡见不鲜了。

图 4-11 "克勒蒙特"号

轮船两侧的轮桨(明轮)机构在使用中很快就暴露了缺点,特别是在有风浪的情况下,
两侧轮桨划水的力量常常失去一致性,以致船只很难操纵。

到 19 世纪 30 年代,螺旋桨推进器发明后,明轮便渐渐被淘汰了。

最早的螺旋桨推进器试验始于 18 世纪末,最初的螺旋桨推进器很可能受到阿基米德
螺旋吸水器的影响,都做成一根很长的螺旋形杆。1829 年,澳大利亚的约瑟夫·莱塞尔
等人就做过类似的工作,但他们都没有获得成功。

1837 年,英国海军部以 2 万镑奖金悬赏替代明轮的推进方案,结果有两位发明家获
奖。一位是瑞典发明家约翰·埃立克,他发明的螺旋桨推进器是由两个转动方向相反的
螺旋桨组成,结果证明这一推进器可以使船快速行进,但海军部却并不满意。另一位发明
家史密斯(1808—1874,英国),最初的方案是用一根像巨型木螺钉似的锥形螺旋桨做推进
器,但在伦敦附近的一条河上进行反复试验的过程中,这个木制锥形螺旋桨因受力太大突
然折断,出人意料的是轮船反而因此走得更快了。史密斯由此悟出,长螺旋桨并不适合做
推进器,他把方案改为带有两个桨叶的螺旋桨,结果它的推进性能优良,试验船的平均时
速达到 15 千米。这一方案得到英国海军的认可,并为当时最大的蒸汽机船"大不列颠号"
采用。

螺旋桨问世后,由于当时蒸汽机转速太低,不适合螺旋桨运动的要求,另外螺旋桨的
防水密封轴承也不易解决。因此,对螺旋桨的使用存在着很大争议。一些大型海船为了
可靠,往往风帆、明轮、螺旋桨同时采用。1845 年,英国海军部举行了一次别开生面的试

验,他们让两艘吨位相同(800吨)、蒸汽机功率(200马力)相同的军舰做拔河比赛,其中"阿莱克脱"号安装明轮,而"拉脱拉"号安装螺旋桨。比赛开始,双方开足马力各向相反方向拉对方,结果,安装螺旋桨的"拉脱拉"号牵着对手,以每小时5千米速度前进。此后,明轮和螺旋桨还有过多次"交锋",人们终于确认螺旋桨是一种更优越的推进器。

19世纪20年代,由于发明了可爆炸的炮弹,各国战舰纷纷在船舰外层包裹上铁甲,另一方面远洋轮船的吨位日渐庞大,木材很难满足强度的要求,于是造船工程师开始探索使用金属材料代替木材造船。

1818年,英国首先建成一艘铁壳驳船,打消了人们担心浮力不够的疑虑。3年后,第一艘全部用铁造的蒸汽船建成,并完成了横渡英吉利海峡的航行。1843年,完全用铁建造、安装了螺旋桨的"大不列颠"号蒸汽船下水。

经过长期考验,人们开始确信铁船的优越性。到19世纪60年代,铁船的成本与木船已相差无几。但当时钢的冶炼技术尚不完善,钢材不是太软就是太脆,不宜用于造船。19世纪70年代后,由于平炉炼钢法可以提供大量优质钢材,从而使钢材在造船中逐步取代铁。1877年,钢质船壳的"爱丽丝"号下水,它标志着钢材造船的新纪元。钢制船壳仅是铁壳船厚度的4/5,用钢造船不仅节省材料、减少了工时,还提高了船只的强度。

到1875年,蒸汽机由于应用了多级膨胀技术,功率达到一万马力以上,每马力耗煤量节省一半;19世纪末,由于内燃机和汽轮机开始在船舶上应用,使船舶革命自此进入了新阶段。

4.3.2 电力革命与电气时代

1. 电机的发明与发展

19世纪以来,电学取得了突破性的发展。1820年,奥斯特发现了电与磁现象的关系,不久安培就发现通电导线在磁场中受力的规律,由此导出了著名的安培力公式;同年,安培和盖-吕萨克发明了电磁铁。他们的研究为电动机的发明奠定了基础。

磁针在通电导线附近受力旋转的现象,曾启发法拉第发明了第一台可以连续转动的电机模型。其他科学家受此启发,也先后研制出不同形式的电动机,但这些电机多是某种模型,功率很小,没有实用价值。

1834年,俄国科学院院士雅科比(1801—1874,俄国)利用U形电磁铁制成了第一台回转运动的直流电机。电机的转子是一个带有6个臂的轮,轮臂上共装12个棒状磁铁,棒状磁铁与电磁铁的排斥与吸引推动着轮子转动。这一年年底,他在巴黎科学院宣读论文,4年后他把电动机装在一条船上,并在涅瓦河上试航成功。这台电机使用300个丹尼尔电池,航速却只有每小时2.2千米。

在1834年,伦敦的仪器制造商克拉克和美国的铁匠戴文泡特也制成了直流电动机。后者研制的转子是用电磁铁当作轮子的辐条,轮子夹在两个静止的磁铁之间。次年,他把这种电机安装在一辆电车模型上,电车沿圆形轨道行驶。这台电动机也是以电池为动力,并没有实用价值。

1860 年,比萨大学教授巴奇诺基发明了一种接近实用的电动机,它包括环形电枢、整流子和合理的励磁方式,基本上具备了现代电动机的结构形式。

由于当时没有较大功率的发电机供电,这种电机没有立即得到推广。10 年后,格拉姆(1826—1901,比利时)将巴奇诺基的环形电枢用在 1 台发电机上。次年,在一次展览会上,一位工作人员误将另一台发电机与格拉姆的发电机接在一起,当发电机运转时竟带动格拉姆的电机转了起来,他由此知道直流发电机可以当作电动机用。由于新闻的宣传作用,人们对格拉姆的发电机另眼相看,工厂决定投入生产。

发电机的研制与电动机的研制几乎是同步发展的。1831 年,法拉第根据他发现的电磁感应现象提出了机械能转化为电能的原理。几个月后,他又制成了第一台发电机的模型装置。这一切为发电机的研制奠定了基础。

1832 年,皮克西(法国)兄弟研制出世界上第一台永磁式交流发电机。

这仅是一台手摇发电机模型,转子是马蹄形永久磁铁,定子是线圈。次年,他们采纳了安培的建议,增加了一个简单的换向器,使交流电转换成脉动的直流电。同年,萨克斯顿(英国)在英国皇家学会的会议上也展出了一台手摇电机,其结构特点是线圈作为转子,而定子是永久磁铁,这两种发电机的电压很低,功率也很小。

1834 年,克拉克制成了第一台可供实验室使用的直流发电机,其电压高于一般电池组。

1841 年已出现了用蒸汽推动的发电机,可以连续工作,为其他用电器提供电力。1856 年,霍姆斯发明了一种多极发电机。发电机 5 尺见方,重 2 吨,用蒸汽推动,每分钟600 转,发电容量 1.5 千瓦。一家灯具厂买走了这台发电机,使它成为第一台商用发电机。1862 年,霍姆斯又制成了容量为 2 千瓦的发电机。

1863 年,威尔德(1833—1919,英国)发明了磁电激磁式发电机,他使发电机的研制进入了一个新阶段。1867 年,德国的西门子向人们展示了一台自激式发电机模型。西门子自激式发电机在技术史上相当于瓦特的蒸汽机,具有划时代的意义。这位电气大王几乎在电气技术的每一领域都作出过杰出贡献,称雄世界的德国西门子电气公司就是由他创立的。

19 世纪 80 年代,围绕当时成熟的直流电技术和新兴的交流电技术,发生了关于未来发展方向的分歧。直流电由于远距离送电,升降电压都很不方便,而且过高的电压对于使用者也过于危险。反之,交流电的电压就很容易改变,这对于远距离的使用和输送都具有意义。于是,人们重新把注意力放到早期的交流电技术上。1876 年,亚布洛契诃夫制造了一台多项交流电机,为弧光灯供电。这台发电机已具有现代同步发电机的主要结构。19 世纪 80 年代,电工学家法拉里(1847—1897,意大利),建立了旋转磁场的理论。80 年代末发明了二相交流电动机和三相鼠笼异步电机。这些为 19 世纪 90 年代广泛使用交流电创造了条件。

2. 发电站和输电技术的开创

由于电机技术日趋成熟,加上早期的电力照明的需求,人们开始考虑用工业方法集中生产电力。最早兴建的是燃煤的火力发电厂,继后才有水力发电站产生。

1875 年,巴黎建成北火车站电厂,这是世界上第一个发电厂,生产的电力专供弧光灯照明。1881 年,美国在威斯康星州建成了爱迪生发电厂,其功率只能为 250 盏电灯使用。第 2 年,在纽约市建成了爱迪生珍珠街电厂,共有 6 台直流发电机,总功率达到 600 千瓦。

交流发电厂建成稍晚,1886 年在美国建成的第一座交流发电厂,输出功率仅有 6 千瓦。但到 1890 年,在德国出现了较大规模的交流发电厂,使用 2 台 1250 马力的柴油机拖动发电机发电,工作电压为 5000 伏,还有 4 台更大的交流发电机,分别由 1 万马力的蒸汽机拖动,工作电压高达 1 万伏。19 世纪 90 年代以后,才出现三相交流发电厂。

从一开始,世界上的工业先进国家就十分注意开发水力发电厂,因为水电站的发电成本低,还可以综合开发利用水资源。

1882 年,爱迪生在威斯康星州创建了第一座水电站。同年,德国也建成了一座容量是 1.5 千瓦的水电站。上述水电站均是试验性的小水电站。较大型的水电站产生于 19 世纪 90 年代,例如,1892 年美国建成的尼亚加拉水电站,共安装了 11 台 4000 千瓦的水电轮发电机。到本世纪,水电站才得到巨大的发展。

电力输送技术与发电站技术几乎是同步发展的,它包括输电、变电和配电三大部分,并和发电、用电形成一个完整的电力系统。

1873 年,在维也纳举办的国际博览会上,法国人弗泰内用长达 2 千米的电线,向一台电动水泵供电。1874 年,俄国人皮罗次基建成长 1 千米的直流输电线路,输送电功率达到 4.5 千瓦。2 年后,他别出心裁以铁轨代替导线输送低压直流电,输送距离为 3.6 千米,这一方法后来使用在有轨电车上。

1881 年,汤姆孙(开尔文勋爵)对电能分配理论作了重要贡献,他在《用金属导体导电的经济性》一文中阐明了开尔文定律,说明输电导线的最经济截面的要求是:在给定时间里能量损失的费用等于同时期资本的利率和折旧费。

在 19 世纪 80 年代里,人们已从理论上认识到高压输电的必要性。这样,在 1882 年建造了世界上第一条远距离输电实验线路,物理学家德普勒(1843—1918,法国)把 57 千米外的 1.5 千瓦电力输送到慕尼黑国际博览会上,输电线始端电压是 1343 伏,终端降为 850 伏,线损高达 78%。1883 年,德普勒在法国南部又建成一条长 14 千米的输电实验电路,2 年后,他把输电电压升高到 6000 伏,输电线路长 56 千米,结果线损下降到 55%。但是直流电压受到大容量直流发电机的限制,所以直流电不宜于远距离输送。

19 世纪 80 年代里,围绕着成熟的直流输电技术和新兴的交流输电技术,展开了一场激烈的争论。爱迪生和开尔文为争论的一方,主张直流电优于交流电,他们认为当白天与黑夜用电量相差很多时,交流电的成本几乎要高出一倍,另外交流电机并联运行的问题还有待解决;特斯拉和威斯汀豪斯(1846—1914,美国)则主张交流电是发展方向,主要理由是它的输电效率高。

他们还认为,只要把用电户扩大到炼铝、电车、工厂的动力等方面,就能解决用电不均衡的问题。

到 19 世纪 90 年代,交流电机,升、降压变压器相继完善,交流电的优势日益明显。实践证明:三相交流发电、变电、输电、配电具有比直流电更安全、经济、可靠的优点。

在交流输电中,变压器是关键性的设备。1876 年,亚布洛契诃夫发明了单相变压器。1883 年,高拉德(1850—1888,德国)和吉布斯设计了一台降压变压器,但是他们把多台变压器系统的原线圈串联在电路中,导致了电路中的电压随负载变动的缺点。后来,由三位匈牙利工程师将变压器改装成并联连接,这一缺点才得以克服。1885 年,威斯汀豪斯制成了具有实用性能的变压器,并在美国麻省建成 1 千伏高压输电系统,完成了交流电的工业传输试验工程。到 19 世纪 90 年代,才出现了第一条三相交流输电线路,这一方法后来得到迅速推广。

3. 电灯、电报与电话

电力技术的应用和发展,促使一大批新的工业部门相继产生,掀起了又一次工业技术革命。电气化被认为是人类最理想的生活形态。现代社会里,电力极大地改变了人类的生活品质。在 19 世纪后期这个技术发明的黄金年代里,各种电气发明层出不穷。

(1)电灯的发明

照明是电的第一个重要应用领域。伏打电池问世以后,英国皇家学会的戴维观察到两根碳电极接触后再分开的瞬间,电流会产生很亮的弧光。他于是用 2000 个伏打电池串联成电池组,制成了第一个碳极弧光灯。但是,电池贮电有限,不能长时间维持弧光灯工作。1853 年,人们用磁电机代替蓄电池向弧光灯供电。同一时期里,俄国的亚布洛契诃夫发明了两根碳棒并列放置的弧光灯,人们称它是电蜡烛。19 世纪 80 年代后,由于有了发电机供电,弧光灯得到推广,当时多用于灯塔。但炭极弧光灯费用昂贵,且不能长时间稳定工作,其耀眼的光线也不适合家庭照明。

白炽灯起源于 19 世纪 20 年代。法国的一位物理学家发现,铂丝在通过强电流时,由于发热而呈现白炽发光的状态。1840 年,英国人格罗布为了防止高温氧化作用,他用玻璃杯倒扣在水中获得真空,然后把通电的铂丝置于其中发光,铂丝的寿命果然大大延长。次年,冯·马林治把这一装置改进成抽成真空的电灯泡。1845 年,美国人斯塔研制出两种供幻灯机使用的电灯。一种是把铂丝密封在真空的玻璃瓶中,另一种是用碳棒代替铂丝。1852 年,罗巴林发明了给白炽灯安装灯口的办法。1860 年,化学家斯旺(英国)设计出一种低电阻的碳丝电灯,但性能并不好。斯旺的灯丝是用纸和丝绸碳化而成的。

真正实用化的白炽灯是美国发明家爱迪生发明的(图 4-12),他使人类跨入了电灯的时代。1878 年,他通过对弧光灯的分析认识到,白炽灯必须采用低压并联运行,以确保使用者的安全。由于采用并联电路,电灯的电流相对较小,就要求灯丝具有高电阻。他的主张受到一些著名科学家和工程师的反对,但他坚持己见,先后从 1600 种材料中选出碳化棉丝作为灯丝。1879 年,他完成了白炽灯的发明,当时电灯的寿命只有 45 小时,他还设计了灯座、室内布线、地下电缆系统等成套设备。到本世纪初,人们才发明了今天常用的钨丝白炽灯。

(2)电报的发明

自 17 世纪以来,就不断有人提出远距离通信的技术方案。例如 18 世纪末,法国的一

图 4-12　爱迪生发明的电灯

位牧师夏普发明了一种可视化的传递信号的机器,称为"视力信号机",利用一个装在转轴上的木杆系统向远处传递信号,每隔若干距离设一个信号站,使信号这样一站一站地传下去。这种通信方式曾在欧洲形成过一个庞大的通信网,一直维持到 19 世纪中叶才衰落下去。

1753 年,有人试图创造一种静电电报,但没有被人使用。伏打电池发明后,工程师沙尔伐(西班牙)曾在静电电报的基础上发明了化学电报,其原理是,当电路中有电流通过时,会在终端的水瓶中产生氢气泡,可以设置许多这样的瓶子,分别代表不同的字母,就能实现通信。1804 年,他用伏打电池做电源,在相距 600 米处并列布置了 36 根导线,分别代表 36 个字母,导线的终端置于盛盐水的试管中。它虽是第一个电报装置,却毫无实用价值。后来还有人研制了其他的化学电报,但无一例成功。

1823 年,电学家安培在他发明的电磁铁的基础上,首创电磁式电信机,这一装置共有30 根磁针和 60 根导线,结构繁琐不能实用。10 年后,数学家高斯和物理学家韦伯在哥丁根研制出一个电报系统,它是根据磁针偏转的大小进行通信的一种装置。他们为磁针装上一面镜子,使用望远镜读取磁针偏转的角度。这一发明使通信设备大大简化,但离实用仍有距离。

1836 年,科克(1806—1879,英国)制成了几种不同式样的电报机。后来,有一种电报机的电磁铁出了一些问题,他就此请教皇家学院的惠斯通教授(1802—1875,英国),结果他们决定合作研究。1837 年,他们申请了第一个电报机的专利。这种电报机共装置了6 个线圈和 6 个磁针,当不同的线圈通电时,相应的磁针便偏转。次年,他们建成了长达13 英里的电报线,通信实验完成得也很成功。1842 年,他们延长了线路,同时改用双针式电报机。这一成就大大推动了英国电报事业的发展。1846 年,英国成立了电报公司,6 年后,英国已建成的电报线路总长估计达到 4000 英里。直到 20 世纪初,科克-惠斯通电报机还在英国使用。

在同一时期,在美国和欧洲也开展着新式电报机的发明和改进工作。1832 年,画家莫尔斯从欧洲乘"萨利"号邮船回国,为了消磨时间,他和同船的杰克逊博士一起做电学实验,他忽然想到"电流发生在一瞬间,如果它能不中断地传送 10 英里,我就可以让它传遍全球。瞬间切断电流,使之闪现电火花。有电火花是一种信号;没有电火花是另一种信号;没有电火花的时间长度又是第三种信号。这三种信号结合起来,代表数字或字母。数字或字母可以按一定顺序编排。这样,文字就可以经电线传送出去,而远处的仪器就把信息记录下来"。从此,他放弃了绘画,专心于新型电报机和电码的发明。

1837 年,莫尔斯发明了用点和划组成的"莫尔斯"电码,这些点和划相应地变成通电时间的长、短间隔,然后推动收报机的电磁铁吸引衔铁,并带动钢笔在转动的纸带上作出相应的记号。就在这一年,他在纽约成功地完成了长 10 英里的通信试验。1845 年,莫尔斯组建了磁电报公司,由于从华盛顿到巴尔的摩全长 40 千米的电报线路经济效益很好,在很短的时间里,电报线路延伸了几百英里。到 1848 年,除佛罗里达州外,密西西比河以东的各州都联入了电报网。电报对增进铁路运输效率、传送天气预报和报告商业行情等方面,发挥着日益重要的作用。

19 世纪中叶,欧、美大陆已建立了陆上电报网,但大洋两岸的信息仍靠邮船传送。1851 年,横跨英吉利海峡的海底电缆率先敷设成功,线路全长 45 千米。次年,伦敦和巴黎之间接通了电信线路,大大促进了两国间的工商业活动。从 1854 年起,开始了大西洋海底电缆建设,经过 12 年的努力,克服了种种困难和挫折,终于完成了欧、美之间的越洋海底电缆的敷设。另一条跨越欧亚大陆的电报线路起于伦敦,穿过英吉利海峡,横跨欧洲大陆,再延伸到印度的卡里卡特城,全长 10 000 海里,也于 1869 年顺利建设成功。

电报通信工程的建立和发展,不仅沟通了全球的信息交流,推动了工商业活动,而且对 19 世纪的科学研究和教育活动起着巨大的推动作用。

(3) 电话的发明

电话的发明可以追溯到 1837 年发现的"伽伐尼音乐",它是指电磁铁在切断电流的瞬间发出的一种声音,曾启发后人利用电流传送语音。1860 年,累斯(1834 1874,德国)设计了一种巧妙的通话装置。他在啤酒瓶上蒙上一层薄膜,膜上贴上一条铂丝,当有人讲话时,膜发生振动,铂丝便交替接通和断开电路,于是远处的电磁铁随电流的通断会发出所谓"伽伐尼音乐"。这实质上是第一部电话。1861 年,累斯改进了这一装置,并取名叫 telephone,这一英文名称一直保留至今。

近代电话的发明归功于贝尔(1847—1922,美国)和他的助手华生。

贝尔在英国爱丁堡大学曾系统地学习过人的语音分析、发声机理和声波振动等知识,移居美国后从事语音学的教学工作。1871 年,他偶然见到累斯的"telephone",便立即联想到:"要传送语音,必须制造出一种能随声音变化的电流。"这一想法成了贝尔发明电话的理论基础。

贝尔本人缺乏关于电的专门知识,后来偶然遇到一位青年电气技师华生。华生对发明电话的研究很有兴趣,便同意与贝尔合作。不久他们制造出一台样机,其送话器是在圆筒上置一薄膜,膜的中央垂直连接一根碳杆,碳杆的另一端则与硫酸接触。当送话时,薄膜随语音振动并带动碳杆一道运动,碳杆与硫酸间的接触电阻因而相应地变化,使电流也发生强弱的变化,听筒则是利用电磁铁把电信号还原成声音。1876 年,他们向美国政府申请了专利,几小时之后,一位名叫格雷(1835—1901,美国)的发明家也申请电话发明专利,但美国最高法院仍判定贝尔是电话的发明者(图 4-13)。

图 4-13　贝尔在用电话通话

在美国建国 100 周年纪念的博览会上,贝尔表演了他的电话。后来,巴西王太子来此参观,对这一发明深感惊异。他的发明因此引起人们的重视。

贝尔电话的改进工作还引起了许多发明家的兴趣。1877 年,爱迪生等人发明了一种新型送话器,它是由一个膜片压在碳粉上构成的装置,当膜片振动时会改变碳粉的电阻,这一发明成为现代送话器的原型。

到 19 世纪 90 年代,有人发明了自动交换台,使电话可以通过拨号自动与通话者接通。电话的发明从根本上改变了人类的通信方式,它大大密切了人类之间的联系,成为现代文明标志之一。

4. 第二次技术革命的启示

第二次技术革命给人类生活、生产和经济、社会带来了广泛而深刻的影响,同时又为人们提供了不少启示,使我们对科学技术发展规律有了更多的认识。

在第一次技术革命中,从工场手工业到机械大工业,从工具机到蒸汽机,主要是靠工匠积累起来的经验和工艺技能,而不是在自然科学理论直接指导下创造出来的。18 世纪下半叶,创造了具有实用价值的蒸汽机,但有关蒸汽机和热力学的理论却是在半个世纪后才在蒸汽技术推动下陆续建立起来的。而在第二次技术革命中,从奥斯特发现电流磁效应到发明电动机,从法拉第发现电磁感应定律到发明发电机,新技术都是在新的自然科学理论直接指导下创造出来的,然后再运用于生产实践。自然科学已经明显地走在生产技术的前面,充分显示了科学技术对生产的巨大指导作用,而且随着科学技术的日益发展和人们对自然规律认识的深化,这种作用越来越明显。新技术尤其是重大技术的创造越来越离不开科学理论的指导,单纯依靠经验知识的时代已经过去了。这是第二次技术革命不同于第一次技术革命的一个显著特点。

技术的发明、发展及其应用,总是受到一定的社会历史条件的制约。因此,历史发展表现出技术中心的不断转移。第一次技术革命的中心是蒸汽机的发祥地英国。19 世纪中叶以后,英国矿山、工厂和交通运输都掌握在垄断资本家手里,这就使得用电和内燃机等新型动力的发展停顿了。内燃机却首先在德国发展起来,在第二次技术革命浪潮中,德国很快取代了英、法等老牌资本主义的领先地位,成为第二次技术革命的中心。美国在第二次技术革命中,直接吸取了电力技术革命的成果,利用电气化新技术武装自己,经过几十年的努力,成为经济最发达的国家。美国后来成为第三次技术革命的中心。

第5章　现代科学技术的发展

近200年以来,世界上科学技术和生产力的发展经历了以下4次重大的产业革命。

(1) 第一次产业革命是以蒸汽机的发明为代表。1781年瓦特发明了蒸汽机,1800年实现了工业化生产,1803年便用于火车上。此后,在工业生产中,蒸汽机开始成为主要的动力来源。

(2) 第二次产业革命是以电力的发现为代表。1879年爱迪生发明电灯以后,建成世界第一个发电厂。此后,电力成为工业生产的主要动力。

(3) 第三次产业革命是以原子能的发现为代表。1945年,美国在日本广岛扔下了第一颗原子弹,此后便转向和平利用。1951年美国建成了第一座核电站。到目前,不少国家核电的比重已超过30%～50%,有的国家甚至达到70%。

(4) 第四次产业革命是以高新技术为代表,以信息技术及生物技术等的发展为标志。1945年美国研制出第一台计算机,到20世纪末,计算机已广泛应用于生产和人类生活的各个方面,信息技术成为经济发展的主要原动力。1944年美国科学家O. T. 埃弗里等人发现了作为生物遗传信息的载体DNA,2000年破译了人类基因密码,生物技术在经济发展和人类生活中开始展示出它无限的发展前景和巨大的生命力。由于科学技术的发展,特别是高新技术的发展,人类社会将进入知识经济时代。

5.1　现代物理学的革命

现代物理学的革命,在产生了研究高速(接近光速)物理现象的相对论和研究微观现象的量子力学两大基础理论之后,迅速向宏观、宇观和微观的更深层次扩展,并向着大统一的方向推进。天体物理学、原子核物理学、粒子物理学、凝聚态物理学和统一场论,都是现代物理学中十分活跃的学科。尤其在第二次世界大战以后,从宇宙天体物理的探索到物质结构之谜的揭示,都取得了飞速发展。现代物理学的每一个重大突破和发展,都广泛而深远地影响其他学科的发展,极大地推动着生产和技术革命,使人类进入到能源、信息、材料、生物工程等高新技术的时代。

5.1.1　X射线与元素放射性的发现

1. 发现X射线

1895年10月,德国实验物理学家伦琴(1854—1923)(图5-1)发现了干板底片"跑光"现象,他决心查个水落石出。伦琴吃、住在实验室,一连做了7个星期的秘密实验。11月8日,伦琴用克鲁克斯阴极射线管做实验,他用黑纸把管严密地包起来,只留下一条窄缝。他发现电流通过时,两米开外一个涂了亚铂氰化钡的小屏发出明亮的荧光。如果用厚书、

2～3 厘米厚的木板或几厘米厚的硬橡胶插在放电管和荧光屏之间,仍能看到荧光。他又用盛有水、二硫化碳或其他液体进行实验,实验结果表明它们也是"透明的",铜、银、金、铂、铝等金属也能让这种射线透过,只要它们不太厚。使伦琴更为惊讶的是,当他把手放在纸屏前时,纸屏上留下了手骨的阴影。伦琴意识到这可能是某种特殊的、从来没有观察到的射线,它具有特别强的穿透力。伦琴用这种射线拍摄了他夫人的手的照片,显示出手的骨骼结构(图 5-2)。

图 5-1　伦琴

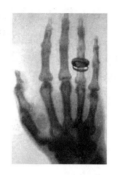

图 5-2　手的骨骼结构

1895 年 12 月 28 日,伦琴向德国维尔兹堡物理和医学学会递交了第一篇研究通讯《一种新射线——初步报告》。伦琴在他的通讯中,把这一新射线称为 X 射线(数学上经常使用的未知数符号 X),因为他当时无法确定这一新射线的本质。

伦琴的这一发现立即引起了强烈的反响:1896 年 1 月 4 日,柏林物理学会成立 50 周年纪念展览会上展出 X 射线照片。1 月 5 日,维也纳《新闻报》抢先作了报道;1 月 6 日,伦敦《每日纪事》向全世界发布消息,宣告发现 X 射线。这些宣传,轰动了当时国际学术界,伦琴的论文在 3 个月之内就印刷了 5 次,立即被译成英、法、意、俄等国文字。X 射线作为世纪之交的三大发现之一,引起了学术界极大的研究热情。此后,伦琴发表了《论一种新型的射线》、《关于 X 射线的进一步观察》等一系列研究论文。1901 年诺贝尔奖第一次颁发,伦琴就由于发现 X 射线而获得了这一年的物理学奖。

伦琴发现 X 射线使 X 射线研究迅速升温,几乎所有的欧洲实验室都立即用 X 射线管来进行试验和拍照。几个星期之后,X 射线已开始被医学家利用。医生应用 X 射线准确地显示了人体的骨骼,这是物理学的新发现在医学中最迅速的应用。随后,创立了用 X 射线检查食道、肠道和胃的方法,受检查者吞服一种造影剂(如硫酸钡),再经 X 射线照射,便可显示出病变部位的情景。以后又发明了用于检查人体内脏其他一些部位的造影剂。X 射线诊断仪在相当一个时期内一直作为医院中最重要的诊断仪器。

为纪念伦琴对物理学的贡献,后人也称 X 射线为伦琴射线,并以伦琴的名字作为 X 射线等的照射量单位。

2. 天然放射线的发现

1896 年,法国著名数学家和物理学家彭加勒(H. Poincare,1854—1912)注意到,X 射线是从受阴极射线轰击而发出荧光的玻璃管壁上产生的。他提出,是不是所有能强烈地发荧光和磷光的物质都能发射出 X 射线。法国物理学家亨利·贝克勒（H. A. Becquerel，1852—1908）由此受到启发，立即开始研究究竟有哪些荧光和磷光物质能发射 X 射线。他把许多磷光和荧光物质一一放在密封照相底片上，置于阳光下曝晒，底片都没有感光。他想起十五年前和他父亲一起制备的磷光物质硫酸铀酰钾晶体，于是，他把一块这种晶体放在日光下曝晒，直到它发出很强的荧光，然后把它和用黑纸包封的照相底片放在一起，发现底片感光了。他错误地认为这种晶体发射 X 射线。1896 年 2 月 24 日，他向法国科学院报告了这一实验，认为 X 射线与荧光有关。

3 月 1 日，贝克勒把在抽屉里和铀盐放在一起的一张密封的底片拿去冲洗，显影后发现一件奇怪的事：这张底片已经感光，上面有很明显的铀盐的象，和刚经过日晒的铀盐产生的影像同样清晰。究竟日晒和荧光对于铀盐发出的这种神秘射线有没有关系呢？于是他亲自用纯试剂合成一些硫化物荧光物质，并设法加强它们的磷光，但它们日晒后都不能使底片感光。经过几个月的反复试验，贝克勒确信使底片感光的真实原因，是铀和它的化合物不断地放射出一种奇异的射线，日晒与荧光都与照相底片感光无关，他把这种射线称为"铀射线"。

1896 年 5 月 18 日，贝克勒宣布：发射铀射线的能力是铀元素的一种特殊性质，与采用哪一种铀化合物无关。铀及其化合物终年累月地发出铀射线，纯铀所产生的铀射线比硫酸铀酰钾强三至四倍。铀射线是自然产生的，不是任何外界原因造成的（光照、加热、阴极射线激发等不需要），所以既与荧光无关，也和 X 射线不同。铀射线能穿透过黑纸使照相底片感光，能使空气电离，使验电器放电，这些性质与 X 射线相同。但它的穿透能力不如 X 射线，它不能穿透肌肉和木板。

铀射线的发现，立即引起科学界的极大兴趣。当时在巴黎大学攻读博士学位的居里夫人，即玛丽·斯可罗多夫斯卡（M. Sklodowska，1867—1934），决定选择铀射线的本质和来源问题作为自己的博士论文题目。1897 年她开始研究。要深入研究铀射线的本质，首先要有一台能精确测量铀射线强度的仪器。玛丽的丈夫、法国物理学教授居里（P. Curie，1859—1906）设计了一个灵敏而简易的铀射线检验器。经过几周的研究，玛丽先弄清楚了铀射线的强度与试样中铀的浓度成正比，而与含铀化合物的化学组成无关，也不受外界光照和温度起落的影响。由此可以确认这种辐射是铀原子的一种特性。1898 年，她和德国人施米特（G. C. Schmidt，1856—1949）分别发现钍元素也具有这种性质，表明这种性质并非铀元素所独有。于是玛丽建议把这种性质叫做"放射线"，把具有放射线的元素，如铀和钍，叫做"放射性元素"。

3. X 射线的特性及应用

科学家们逐渐揭示了 X 射线的本质。作为一种波长极短、能量很大的电磁波，X 射线的波长比可见光的波长更短（约在 0.001～100 纳米，医学上应用的 X 射线波长约在 0.001～0.1 纳米之间），它的光子能量比可见光的光子能量大几万至几十万倍。因此，X 射线除具有可见光的一般性质外，还具有自身的特性。正由于 X 射线的特性，使其在发现后不久，很快在物理学、工业、农业和医学上得到广泛的应用，如图 5-3 为 X 射线探伤机。特别是在医学上，X 射线技术已成为对疾病进行诊断和治疗的专门学科，在医疗卫生事业中占有重要地位。

（1）X 射线的物理效应

① 穿透作用。X 射线因其波长短、能量大，照在物质上时，仅一部分被物质所吸收，大部分经由原子间隙而透过，表现出很强的穿透能力。X 射线穿透物质的能力与 X 射线光子的能量有关，X 射线的波长越短，光子的能量越大，穿透力越强。X 射线的穿透力也与物质密度有关，利用差别吸收这种性质可以把密度不同的物质区分开来，如图 5-4 为 X 射线行李检查仪。

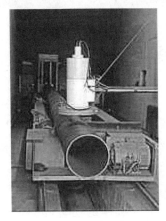

图 5-3　X 射线探伤机

图 5-4　X 射线行李检查仪

② 电离作用。物质受 X 射线照射时，可使核外电子脱离原子轨道产生电离。利用电离电荷的多少可测定 X 射线的照射量，根据这个原理制成了 X 射线测量仪器。在电离作用下，气体能够导电，某些物质可以发生化学反应，在有机体内可以诱发各种生物效应。

③ 荧光作用。X 射线波长很短、不可见，但它照射到某些化合物如磷、铂氰化钡、硫化锌镉、钨酸钙等时，可使物质发生荧光（可见光或紫外线），荧光的强弱与 X 射线量成正比。这种作用是 X 射线应用于透视的基础：利用这种荧光作用可制成荧光屏，用作透视时观察 X 射线通过人体组织的影像；也可制成增感屏，用作摄影时增强胶片的感光量。

④ 热作用。物质所吸收的 X 射线能大部分被转变成热能，使物体温度升高。

⑤ 干涉、衍射、反射、折射作用。这些作用在 X 射线显微镜（图 5-5）、波长测定和物质结构分析中都得到应用。图 5-6 为澳大利亚制造的新型 X 射线显微镜拍摄的物体内亚结构高分辨率图像。

（2）X 射线的化学效应

① 感光作用。X 射线同可见光一样能使胶片感光。胶片感光的强弱与 X 射线量成正比，当 X 射线通过人体时，因人体各组织的密度不同，对 X 射线量的吸收不同，胶片上所获得的感光度不同，从而获得 X 射线的影像。

图 5-5 X 射线显微镜

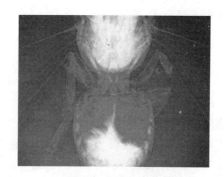

图 5-6 亚结构图

② 着色作用。X 射线长期照射某些物质如铂氰化钡、铅玻璃、水晶等,可使其结晶体脱水而改变颜色。

（3）X 射线的生物效应

X 射线照射到生物机体时,可使生物细胞受到抑制、破坏,甚至坏死,致使机体发生不同程度的生理、病理和生化等方面的改变。不同的生物细胞,对 X 射线有不同的敏感度,可用于治疗人体的某些疾病,特别是肿瘤的治疗(图 5-7 为治疗肿瘤的 X 刀)。在利用 X 射线的同时,人们发现了导致病人脱发、皮肤烧伤、工作人员视力障碍、白血病等射线伤害的问题,所以在应用 X 射线的同时,也应注意其对正常机体的伤害,注意采取防护措施。

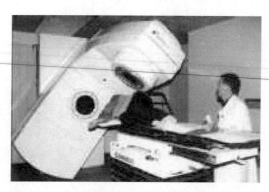

图 5-7 X 刀

5.1.2 电子的发现

1858 年,德国物理学家普吕克尔较早发现了气体导电时的辉光放电现象。德国物理学家戈德斯坦研究辉光放电现象时认为,这是从阴极发出的某种射线引起的。所以他把这种未知射线称之为阴极射线。

电子是人们最早发现的、带有单位负电荷的一种基本粒子。英国物理学家汤姆孙是第一个用实验证明电子存在的人,时间是 1897 年。

　　汤姆孙是一位很有成就的物理学家,他 28 岁就成了英国皇家学会会员,并且担任了有名的卡文迪许实验室主任。

　　X 射线的发现,特别是它可以穿透生物组织而显示其骨骼影像的能力,给予英国卡文迪许实验室的研究人员以极大激励。汤姆孙倾向于克鲁克斯的观点,认为它是一种带电的原子。导致 X 射线产生的阴极射线究竟是什么? 德国和英国物理学家之间出现了激烈的争论。德国物理学家赫兹于 1892 年宣称,阴极射线不可能是粒子,而只能是一种以太波。所有德国物理学家也附和这个观点,但以克鲁克斯为代表的英国物理学家却坚持认为,阴极射线是一种带电的粒子流。思路极为敏捷的汤姆孙,立即投身到这场事关阴极射线性质的争论之中。

　　1895 年,法国年轻的物理学家佩兰在他的博士论文中,谈到了测定阴极射线电量的实验。他使阴极射线经过一个小孔进入阴极内的空间,并打到收集电荷的法拉第筒上,静电计显示出带负电;当将阴极射线管放到磁极之间时,阴极射线则发生偏转而不能进入小孔,集电器上的电性立即消失,从而证明电荷正是由阴极射线携带的。佩兰通过他的实验结果明确表示,支持阴极射线是带负电的粒子流这一观点,但当时他认为这种粒子是气体离子。对此,坚持阴极射线是以太波的德国物理学家立即反驳,认为即使从阴极射线发出了带负电的粒子,但它同阴极射线路径一致的证据并不充分,所以静电计所显示的电荷不一定是阴极射线传入的。

　　对于佩兰的实验,汤姆孙也认为给以太说留下了空子。为此,他专门设计了一个巧妙的实验装置,重做佩兰实验。他将两个有隙缝的同轴圆筒置于一个与放电管连接的玻璃泡中;从阴极 A 出来的阴极射线,通过管颈金属塞的隙缝进入该泡;金属塞与阴极 B 连接。这样,阴极射线除非被磁体偏转,否则不会落到圆筒上。外圆筒接地,内圆筒连接验电器。当阴极射线不落在隙缝时,送至验电器的电荷就是很小的;当阴极射线被磁场偏转落在隙缝时,则有大量的电荷送至验电器。电荷的数量令人惊奇:有时在一秒钟内通过隙缝的负电荷,足能将 1.5 微法电容的电势改变 20 伏特。如果阴极射线被磁场偏转很多,以至超出圆筒的隙缝,则进入圆筒的电荷又将它的数值降到仅有射中目标时的很小一部分。所以,这个实验表明,不管怎样用磁场去扭曲和偏转阴极射线,带负电的粒子都是与阴极射线有着密不可分的联系的。这个实验证明了阴极射线和带负电的粒子在磁场作用下遵循同样路径,由此证实了阴极射线是由带负电荷的粒子组成的,从而结束了这场争论,也为电子的发现奠定了基础。

　　如何成功地使阴极射线在电场作用下发生偏转? 早在 1893 年,赫兹就曾做过这种尝试,但失败了。汤姆孙认为,赫兹的失败,主要在于真空度不够高,引起残余气体的电离,静电场建立不起来所致。于是汤姆孙采用阴极射线管装置,通过提高放电管的真空度而取得了成功。通过这个实验和提高放电管真空度,汤姆孙不仅使阴极射线在磁场中发生了偏转,而且还使它在电场中发生了偏转,由此进一步证实了阴极射线是带负电的粒子流的结论。

　　这种带负电的粒子究竟是原子、分子,还是更小的物质微粒呢? 这个问题引起了汤姆孙的深思。为了搞清这一点，他运用实验去测出阴极射线粒子的电荷与质量的比值，也就是荷质比，从而找到了问题的答案。

汤姆孙发现，无论改变放电管中气体的成分，还是改变阴极材料，阴极射线粒子的荷质比都不变。这表明来自各种不同物质的阴极射线粒子都是一样的，因此这种粒子必定是"建造一切化学元素的物质"，汤姆孙当时把它叫做"微粒"，后来改称"电子"。

至此可以说汤姆孙已发现了一种比原子小的粒子，但是这种粒子的荷质比（又称比荷）107 约是氢离子荷质比 104 的 1000 倍。这里有两种可能，可能电荷 e 很大，也可能质量 m 很小。要想确证这个结论，必须寻找更直接的证据。

1898 年，汤姆孙安排他的研究生汤森德和威尔逊进行测量 e 值的实验，随即他自己也亲自参与了这项工作。他们运用云雾法测定，阴极射线粒子的电荷同电解中氢离子所带的电荷是同一数量级，从而直接证明了阴极射线粒子的质量只是氢离子的 1‰。

对于阴极射线的本质，有大量的科学家作出大量的科学研究，主要形成了两种观点。

（1）电磁波说：代表人物，赫兹。认为这种射线的本质是一种电磁波的传播过程。

（2）粒子说：代表人物，汤姆孙。认为这种射线的本质是一种高速粒子流。

思考：你能否设计一个实验来进行阴极射线的研究，能通过实验现象来说明这种射线是一种电磁波还是一种高速粒子流。

如果出现什么样的现象就可以认为这是一种电磁波，如果出现其他什么样的现象就可以认为这是一种高速粒子流，并能否测定这是一种什么粒子。

英国物理学家汤姆孙在研究阴极射线时发现了电子。实验装置如图 5-8 所示，

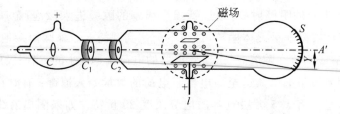

图 5-8　实验装置

从高压电场的阴极发出的阴极射线，穿过 C_1C_2 后沿直线打在荧光屏 A' 上。

① 当在平行极板上加如图 5-9 所示的电场，发现阴极射线打在荧光屏上的位置向下偏，则可判定，阴极射线带有负电荷。

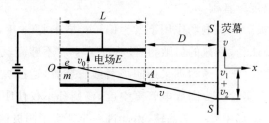

图 5-9　电场

② 为使阴极射线不发生偏转,则请思考可在平行极板区域采取什么措施。

在平行极板区域加一磁场,且磁场方向必须垂直纸面向外。当满足条件

$$qv_0B=qE$$

时,阴极射线不发生偏转。则

$$v_0=\frac{E}{B}$$

③ 根据带电的阴极射线在电场中的运动情况可知,其速度偏转角为

$$\tan\theta=\frac{qEL}{mv_0^2}$$

又因为

$$\tan\theta=\frac{y}{D+\dfrac{L}{2}}$$

且

$$v_0=\frac{E}{B}$$

则

$$\frac{q}{m}=\frac{Ey}{\left(D+\dfrac{L}{2}\right)B^2L}$$

根据已知量,可求出阴极射线的比荷。

思考: 利用磁场使带电的阴极射线发生偏转,能否根据磁场的特点和带电粒子在磁场中的运动规律来计算阴极射线的比荷?

汤姆孙发现,用不同材料的阴极和不同的方法做实验,所得比荷的数值是相等的。这说明,这种粒子是构成各种物质的共有成分,并由实验测得的阴极射线粒子的比荷是氢离子比荷的近两千倍。若这种粒子的电荷量与氢离子的电荷量相同,则其质量约为氢离子质量的近两千分之一。汤姆孙后续的实验粗略测出了这种粒子的电荷量确实与氢离子的电荷量差别不大,证明了汤姆孙的猜测是正确的。汤姆孙把新发现的这种粒子称之为电子。电子的电荷量为

$$e=1.602\,177\,33\times10^{-19}\mathrm{C}$$

第一次较为精确测量出电子电荷量的是美国物理学家密立根,利用油滴实验测量出的。

密立根通过实验还发现,电荷具有量子化的特征,即任何电荷只能是 e 的整数倍。电子的质量为

$$m=9.109\,389\,7\times10^{-31}\mathrm{kg}$$

5.1.3　狭义相对论与广义相对论的创立

时间能够倒流吗?当某项运动反转时,如果一个人往回走,或一辆车往回开时,看起

来似乎时间已经倒流,但生活中大多数事情是不能逆转的。一辆车倒着开的画面看起来并非不可能,司机有可能在倒车。然而,在一个画面里,潜进水中的人先是从水中出来,再回到跳板上,这种情况立即使人们看出影片放倒了。同样,一个破碎的鸡蛋在桌面上又收拢在一起,然后跳回到人的手中,也明显是把影片放倒了。这些事情在真实生活中是绝不会发生的。时间好比一支箭,它总是指向一个相同的方向。即使一首歌反转播放时,音符也是一个一个随着时间向前推移。时间无情地流逝,从过去向着未来,绝不会从未来向着过去。

大量的科学幻想故事都表现过到过去或未来去旅行。其中有一个经典故事说的是:布朗教授作为一个时间旅行者,进入他自己的过去,看见自己还是一个婴儿。他想,如果我杀死这个婴儿,那么,他就不会长大而成为布朗教授。我会突然消失吗?显然,从逻辑上说,假如他杀死这个婴儿,那他就会既存在又不存在。如果这个长大成为布朗教授的婴儿已被杀死,那么布朗教授又从何而来呢?

既然向着过去旅行产生了如此荒唐的谬论,那么,一个人向着未来旅行又会怎样呢?爱因斯坦的相对论给出了一种完全不同的方法到未来去旅行。按照狭义相对论,一个物体相对于静止的观察者而言,它运动越快,它的时间就过得越慢。例如,有一个宇宙飞船以接近光速在飞行,那么飞船上的时间就要比地球上慢得多。在飞船上,宇航员丝毫不会感到有任何异常。他的时钟看来在正常地走着,他的心脏会以正常的速率跳动。可是,如果地球上的观察者有什么办法能看到他们的话,他们看上去将运动得如此缓慢,就好像待在那里不动一样。

图 5-10　少年时代的爱因斯坦

早在 16 岁时,爱因斯坦(图 5-10)就从书本上了解到,光是以很快速度前进的电磁波,他产生了一个想法,如果一个人以光的速度运动,他将看到一幅什么样的世界景象呢?他将看不到前进的光,只能看到在空间里振荡着却停滞不前的电磁场。这种事可能发生吗?

与此相联系,他非常想探讨与光波有关的所谓以太的问题。以太这个名词源于希腊,用以代表组成天上物体的基本元素。17 世纪,笛卡儿首次将它引入科学,作为传播光的媒质。其后,惠更斯进一步发展了以太学说,认为荷载光波的媒介物是以太,它应该充满包括真空在内的全部空间,并能渗透到通常的物质中。与惠更斯的看法不同,牛顿提出了光的微粒说。牛顿认为,发光体发射出的是以直线运动的微粒粒子流,粒子流冲击视网膜就引起视觉。18 世纪牛顿的微粒说占了上风,然而到了 19 世纪,却是波动说占了绝对优势,以太的学说也因此大大发展。当时的看法是,波的传播要依赖于媒质,因为光可以在真空中传播,传播光波的媒质是充满整个空间的以太,也叫光以太。与此同时,电磁学得到了蓬勃发展,经过麦克斯韦、赫兹等人的努力,形成了成熟的电磁现象的动力学理论——电动力学,并从理论与实践上将光和电磁现象统一起来,认为光就是一定频率范围内的电磁波,从而将光的波动理论与电磁理论统一起来。以太不仅是光波的载体,也成了电磁场的载体。直到 19 世纪末,人们企图寻找以太,然而从未在实验中发现以太。

但是,电动力学遇到了一个重大的问题,就是与牛顿力学所遵从的相对性原理不一致。关于相对性原理的思想,早在伽利略和牛顿时期就已经有了。电磁学的发展最初也是纳入牛顿力学的框架,但在解释运动物体的电磁过程时却遇到了困难。按照麦克斯韦理论,真空中电磁波的速度,也就是光的速度,是一个恒量,然而按照牛顿力学的速度加法原理,不同惯性系的光速不同,这就出现了一个问题:适用于力学的相对性原理是否适用于电磁学? 例如,有两辆汽车,一辆向你驶近,一辆驶离。你看到前一辆车的灯光向你靠近,后一辆车的灯光远离。按照麦克斯韦的理论,这两种光的速度相同,汽车的速度在其中不起作用。但根据伽利略理论,这两项的测量结果不同。向你驶来的车将发出的光加速,即前车的光速 = 光速 + 车速;而驶离车的光速较慢,因为后车的光速 = 光速 − 车速。麦克斯韦与伽利略关于速度的说法明显相悖。我们如何解决这一分歧呢?

19 世纪理论物理学达到了巅峰状态,但其中也隐含着巨大的危机。海王星的发现显示出牛顿力学无比强大的理论威力,电磁学与力学的统一使物理学显示出一种形式上的完整,并被誉为"一座庄严雄伟的建筑体系和动人心弦的美丽的庙堂"。在人们的心目中,古典物理学已经达到了近乎完美的程度。德国著名的物理学家普朗克年轻时曾向他的老师表示,要献身于理论物理学,老师劝他说:"年轻人,物理学是一门已经完成了的科学,不会再有多大的发展了,将一生献给这门学科,太可惜了。"

爱因斯坦似乎就是那个将构建崭新的物理学大厦的人。在伯尔尼专利局的日子里,爱因斯坦广泛关注物理学界的前沿动态,在许多问题上深入思考,并形成了自己独特的见解。在十年的探索过程中,爱因斯坦认真研究了麦克斯韦电磁理论,特别是经过赫兹和洛伦兹发展和阐述的电动力学。爱因斯坦坚信电磁理论是完全正确的,但是有一个问题使他不安,这就是绝对参照系以太的存在。他阅读了许多著作发现,所有人试图证明以太存在的试验都是失败的。经过研究,爱因斯坦发现,除了作为绝对参照系和电磁场的荷载物外,以太在洛伦兹理论中已经没有实际意义。于是他想到:以太绝对参照系是必要的吗?电磁场一定要有荷载物吗?

爱因斯坦喜欢阅读哲学著作,并从哲学中吸收思想营养,他相信世界的统一性和逻辑的一致性。相对性原理已经在力学中被广泛证明,但在电动力学中却无法成立。对于物理学这两个理论体系在逻辑上的不一致,爱因斯坦提出了怀疑。他认为,相对论原理应该普遍成立,因此电磁理论对于各个惯性系应该具有同样的形式,但在这里出现了光速的问题。光速是不变的量还是可变的量,成为相对性原理是否普遍成立的首要问题。当时的物理学家一般都相信以太,也就是相信存在着绝对参照系,这是受到牛顿的绝对空间概念的影响。19 世纪末,马赫在所著的《发展中的力学》中,批判了牛顿的绝对时空观,这给爱因斯坦留下了深刻的印象。1905 年 5 月的一天,爱因斯坦(图 5-11)与一个朋友

图 5-11　青年时代的爱因斯坦

贝索讨论这个已探索了十年的问题,贝索按照马赫主义的观点阐述了自己的看法,两人讨论了很久。突然,爱因斯坦领悟到了什么,回到家经过反复思考,终于想明白了问题。第二天,他又来到贝索家,说:谢谢你,我的问题解决了。原来爱因斯坦想清楚了一件事:时间没有绝对的定义,时间与光信号的速度有一种不可分割的联系。他找到了开锁的钥匙,经过五个星期的努力工作,爱因斯坦把狭义相对论呈现在人们面前。

1905 年 6 月 30 日,德国《物理学年鉴》接受了爱因斯坦的论文《论动体的电动力学》,在同年 9 月的该刊上发表。这篇论文是关于狭义相对论的第一篇文章,它包含了狭义相对论的基本思想和基本内容。狭义相对论所根据的是两条原理:相对性原理和光速不变原理。爱因斯坦解决问题的出发点,是他坚信相对性原理。伽利略最早阐明过相对性原理的思想,但他没有对时间和空间给出过明确的定义。牛顿建立力学体系时也讲了相对性思想,但又定义了绝对空间、绝对时间和绝对运动,在这个问题上他是矛盾的。而爱因斯坦大大发展了相对性原理,在他看来,根本不存在绝对静止的空间,同样不存在绝对同一的时间,所有时间和空间都是和运动的物体联系在一起的。对于任何一个参照系和坐标系,都只有属于这个参照系和坐标系的空间和时间。对于一切惯性系,运用该参照系的空间和时间所表达的物理规律,它们的形式都是相同的,这就是相对性原理,严格地说是狭义的相对性原理。在这篇文章中,爱因斯坦没有多讨论将光速不变作为基本原理的根据,他提出光速不变是一个大胆的假设,是从电磁理论和相对性原理的要求而提出来的。这篇文章是爱因斯坦多年来思考以太与电动力学问题的结果,他从同时的相对性这一点作为突破口,建立了全新的时间和空间理论,并在新的时空理论基础上给动体的电动力学以完整的形式,以太不再是必要的,以太漂流是不存在的。

什么是同时性的相对性?不同地方的两个事件我们何以知道它是同时发生的呢?一般来说,我们会通过信号来确认。为了得知异地事件的同时性,我们就得知道信号的传递速度,但如何测出这一速度呢?我们必须测出两地的空间距离以及信号传递所需的时间,空间距离的测量很简单,麻烦在于测量时间,我们必须假定两地各有一只已经对好了的钟,从两个钟的读数可以知道信号传播的时间。但我们如何知道异地的钟对好了呢?答案是,还需要一种信号。这个信号能否将钟对好?如果按照先前的思路,它又需要一种新信号,这样无穷后退,异地的同时性实际上无法确认。不过,有一点是明确的,同时性必与一种信号相联系,否则我们说这两件事同时发生是无意义的。

光信号可能是用来对时钟最合适的信号,但光速非无限大。这样就产生一个新奇的结论,对于静止的观察者同时的两件事,对于运动的观察者就不是同时的。我们设想一个高速运行的列车,它的速度接近光速。列车通过站台时,甲站在站台上,有两道闪电在甲眼前闪过,一道在火车前端,一道在后端,并在火车两端及平台的相应部位留下痕迹,通过测量,甲与列车两端的间距相等,得出的结论是,甲是同时看到两道闪电的。因此对甲来说,收到的两个光信号在同一时间间隔内传播同样的距离,并同时到达他所在位置,这两起事件必然在同一时间发生,它们是同时的。但对于在列车内部正中央的乙,情况则不同,因为乙与高速运行的列车一同运动,因此他会先截取向着他传播的前端信号,然后收到从后端传来的光信号。对乙来说,这两起事件是不同时的。也就是说,同时性不是绝对的,而取决于观察者的运动状态。这一结论否定了牛顿力学中引以为基础的绝对时间和绝对空间框架。

相对论认为,光速在所有惯性参考系中不变,它是物体运动的最大速度。由于相对论效应,运动物体的长度会变短,运动物体的时间膨胀。但由于日常生活中所遇到的问题,运动速度都是很低的(与光速相比),看不出相对论效应。

爱因斯坦在时空观的彻底变革的基础上建立了相对论力学,指出质量随着速度的增加而增加,当速度接近光速时,质量趋于无穷大。他并且给出了著名的质能关系式:$E=mc^2$,质能关系式对后来发展的原子能事业起到了指导作用。

爱因斯坦所取得的科学成就似乎有些神奇色彩,以至于人们觉得它不可想象,甚至令人难以置信。可是,科学发展史证明:爱因斯坦的科学成就是划时代的,是已经被现代科学实践证明了的科学真理。

1937 年,在两个助手合作下,他从广义相对论的引力场方程推导出运动方程,进一步揭示了空间——时间、物质、运动之间的统一性,这是广义相对论的重大发展,也是爱因斯坦在科学创造活动中所取得的最后一个重大成果。在统一场理论方面,他始终没有成功,但他从不气馁,每次都满怀信心的从头开始。由于他远离了当时物理学研究的主流,独自去进攻当时没有条件解决的难题,因此,同 20 世纪 20 年代的处境相反,他晚年在物理学界非常孤立。可是他依然无所畏惧,毫不动摇地走他自己所认定的道路,直到临终前一天,他还在病床上准备继续他的统一场理论的数学计算。爱因斯坦(图 5-12)热爱科学,也热爱人类。他没有因为埋头于科学研究而把自己置于社会之外,一直关心着人类的文明和进

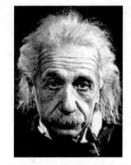

图 5-12　老年的爱因斯坦

步,并为之顽强、勇敢地战斗。他说过:"人只有献身于社会,才能找出那实际上是短暂而又有风险的生命的意义",他自己正是这样去做的。

阿尔伯特·爱因斯坦(1879 年 3 月 14 日—1955 年 4 月 18 日),1879 年 3 月 14 日上午 11 时 30 分,出生在德国乌尔姆市班霍夫街 135 号,据说智商达到 160,父母都是犹太人。父名赫尔曼·爱因斯坦,母亲玻琳。

爱因斯坦 1900 年毕业于苏黎世工业大学,并入瑞士国籍。1905 年获苏黎世大学哲学博士学位,曾在伯尔尼专利局任职,苏黎世工业大学、布拉格德意志大学教授。1913 年返德国,任柏林威廉皇帝物理研究所所长和柏林大学教授,并当选为普鲁士科学院院士。1933 年因受纳粹政权迫害,迁居美国,任普林斯顿高级研究所教授,从事理论物理研究,1940 年入美国国籍。他是现代物理学的开创者和奠基人,相对论——"质能关系"的提出者,"决定论量子力学诠释"的捍卫者(振动的粒子)——不掷骰子的上帝。1999 年 12 月26 日,爱因斯坦被美国《时代周刊》评选为"世纪伟人"。

5.1.4　量子力学的创立

开拓量子力学的先驱普朗克在经历了 15 年的徘徊,险些放弃他的量子假说。后来,他的继承者们在推进量子假说创立和发展量子力学中,却又遭到种种磨难。量子理论的成长道路,竟如此坎坷曲折。

正当普朗克犹豫徘徊的年代,有两位尚未出名的年轻科学家,先后从不同的方面应用并发展了量子假说。然而,他们都遭到了非难。这两位青年科学家就是爱因斯坦和玻尔。

爱因斯坦(1879—1955)遭到的非难是带有"戏剧性"的。当爱因斯坦在 1905 年推广普朗克量子概念,提出光量子假说并用以解释光电效应时,竟遭到普朗克本人的指责。他大声疾呼,爱因斯坦"失足"于量子论,背离经典物理学"走得太远了"。

玻尔(1885—1962)受到的非难是苛刻的。1913 年秋,玻尔的论文《论原子和分子的结构》在英国的《哲学杂志》上全文发表了。在这篇论文中,玻尔把普朗克量子假说用于原子结构,提出了量子化轨道理论,用量子跃迁假说解释原子光变更的发射和吸收。玻尔的这一理论,立即引起物理学界的"震惊"。一些物理学家认为,这是对经典物理学的"亵渎和疯狂"。当年,在伯明翰召开的不列颠科学促进会会议上,物理学界的"泰斗"们集中玻尔理论的半经典、半量子的混合,直接质问玻尔,并进行了多方责难。当时,拉摩尔(1857—1942)要求大名鼎鼎的物理学家瑞利(1842—1919)对玻尔的理论发表意见。瑞利却抱着一种"超然"态度,未置可否。事后,他的儿子问他是否看过玻尔关于氢光谱的论文,他曾直截了当地回答说,我虽然看过,但"它不合我的脾胃"。会上,汤姆孙(1856—1940)明确表示怀疑,光谱学权威塞曼(1865—1943)则根本否定。虽然著名物理学家金斯(1877—1946)支持玻尔的理论,但仍然没有消除人们的怀疑和反对。

当然,这种怀疑和反对与玻尔学说本身的弱点是相联系的。玻尔的理论最初曾非常成功地解释了氢和电离氦的线状光谱,但对原子光谱之表细结构及重原子的复杂结构,则无法解释。然而,玻尔并没有因此而止步。之后,他对整个理论在新的基础上进行了改造。量子论正是通过他而实现了从旧阶段到新阶段的过渡。而且,玻尔将毕生精力贡献给量子理论,成为左右量子力学发展的哥本哈根学派的公认领袖。

把量子论推向新阶段的大胆创新者之一,是法国年青科学家德布洛意(L.V. deBroglie)。他 20 岁那年,恰好是玻尔的量子论遭到责难的那年。在爱因斯坦和玻尔量子论的启示下,他毅然选择了荆棘丛生、壁垒顽固的辐射现象这一研究领域。后经十余年的研究,在分析光学理论发展状况的基础上,提出了自然界是对称的思想。他还根据实物粒子和光都具有质量和能量的共同特征,采用了类比方法,大胆假定实物粒子与光子具有同样属性,并进而由粒子的波动性和波动的粒子性,确定了波粒二象性。这样,就把表面上分离的实物和光的粒子性与波动性统一起来,提出了物质波假说,建立了体现波粒二象性的公式,即德布洛意公式。

德布洛意有关物质波理论的三篇论文,于 1923 年 9～10 月份,先后发表在法国的《导报》期刊上。而更完善地阐述他的理论观点,是在 1924 年所作的博士论文中。该文后来发表在 1925 年的《物理学年鉴》上。德布洛意的理论,在他之前没有任何直接实验证据的支持,这使得他的理论注定要经历艰难。正是在实验上德布洛意理论首先受到了阻难。他在写博士论文时要求对其物质波理论进行实验,但无人支持。后来虽然找到他的长兄莫里斯·德布洛意,认为实验可以进行,而向实验室的道威里耶先生建议,以期用电子进行实验获得衍射或干涉现象,可是并没有按他的建议进行实验,以致得到了完全否定的实验结果。对此,在 1973 年 11 月 16 日,道威里耶给梅迪卡斯的信中说明了真相,加顾当时他几乎不相信这些波的存在,并指出:"当时无论莫里斯·德布洛意,还是朗之万,或佩兰,对于德布洛意在他们实验室里进行这种实验都不理睬,没有任何人相信这种实验"。至于物质波理论本身当时也受到了非难。1924 年 11 月,在巴黎大学进行博士论文答辩时,论文评审委员会主持人佩兰,对德布洛意的论文全然不肯表态。洛伦兹断言德布洛意是"误入了歧途"。甚至"在老一辈物理学家看来,这样的想法是极其荒谬的"。加之,法国《导报》杂志在欧洲发行量不大,读者看时多不注意,德布洛意当时在原子物理学界又有好争论之名,故他的物质波理论没有为众人所知。只是由于他的导师朗之万热情洋溢地向爱因斯坦推荐德布洛意的论文,而爱因斯坦基于他对自然界对称性的欣赏,说服了物理学界的许多人,引起了他们对德布洛意波的研究。否则,当时"德布洛意的研究工作将几乎没有任何影响"。

　　德布洛意的物质波受到的冷遇尚未好转,又有两位年青的物理学家为推进量子论而踏上不平坦的征途。这就是海森堡(1901—1976)和薛定谔(1887—1961)。年轻的海森堡在他攻下色散理论(1925)之后不久,受到玻尔量子论的启示,同时又洞察到玻尔量子跃迁轨道理论的弱点,于是他决心寻求突破这一弱点的尝试。大约 1921 年开始到1925 年期间,他遭到巨大的、数学上的困难而失败了。只是后来,由于他求实的科学精神,在爱因斯坦相对论思想启示下,沿着与观测量有密切关系的那些量的原则,抛弃玻尔的轨道概念,吸取他的定态概念,才找到矩阵数学这一工具,终于在 1925 年建立了和经典力学完全不同的量子力学体系的矩阵方程。两年后,他又发挥了同样的科学精神,以抽象思维和可观测量统一的思想,揭示了微观客体的"测不准关系",建立了"测不准原理"。这个原理因其奇异性,长时期受到人们的误解与诘难。

　　另一位量子力学的开创者薛定谔,在对德布洛意波的追求中,以其新颖的形式创立了量子力学的波动方程。当他把这一方程用于原子中的电子时,发现与实验并不符合,使他十分失望,以为自己的方法错了,因而他放弃了这项工作。后来得知自己的方法并没有错,只是没考虑到电子自旋(当时电子自旋尚不为人所知)。可是,此时克莱因和戈登发表了与他同样的方程,走在了他的前面。这使他非常沮丧。经过几个月的苦恼,才从沮丧中恢复过来,对自己的工作重新作了检查,找到了非相对论的波动方程,即薛定谔方程。

　　矩阵力学与波动力学在数学形式上是完全不同的,起初人们也完全不了解它们之间的关系,因而他们之间相互诘难,彼此否定。例如,海森堡在给泡利的信中说:"我越是思考薛定谔理论的物理内容,我对它就越讨厌。"同样,狄拉克也表示这一理论使他"恼火"。而薛定谔在海森堡的矩阵力学刚出现时也指责说:"这样一个困难的、超越代数的方法,简直无法想象,它如果不是使我拒绝的话,至少也使我气馁"。

后来在 1926 年,经薛定谔的研究,证明矩阵力学和波动力学是完全等同的。而对这两个数学方程包含的物理意义,则在同年由波恩提出的波函数统计解释所阐明。

几经磨难,德布洛意波的肯定实验终于出现了。在 1927 年,戴维逊(1881—1958)和革末(1895—1971)用电子束在单晶体上反射后产生衍射的实验证明了德布洛意公式。同年,汤姆孙的儿子 P. 汤姆孙,利用电子束穿过单晶薄片产生衍射的实验也独立证实了德布洛意的公式。马克斯·玻恩(1882—1970)对波函数几率的解释阐释了德布洛意物质波的物理意义,于是揭示了物质波与经典波的本质差别,即物质波既不是机械波,也不是电磁波,而是一种几率波,显示出微粒性和波动性的统一。为了对量子力学做普遍的物理解释,1927 年英国物理学家狄拉克从泡利的二行二列矩阵得到启发,用四行四列矩阵成功地建立了相对论电子理论,即众所周知的狄拉克相对论波动方程,进一步体现了光的波粒二象性,标志着量子力学形式体系的完成。

穆尔在谈到量子理论发展的特点时写道:"这一新理论从根本上震撼了整个科学信念和一向推崇的科学设想。量子理论是如此新奇,以致人们对它的接受极为缓慢"。这的确道出了量子理论发展中备受灾难的一个原因。因为它"新奇",常常为人们所难以接受并受到来自经典物理学传统观点的诘难、抵制和反对,以至连量子理论的创立者们有时也难以摆脱或避免这种传统观点的束缚和影响。因此,量子理论发展的曲折历程告诉我们,科学中的传统观点在新的科学观点、理论的产生和发展中,其阻难不容轻视。然而,量子力学的创建者们却又能冲破阻难,开拓前进!玻尔指出了这一原因的关键:"只有新的观点可能克服它们。"这里所说的"新的观点"毫无疑问既包括量子理论方面的,也包括哲学思维方面的。从本质上说,我们认为这是符合辩证思维的观点。事实也是如此。正当量子力学,尤其是它的核心问题即波粒二象性,亟须解释之时,狄拉克就曾指出:如果我们能找到一个满足于我们的哲学观点的办法来描述目前量子力学中测不准关系和非决定性,那么可以说我们就很幸运了。而此时,为量子力学的解释提供了哲学基础的不是别人,正是"以特有的坚持和成功探索了现代物理学的哲学基础的"玻尔。这就是玻尔提出的反映辩证法思想的"互补原理"。

1924 年,海森堡(图 5-13)到哥本哈根,在 N. 玻尔指导下研究原子的行星模型。他

图 5-13　海森堡

1925 年解决了非谐振子的定态能量问题,提出了量子力学基本概念的新解释。矩阵力学就是 M. 玻恩和 E. P. 约旦后来又同海森堡一道在此基础上加以发展而成的。海森堡于 1927 年提出"不确定性",阐明了量子力学诠释的理论局限性,某些成对的物理变量(例如位置和动量,能量和时间等),永远是互相影响的;虽然都可以测量,但不可能同时得出精确值。"不确定性"适用于一切宏观和微观现象,但它的有效性通常只明显地表现在微观领域。1929 年,他同 W. E. 泡利一道曾为量子场论的建立打下基础,首先提出基本粒子中同位旋的概念,1932 年获诺贝尔物理学奖。

在第二次世界大战期间,海森堡曾和核裂变发现者之一 O. 哈恩一起,为纳粹发展核反应堆。他虽然不公开反对纳粹统治,但阻止原子武器的发展。战后,在格丁根,他和其他科学家 18 人发表公告,反对德意志联邦共和国政府发展核武器,著有《量子论的物理原理》、《原子核物理学》等。

海森堡出生于德国的维尔茨堡,在慕尼黑长大,父亲是一名普通的希腊语教师。早在中学时海森堡就已展现出了他的天赋,老师曾评价说:他能看到事物的本质,而不仅仅拘泥于表象和细节。后来,海森堡成为慕尼黑的马克斯米里扬天才基金会成员。"世界只在两件事情上还会想到我:一是我于 1941 年到哥本哈根拜访过尼尔斯·玻尔;二是我的测不准原理。"这是海森堡经常挂在嘴边的话。的确,由海森堡创立的理论奠定了现代量子物理的基础,它可通过数学计算将每个物理问题转化成实实在在的、可以测量的量;它阐明了由量子力学解释的理论局限性;它指出某些成双的物理变量(如位置和动量)永远是相互影响的,虽可测量,但其有效性不可能同时测出精确值等。他的主要贡献,是帮助科学家更深入地了解世界。

海森堡曾在自传中说,1925 年 5 月,他在哥廷根给马克斯伯尔恩当助手时,开始酝酿他的理论。当时,这位 23 岁的年轻科学家正患枯草热,医生建议他到赫尔戈兰岛休息两周,他就是利用这段时间完成了自己的事业。他说,那时他根本就不想睡觉,每天用 1/3 的时间来计算量子力学,1/3 的时间攀岩,余下的时间背诵近东国家的诗集。他当时的想法,就是要让旧理论完全让位于新理论。除散步外,他一直在思考解决问题的数学方式,几天后他终于搞明白,在物理中所观察到的量应当起作用,它可取代传统理论中的量子条件。

海森堡的理论公布之后,曾遭到纳粹的猛烈批判。当时的德国结束了其科学黄金时代,最为惨烈的是大批犹太科学家被迫害,致使德国的科学和文化从一流下降到了五流水平,因此海森堡的理论也不断遭到攻击。纳粹把犹太人赶出德国还不算,还要对付"白色犹太人",即"精神犹太人"和同情犹太人的人,即像海森堡之流的名人。正如他的一名同事所说的,只要是他们不懂的东西,都是犹太的东西。"很遗憾,当时正是物理将要取得重大突破的大好时机,可惜被政治断送了。"海森堡对此感到痛心。希特勒发动波兰战争时,命令海森堡来柏林,并要他写出核裂变的可利用报告。他花了半个月的时间写了出来,但是,他本人虽然不公开反纳粹,却反对使用原子武器。"二战"结束后,他积极促进和平利用核能。1957 年,他和其他科学家一道极力反对德国装备核武器,受到了德国人的爱戴。

海森堡不仅对量子力学感兴趣,对艺术和音乐也十分在行。他的研究风格与达·芬奇作画时尽量利用素描、色彩和光线的明暗等手段相似,力求达到客观与主观的协调一致。海森堡对音乐的解释是,音乐如同语言,极具个性化;而物理研究也如同作曲,古典物理犹如巴赫的交响曲。

海森堡把物理当成了作曲。不同的是,作曲家使用的是音符,海森堡则使用数学符号。他了解的是物理的自然法则,在其理论的声音里没有游离"音",在他的证明空间里发出的"音调"是原子法则,其目的是为了完善原子理论。

1932 年,诺贝尔物理学奖授予德国莱比锡大学的海森堡(1901—1976),以表彰他创立了量子力学,尤其是他的应用导致了发现氢的同素异形体。

5.2　现代科学与技术

当代科学技术的迅速发展,不同的学科之间相互交叉、相互渗透,出现了一系列新的边缘科学和综合科学。在 20 世纪 40 年代前后发展起来的系统论、控制论和信息论,是这种综合性学科理论的典型代表。目前这三种理论又互相结合,有形成统一的系统科学的趋势。

5.2.1　控制论

控制论是著名美国数学家维纳同他的合作者,自觉地适应近代科学技术中不同门类相互渗透与相互融合的发展趋势而创始的。它摆脱了牛顿经典力学和拉普拉斯机械决定论的束缚,使用新的统计理论研究系统运动状态、行为方式和变化趋势的各种可能性。控制论是研究系统的状态、功能、行为方式及变动趋势,控制系统的稳定,揭示不同系统的共同的控制规律,使系统按预定目标运行的技术科学。

控制论是研究生命体、机器和组织的内部或彼此之间的控制和通信的科学。控制论的建立是应用数学史上令人注目的大事。1948 年,诺伯特·维纳出版了跨时代著作《控制论》,开辟了崭新的研究领域。

控制论的核心问题是信息,包括信息提取、信息传播、信息处理、信息存储和信息利用等一般问题。控制论的研究对象是一切可控系统。控制论的数学基础就是用吉布斯统计力学来处理控制系统的数学模型。

就其理论基础而言,控制论大体经历了经典控制理论、现代控制理论和非线性控制理论这三个阶段。经典控制理论由维纳创立,其形成、发展与广泛应用的时间大致在1948—1957 年。经典控制理论以反馈为核心,把具有单一输入和单一输出的线性自动调节系统作为主要研究对象,研究的主要内容是自动调节系统的稳定性,所采用的数学模型则以传递函数描述,分析、综合调节系统的主要方法是频域法(即频率响应法),所能达到的目的,基本是实现局部自动化。

1. 控制论的产生

20 世纪 40 年代末,维纳创立了控制论,申农创立了信息论。随着自动化系统和自动控制理论的出现,对信息的研究开始突破原来仅限于传输方面的概念。控制论作为一个相对独立的科学学科,其形成却起始于 20 世纪二三十年代,而 1948 年美国数学家维纳出版了《控制论》一书,标志着控制论的正式诞生。该书从控制的观点揭示了动物与机器共同的信息与控制规律,研究了用滤波和预测等方法,从被噪声湮没了的信号中提取有用信息的信号处理问题,建立了维纳滤波理论。美国数学家申农是维纳的学生,这年发表了《通信的数学理论》和《在噪声中的通信》两篇著名论文,提出信息熵的数学公式,从量的方面描述了信息的传输和提取问题,创立了信息论。

维纳 1894 年 11 月 26 日生于美国密苏里州的哥伦比亚,1964 年 3 月 18 日卒于瑞典斯德哥尔摩。维纳少年时是一位神童,他 11 岁上大学,学数学,但喜爱物理、无线电、生物和哲学;14 岁考进哈佛大学研究生院学动物学,后又去学哲学;18 岁时获得了哈佛大学的数理逻辑博士学位。1913 年,刚刚毕业的维纳又去欧洲向罗素、哈代和希尔伯特这些数学大师们学习数学,正是多种学科在他头脑里的汇合,才结出了控制论这颗综合之果。1919 年,维纳在麻省理工学院任教。在研究勒贝格积分时,就从统计物理方面萌发了控制论思想。第二次世界大战期间,为了对付德国的空中优势,英、美两国亟待提高他们的防空体系的性能。维纳两次参加了美国研制防空火力自动控制系统的工作,当时高射炮发射出的炮弹的速度比德国的飞机快不了多少,而飞机驾驶时有一定随机性,这就要求高射炮在瞄准时不能再直接对准目标或只是有个大约的提前量,而是要预测飞机将要飞到的精确位置,以便击中目标。这就产生了自动控制问题。维纳将概率论和数理统计等数学工具用于火炮控制系统,提出了一套最优预测方法。但这只能给出一种可能性最大的预测,并不能给出百分之百的击中率。为此,他开始把早年学的动物学知识用了起来。

1943 年,维纳与别格罗和罗森勃吕特合写了《行为、目的和目的论》的论文,从反馈角度研究了目的行为,找出了神经系统和自动机之间的一致性。这是第一篇关于控制论的论文。这时,神经生理学家匹茨和数理逻辑学家合作,应用反馈机制制造了一种神经网络模型。第一代电子计算机的设计者艾肯和冯·诺依曼认为,这些思想对电子计算机设计十分重要,就建议维纳召开一次关于信息、反馈问题的讨论会。1943 年年底,在纽约召开了这样的会议,参加者中有生物学家、数学家、社会学家、经济学家,他们从各自角度对信息反馈问题发表意见。以后又接连举行这样的讨论会,对控制论的产生起了推动作用。《控制论》一书的副标题是,"关于在动物和机器中控制和通信的科学"。

1948 年,罗素的学生维纳发表了《控制论》一书,以此为标志,控制论这门边缘学科诞生了。

2. 控制论的发展

控制论是多门科学综合的产物,也是许多科学家共同合作的结晶。控制论诞生后,得到了广泛的应用与迅猛的发展,大致经历了三个发展时期。

第一个时期是 20 世纪 50 年代,是经典控制论时期。这个时期的代表除了生物控制论外,有我国著名科学家钱学森 1945 年在美国发表的《工程控制论》。

第二个时期是 20 世纪 60 年代的现代控制论时期。导弹系统、人造卫星、生物系统研究的发展,使控制论的重点从单变量控制到多变量控制,从自动调节向最优控制,由线性系统向非线性系统转变。美国卡尔曼提出的状态空间方法以及其他学者提出的极大值原理和动态规划等方法,形成了系统测辨、最优控制、自组织、自适应系统等现代控制理论。

第三时期是 20 世纪 70 年代后的大系统理论时期。控制论由工程控制论、生物控制论向经济控制论、社会控制论和人口控制论等发展。1975 年的国际控制论和系统论第三届会议,讨论的主题就是经济控制论的问题。1978 年的第四届会议,主题又转向了社会控制论。电子计算机的广泛应用和人工智能研究的开展,使控制系统显现出规模庞大、结构复杂、因素众多、功能综合的特点,从而控制论也向大系统理论发展。在 1976 年的国际自动控制联合会的学术会上,专题讨论了"大系统理论及应用"问题。控制论也形成了工程控制论、生物控制论、社会控制论。其中,生物控制论又分化出神经控制论、医学控制论、人工智能研究和仿生学研究。社会控制论则把控制论应用于社会的生产管理、效能运输、电力网络、能源工程、环境保护、城市建议,以至社会决策等方面。维纳在 1950 年出版的《人有人的用处——控制论和社会》一书中,着重论述了通信、法律、社会政策等与控制论的联系。阿希贝 1958 年发表的《控制论在生物学和社会中的应用》一文认为,运用非线性系统的控制理论,可以研究社会系统。

控制系统的鲁棒性研究是现代控制理论研究中一个非常活跃的领域,鲁棒控制问题最早出现在 20 世纪人们对于微分方程的研究中。Black 首先在他的 1927 年的一项专利上应用了鲁棒控制。但是什么叫做鲁棒性呢?其实这个名字是一个音译,其英文拼写为 Robust,也就是健壮和强壮的意思。控制专家用这个名字来表示当一个控制系统中的参数发生摄动时系统能否保持正常工作的一种特性或属性。就像人在受到外界病菌的感染后,是否能够通过自身的免疫系统恢复健康一样。

鲁棒控制理论发展到今天,已经形成了很多引人注目的理论。其中,控制理论是目前解决鲁棒性问题最为成功且较完善的理论体系。他在 1981 年首次提出了这一著名理论,他考虑了对于一个单输入、单输出系统的控制系统,设计一个控制器,使系统对于扰动的反应最小。在他提出这一理论之后的 20 年里,许多学者发展了这一理论,使其有了更加广泛的应用。当前这一理论的研究热点是在非线形系统中的控制问题。另外,还有一些关于鲁棒控制的理论,如结构异值理论和区间理论等。

1976 年单片机问世。单片机就是在一块硅片上集成了中央处理器、随机存储器、程序存储器、定时器和各种 I/O 接口,也就是说集成在一块芯片上的计算机。单片机的主要特点是体积比较小、重量轻,再加上良好的抗干扰性和可靠性,单片机已经成为工业控制的不可缺少的器件之一。单片机性能的发展也不能和普通计算机相提并论,但是对于工业的应用,单片机的速度已经是足够了。应用于工业的测控是单片机的主要功能之一。单片机有丰富的 I/O 线,大部分这样的单片机都应用在汽车工业,使得汽车在局部的处理中拥有更多的智能。在汽车的局部处理中,单片机加上传感器,再辅以固定的算法,就能够在驾驶员不知不觉的情况下对车况进行调整。单片机已经无处不在,比如:我们常用的一类电子秤,内部就安装了一块单片机;又比如 K85 这样的电脑中频电疗仪,能够从病人身上获取数据,然后根据现有的算法从几种治疗处方中选择,而在每一种处方中,还能够根据病人的病情而改变中频和波形及输出电流强度;单片机也可以应用在电脑缝纫机上,这样单片机可以替代很多机械部分,还能提供很多老式的缝纫机无法实现的图案。

为了解决控制和决策中的非数值问题,适应 20 世纪 80 年代以后智能机研究的需要,以及要解决知识信息处理的问题,遂产生了知识工程,并已研制成专家系统、自然语言理解系统和智能机器人等。

3. 控制论的应用

现代控制理论是于 20 世纪 50 年代末至 60 年代初在大量工程实践基础上逐渐形成的,它由美籍匈牙利学者卡尔曼奠定,由卡尔曼及前苏联数学家邦德里稚金、美国数学家贝尔曼等发展。现代控制论的特点是,用状态空间法或时域法研究控制系统,允许多输入、多输出;它按照概率性的最优准则来设计最优状态估计,即利用卡尔曼滤波;它的理想控制方案是使目标函数达到最优来设计的,因而和动态规划有密切关联。

现代控制理论大体包括:多变量控制、系统辨识、最优估计和最优控制等主要内容及自适应控制等问题。以现代控制理论进行系统设计,大大改善了系统的精度及技术经济指标,在许多部门被广泛应用。自 20 世纪 70 年代以来,控制论工作者提出频率(经典控制论中着重用频率法研究控制系统)、时域(状态空间法)统一处理的新方法,将现代控制理论与经典控制理论融合,得到一些新方法,称之为大系统理论。这一新的领域是控制论与运筹学、信息论的结合。

非线性控制理论起源于 20 世纪 70 年代伯劳凯特等人将微分几何方法引入控制问题中。由于大多数工程控制问题都是非线性的,所以它一提出来就受到诸多学者的注意。罗马大学教授依色多锐曾预言,这将会给控制论带来突破性进展。伯劳凯特提出的精确线性化理论近年来尤受注意,用于研究生物系统、非生物系统内部的通信、控制和调整的科学。系统工程运用的控制论,主要指工程控制论。它包括:线性系统理论,概率和统计方法的应用,最优控制理论,自适应、自学习以及自组织系统的理论,还有系统辨认理论和大系统理论等。

控制是指受控制对象按人们的预定要求行事。控制论是关于在复杂的动力系统中控制的科学。它是研究技术装置、生物机体和人类社会组织等系统之中的控制和通信的一般规律。控制论是现代科学技术的一个新的边缘学科。它是自动控制、电子技术、无线电通信、神经生理学、生物学、心理学、数理逻辑、计算机技术、统计力学等多种学科相互渗透的产物。1948 年,美国数学家维纳发表的《控制论》一书,奠定了这门新兴学科的理论基础。他把控制论定义为"关于在动物和机器中控制和通信的科学"。机器的自动控制或动物在自然界的活动,都可以看成是其各组成部分间信息的传递过程。控制论撇开对象的物质和能量的具体形态,撇开过程的物质或能量交换的方面,仅从生物机体和技术装置中控制的功能类比方面,研究对象和过程的各组成部分间信息的传递过程。在控制论中,信息概念是一个基本的概念,控制论是建立在信息论基础之上的。信息论的反馈原理,在控制论中占有很重要的地位,几乎一切控制都包含反馈——系统输送出去的信息,作用于被控对象后产生的结果,再输送回来,并对信息的再输出发生影响。20 世纪 50 年代后,控制论向自然科学和社会科学的各个领域渗透,广泛地应用于心理学、管理科学、领导科学等学科。

控制论方法在领导科学中,有着重要的方法论意义。领导干部运用控制论,从"功能"的角度,揭示事物之间的普遍联系。着眼于对事物进行整体的综合性的动态研究、统一处理、运筹规划、协调各部门各环节之间的关系,重视执行过程的反馈处理,都可以使事物按预定的目标发展。

5.2.2 系统论

系统论是研究系统的模式、性能、行为和规律的一门科学。它为人们认识各种系统的组成、结构、性能、行为和发展规律提供了一般方法论的指导。系统论的创始人是美籍奥地利理论生物学家和哲学家路德维格·贝塔朗菲。系统是由若干相互联系的基本要素构成的,它是具有确定的特性和功能的有机整体,如太阳系是由太阳及围绕它运转的行星(金星、地球、火星、木星等)和卫星构成的。同时太阳系这个"整体"又是它所属的"更大整体"——银河系的一个组成部分。

贝塔朗菲(1901—1972)是美籍奥地利理论生物学家(图 5-14),1901 年 9 月 19 日生于奥地利首都维也纳附近的阿茨格斯多夫,1972 年 6 月 12 日卒于纽约州布法罗。他是一般系统论的创始人,从物理学、生物学与心理学探讨同型性的系统论原理,1952 年发表抗体系统论,20 世纪 60 年代提出应用开放系统论于生物学研究的概念、方法与数学模型等,奠基了系统生物学,并导致了系统生态学、系统生理学的学科体系发展,以及影响了中国生物学家曾邦哲20 世纪 90 年代提出的系统医学、系统遗传学与系统生物工程的概念与原理。

图 5-14 贝塔朗菲

系统论是研究系统的一般模式,结构和规律的学问,它研究各种系统的共同特征,用数学方法定量地描述其功能,寻求并确立适用于一切系统的原理、原则和数学模型,是具有逻辑和数学性质的一门新兴的科学。

系统思想源远流长,但作为一门科学的系统论,人们公认是美籍奥地利人、理论生物学家贝塔朗菲创立的。他在 1952 年发表"抗体系统论",提出了系统论的思想。1973 年提出了一般系统论原理,奠定了这门科学的理论基础。但是他的论文《关于一般系统论》,到 1945 年才分开发表,他的理论到 1948 年在美国再次讲授"一般系统论"时,才得到学术界的重视。确立这门科学学术地位的是 1968 年贝塔朗菲发表的专著《一般系统理论基础、发展和应用》,该书被公认为是这门学科的代表作。

系统一词,来源于古希腊语,是由部分构成整体的意思。今天人们从各种角度上研究系统,对系统下的定义不下几十种,如说"系统是诸元素及其顺常行为的给定集合","系统是有组织的和被组织化的全体","系统是有联系的物质和过程的集合","系统是许多要素保持有机的秩序,向同一目的行动的东西",等等。一般系统论则试图给一个能描示各种系统共同特征的一般系统定义,通常把系统定义为:由若干要素以一定结构形式联结构成的、具有某种功能的有机整体。在这个定义中包括了系统、要素、结构、功能四个概念,表明了要素与要素、要素与系统、系统与环境三方面的关系。

系统论的核心思想是系统的整体观念。贝塔朗菲强调,任何系统都是一个有机的整体,它不是各个部分的机械组合或简单相加,系统的整体功能是各要素在孤立状态下所没有的性质。他用亚里士多德的"整体大于部分之和"的名言来说明系统的整体性,反对那种认为要素性能好、整体性能一定好,以局部说明整体的机械论的观点。同时认为,系统中各要素不是孤立地存在着,每个要素在系统中都处于一定的位置上,起着特定的作用。要素之间相互关联,构成了一个不可分割的整体。要素是整体中的要素,如果将要素从系统整体中割离出来,它将失去要素的作用。正像人手在人体中它是劳动的器官,一旦将手从人体中砍下来,那时它将不再是劳动的器官了一样。

当前系统论发展的趋势和方向,是朝着统一各种各样的系统理论,建立统一的系统科学体系的目标前进着。有的学者认为,"随着系统运动而产生的各种各样的系统(理)论,而这些系统(理)论的统一,业已成为重大的科学问题和哲学问题。"

系统论的基本思想方法,就是把所研究和处理的对象,当作一个系统,分析系统的结构和功能,研究系统、要素、环境三者的相互关系和变动的规律性,并优化系统观点看问题,世界上任何事物都可以看成是一个系统,系统是普遍存在的。大至渺茫的宇宙,小至微观的原子,一粒种子、一群蜜蜂、一台机器、一个工厂、一个学会团体等都是系统,整个世界就是系统的集合。

系统是多种多样的,可以根据不同的原则和情况来划分系统的类型。按人类干预的情况,可划分自然系统、人工系统;按学科领域,就可分成自然系统、社会系统和思维系统;按范围划分,则有宏观系统、微观系统;按与环境的关系划分,就有开放系统、封闭系统、孤立系统;按状态划分,就有平衡系统、非平衡系统、近平衡系统、远平衡系统;等等。此外还有大系统、小系统的相对区别。

系统论的任务,不仅在于认识系统的特点和规律,更重要的还在于利用这些特点和规律去控制、管理、改造或创造一系统,使它的存在与发展合乎人的目的需要。也就是说,研究系统的目的在于调整系统结构,协调各要素关系,使系统达到优化目标。

系统论的出现,使人类的思维方式发生了深刻的变化。以往研究问题,一般是把事物分解成若干部分,抽象出最简单的因素来,然后再以部分性质去说明复杂事物。这是笛卡儿奠定理论基础的分析方法。这种方法的着眼点在局部或要素,遵循的是单项因果决定论,虽然这是几百年来在特定范围内行之有效、人们最熟悉的思维方法,但是它不能如实地说明事物的整体性,不能反映事物之间的联系和相互作用,它只适应认识较为简单的事物,而不胜任对复杂问题的研究。在现代科学的整体化和高度综合化发展的趋势下,在人类面临许多规模巨大、关系复杂、参数众多的复杂问题面前,就显得无能为力了。正当传统分析方法束手无策的时候,系统分析方法却能站在时代前列,高屋建瓴、综观全局、别开生面地为现代复杂问题提供了有效的思维方式。所以系统论,连同控制论、信息论等其他横断科学一起,所提供的新思路和新方法,为人类的思维开拓了新路,它们作为现代科学的新潮流,促进着各门科学的发展。

系统论反映了现代科学发展的趋势,反映了现代社会化大生产的特点,反映了现代社会生活的复杂性,所以它的理论和方法能够得到广泛的应用。系统论不仅为现代科学的发展提供了理论和方法,而且也为解决现代社会中的政治、经济、军事、科学、文化等方面的各种复杂问题提供了方法论的基础,系统观念正渗透到每个领域。

当前系统论发展的趋势和方向是朝着统一各种各样的系统理论,建立统一的系统科学体系的目标前进着。有的学者认为,"随着系统运动而产生的各种各样的系统(理)论,而这些系统(理)论的统一,业已成为重大的科学问题和哲学问题"。

系统理论目前已经显现出几个值得注意的趋势和特点。第一,系统论与控制论、信息论、运筹学、系统工程、电子计算机和现代通信技术等新兴学科相互渗透、紧密结合的趋势;第二,系统论、控制论、信息论,正朝着"三归一"的方向发展,现已明确,系统论是其他两论的基础;第三,耗散结构论、协同学、突变论、模糊系统理论等新的科学理论,从各方面丰富发展了系统论的内容,有必要概括出一门系统学作为系统科学的基础科学理论;第四,系统科学的哲学和方法论问题,日益引起人们的重视。在系统科学的这些发展形势下,国内外许多学者致力于综合各种系统理论的研究,探索建立统一的系统科学体系的途径。一般系统论创始人贝塔朗菲,就把他的系统论分为两部分:狭义系统论与广义系统论。他的狭义系统论着重对系统本身进行分析研究;而他的广义系统论则是对一类相关的系统科学进行分析研究。其中,也包括三个方面的内容:①系统的科学、数学系统论;②系统技术,涉及控制论、信息论、运筹学和系统工程等领域;③系统哲学,包括系统的本体论、认识论、价值论等方面的内容。有人提出,试用信息、能量、物质和时间作为基本概念建立新的统一理论。瑞典斯德哥尔摩大学萨缪尔教授在 1976 年一般系统论年会上发表了将系统论、控制论、信息论综合成一门新学科的设想。在这种情况下,美国的《系统工程》杂志也改称为《系统科学》杂志。我国有的学者认为,系统科学应包括"系统概念、一般系统理论、系统理论分论、系统方法论(系统工程和系统分析包括在内)和系统方法的应用"五个部分。我国著名科学家钱学森教授,多年致力于系统工程的研究,十分重视建立统一的系统科学体系的问题。自 1979 年以来,他多次发表文章,表达他把系统科学看成是与自然科学、社会科学等相并列的一大门类科学的观点。系统科学像自然科学一样,也区分为四个层次:系统的工程技术(包括系统工程、自动化技术和通信技术);系统的技术科学(包括支筹学、控制论、巨系统理论、信息论);系统的基础科学,(即系统学);系统观(即系统的哲学和方法论部分,是系统科学与马克思主义的哲学连接的桥梁)。这些研究表明,不久的将来,系统论将以崭新的面貌矗立于科学之林。

5.3　20 世纪的四大基本模型

5.3.1　宇宙大爆炸模型

宇宙从何而来? 宇宙是有始有终的吗? 这些问题自古以来就一直是人类最感兴趣和不懈探索的问题。古代限于落后的生产力和不发达的科学技术的限制,人们只能将宇宙的起源归结为各种神话传说。20 世纪以来,随着科学技术的飞速发展,人们在对宇宙的观测中取得了越来越多的重大发现,从而逐渐建立了宇宙大爆炸模型。

1. 宇宙大爆炸模型概述

宇宙大爆炸模型的基本观点是:迄今观测到的宇宙,起始于最初的一次大爆炸事件。那时,宇宙的温度极高,密度极大,体积极小。大爆炸使物质四散飞出,宇宙空间不断膨胀,温度也相应下降。后来相继出现在宇宙中的所有的星系、恒星、行星乃至生命等,总体上都是在这种不断膨胀、冷却的过程中逐渐形成的。这被称为标准宇宙模型。

1948 年美国物理学家伽莫夫、阿尔弗、贝特等人发挥了勒梅特的思想,把宇宙的膨胀与物质的演化联系起来,提出了宇宙大爆炸模型。因为它能较多地说明现时所观测到的事实,所以成为目前影响最大的宇宙学说。

根据这一学说,在宇宙的最早期,即距今大约 150 亿年前,今天所观测到的全部物质世界统统都集中在一个很小的范围内,温度极高,密度极大。大爆炸开始后 0.01 秒,宇宙的温度约为 1000 亿℃,其物质的主要成分为轻粒子(如光子、电子或中微子),而质子和中子只占十亿分之一。所有这些粒子都处于热平衡状态。由于整个体系在快速膨胀,因此温度很快下降。大爆炸后 0.1 秒,温度下降到 300 亿℃,中子与质子之比从原来的 1 下降到 0.61。1 秒钟后,温度已下降到 100 亿℃。随着密度的减小,中微子不再处于热平衡状态,开始向外逃逸。电子和正电子对开始发生湮没反应,中子与质子之比进一步下降到 0.3。但这时温度还太高,核子仍不足以把中子和质子束缚在一起。大爆炸后 13.8 秒,宇宙温度下降到 30 亿℃。这时质子和中子已可形成像氘、氦那样稳定的原子核。化学元素从这时候开始形成。35 分钟后,宇宙温度进一步下降到 3 亿℃,核形成停止了。氦和自由质子的质量之比大致保持在 0.22~0.28 这一范围内。由于温度还很高,质子仍不能和电子结合起来形成中性原子。中性原子大约是在大爆炸发生后 30 万年才开始形成的,这时的温度已降到 3000℃,化学结合作用已足以将绝大部分自由电子束缚在中性原子中。到这一阶段,宇宙的主要成分是气态物质,随着温度的进一步降低,它们慢慢地凝聚成密度较高的气体云,到 109 万年后,进一步形成各种星系,到 1010 万年形成恒星系统。这些恒星系统又经历了漫长的演化,才形成了我们今天所看到的宇宙。

1948 年,伽莫夫等在美国《物理评论》杂志上发表了关于大爆炸宇宙学模型的文章:提出宇宙是由甚早期温度极高且密度极大、体积极小的物质迅速膨胀形成的,这是一个由热到冷、由密到稀,不断膨胀的过程,犹如一次规模极其巨大的超级大爆炸。大爆炸中所产生的辐射在遥远的宇宙空间里必定仍然存在,大约相当于 10K 左右。后来 3K 宇宙背景辐射的发现给了人们很大的鼓舞,因为它使爆炸宇宙模型的这个预言成为真实。当然,宇宙大爆炸模型也同样存在着许多尚待解决的疑难,它终究还只是一种假说。宇宙演化的热爆炸模型如图 5-15 所示。

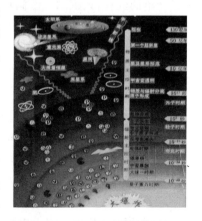

图 5-15　宇宙演化的热爆炸模型

宇宙大爆炸的基本轮廓被这样描述出来:大爆炸后最初几分钟内合成了氦和氘这类轻元素。大约几十万年后出了炽热火球,具有星系级能量的射电源的辐射呈现出由强到弱的演化趋势,许多遥远的星系都在以很高的速度彼此退行。不过,宇宙大爆炸论关于宇宙起始于一个微点的假设,至今仍未得到证实。

2. 大爆炸宇宙学的创始人伽莫夫

乔治·伽莫夫(图5-16)(1904—1968)是美国著名的物理学家和天文学家。1928年在前苏联列宁格勒大学获物理学博士学位。1928—1932年先后在丹麦的哥本哈根大学

和英国剑桥大学,师从著名物理学家玻尔和卢瑟福从事研究工作。1931年回到列宁格勒大学任教授。1933年在巴黎居里研究所从事研究。1934年移居美国,任密执安大学讲师,同年秋被聘为华盛顿大学教授;1954年任加利福尼亚大学伯克利分校教授;1956年改任科罗拉多大学教授。

伽莫夫兴趣广泛。他早年在核物理研究中取得了出色成绩,20世纪40年代,伽莫夫与他的两个学生——拉尔夫·阿尔菲和罗伯特·赫尔曼一道,将相对论引入宇宙学,提出了热大爆炸宇宙学模型。热大爆炸宇宙学模型认为,宇宙最初开始于高温高密

图5-16　乔治·伽莫夫

度的原始物质,温度超过几十亿度。随着宇宙膨胀,温度逐渐下降,形成了现在的星系等天体。他们还预言了宇宙微波背景辐射的存在。1964年美国无线电工程师阿诺·彭齐亚斯和罗伯特·威尔逊偶然中发现了宇宙微波背景辐射,证实了他们的预言。伽莫夫在生物学上首先提出"遗传密码"理论。他还是一位杰出的科普作家,在他一生正式出版的25部著作中,就有18部是科普作品。他的许多科普作品风靡全球,《物理世界奇遇记》更是他的代表作。由于他在普及科学知识方面所作出的杰出贡献,1956年,他荣获联合国教科文组织颁发的卡林伽科普奖。

3. 宇宙大爆炸模型假说的构成

(1) 提出宇宙大爆炸模型的背景

20世纪20年代,美国天文学家斯莱弗在研究远处的漩涡星云发出的光谱时,首先发现了光谱的红移,认识到了漩涡星云正快速远离人们而去。1929年哈勃把这种退行红移的测量与星系的距离的测量结合起来,总结出了著名的哈勃定律:星系的退行速度 v 与它的距离 r 成正比,即

$$v = Hr$$

根据哈勃定律和后来更多天体红移的测定,人们相信宇宙在长时间内一直在膨胀,物质密度一直在变稀。由此反推,宇宙的结构在某一时刻前是不存在的,它只能是演化的产物,因而1948年伽莫夫等人首先提出了大爆炸宇宙学模型。

(2) 宇宙大爆炸模型假说的特征

① 科学性:来源于科学事实(宇宙天体红移现象和宇宙3K微波背景辐射的发现)与科学理论(多普勒效应和热力学定律等)。

② 假定性:推测宇宙是由甚早期温度极高且密度极大、体积极小的物质迅速膨胀形成的,这是一个由热到冷、由密到稀,不断膨胀的过程,犹如一次规模极其巨大的超级大

爆炸。

③ 易变性：宇宙静止说(宇宙是恒定不变的)；宇宙膨胀说(即宇宙大爆炸假说)；暴胀宇宙模型(在宇宙大爆炸假说的框架上,提出宇宙在大爆炸后不到 1 秒的时间里膨胀了大约 1030 倍,变成大约和橘子一般大小,然后开始以较稳定的速率膨胀,直到现在,大约 150 亿年,成为目前的样子)；前苏联科学家林德提出"自我增殖的宇宙"概念："最有可能的是,我们正在研究的宇宙是由早期的若干宇宙所形成的"；1987 年,霍金进一步提出了"婴儿宇宙"模型(两个大宇宙通过一个细"管子"连接起来,这个细管子称为"虫洞",大宇宙为母宇宙,可能存在着从母宇宙分岔出去的另一端是自由的"虫洞",这样的管子成为子宇宙、婴儿宇宙,就是说,除了我们生存的宇宙之外,还可能存在着众多的由"虫洞"连接起来的其他宇宙)；1992 年,萨莫林在前人基础上提出了宇宙自然选择学说(母宇宙是空间闭合的,犹如一个黑洞,该黑洞在生存了一段时间后坍缩为一个奇点,奇点又会反弹爆炸膨胀为新的下一代宇宙)。

(3) 宇宙大爆炸模型假说的形成过程

① 20 世纪 20 年代,若干天文学者均观测到,许多河外星系的光谱线与地球上同种元素的谱线相比,都有波长变化,即红移现象。

② 1929 年,美国天文学家哈勃总结出,星系谱线红移星与星系同地球之间的距离成正比的规律。他在理论中指出：如果认为谱线红移是多普勒效应的结果,则意味着河外星系都在离开我们向远方退行,而且距离越远的星系远离我们的速度越快。这正是一幅宇宙膨胀的图像。

③ 1932 年,勒梅特首次提出了现代宇宙大爆炸理论：整个宇宙最初聚集在一个"原始原子"中,后来发生了大爆炸,碎片向四面八方散开,形成了我们的宇宙。

④ 20 世纪 40 年代,美国天体物理学家伽莫夫等人正式提出了宇宙大爆炸理论。该理论认为,宇宙在遥远的过去曾处于一种极度高温和极大密度的状态,这种状态被形象地称为"原始火球"。以后,火球爆炸,宇宙就开始膨胀,物质密度逐渐变稀,温度也逐渐降低,直到今天的状态。

⑤ 1965 年,彭齐亚斯和威尔逊发现了宇宙背景辐射,后来他们证实宇宙背景辐射是宇宙大爆炸时留下的遗迹,从而为宇宙大爆炸理论提供了重要的依据。

⑥ 1979 年,麻省理工学院的学者阿伦·固斯提出了"暴涨宇宙模型"。他认为,早期的宇宙不是像现在这样以递减的速率膨胀,而是存在着一个快速膨胀的时期,宇宙的加速度膨胀使其半径在远远小于 1 秒钟的时间里增大了 100 万亿亿亿(1 的后面跟 30 个 0)倍。

⑦ 20 世纪 80 年代,霍金对于宇宙起源后 10～43 秒以来的宇宙演化图景作了清晰的阐释。

4. 宇宙大爆炸模型假说的检验

20 世纪可以证明"宇宙大爆炸"理论的观测依据主要有 5 项,科学界普遍予以接受。

(1) 星系退行：通过光谱观测发现,遥远的星系均以很高的速度在彼此退行。这表明星系系统处于一种膨胀状态。天文学家据此进一步计算出宇宙的年龄约为 200 亿年。

（2）宇宙时标：用放射性年代学的方法测得月岩和最老的陨石年龄均为 46 亿年,由恒星演化模型导出的银河系中最老的恒星年龄为 150 亿年。迄今用各种独立的方法对不同天体测定的时标,均在由星系的速度—距离关系所确定的宇宙年龄 200 亿年以内,这说明宇宙年龄是有限的。

（3）宇宙中的氦和氘：通过对比较原始的星际气体的观测发现,在银河系和许多河外星系中,轻元素氦的同位素氘相对于氢的数量基本上是均匀分布的。这和许多重元素的非均匀分布形成了鲜明的对照,用宇宙大爆炸理论解释就是：因为大爆炸后最初几分钟内预期出现的高温高密状态极易导致轻元素的合成;而重元素则是在众多的恒星内核深处合成,直到发生超新星爆发时才大量散布开来的,它们相对于氢的数量不会是均匀分布的。

（4）射电星系：20 世纪 60 年代用综合孔径射电望远镜进行的大量观测表明,具有星系级能量的暗弱射电源的数目,比射电源空间均匀分布假设所预期的多很多,即射电星系在空间实际上不是均匀分布的。由此推断,在宇宙学时标上,射电星系是从较强的源演化成较弱的源的。

（5）微波背景辐射：发现宇宙间存在背景辐射,是温度相当于 2.74K 的黑体辐射,一般称为 3K 微波背景辐射。这种辐射正好解释为宇宙早期炽热火球的暗淡余光。按照大爆炸理论,随着宇宙的膨胀,原始火球的炽热的黑体辐射,势必拉长波长,降低温度,导致今天在微波段观测到不足 3K 的背景辐射。

（6）新证据：长期以来,一直有一种理论认为宇宙最初是一个质量极大、体积极小、温度极高的点,然后这个点发生了爆炸,随着体积的膨胀,温度不断降低。至今,宇宙中还有大爆炸初期残留的称为"宇宙背景辐射"的宇宙射线。科学家们在分析了宇宙中一个遥远的气体云在数十亿年前从一个类星体中吸收的光线后发现,其温度确实比现在的宇宙温度要高。他们发现,背景温度约为 $-263.89℃$,比现在测量的 $-273.33℃$ 的宇宙温度要高。

5. 宇宙大爆炸模型的发展

宇宙大爆炸模型假说作为一门发展中的理论,发展至今,特别是关于轻元素丰度的解释和微波背景辐射的测量,说明大爆炸宇宙学模型正在走向成熟。但这并不能说明该理论无可挑剔。相反,大爆炸理论存在诸多包括视界问题、平坦性问题（现已被暴涨理论所解释）、奇性问题、磁单极子问题、重子不对称问题、暗物质问题和宇宙常数等困难,这些有待进一步研究。相信对这些问题的不断解决,必将进一步完善大爆炸宇宙学模型。

5.3.2 夸克模型

1. 夸克模型概述

人们一般都认为：物质是由分子构成的,分子是由原子构成的,原子是由电子、质子、中子等基本粒子组成的,而基本粒子则是由比基本粒子更基本的亚粒子组成的。亚粒子也就是人们常说的"夸克"或"层子"。1964 年盖尔曼提出了夸克模型,认为介子是由夸克和反夸克所组成,重子是由三个夸克组成(图 5-17)。"夸克"一词原指一种德国奶酪或海鸥的叫声。盖尔曼当初提出这个模型时,并不企求能被物理学家承认,因而他就用了这个幽默的词。夸克也是一种费米子,即有自旋 1/2。因为质子、中子的自旋为 1/2,那么三个夸克,如果两个自

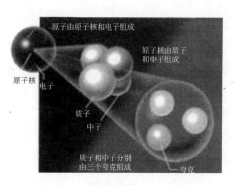

图 5-17　盖尔曼提出的夸克模型

旋向上、一个自旋向下,就可以组成自旋为 1/2 的质子、中子。J/ψ 粒子由丁肇中等人于 1974 年发现,它实际上是由粲夸克和反粲夸克组成的夸克对。凡是由三个夸克组成的粒子称为重子,重子和介子统称强子,因为它们都参与强相互作用,故有此名。原子核中质子间的电斥力十分强,可是原子核照样能够稳定存在,就是由于强相互作用力(核力)将核子们束缚住的。由夸克模型可知,夸克是带分数电荷的,每个夸克带 $+2/3e$ 或 $-1/3e$ 电荷(e 为质子电荷单位)。现代粒子物理学认为,夸克共有 6 种,分别称为上夸克、下夸克、奇夸克、粲夸克、顶夸克、底夸克,它们组成了所有的强子,如一个质子由两个上夸克和一个下夸克组成,一个中子由两个下夸克和一个上夸克组成,则上夸克带 $+2/3e$ 电荷、下夸克带 $-1/3e$ 电荷,上、下夸克的质量略微不同。中子的质量比质子的质量略大一点点。过去认为,可能是由于中子、质子的带电量不同造成的;现在看来,这应归因于下夸克质量比上夸克质量略大一点点。

2. 夸克模型创始人默里·盖尔曼

默里·盖尔曼 1929 年 9 月 15 日出生于纽约的一个犹太家庭里(图 5-18)。他童年

图 5-18　默里·盖尔曼

时就对科学有浓厚兴趣,少年才俊,14 岁就进入耶鲁大学,1948 年获学士学位,继转麻省理工学院,三年后获博士学位,年仅 22 岁。1951 年,盖尔曼到普林斯顿大学高等研究所工作。1953 年到芝加哥大学当讲师,参加到以费米为核心的研究集体之中。1955 年盖尔曼到加州理工学院当理论物理学副教授,1956 年升正教授,成为加州理工学院最年轻的终身教授。1990 年弗里德曼、肯德尔和泰勒因在粒子物理学夸克模型发展中的先驱性工作而获物理奖。1965 年,费曼、施温格、朝永振一郎因在量子电动力学重整化和计算方法的贡献,对基本粒子物理学产生深远影响而获物理奖。温伯格和萨拉姆等以夸克模型为基础,完成了描述电磁相互作用和弱相互作用的弱电统一理论。他们因此而获 1979 年物理奖。目前统一场论的发展正向着把强相互作用统一起来的大统一理论和把引力统一进来的超统一理论前进,并且这种有关小宇宙的理论与大宇宙研究的结合,正在推进着宇宙学的进展。

3. 夸克模型验证

分子、原子和基本粒子,人们不仅通过实验找到了,而且已经在实际中应用了。而夸克(或层子)自从 20 世纪 60 年代科学家们提出这一设想后,全世界的物理学家花费了巨大的财力、物力和人力,设计出了多种夸克模型,建造了高能电子对撞机。虽然一些实验现象"证实"夸克(或层子)的存在,然而单个的夸克(或层子)至今未找到,人们始终不识其庐山真面目。对此,粒子学家们的解释是:因为夸克(层子)是极不稳定的、寿命极短的粒子,它只能在束缚态内稳定存在,而不能单个存在。

5.3.3　DNA 双螺旋结构模型

在探索生物之谜的历史长河中,一批批生物学家为之奋斗、献身,以卓越的贡献扬起了生物学"乘风破浪"的航帆。今天,当我们翻开群星璀璨的生物学史册时,不能不对 J. 沃森、F. 克里克的杰出贡献,予以格外关注。50 年前,正是这两位科学巨匠提出了 DNA 双螺旋结构模型的惊世发现,揭开了分子生物学的新篇章。

1. DNA 双螺旋结构模型概述

1869 年,瑞士生化学家米歇尔(1844—1895)在分析细胞的化学组成时,在细胞核内发现了核酸。1929 年,俄裔美国生物化学家列文(1869—1940)发现核酸可分为核糖核酸(RNA)与脱氧核糖核酸(DNA)。1928 年和 1943 年,英国细菌学家格里菲斯(1877—1941)和美国细菌学家艾弗里(1877—1955)先后通过肺炎双球菌的转化实验证明 DNA 具有传递遗传信息的功能。1950 年,奥地利裔美国生物化学家查加夫(1905—?)发现 DNA 分子中的碱基 A 与 T、G 与 C 是配对存在的。

1953 年,美国生物学家沃森(1928—　　)和英国生物物理学家克里克(1916—2004),在英国女生物学家富兰克林(1920—1958)和英国生物物理学家威尔金斯(1916—2004)对 DNA 晶体所作的 X 光衍射分析的基础上,根据 DNA 分子碱基配对原则,构建出了 DNA 分子的双螺旋结构模型。双螺旋结构显示出 DNA 分子在细胞分裂时能够被精确复制,解释了其在遗传和进化中的作用。同时,沃森和克里克还预言了遗传信息的复制、传递和表达传递过程是从 DNA→RNA→蛋白质,被称为"中心法则"。不久,这一设想被其他科学家的发现所证实。

1953 年 4 月 25 日,英国的《自然》杂志刊登了美国的沃森和英国的克里克在英国剑桥大学合作的研究成果:DNA 双螺旋结构的分子模型,这一成果后来被誉为 20 世纪以来生物学方面最伟大的发现,标志着分子生物学的诞生。

DNA 及其双螺旋结构的发现,揭示了基因复制和遗传信息传递的奥秘,并由此引发了一场蔚为壮观的生命科学和生物技术革命。

1962 年,沃森在诺贝尔授奖宴会上代表医学生理学奖 3 位获得者的答谢词中说过,他们获得如此崇高的荣誉,非常重要的因素是有幸工作在一个博学而宽容的圈子中,科学不是某个人的个人行为,而是许多人的创造。

1953 年,沃森和克里克(图 5-19)都是名不见经传的小人物,37 岁的克里克连博士学位还没有得到。受到前人的影响,他们原来按照 3 股螺旋的思路进行了很长时间的工作,可是既构建不出合理模型,也遭到结晶学专家富兰克林的强烈反对,结果使工作陷于僵局。在发现正确的双股螺旋结构前 2 个月,他们看到蛋白质结构权威鲍林一篇即将发表的关于 DNA 结构的论文,鲍林错误地确定为 3 股螺旋。沃森在认真考虑并向同事们请教后,决然地否定了权威的结论。正是在否定权威之后,他们加快了工作,在不到两个月内终于取得了后来震惊世界的成果。

图 5-19　沃森(左)和克里克

两位年轻科学家没有迷信权威,而且敢于向权威挑战,这需要勇气,更需要严肃认真的实验工作和深厚的科学功底。在科学界经常遇到的是年轻人对权威无原则的屈服,甚至沃森在开始知道鲍林提出的是三螺旋模型的一刹那,也曾后悔几个月前放弃了自己按三螺旋思路进行的工作。不过他们没有从此打住,而是为了赢得时间,加快了工作。因为他们相信这是智者鲍林千虑之一失,很快本人就会发现错误并迅速得出正确结论。

沃森作为杰出科学家的另一重大贡献是,与其他人一起发起了由全球合作、令人震撼的"人类基因组计划(Human Genome Project,HGP)"。HGP 与"曼哈顿原子弹"计划、"阿波罗登月"计划,统称为自然科学史上的"三大计划"。但它对人类自身的影响,将远远超过另外两项计划。1989 年,沃森被任命为美国国立卫生院(National Institutes of Health,NIH)人类基因组研究中心(the National Center for Human Genome Research at NIH,NCHGR)主任。

2. 沃森和克里克——DNA 双螺旋结构模型的发现者

1928 年 4 月 6 日,詹姆斯 · 杜威 · 沃森(James Dewey Watson)(图 5-20)出生于美国芝加哥的伊利诺伊一个圣公会教徒家庭,是沃森家族的长子,老詹姆斯 · 杜威 · 沃森时年 31 岁,是民主党的忠实追随者,而具有爱尔兰和苏格兰血统、信奉天主教的沃森母亲乔安娜 · 米切尔 · 沃森(Jean Mitchell Watson,1900—1957)27 岁。

图 5-20　詹姆斯·杜威·沃森

在沃森家里,书籍和知识占据非常重要位置。大部分书来自旧书店,较新的来自"每月读书俱乐部"。每周末沃森父亲带领儿子步行一英里去公共图书馆,阅读各种图书,而且每次都带回一大堆书在下周品味,父亲崇尚有思想的人,喜欢各类哲学书籍,而沃森从中挑出自己喜欢的科学类书籍来读。沃森 7 岁时收到最中意的圣诞节礼物是一本关于鸟类迁徙的书。本来老沃森从青少年起就沉醉于鸟类观察,受父亲的影响,沃森也欣然加入,这使他的生活在大萧条时期仍然充满浪漫的情调,直至上高中,仍然迷恋于在公园、野外沙丘间寻找稀有的鸟。在天气不适合看鸟的时候,沃森仔细研读进化论方面的知识和达尔文的自然选择理论,他甚至开始梦想成为科学家。

1943 年沃森提前两年中学毕业,进入芝加哥大学,并非由于他特别的聪明,而是在很大程度上归功于他的母亲,因为乔安娜发现了芝加哥大学校长罗伯特·哈金斯正在进行一项教育改革,她为沃森填写奖学金申请表,并支付每天六美分的车费,沃森才如愿进入大学学习动物学。在芝加哥大学的最初两年,沃森的成绩并没有使他展露出在科学方面的天才,但在此期间他有机会聆听当时世界上最优秀的基因学家之一斯沃尔·莱特的讲课,这是沃森崇拜的第一个科学英雄。基因的概念融入他的大脑,使他作出了一生最重要的决定,要把基因的研究作为一生的主要研究目标。

1947 年在芝加哥大学毕业并获得理学学士之后,在芝加哥大学人类遗传学家斯兰德斯可夫的推荐下,印第安那州立大学给沃森提供一个月薪 900 美元的研究工作,开始用 X 射线进行噬菌体研究,三年之后他在那里获得了动物学博士学位。

1951 年秋,沃森赴欧洲的哥本哈根,进行一年基因转移研究,但并未获得令人振奋的结果。在国家小儿麻痹研究基金(National Foundation of Infantile Paralysis)资助下他转往剑桥大学卡文迪希实验室,在那里沃森结识了比他年长的弗朗西斯·克里克(Francis Crick)。

图 5-21　弗朗西斯·克里克

克里克(图 5-21)1916 年 6 月 8 日出生于英国的北安普敦一个中产阶级家庭,父亲与伯父共同经营一座祖传的制鞋工厂,一家人信仰基督教,星期天早上会上教堂。但从 12 岁起,克里克由于对科学日渐增长的兴趣,使他对基督教慢慢产生怀疑,成为一个强烈无神倾向的不可知论者(agnostic)和怀疑论者。克里克后来回忆说:"毫无疑问,对基督教失去信仰、对科学的逐渐执著,是我科学生涯的关键一部分。"

上大学期间,克里克主修物理学,辅修数学,但并没有学到很多前沿物理知识;而且同沃森一样,克里克的成绩平平,并未见过人之处。1937 年,他从伦敦大学毕业后继续攻读物理博士。一直到战后,克里克才自修了量子力学,但他在自传《疯狂的追逐》里自称,对近代物理的知识只有《科学美国人》的水平。

1939 年"二战"爆发之后,克里克在英国海军总部实验室工作了 8 年。"二战"结束后,经过选择和思考,克里克很快找到感兴趣的研究方向:一个是生命与非生命的界限;另一个是脑的作用。当然,克里克在作出选择的时候,还受到薛定谔《生命是什么》这本名著的影响。

1947 年,克里克在剑桥大学工作两年之后,转到以结晶技术研究巨分子结构著称的剑桥大学医学研究中心实验室。在那里,他对 X 光衍射模式的解释产生了浓厚的兴趣。但直到 1951 年沃森到剑桥之后,他才真正开始进行 DNA 的研究。

1946 年,他阅读了《生命是什么?——活细胞的物理面貌》一书,决心把物理学知识用于生物学的研究,从此对生物学产生了兴趣。1947 年他重新开始了研究生的学习,

1949 年他同佩鲁兹一起使用 X 射线技术研究蛋白质分子结构，于是在此与沃森相遇了。当时克里克比沃森大 12 岁，还没有取得博士学位，但他们谈得很投机。沃森感到，在这里居然能找到一位懂得 DNA 比蛋白质更重要的人，真是三生有幸。同时沃森感到，在他所接触的人当中，克里克是最聪明的一个。他们每天交谈至少几个小时，讨论学术问题。两个人互相补充、互相批评以及互相激发出对方的灵感。他们认为解决 DNA 分子结构是打开遗传之谜的关键。只有借助于精确的 X 射线衍射资料，才能更快地弄清 DNA 的结构。为了搞到 DNA X 射线的衍射资料，克里克请威尔金斯到剑桥来度周末。在交谈中，威尔金斯接受了 DNA 结构是螺旋形的观点（图 5-22），还谈到他的合作者富兰克林（1920—1958，女）以及实验室的科学家们，也在苦苦思索着 DNA 结构模型的问题。从 1951 年 11 月至 1953 年 4 月的 18 个月中，沃森、克里克同威尔金斯、富兰克林之间有过几次重要的学术交往。

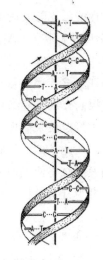

图 5-22　DNA 双螺旋结构模型

3. DNA 双螺旋结构模型的结构特征

（1）主链（backbone）：由脱氧核糖和磷酸基通过酯键交替连接而成。主链有两条，它们似麻花状绕一共同轴心以右手方向盘旋，相互平行而走向相反形成双螺旋构型。主链处于螺旋的外侧，这正好解释了由糖和磷酸构成的主链的亲水性。所谓双螺旋就是针对两条主链的形状而言的。

（2）碱基对：碱基位于螺旋的内侧，它们以垂直于螺旋轴的取向通过糖苷键与主链糖基相连。同一平面的碱基在两条主链间形成碱基对。配对碱基总是 A 与 T 和 G 与 C。碱基对以氢键维系，A 与 T 间形成两个氢键。DNA 结构中的碱基对与 Chatgaff 的发现正好相符。从立体化学的角度看，只有嘌呤与嘧啶间配对才能满足螺旋对于碱基对空间的要求，而这两种碱基对的几何大小又十分相近，具备了形成氢键的适宜键长和键角条件。每对碱基处于各自自身的平面上，但螺旋周期内的各碱基对平面的取向均不同。碱基对具有二次旋转对称性的特征，即碱基旋转 180°并不影响双螺旋的对称性。也就是说，双螺旋结构在满足两条链碱基互补的前提下，DNA 的一级结构并不受限制。这一特征很好地阐明了 DNA 作为遗传信息载体在生物界的普遍意义。

4. DNA 双螺旋结构模型的应用

第一流理论性突破，也就是我们今天常说的原始性创新，是原创性技术发展的基础。50 年来的实践生动地表明，正是 DNA 双螺旋结构的发现和随后 20 年中的大量科学实验，奠定了基因分子生物学的坚实基础，因而在 20 世纪 70 年代基因工程才得以应运而生，而且迅速形成了今天前途光明的生物技术产业。

DNA 双螺旋结构被发现后，极大地震动了学术界，启发了人们的思想。从此，人们立即以遗传学为中心开展了大量的分子生物学的研究。首先是围绕着 4 种碱基怎样排列组合进行编码才能表达出 20 种氨基酸为中心开展实验研究。1967 年,遗传密码全部被破解,基因从而在 DNA 分子水平上得到了新的概念。它表明:基因实际上就是 DNA 大分子中的一个片段,是控制生物性状的、遗传物质的功能单位和结构单位。在这个单位片段上的许多核苷酸,不是任意排列的,而是以有含义的密码顺序排列的。一定结构的 DNA,可以控制合成相应结构的蛋白质。蛋白质是组成生物体的重要成分,生物体的性状主要是通过蛋白质来体现的。因此,基因对性状的控制是通过 DNA 控制蛋白质的合成来实现的。在此基础上,相继产生了基因工程、酶工程、发酵工程、蛋白质工程等,这些生物技术的发展必将使人们利用生物规律造福于人类。现代生物学的发展,愈来愈显示出它将要上升为带头学科的趋势。

5.3.4　地壳结构的板块模型

1. 地壳结构的板块模型概述

许多年来,科学家们一直在探索有关地壳运动的奥秘,并且对地壳运动的机制提出了几种不同的理论。目前比较盛行的是板块构造学说,它是 20 世纪 60 年代后期形成的一种全球构造理论,能比较好地解释现在地球表面的基本面貌,所以普遍为人们所接受。板块构造学说的基本观点如下。

(1) 地球的岩石圈不是整体一块,而是被一些断裂构造带(如海岭、海沟等),分割成许多单元,叫做板块。

(2) 全球岩石圈分为六大板块,每个大板块又可以划分为若干小板块。

(3) 由于地球内部软流层物质的循环对流,这些板块处在不断运动之中。板块的内部,地壳比较稳定,两个板块之间的交界地带,是地壳活动比较活跃的地带。因此,地球上的火山和地震也大多集中分布在这一地带,比如,环太平洋和地中海、喜马拉雅火山地震带。

板块运动对地表影响举例如下。

(1) 板块张裂:常形成裂谷或海洋,比如,东非大裂谷和大西洋。

(2) 板块碰撞挤压:如果是大洋板块与大陆板块相挤压,大洋板块往往俯冲到大陆板块之下,其俯冲带附近常形成海沟,而大陆板块受挤向上隆起,形成岛弧和海岸山脉,如玛里亚纳海沟、东亚岛弧链、美洲西部的科迪勒拉山系等。如果是大陆板块与大陆板块碰撞挤压,则常形成巨大的山脉,如喜马拉雅山脉(印度板块和亚欧板块相碰撞)、阿尔卑斯山脉等。

美国普林斯顿大学的摩根、哈得逊河畔拉蒙特地质研究所的法国人勒比雄等人,在 1967—1968 年间提出了板块构造理论。勒比雄在他的文章中将地球的岩石圈划分为亚欧、非洲、澳洲、南极洲、美洲、太平洋六大板块,详细讨论了它们的运动。摩根的论文还讨论了地幔物质在洋脊热点处涌出的情况。板块构造理论认为,地壳板块是地幔软流圈上的刚性块体,板块的边界处是构造运动最活跃的地方,在这里存在着第 3 种边界应力:由于两个板块相对运动而产生的挤压力(如造山带的隆起,海沟处一个板块俯冲到另一个下面时);两个板块背离运动时的引张力(如东非大裂谷和海底全球大裂谷的形成);两个板块相互滑过时的剪切力(如转换断层的形成)。总之,板块之间的相对运动被视为全球地壳构造运动的基本原因。这样一个全新的地壳运动理论的诞生,表明了人类对脚下的大地和海底的构造运动规律有了超越日常经验的理论认识。在某种意义上,这是人类地球观的一次革命,它可以同哥白尼革命相媲美。

2. 地壳结构的板块模型

20 世纪 60 年代,多位科学家在魏斯曼"大陆漂移学说"的基础上建立了"地球板块构造模型",以解释地球岩石圈的结构。

地球板块构造模型将地球的岩石圈分为亚欧、美洲、非洲、印度洋、太平洋、南极洲六大板块和若干小板块。板块间的分界是大洋中脊、俯冲带和转换断层,板块在大洋中脊继续增生扩张,而在俯冲带则下沉和消减。那正是构造动荡激烈的部位,是地震、火山活动的主要发生地。

板块构造学说认为,地球的岩石圈(由地壳以及地幔顶部的岩层构成)不是整体一块,而是被一些构造带,如海岭、海沟等,分割成许多单元,叫做板块。全球岩石圈分为六大板块:亚欧板块、非洲板块、美洲板块、太平洋板块、印度洋板块和南极洲板块。大板块又可以划分为若干小板块。这些板块漂浮在软流层的炽热岩浆上,处于不断运动之中。一般说来,板块的内部,地壳较稳定,两个板块之间的交界处,则是地壳比较活动的地带。在那里,板块与板块之间或挤压形成高大的山脉、深深的海沟,或张裂形成裂谷及海底山脉,并成为火山和地震特别集中的地带(图 5-23)。

板块构造学说认为,大陆裂谷是大陆地壳开始张裂处,标志着大洋形成的胚胎期。大陆岩石圈因地幔物质上升而拱升,呈弓形隆起,岩石圈拉伸减薄,进而导致穹隆顶部断裂陷落,逐渐形成大致连续的裂谷带,例如,东非大裂谷是孕育中的新海洋(图 5-24)。

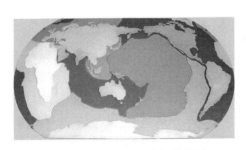　　

图 5-23　地球岩石圈的板块模型　　　　　图 5-24　东非大裂谷

大陆裂谷带持续扩张,地幔物质上涌,冷凝成新洋壳,形成陆间裂谷和典型的分离型边界。海水涌入,大洋地壳开始形成,大洋的发展进入幼年期,例如红海。

幼年期海洋进一步发展,裂谷的两侧大陆相距越来越远,洋底不断展宽,逐渐形成宏伟的大洋中脊和宽阔的深海盆地。它标志着大洋的发展进入成年期,如大西洋。

洋底不断展宽,大陆边缘与大洋中脊的距离越来越远,在板块水平挤压力的作用下,大洋岩石圈俯冲、潜没在大陆岩石圈之下,便形成以海沟为标志的俯冲带。当板块俯冲消减量大于增生量时,洋底变窄,两侧大陆相向漂移运动,大洋收缩,面积减小。至此,大洋进入衰退期,如太平洋。太平洋是"泛大洋"收缩后的残余部分,其面积比中生代"泛大陆"解体时的古太平洋减少了1/3左右。

相向移动的大陆彼此接近,大洋趋于关闭,例如地中海。它是"古地中海"残余部分,海盆相对狭小,也不见活动的大洋中脊,其洋壳不断增生,只有俯冲消亡,两侧陆块逐渐靠拢,海盆日益缩小,大洋演化进入终了期。

处于终了期的残余海洋进一步收缩,洋壳俯冲殆尽,两侧陆块拼合、碰撞,海盆完全闭合,海水全部退出,大洋消亡。当两侧大陆碰撞时,由于地表留下强烈挤压过程的痕迹(地缝合线),故成为痕迹期。新生代以后,古地中海洋壳相继俯冲殆尽,亚欧板块与印度洋板块前缘互相碰撞,巨大的挤压力致使的地面隆升,年轻、高峻的喜马拉雅山脉形成,地缝合线在雅鲁藏布江谷底。

大陆裂谷演化过程见表5-1。

表5-1 大陆裂谷演化过程

形成演化阶段	主导运动	主要特征形态	实 例
1. 胚胎期	拱升	大陆裂谷	东非大裂谷
2. 幼年期	扩张	与岸线近乎平行的狭长海	红海
3. 成年期	扩张	大洋中脊居中的大洋海盆	大西洋
4. 衰退期	收缩	大洋中脊偏居一侧,边缘形成一系列海沟和弧形岛屿、山脉	太平洋
5. 终了期	碰撞并抬升	残余小海盆,边缘形成年轻造山带	地中海
6. 痕迹期	收缩并抬升	两个板块相撞,合为一体,形成地缝合线	喜马拉雅山

总之,大洋的张裂和关闭与大陆的分离和拼合是相辅相成的。其前三个阶段代表大洋的形成和扩展,后三个阶段标志着大洋的收缩和关闭(消亡)。现今的大西洋和印度洋正在扩展,而太平洋已处于收缩阶段。

3. 板块构造学说的实际意义

板块构造学说是综合许多学科的最新成果而建立起来的大地构造学说,是当代地学的最重要理论成就,并被认为是地球科学的一次革命。它从大量海洋调查实际材料出发,对大洋壳的新生和代谢过程作了详尽的论证,获得最近2亿年来地壳变化的理论模式,从一个侧面丰富了地质学和地球物理学的理论。特别是,它以地球整个岩石圈的活动方式为依据,建立了世界范围的构造运动模式,所以板块构造学说又称全球构造学说,这是其他以大陆范围内的各种地质现象为依据而建立的各种大地构造学说所无法比拟的。

虽然如此,但板块构造学说毕竟是以海洋和大洋壳为基础建立起来的构造学说,大洋壳上的沉积物年龄只有2亿年,而大陆壳的岩石年龄可以高达30多亿年,个别甚至超过40亿年,岩浆活动、构造作用、变质作用也复杂得多,目前对板块边界和大陆边缘等活动情况已了解很多,但是对板块内部(简称板内)及大陆地质历史演化过程,如何利用板块理论来予以揭示,仍然是一个难题。尤其是关于地壳生长的机制,主要依据上地幔物质对流或热柱等学说予以解释,而所有这些说法目前无法以实验或足以令人信服的方式予以论证。关于板块驱动力的问题,虽然有关学者提供了多种可能方式,但仍然是处于求索过程中。除此之外,还有一些难于解释的矛盾现象,如已知大洋中脊是地幔物质上升形成新洋壳的场所,海沟和岛弧是洋壳俯冲消融的地方,但在东太平洋北部却发现两种情况在一个地方同时存在。又如,陆壳厚度很大,可达数十千米,褶皱变形非常复杂,而洋壳厚度很小,最薄处只有 $5 \sim 6 km$,却不曾褶皱而只作刚性运动,这种现象也是一时不容易讲清楚的。

但是,板块构造理论的建立有着众多的科学依据和测量数据,其科学基础是坚实而深厚的。随着日新月异的科学手段的应用、调查领域的广度和深度的日益开拓,相信将会获得越来越多的科学资料。例如,当代除了利用"上天"技术、用卫星监测手段获得和积累地球的各种信息资料外,还利用"入地"技术即用深钻的办法向地球深层进军。俄国已经在摩尔曼斯克附近的科拉半岛上钻出了 $12 km$ 多的深洞,取出了迄今为止最深的岩心。德国也在邻近捷克斯洛伐克边境的上普法尔茨的小城温迪施埃申巴赫钻探世界最深的钻孔,最终目标是 $12 km$,甚至 $14 km$。"入地"比"上天"还难,因为钻至 $10 km$ 以后,地温将升至 $300 ℃$,压力将超过 $2500 MPa$,其压力相当一个汽车轮胎内压力的 1000 倍,但目前已经具有在这样条件下钻进的尖端技术。又如,当今"下海"探测技术也已取得飞跃的进展。日本海洋科技中心不仅研制出深水 $6500 m$ 级载人潜水调查船,而且还研制出能够潜到水深 $11\,000 m$ 的不载人探测机,可以在承受 $1.1 \times 10^9 Pa$ 条件下进行海沟探测工作。不载人深海探测机的第一个探测目标是世界最深的海沟——玛里亚纳海沟($-11\,034 m$)。若探测成功,说明可以在任何海底深潜航行,成为深海研究等地球科学领域研究的重要"武器"。

20 世纪 70 年代以来,在国际间特别强调国际多学科合作,并建立相关组织和制订合作研究计划,如,在国际科学联合会理事会(ICSU)下建立的"联合会间岩石圈委员会"(ICL)便是其中之一。至 1991 年,已有 62 个国家和地区参加国际岩石圈计划的工作,中国是最早参加国之一。1990 年已经执行一个新的岩石圈研究计划,以全球变化的地球科学、当代动力学和深部过程、大陆岩石圈、大洋岩石圈等为主题,广泛深入地开展研究。

5.4 第三次技术革命

第三次科技革命是在第二次世界大战后特定的历史背景下产生的,是世界各国经济、政治、文化、军事等因素相互作用的结果。20 世纪科学技术发展的速度,远远超过了以前所有的时代。四五十年代以来,在原子能、电子计算机、微电子技术、航天技术、分子生物学和遗传工程等领域取得重大突破,标志着新的科学技术革命的到来。这次科学技术革命称为第三次技术革命。这场震撼人心的新科技革命发源于美国,尔后迅速扩展到西欧、日本、大洋洲和世界其他地区,涉及科学技术各个重要领域和国民经济的一切重要部门。从 70 年代初开始,又出现了以微电子技术、生物工程技术、新型材料技术为标志的新技术革命,其规模之大、速度之快、内容之丰富、影响之深远,在人类历史上都是空前的。了解这次科技革命发生的背景,掌握其特点及影响,对于深刻认识科学技术的发展与世界命运和人类存亡的关系问题大有益处。

5.4.1 信息技术

1. 信息技术概述

信息是事物运动的状态与方式,是物质的一种属性。在这里,"事物"泛指一切可能的研究对象,包括外部世界的物质客体,也包括主观世界的精神现象;"运动"泛指一切意义上的变化,包括机械运动、化学运动、思维运动和社会运动;"运动方式"是指事物运动在时间上所呈现的过程和规律;"运动状态"则是事物运动在空间上所展示的形状与态势。钟义信还指出,信息不同于消息,消息只是信息的外壳,信息则是消息的内核;信息不同于信号,信号是信息的载体,信息则是信号所载荷的内容;信息不同于数据,数据是记录信息的一种形式,同样的信息也可以用文字或图像来表述。信息还不同于情报和知识。总之,"信息即事物运动的状态与方式"这个定义具有最大的普遍性,不仅能涵盖所有其他的信息定义,还可以通过引入约束条件转换为所有其他的信息定义。例如,引入认识主体这一约束条件,可以转化为认识论意义上的信息定义,即信息是认识主体所感知或所表述的事物运动的状态与方式。换一个约束条件,以主体的认识能力和观察过程为依据,则可将认识论意义上的信息进一步分为先验信息(认识主体具有的记忆能力)、实得信息(认识主体具有的学习能力)和实在信息(在理想观察条件下认识主体所获得的关于事物的全部信息)。层层引入的约束条件越多,信息的内涵就越丰富,适用范围也越小,由此构成相互间有一定联系的信息概念体系。

信息技术是研究信息的获取、传输和处理的技术,由计算机技术、通信技术、微电子技术结合而成,有时也叫做"现代信息技术"。也就是说,信息技术是利用计算机进行信息处理,利用现代电子通信技术从事信息采集、存储、加工、利用以及相关产品制造、技术开发、信息服务的新学科。

信息技术的定义如下。

(1) 信息技术就是"获取、存贮、传递、处理分析以及使信息标准化的技术"。

(2) 信息技术"包含通信、计算机与计算机语言、计算机游戏、电子技术、光纤技术等"。

(3) 现代信息技术"以计算机技术、微电子技术和通信技术为特征"。

(4) 信息技术是指在计算机和通信技术支持下,用以获取、加工、存储、变换、显示和传输文字、数值、图像以及声音信息,包括提供设备和提供信息服务两大方面的方法与设备的总称。

(5) 信息技术是人类在生产斗争和科学实验中认识自然和改造自然过程中所积累起

来的获取信息、传递信息、存储信息、处理信息,以及使信息标准化的经验、知识、技能和体现这些经验、知识、技能的劳动资料有目的的结合过程。

(6) 信息技术是管理、开发和利用信息资源的有关方法、手段与操作程序的总称。

(7) 信息技术是指能够扩展人类信息器官功能的一类技术的总称。

(8) 信息技术指"应用在信息加工和处理中的科学、技术与工程的训练方法和管理技巧;上述方法和技巧的应用;计算机及其与人、机的相互作用,与人相应的社会、经济和文化等诸种事物。"

(9) 信息技术包括信息传递过程中的各个方面,即信息的产生、收集、交换、存储、传输、显示、识别、提取、控制、加工和利用等技术。

"信息技术教育"中的"信息技术",可以从广义、中义、狭义三个层面来定义。

广义而言,信息技术是指能充分利用与扩展人类信息器官功能的各种方法、工具与技能的总和。该定义强调的是从哲学上阐述信息技术与人的本质关系。

中义而言,信息技术是指对信息进行采集、传输、存储、加工、表达的各种技术之和。该定义强调的是人们对信息技术功能与过程的一般理解。

狭义而言,信息技术是指利用计算机、网络、广播电视等各种硬件设备及软件工具与科学方法,对文、图、声、像各种信息进行获取、加工、存储、传输与使用的技术之和。该定义强调的是信息技术的现代化与高科技含量。

信息技术(Information Technology,IT),是主要用于管理和处理信息所采用的各种技术的总称。它主要是应用计算机科学和通信技术来设计、开发、安装和实施信息系统及应用软件。它也常被称为信息和通信技术(Information and Communication Technology,ICT),主要包括传感技术、计算机技术和通信技术。

2. 信息技术革命

第一次信息技术革命是语言的使用。发生在距今约 35 000~50 000 年前。

语言的使用——从猿进化到人的重要标志。类人猿是一种类似于人类的猿类,经过千百万年的劳动过程,演变、进化、发展成为现代人,与此同时,语言也随着劳动产生。祖国各地存在着许多语言。如:海南话与闽南话有类似之处,在北宋时期,福建一部人移民到海南,经过几十代人后,福建话逐渐演变成不同的语言体系:闽南话、海南话、客家话等。

第二次信息技术革命是文字的创造。大约在公元前 3500 年出现了文字。

文字的创造——这是信息第一次打破时间、空间的限制。陶器上的符号:原始社会母系氏族繁荣时期(河姆渡和半坡原始居民);甲骨文:记载商朝的社会生产状况和阶级关系,文字可考的历史从商朝开始;金文(也叫铜器铭文):商周一些青铜器,常铸刻在钟或鼎上,又叫"钟鼎文"。

第三次信息技术的革命是印刷的发明。大约在公元 1040 年,我国开始使用活字印刷技术(欧洲人 1451 年开始使用印刷技术)。

印刷术的发明——汉朝以前,使用竹木简或帛做书材料,直到东汉(公元 105 年),蔡伦改进造纸术,这种纸叫"蔡侯纸"。从后唐到后周,封建政府雕版刊印了儒家经书,这是我国官府大规模印书的开始,印刷中心:成都、开封、临安、福建。北宋平民毕昇发明了活字印刷,比欧洲早 400 年。

第四次信息革命是电报、电话、广播和电视的发明和普及应用。

随着电报、电话的发明,电磁波的发现,人类通信领域产生了根本性的变革,实现了金属导线上的电脉冲来传递信息以及通过电磁波来进行无线通信。

1837 年美国人莫尔斯研制了世界上第一台有线电报机。电报机利用电磁感应原理(有电流通过,电磁体有磁性,无电流通过,电磁体无磁性),使电磁体上连着的笔发生转动,从而在纸带上画出点、线符号。这些符号的适当组合(称为摩斯电码),可以表示全部字母,于是文字就可以经电线传送出去了。1844 年 5 月 24 日,他在国会大厦联邦最高法院议会厅作了"用导线传递消息"的公开表演,接通电报机,用一连串点、线构成的"摩斯"码发出了人类历史上第一份电报:"上帝创造了何等的奇迹!"实现了长途电报通信。该份电报从美国国会大厦传送到了 40 英里外巴尔的摩城。

1864 年英国著名物理学家麦克斯韦发表了一篇论文《电与磁》,预言了电磁波的存在,说明了电磁波与光具有相同的性质,都是以光速传播的。

1875 年,苏格兰青年亚历山大·贝尔发明了世界上第一台电话机,1878 年在相距 300 千米的波士顿和纽约之间进行了首次长途电话实验获得成功。

电磁波的发现产生了巨大影响,实现了信息的无线电传播,其他的无线电技术也如雨后春笋般涌现:1920 年美国无线电专家康拉德在匹兹堡建立了世界上第一家商业无线电广播电台。从此,广播事业在世界各地蓬勃发展,收音机成为人们了解时事新闻的方便途径。1933 年,法国人克拉维尔建立了英法之间的第一条商用微波无线电线路,推动了无线电技术的进　步发展。

1876 年 3 月 10 日,美国人贝尔用自制的电话同他的助手通了话。

1895 年俄国人波波夫和意大利人马可尼分别成功地进行了无线电通信实验。

1894 年电影问世。1925 年英国首次播映电视。

静电复印机、磁性录音机、雷达、激光器都是信息技术史上的重要发明。

第五次信息技术革命是始于 20 世纪 60 年代,其标志是电子计算机的普及应用以及计算机与现代通信技术的有机结合。

随着电子技术的高速发展,军事、科研、迫切需要解决的计算工具也大大得到了改进,1946 年由美国宾夕法尼亚大学研制的第一台电子计算机诞生了。

1946—1958 年　第一代电子计算机。

1958—1964 年　第二代晶体管电子计算机。

1964—1970 年　第三代集成电路计算机。

1971—20 世纪 80 年代　第四代大规模集成电路计算机。

至今正在研究第五代智能化计算机。

为了解决资源共享,单一的计算机很快发展成计算机联网,实现了计算机之间的数据通信、数据共享。

3. 信息技术的几个发展方向

(1) 微电子与光电子向着高效能方向发展

微电子与光电子技术将步入更广阔的发展空间。微电子技术已经走过了大规模(LSI)、超大规模(VLSI)、特大规模(ULSI)集成时代,于 1954 年进入吉规模(GSI)集成时代。作为高科技代表的集成电路技术,对世界经济的发展有着举足轻重的作用。集成电路产品的发展趋势是芯片面积越来越大,集成度越来越高,特征尺寸越来越小,片上系统日益完善。集成系统是 21 世纪初微电子技术发展的重点。在需求牵引和技术推动的双重作用下,已经出现了将整个系统集成在一块微电子芯片上的集成系统或系统集成芯片(SOC)。目前已经可以在一块芯片上集成 108~109 个晶体管。集成系统是微电子设计领域的一场革命,21 世纪将是其真正快速发展的时期。微电子技术与其他学科的结合,将会产生一系列崭新的学科和经济增长点,除了系统级芯片外,量子器件、生物芯片、真空微电子技术、纳米技术、微电子机械系等都将成为 21 世纪的新型技术(图 5-25)。

图 5-25　集成芯片

我们预计在 21 世纪,应用电子自旋、核自旋、光子技术和生物芯片的功能强大的计算机将要问世。该类计算机可以模拟人的大脑,用于传感认识和思维加工。预计在未来十多年内,可以产生存储量达到每立方毫米 10^6G,而功耗仅仅为超大规模集成电路千万分之一的生物芯片。

(2) 现代通信技术向着网络化、数字化、宽带化方向发展

随着数字化技术的发展,音、视频和多媒体技术突飞猛进。音、视频技术是当前最活跃、发展最迅速的高新技术领域。近年来,虽然模拟音频产品在市场上仍占主流,但数字化潮流正在迅猛冲击模拟领域,数字技术促进了音视频、通信和计算机技术的融合,出现了业务上相互渗透、汇合,在音频产品和技术方面,音频广播仍以模拟技术为主,但各国正在积极开展数字音频广播的研究和实施。组合音响也在向小型和微型的数字化和组合、多声道环绕声方向发展。在视频产品和技术方面,家用电视机有逐渐朝向大屏幕发展的趋势,人们正迎来数字电视时代。对于电缆电视而言,有两个重要的发展趋势,即网络化和数字化,总的趋势是向综合信息业务网方向发展。

通信传输在向高速、大容量、长距离发展,光纤传输速率越来越高,波长从 $1.3\mu m$ 发展到 $1.55\mu m$,并已大量采用。一个波长段上用多个信道的波分复用技术已进入实用阶段;光放大器代替光电转换中继器已经实用;相干光通信、光弧子通信已取得重大进展。这将使无中继距离延长到几百甚至几千公里。随着光纤技术的逐渐成熟,光纤技术在通信中的广泛应用,通信技术的带宽正在一点一点变大,我们可以大胆预计 21 世纪通信技术将向带宽化迈进。技术上相互吸收、移植的现象,发展了一大批集合性产品和业务,即所谓的"家电产品信息化"。

（3）信息技术将会促使遥感技术的蓬勃发展

感测与识别技术的作用是扩展人获取信息的感觉器官功能。它包括信息识别、信息提取、信息检测等技术。这类技术的总称是"传感技术"。它几乎可以扩展人类所有感觉器官的传感功能。传感技术、测量技术与通信技术相结合而产生的遥感技术，更使人感知信息的能力得到进一步的加强。随着信息技术的迅速发展，通信技术和传感技术的紧密集合，我们可以预知：遥感技术将会在农田水利、地质勘探、气象预报、海洋开发、环境监测、地图测绘、土地利用调查、灾害性天气预报、森林防火，尤其在地质找矿、森林和土地利用调查、气象预报、地下水和地热调查、地震研究、水利建设、铁路选线、工程地质及城市规划与建设等方面发挥更大的作用（图5-26）。

图 5-26　遥感技术

5.4.2　新材料技术

材料是人类用以制成用于生活和生产的物品、器件、构件、机器及其他产品的物质，是人类赖以生存和发展的物质基础。所谓新材料，指的是那些新出现或正在发展中的、具有传统材料所具备的优异性能的材料。从人类科技发展史中可以看到，近代世界已经历的两次工业革命都是以新材料的发现和应用为先导的。钢铁工业的发展，为18世纪以蒸汽机的发明和应用为代表的第一次世界革命奠定了物质基础。20世纪中叶以来，以电子技术，特别是微电子技术的发明和应用为代表的第二次世界革命，硅单晶材料则起着先导和核心作用，加之随后的激光材料和光导纤维的问世，使人类社会进入了"信息时代"，因此，可以预料，谁掌握了新材料，谁就掌握了21世纪高新技术竞争的主动权。

1. 新材料技术概述

新材料（或称先进材料）是指那些新近发展或正在发展之中的、比传统材料的性能更为优异的一类材料。新材料技术是按照人的意志，通过物理研究、材料设计、材料加工、试验评价等一系列研究过程，创造出能满足各种需要的新型材料的技术。新材料按材料的属性划分，有金属材料、无机非金属材料（如陶瓷、砷化镓半导体等）、有机高分子材料、先进复合材料四大类。按材料的使用性能分，有结构材料和功能材料：结构材料主要是利用材料的力学和理化性能，以满足高强度、高刚度、高硬度、耐高温、耐磨、耐蚀、抗辐照等性能要求；功能材料主要是利用材料具有的电、磁、声、光热等效应，以实现某种功能，如半导体材料、磁性材料、光敏材料、热敏材料、隐身材料和制造原子弹、氢弹的核材料等。新材料在国防建设上作用重大。例如，超纯硅、砷化镓的研制成功，导致了大规模和超大规模集成电路的诞生，使计算机运算速度从每秒几十万次提高到现在的每秒百亿次以上；航空发动机材料的工作温度每提高100℃，推力可增大24%；隐身材料能吸收电磁波或降低武器装备的红外辐射，使敌方探测系统难以发现，等等。

2. 新材料技术的应用

(1) 新型金属材料

① 非晶态金属：又称为"金属玻璃"，由沸腾的钢液经每秒 100 万度的速度冷却而成，其内在结构发生了质变，原子从有序排列变成了无序排列，具有极优异的物理磁性能、化学耐腐蚀性能和力学耐磨性能，传统的车钳铣刨和强酸溶液对它们无可奈何，可以在通信、交通、电子、家电、防盗等很多领域大显身手。外表轻薄如纸、优雅华丽、用手可轻易撕断的带形金属玻璃如图 5-27 所示。

② 合金材料：新型合金材料包括许多种类，它们性能各异，用途各不相同，铝合金、镁合金、钛合金、铁镍铬及高温合金、稀有金属合金等。

③ 形状记忆合金：能够使温度值变化时人为造成的形状变化，在温度恢复到特定值时，形状也自动丝毫不差地恢复到原来的状态，坚韧性极强，可反复变形和复原 500 万次而不产生疲劳断裂，其广泛应用于卫星、飞船和空间站的大型天线、飞机部件接头以及骨科整形等方面。形状记忆合金在太空自然恢复原状（图 5-28）。

图 5-27　带形金属玻璃

图 5-28　形状记忆合金

④ 超导金属材料：在特定条件下，电阻完全消失，产生超导电性的材料。其具有零电阻、完全抗磁性和截流能力强三个基本特征。

⑤ 超导技术的应用：制造磁性极强的超导磁铁，用于磁约束核聚变反应、大容量储能设备、高能加速器、超导发电机、电力工业输电和交通运输工具等，如美国实现超导输电，每年可以节省 100 亿美元的电力。制造超高速计算机和高灵敏度的探测设备、通信设备、航天系统等，如 1989 年日本研制出世界第一台超导电子计算机，其全部采用约瑟夫森超导器件，运算速度达每秒 10 亿次，功耗 6.2 毫瓦，仅为常规电子计算机功耗的千分之一。超导磁材料见图 5-29。

(2) 高分子合成材料

高分子是由碳、氢、氧、氮、硅、硫等元素组成的、分子量足够高的有机化合物。常用高分子材料的分子量在几百至几百万之间，有的可高达上千万。

高分子材料主要包括塑料、纤维、橡胶、薄膜、胶粘剂和涂料等，其中合成塑料、合成纤维、合成橡胶被称为现代高

图 5-29　超导磁材料

分子三大合成材料。

图 5-30　高分子合成材料

高分子材料特点是重量轻、高弹性、强度低、韧性好、黏弹性、耐磨性、绝缘性好、低导热性、耐热性、耐蚀性好、不易老化（图 5-30）。

3. 新材料技术的发展

新材料技术的发展，不仅促进了信息技术和生物技术的革命，而且对制造业、物资供应以及个人生活方式产生重大的影响。记者日前采访了中国科学院"高科技发展报告"课题组的有关专家，请他们介绍了当前世界上新材料技术的研究进展情况及发展趋势。材料技术的进步使得"芯片上的实验室"成为可能，大大促进了现代生物技术的发展。新材料技术的发展，赋予了材料科学新的内涵和广阔的发展空间。目前，新材料技术正朝着研制生产更小、更智能、多功能、环保型以及可定制的产品、元件等方向发展。

（1）纳米材料

20 世纪 90 年代，全球逐步掀起了纳米材料研究热潮。由于纳米技术从根本上改变了材料和器件的制造方法，使得纳米材料在磁、光、电敏感性方面呈现出常规材料不具备的许多特性，在许多领域有着广阔的应用前景。专家预测，纳米材料的研究开发将是一次技术革命，进而将引起 21 世纪又一次产业革命。

日本三井物产公司曾宣布，公司将批量生产碳纳米管，从 2002 年 4 月开始建立年产量 120 吨的生产设备，9 月份投入试生产。这是世界上首次批量生产低价纳米产品。美国 IBM 公司的科研人员，在 2001 年 4 月，用碳纳米管制造出了第一批晶体管，这一利用电子的波性、而不是常规导线，实现传递的技术突破，有可能导致更快、更小的产品出现，并可能使现有的硅芯片技术逐渐被淘汰。

在碳纳米管研究方兴未艾的同时，纳米事业的新秀——"纳米带"又问世了。在美国佐治亚理工学院工作的三位中国科学家，2001 年年初利用高温气体固相法，在世界上首次合成了半导体化物纳米带状结构。这是继发现多壁碳纳米管和合成单壁纳米管以来，一维纳米材料合成领域的又一大突破。这种纳米带的横截面是一个窄矩形结构，带宽为 30～300mm，厚度为 5～10nm，而长度可达几毫米，是迄今为止合成的、唯一具有结构可控且无缺陷的宽带半导体准一维带状结构。目前已经成功合成了氧化锡、氧化铟、氧化隔等材料纳米带。由于半导体氧化物纳米带克服了碳纳米管的不稳定性和内部缺陷问题，具有比碳纳米管更独特和优越的结构及物理性能，因而能够更早地投入工业生产和商业开发。

（2）超导材料

超导材料在电动机、变压器和磁悬浮列车等领域有着巨大的市场，如用超导材料制造电机可增大极限输出量 20 倍，减轻重量 90%。超导材料的研制，关键在于提高材料的临界温度，若此问题得到解决，则会使许多领域产生重大变化。科学家在超导材料上有不少新收获,相继发现了临界温度更高的新型超导材料,使人类朝着开发室温超导材料迈出了一大步。在日本,有人发现二硼化镁可在 $-234℃$ 成为超导体,这是迄今为止发现临界温度最高的金属化合物超导体。由于二硼化镁的发现,使世界凝聚态物理学界为之振奋。由于二硼化镁超导体易合成、易加工,很容易制成薄膜或线材,因而应用前景看好。

美国科学家在研制更具实用性超导材料方面取得了明显的进展,并开始进入实用阶段。美国底特律的福瑞斯比电站在地下铺设了 360 多米的超导电缆,电缆中 123kg 重的导线是由含铋、锶、钙、铜的氧化物超导瓷制造的。这是世界上首次实用的超导输电线路。我国在高温超导产业化技术上也获得了重大突破,目前已有高温超导线材生产线投产。但应当指出的是,除超导材料以外,还有许多配套技术需要解决,同时还要继续研究开发高温超导体。

(3) 高性能结构材料

高性能结构材料具有高温强度好、耐磨损、抗腐蚀等优点。高温结构陶瓷材料目前正在研制的有碳化硅、氧化硅、氮化硅、硼化物、增韧氧化锆陶瓷和纤维增强无机合成材料等。如在内燃机中用陶瓷代替金属,可减少燃料消耗 30%,提高热效率 50%。高性能复合材料可以根据要求进行设计,能够使材料扬长避短,当前的研究重点有:纤维增强塑料、碳/碳复合材料、陶瓷基复合材料和金属基复合材料。高分子功能材料是近年来发展最快的有机合成材料,每年的递增速度达到 14%。此外,美国科学家还发现了一种可和玻璃结合的化合物,这种硅烷化合物能够粘在磷酸盐玻璃表面,形成一个单一分子层和多分子层,从而可以保护玻璃表面,将腐蚀减少到最低限度,这一发现对提高玻璃的抗腐蚀性有重要意义。

随着科学技术的进步,开拓了新材料的范围,推动了新材料向更高、更新方向发展。化学工业生产了大量的化工新材料,为新材料的发展提供技术支持。同时,新材料的发展同样可以推动化学工业的科技进步、产业结构的变化。高性能结构材料的开发、应用,使一些化工机械、设备的大型化、高效化、高参数化、多功能化有了物质基础,可以满足化工生产高技术的要求,使一些化工工艺的实现成为可能。纳米材料在化学工业可广泛应用,是应用于多种化学传感器的最有前途的材料。

5.4.3　生物技术

所谓"生物技术",可视为一种"运用生物体来制造产品的科学与技术"。虽然生物技术这项专有名词是在 20 世纪 70 年代才开始正式出现,但生物技术应用却可追溯至远古时代。例如,神农氏尝百草是中国历史上利用植物在医药应用上的最早记载,足见生物技术观念与应用早已存在人类日常生活之中。

1. 生物技术概述

生物技术,有时也称生物工程,是指人们以现代生命科学为基础,结合其他基础科学的科学原理,采用先进的科学技术手段,按照预先的设计改造生物体或加工生物原料,为人类生产出所需产品或达到某种目的。生物技术是人们利用微生物、动植物体对物质原料进行加工,以提供产品来为社会服务的技术。它主要包括发酵技术和现代生物技术。现代生物技术发展到高通量组学(omics)芯片技术、基因与基因组人工设计与合成生物学等系统生物技术。现代生物技术是通过生物化学与分子生物学的基础研究而快速发展起来的。医药生物技术起步最早、发展最快,目前世界已有 2000 多家生物技术公司,其中 70% 从事医药产品的开发。生物技术工业总体日趋成熟,正在由风险产业变成以商业为动力、以市场为中心的产业。

应用生物技术已有可能产生几乎所有的多肽和蛋白质,基因工程技术的应用已使新药研究方法和制药工业的生产方式发生重大变革。

近十几年来,在利用生物技术制取新药方面取得了惊人的成就,已有不少药物应用于临床,例如,人工胰岛素、人工生长激素、干扰素、乙肝疫苗、人促红细胞生成素、GM－集落刺激因子、组织溶纤酶原激活素、白细胞介素－2 及白介素－11 等。正在研究的有降钙素基因相关因子、肿瘤坏死因子、表皮生长因子等 140 多种。随着生物技术药物的发展,多肽与蛋白质类药物的研究与开发,已成为医药工业中一个重要的领域,同时给生物制剂带来了新的挑战。在实际应用中,基因工程药物受到一定限制,如,口服应用时生物利用度低,会受到消化酶的破坏,在胃酸作用下不稳定,在体内半衰期较短等,因此只能注射给药或局部用药。为了克服这些缺陷,已开始改为合成这些天然蛋白质的较小活性片段,即所谓"多肽模拟"或"多肽结构域"合成,又叫"小分子结构药物设计"。这类药物可口服,有利于由皮肤、黏膜给药,用于治疗免疫缺陷症、HIV 感染、变态反应性疾病、风湿性关节炎等,其制造成本也更低。这种设计思想也已应用于多糖类药物、核酸类药物和模拟酶的有关研究。小分子药物设计属于第二代结构相关性药物设计,所设计的分子能替代原先天然活性蛋白与特异靶相互作用。

2. 生物技术的产生与发展

20 世纪以后,生物科学的发展,可谓一日千里。1928 年英国弗莱明发现了盘尼西林(青霉素),之后生物技术的应用逐渐进入工业化时代。1953 年,沃森和克里克发现核酸 DNA 双旋体为遗传的基本构造后,生命科学的研究立即进入一个新的里程碑。接着,便是生物化学的起飞、分子遗传学的崛起,导致微生物学应用的领域迅速扩大。1973 年基因重组的实验研发成功,及 1975 年融合瘤技术首度制成单株抗体,奠定了生物技术进入生物产业的基础。首先是基因重组的胰岛素问世,继而是干扰素、B 型肝炎疫苗、红血球生成素(EPO)的生产上市。1997 年克隆羊的成功,又掀起全球性的轰动,在生物产业中的"基因转殖动物"领域里又增一新页。

从生物技术发展的历程中,我们发现很困难将新崛起的生物技术与传统的农业技术及医药技术作一很清晰的区隔。如果仅以基因重组技术、细胞融合技术及新颖的生物工程技术为生物技术的定义与范围,则失之于狭隘了。生物技术较新的定义则是,"利用生物细胞或其代谢物质来制造产品,或改良动、植、微生物及其相关产品来增进人类生活素质的技术"。简单地说,我们是用"细胞的层次"来做分野线:传统的农业(或)医药技术是以生物的"个体"为技术应用的对象,而生物技术则以生物的"细胞"为研发的基本材料。

那么我们严格地质问：数千年来人类用酵母菌发酵、近五十年来用微生物生产抗生素，是传统的农业(或)医药技术抑或是生物技术？

3. 生物技术的应用

伴随着生命科学的新突破，现代生物技术已经广泛地应用于工业、农牧业、医药、环保等众多领域，产生了巨大的经济和社会效益。

(1) 生物技术在工业方面的应用

① 食品方面

首先，生物技术被用来提高生产效率，从而提高食品产量。

其次，生物技术可以提高食品质量。例如，以淀粉为原料采用固定化酶(或含酶菌体)生产高果糖浆来代替蔗糖，这是食糖工业的一场革命。

最后，生物技术还用于开拓食品种类。利用生物技术生产单细胞蛋白，为解决蛋白质缺乏问题提供了一条可行之路。目前，全世界单细胞蛋白的产量已经超过 3000 万吨，质量也有了重大突破，从主要用作饲料发展到走上人们的餐桌。

② 材料方面

通过生物技术构建新型生物材料，是现代新材料发展的重要途径之一。

首先，生物技术使一些废弃的生物材料变废为宝。例如，利用生物技术可以从虾、蟹等甲壳类动物的甲壳中获取甲壳素。甲壳素是制造手术缝合线的极好材料，它柔软、可加速伤口愈合，还可被人体吸收而免于拆线。

其次，生物技术为大规模生产一些稀缺生物材料提供了可能。例如，蜘蛛丝是一种特殊的蛋白质，其强度大、可塑性高，可用于生产防弹背心、降落伞等用品。利用生物技术可以生产蛛丝蛋白，得到与蜘蛛丝媲美的纤维。

最后，利用生物技术可开发出新的材料类型。例如，一些微生物能产出可降解的生物塑料，避免了"白色污染"。

③ 能源方面

生物技术一方面能提高不可再生能源的开采率；另一方面能开发更多的可再生能源。

首先，生物技术提高了石油开采的效率。

其次，生物技术为新能源的利用开辟了道路。

(2) 生物技术在农业方面的应用

现代生物技术越来越多地运用于农业中，使农业经济达到高产、高质、高效的目的。

① 农作物和花卉生产

生物技术应用于农作物和花卉生产的目标，主要是提高产量、改良品质和获得抗逆植物。

首先，生物技术既能提高作物产量，还能快速繁殖。

其次，生物技术既能改良作物品质，还能延缓植物的成熟，从而延长了植物食品的保藏期。

最后，生物技术在培育抗逆作物中发挥了重要作用。例如，用基因工程方法培育出的抗虫害作物,不需施用农药,既提高了种植的经济效益,又保护了我们的环境。我国的转基因抗虫棉品种,1999年已经推广200多万亩,创造了巨大的经济效益。

② 畜禽生产

利用生物技术,可以获得高产优质的畜禽产品和提高畜禽的抗病能力。

首先,生物技术不仅能加快畜禽的繁殖和生长速度,而且能改良畜禽的品质,提供优质的肉、奶、蛋产品。

其次,生物技术可以培育抗病的畜禽品种,减少饲养业的风险。如利用转基因的方法,培育抗病动物,可以大大减少牲畜瘟疫的发生,保证牲畜健康,也保证人类健康。

③ 农业新领域

利用转基因植物生产疫苗是目前的一个研究热点。科研人员希望能用食用植物表达疫苗,人们通过食用这些转基因植物就能达到接种疫苗的目的。目前已经在转基因烟草中表达出了乙型肝炎疫苗。

利用转基因动物生产药用蛋白同样是目前的研究热点。科学家已经培育出多种转基因动物,它们的乳腺能特异性地表达外源目的基因,因此从它们产的奶中能获得所需的蛋白质药物。由于这种转基因牛或羊吃的是草,挤出的奶中却含有珍贵的药用蛋白,生产成本低,因而可以获得巨额的经济效益。

(3) 生物技术在医药方面的应用

目前,医药卫生领域是现代生物技术应用得最广泛、成绩最显著、发展最迅速、潜力也最大的一个领域。

① 疾病预防

利用疫苗对人体进行主动免疫是预防传染性疾病的最有效手段之一。注射或口服疫苗可以激活体内的免疫系统,产生专门针对病原体的特异性抗体。

20世纪70年代以后,人们开始利用基因工程技术来生产疫苗。基因工程疫苗是将病原体的某种蛋白基因重组到细菌或真核细胞内,利用细菌或真核细胞来大量生产病原体的蛋白,把这种蛋白作为疫苗。例如,用基因工程制造乙肝疫苗,用于乙型肝炎的预防。我国目前生产的基因工程乙肝疫苗,主要采用酵母表达系统产生疫苗。

② 疾病诊断

生物技术的开发应用,提供了新的诊断技术,特别是单克隆抗体诊断试剂和DNA诊断技术的应用,使许多疾病,特别是肿瘤、传染病在早期就能得到准确的诊断。

单克隆抗体以它明显的优越性得到迅速的发展,全世界研制成功的单克隆抗体有上万种,主要用于临床诊断、治疗试剂、特异性杀伤肿瘤细胞等。有的单克隆抗体能与放射性同位素、毒素和化学药品联结在一起,用于癌症治疗。它能准确地找到癌变部位,杀死癌细胞,有"生物导弹"、"肿瘤克星"之称。

DNA诊断技术是利用重组DNA技术,直接从DNA层次作出人类遗传性疾病、肿瘤、传染性疾病等多种疾病的诊断。它具有专一性强、灵敏度高、操作简便等优点。

③ 疾病治疗

生物技术在疾病治疗方面主要包括提供药物、基因治疗和器官移植等方面。

利用基因工程能大量生产一些来源稀少、价格昂贵的药物，减轻患者的负担。这些珍贵药物包括生长抑素、胰岛素、干扰素等。

基因治疗是一种应用基因工程技术和分子遗传学原理对人类疾病进行治疗的新疗法。

世界上第一例成功的基因治疗是对一位 4 岁的美国女孩进行的，她由于体内缺乏腺苷脱氨酶而完全丧失免疫功能，治疗前只能在无菌室生活，否则会由于感染而死亡。经治疗，这个女孩可进入普通小学上学。截至 1997 年 6 月，全世界已批准的临床基因治疗方案有 218 项，接受基因治疗和基因转移的患者总数已有 2557 名患者。

1990 年，人类基因组计划在美国正式启动，2003 年 4 月 14 日，中、美、英、日、法、德六国科学家宣布：人类基因组序列图绘制成功。人类基因组计划的完成，有助于人类认识许多遗传疾病以及癌症的致病机理，将为基因治疗提供更多的理论依据。

器官移植技术向异种移植方向发展，即利用现代生物技术，将人的基因转移到另一个物种上，再将此物种的器官取出来置入人体，代替人生病的"零件"。另外，还可以利用克隆技术，制造出完全适合于人体的器官，来替代人体"病危"的器官。

4. 生物技术在环保方面的应用

(1) 污染监测

现代生物技术建立了一类新的快速、准确监测与评价环境的有效方法，主要包括利用新的指示生物、利用核酸探针和利用生物传感器。

人们分别用细菌、原生动物、藻类、高等植物和鱼类等作为指示生物，监测它们对环境的反应，便能对环境质量作出评价。

核酸探针技术的出现，也为环境监测和评价提供了一条有效途径，例如，用杆菌的核酸探针监测水环境中的大肠杆菌。

近年来，生物传感器在环境监测中的应用发展很快。生物传感器是以微生物、细胞、酶、抗体等具有生物活性的物质作为污染物的识别元件，具有成本低、易制作、使用方便、测定快速等优点。

(2) 污染治理

现代生物治理采用纯培养的微生物菌株来降解污染物。

例如科学家利用基因工程技术，将一种昆虫的耐 DDT 基因转移到细菌体内，培育一种专门"吃"DDT 的细菌，大量培养，之后放到土壤中，土壤中的 DDT 就会被"吃"得一干二净。

5. 纯生物技术

国外生物制品的发展途径，是借原创获得排他性专利保护，产生利润的爆发式增长。但是，我国目前的研发相对落后，疫苗产品大多是仿制产品，诊断试剂主要是跟踪式研发。

少数具有自主知识产权的重组蛋白,大多以跟踪型研发、改进型研发为主。即使在研的创新的生物新药,也绝大多数是国外进入二、三期临床后我国开始跟踪研制而成。因此,我国重组蛋白药物较美国同品种产品上市时间晚5～10年。

5.4.4 新能源技术

随着世界能源需求的不断攀升和自然资源的日益枯竭,对能源供应商、工业企业及消费者都提出了新的挑战,尽可能以高效和可持续的方式使用能源成为当务之急。能源效率对所有类型的能源转换都有所影响:从电能和热能的高效生成、输送和分配,到工业、楼宇和交通对能源的高效利用,无所不包。现有的先进技术给我们带来了巨大的节能潜力,但新能源技术是解决未来人类能源需求的希望。

新能源技术是高技术的支柱,包括核能技术、太阳能技术、燃煤、磁流体发电技术、地热能技术、海洋能技术等。其中,核能技术与太阳能技术是新能源技术的主要标志,通过对核能、太阳能的开发利用,打破了以石油、煤炭为主体的传统能源观念,开创了能源的新时代。

1. 新能源技术概述

新能源又称非常规能源,是指传统能源之外的各种能源形式。它的各种形式都是直接或者间接地来自于太阳或地球内部所产生的热能,包括了太阳能、风能、生物质能、地热能、水能和海洋能以及由可再生能源衍生出来的生物燃料和氢所产生的能量。

相对于传统能源,新能源普遍具有污染少、储量大的特点,对于解决当今世界严重的环境污染问题和资源(特别是化石能源)枯竭问题具有重要意义。同时,由于很多新能源分布均匀,对于解决由能源引发的战争也有着重要意义。

目前,世界石油、煤矿等资源将加速减少,核能、太阳能即将成为主要能源。

联合国开发计划署(UNDP)把新能源分为以下三大类:大中型水电;新可再生能源,包括小水电、太阳能、风能、现代生物质能、地热能、海洋能;穿透生物质能。

一般来说,常规能源是指技术上比较成熟且已被大规模利用的能源,而新能源通常是指尚未大规模利用、正在积极研究开发的能源。因此,煤、石油、天然气以及大中型水电都被看作常规能源,而把太阳能、风能、现代生物质能、地热能、海洋能以及核能、氢能等作为新能源。随着技术的进步和可持续发展观念的树立,过去一直被称作垃圾的工业与生活有机废弃物被重新认识,作为一种能源资源化利用的物质而受到深入的研究和开发利用,因此,废弃物的资源化利用也可看作是新能源技术的一种形式。新近才被人类开发利用、有待于进一步研究发展的能量资源,称为新能源,相对于常规能源而言,在不同的历史时期和科技水平情况下,新能源有不同的内容。当今社会,新能源通常指核能、太阳能、风能、地热能、氢能等。

长期以来,在中国乃至世界对于"新能源"的定义比较含混,范围不够清晰,人们对于"新能源"的认识存在着一些争议,一些观点趋向过于狭义化。所谓"新能源",确实包含着狭义化和广义化的两个层面的定义,关键是"新"字的界定对象,这个"新"字是想区别于传统的"旧"能源利用方式及能源系统,还是想表述这仅仅是一个新的能源技术? 这个"新",不仅区别于工业化时代的以化石燃料为主的能源利用形态,而且区别于旧式的只强调转换端效率、不注重能源需求侧的综合利用效率,只强调企业自身经济效益、不注重资源和环境代价的旧的传统能源利用思维模式。

目前对于新能源的狭义化定义,主要是将新能源局限在可再生能源技术之中。严格地讲,可再生能源不是新的能源利用形式。在人类进入工业革命以前,是没有大规模利用化石能源的。自我们的祖先开始利用火之后,数十万年以来,可再生能源一直支撑着人类的文明进程。它是最古老的能源利用方式,只是今天当人类无法承受工业化大规模利用化石能源所带来的环境和资源的巨额代价时,我们才重新赋予可再生能源以"新"的含义,它的"新"不在于它的形式,而在于它在今天对于环境和资源的"新"的意义——它是一系列新技术,也是一系列新思维、新观念、新哲学,更是新市场、新机制和新交易。

新能源技术是关于新能源研究、开发、生产、转换、输送、贮存、分配、利用的技术。新能源主要包括太阳能、海洋能、风能、地热能、生物能、氢能、核聚变能等,具有可再生性、天然性、不易枯竭、基本无环境污染等特点。当前,人类仍以常规能源为主,但已开始向新能源的过渡。如太阳能的光热转换、光电转换,风力发电、地热的直接利用和地热发电、潮汐发电等新能源技术,已在世界上得到不同程度的应用。

2. 新能源技术的产生及发展

传统生物质能源的利用古来有之,我们的先辈利用薪柴取暖,驱赶野兽,蒸煮食品,冶炼工具。在化石能源未被大量使用之前,可以毫不夸张地说,生物质能源伴随着人类一路走来,在人类文明发展中有着不可替代的重要作用。自从发现化石能源——煤炭和石油后,传统生物质能源逐渐被化石能源所取代,从而人们开始告别燃烧"零排放"的、香味四溢的生物质,转而大量使用高度污染、掺杂着浓烈臭味且排放有毒气体的化石能源,最终引起了全球变暖、环境恶化。这时候,人们开始明白了上天并不只是提供给人类黑色的能源宝藏,同时也给人类设置了难以弥补的黑暗陷阱。

地球上现有能源大部分来自太阳,因此,可再生能源的利用可分为:太阳能直接利用,例如光热、光伏利用等;太阳能间接利用,例如风能、生物质能、海洋波浪能利用等。其中,生物质能源是太阳能以化学能形式贮存在生物中的一种能量形式,是以生物质为载体的能量。生物质能有着其他类型能源无可比拟的优势:它是唯一一种能被存储的、可再生的碳源;含有较低的硫和氮,对环境污染不大;是目前技术较成熟且可制成交通液体燃料的优良替代能源;分布范围广,储量巨大等。地球上每年产生的生物质总量(干量)约1400～1800亿吨,相当于每年世界耗能量的10倍,是继煤、石油、天然气后的第四位能源,约占世界一次能源消费的14%,在不发达地区占60%以上,提供全世界约25亿人生活能源的90%以上。

传统的生物质能源利用,由于其能效低、产生较多的污染物,在发达地区已经不再提倡使用。现在,如何高效利用生物质能源、现代生物质能源利用技术如何与产业紧密结合以实现产业化发展,已经成为当代生物质能研究的热门话题。现代生物质能源的开发利用,指的是借助热化学、生物化学等手段,通过一系列先进的转换技术,生产出固、液、气等高品位能源来代替化石燃料,进而为人类生产、生活提供电力、交通燃料、热能、燃气等终端能源产品。

20世纪后半期,新能源技术与电子、信息等新兴技术同时开始萌芽,并得到较快的发展。但是,新能源与传统化石能源相比,应用成本较高,因此,新能源技术在20世纪并没有得到广泛的应用,拉动美国经济增长的主要是电子、信息、生物、新材料等一系列新兴技术。美国新能源产业的崛起,将引起电力、IT、建筑业、汽车业、新材料行业、通信行业等多个产业的重大变革和深度裂变,并催生一系列新兴产业。新能源产业对其他产业发展的直接拉动表现为多个方面:一是拉动新能源上游产业,如风机制造、光伏组件、多晶硅深加工等一系列加工制造业和资源加工业的发展;二是促进智能电网、电动汽车等一系列输送与用电产品的开发和发展;三是促进节能建筑和带有光伏发电建筑的发展。这不仅填补美国实体经济的空缺,使美国由消费社会转变为生产、消费并重的社会,而且可增加国内就业,降低污染物排放。

欧盟现已加大发展"绿色能源"的力度。欧盟发展新能源和节能环保产业的最重要做法之一是建设统一的欧盟市场,为产业发展创造市场条件。在《欧盟能源政策绿皮书》中,提出强化对欧盟能源市场的监管,要求各成员国开放能源市场,制定欧盟共同能源政策。为了促进绿色产业的发展,欧盟以灵活的市场机制与严格的法律制度相结合,在鼓励低碳发展的政策上不断推陈出新,制订了很多具有法律约束力的计划,保障欧盟节能与环保目标的实现。欧盟还积极建设碳排放交易的市场机制,以最低成本来实现减排的目标。

为了实现环保和减排目标,欧盟制定了一系列法律、法规,例如,以《报废电子电器设备指令》和《关于在电子电气设备中限制使用某些有害物质指令》为代表的环保指令,既是维护欧盟境内居民健康安全的环保法规,同时也是一种比反倾销等措施更为严格的贸易壁垒。近期,欧盟通过了一项新的家电更高能效等级标准,电冰箱、冰柜、电视机、洗衣机和集中供暖循环器将在原能源标签的基础上引入节能性能高于现有等级的三个新等级,并首次对电视机制定最低能效标准。

日本立足于节能和新能源产业的长远发展。早在20世纪90年代,由于泡沫经济和大量制造业企业向海外转移的影响,日本经济长期处于低迷之中。为此,日本明确提出了不以增加短期需求为目标的指导原则,力求以"结构改革促经济发展"的方式,取代"通过扩大政府支持刺激经济成长"的方法;提出了普及开发节能技术、加大研究清洁能源力度的目标,并给予了相当大的预算支持。这些措施进一步促进了能源结构转型,继续保持了在节能方面优势地位的战略目标。

日本95%的能源供应依赖进口,出于能源安全等方面的考虑,2004年6月,日本通产省公布了新能源产业化远景构想:计划在2030年以前,把太阳能和风能发电等新能源技术扶持成商业产值达3万亿日元的基干产业之一,石油占能源总量的比重将由现在的50%降到40%,而新能源将上升到20%;风力、太阳能和生物质能发电的市场规模,将从2003年的4500亿日元增长到3万亿日元;燃料电池市场规模到2010年达到8万亿日元,成为日本的支柱产业。

经济全球化和世界产业分工的格局形成,使得新能源产业的发展形态发生了很大的变化。过去的产业发展模式是:发达国家开发新产品→形成国内市场→产品出口→资本和技术出口→产品再进口→开发更新产品的这样一个循环过程。即产品成熟后再向发展中国家转移的循环发展;发展中国家则是先进口,然后国内生产,再出口这一近似于雁形的发展形态。因此,发达国家和发展中国家几乎同步进入新能源产业,但发展中国家只是承担技术含量低的部分环节,而发达国家掌控核心技术和占有新能源市场。

以美国为代表的发达国家正在掀起一场新的技术变革,这对我国既是机遇也是挑战。机遇在于,我国有可能通过新能源与节能技术的变革,缩短与发达国家在经济、技术方面的差距,提升我国产业的国际竞争力。所面临的挑战是,我国虽然在数量、规模上,风能、太阳能的开发利用并不落后,但是我国新能源产业主要集中在相关的制造环节,缺乏核心技术,能源利用效率较低、环保能力低。

3. 新能源技术的应用

新近才被人类开发利用、有待于进一步研究发展的能量资源,称为新能源。相对于常规能源而言,在历史时期和科技水平不同的情况下,新能源有不同的内容。当今社会,新能源通常指核能、太阳能、海洋能、风能、生物质能、地热能、氢能等。

（1）太阳能

太阳能一般指太阳光的辐射能量。太阳能的主要利用形式有太阳能的光热转换、光电转换以及光化学转换三种主要方式。广义上的太阳能是地球上许多能量的来源,如风能、化学能、水的势能等由太阳能导致或转化成的能量形式。利用太阳能的方法主要有:太阳能电池,通过光电转换把太阳光中包含的能量转化为电能;太阳能热水器,利用太阳光的热量加热水,并利用热水发电等。

（2）核能

核能是通过转化从原子核释放的能量,符合阿尔伯特·爱因斯坦的方程 $E=mc^2$,其中,E 表示能量;m 表示质量;c 表示光速常量。核能的释放主要有以下三种形式。

① 核裂变能

所谓核裂变能是通过一些重原子核(如铀-235、铀-238、钚-239 等)的裂变释放出的能量

② 核聚变能

由两个或两个以上氢原子核(如氢的同位素—氘和氚)结合成一个较重的原子核,同时发生质量亏损释放出巨大能量的反应,叫做核聚变反应,其释放出的能量称为核聚变能。

③ 核衰变

核衰变是一种自然的、慢得多的裂变形式,因其能量释放缓慢而难以加以利用。

（3）海洋能

海洋能指蕴藏于海水中的各种可再生能源,包括潮汐能、波浪能、海流能、海水温差能、海水盐度差能等。这些能源都具有可再生性和不污染环境等优点,是一项亟待开发利

用的、具有战略意义的新能源。

波浪发电,据科学家推算,地球上波浪蕴藏的电能高达 90 万亿度。目前,海上导航浮标和灯塔已经用上了波浪发电机发出的电来照明。大型波浪发电机组也已问世。我国现在也对波浪发电进行研究和试验,并制成了供航标灯使用的发电装置。

潮汐发电,据世界动力会议估计,到 2020 年,全世界潮汐发电量将达到 1000～3000 亿千瓦。世界上最大的潮汐发电站是法国北部英吉利海峡上的朗斯河口电站,发电能力为 24 万千瓦,已经工作了 30 多年。我国在浙江省建造了江厦潮汐电站,总容量达到 3000 千瓦。

(4) 风能

风能是空气在太阳辐射下流动所形成的。风能与其他能源相比,具有明显的优势。它蕴藏量大,是水能的 10 倍,分布广泛,永不枯竭,对交通不便、远离主干电网的岛屿及边远地区尤为重要。风力发电,是当代人利用风能最常见的形式,自 19 世纪末,丹麦研制成风力发电机以来,人们认识到石油等能源会枯竭,才重视风能的发展,利用风来做其他事情。

1977 年,联邦德国在著名的风谷——石勒苏益格,即荷尔斯泰因州的布隆坡特尔建造了一个世界上最大的发电风车。该风车高 150 米,每个桨叶长 40 米,重 18 吨,用玻璃钢制成。到 1994 年,全世界的风力发电机装机容量已达到 300 万千瓦左右,每年发电约 50 亿千瓦时。

(5) 生物质能

生物质能来源于生物质,也是太阳能以化学能形式贮存于生物中的一种能量形式,它直接或间接地来源于植物的光合作用。生物质能是贮存的太阳能,更是一种唯一可再生的碳源,可转化成常规的固态、液态或气态的燃料。地球上的生物质能资源较为丰富,而且是一种无害的能源。地球每年经光合作用产生的物质有 1730 亿吨,其中蕴含的能量相当于全世界能源消耗总量的 10～20 倍,但目前的利用率不到 3%。

(6) 地热能

地球内部热源可来自重力分异、潮汐摩擦、化学反应和放射性元素衰变释放的能量等。放射性热能是地球主要热源。我国地热资源丰富,分布广泛,已有 5500 处地热点,地热田 45 个,地热资源总量约 320 万兆瓦。

(7) 氢能

在众多新能源中,氢能以其重量轻、无污染、热值高、应用面广等独特优点脱颖而出,将成为 21 世纪的理想能源。氢能可以作飞机、汽车的燃料,可以用作推动火箭动力。

(8) 海洋渗透能

如果有两种盐溶液,一种溶液中盐的浓度高,一种溶液的浓度低,那么把两种溶液放在一起并用一种渗透膜隔离后,会产生渗透压,水会从浓度低的溶液流向浓度高的溶液。江河里流动的是淡水,而海洋中存在的是咸水,两者也存在一定的浓度差。在江河的入海口,淡水的水压比海水的水压高,如果在入海口放置一个涡轮发电机,淡水和海水之间的渗透压就可以推动涡轮机来发电。海洋渗透能是一种十分环保的绿色能源,它既不产生垃圾,也没有二氧化碳的排放,更不依赖天气的状况,可以说是取之不尽、用之不竭。而在盐分浓度更大的水域里,渗透发电厂的发电效能会更好,比如地中海、死海、我国江苏盐城市的大盐湖、美国的大盐湖。当然发电厂附近必须有淡水的供给。据挪威能源集团的负责人巴德·米克尔森估计,利用海洋渗透能发电,全球范围内年度发电量可以达到 16 000 亿度。

5.4.5　空间技术

自从 1957 年 10 月 4 日世界上第一颗人造地球卫星上天以来,到 1990 年 12 月底,前苏联、美国、法国、中国、日本、印度、以色列和英国等国家以及欧洲航天局,先后研制出约 80 种运载火箭,修建了 10 多个大型航天发射场,建立了完善的地球测控网。世界各国和地区先后成功发射了 4127 个航天器,其中包括 3875 个各类卫星,141 个载人航天器,111 个空间探测器,几十个应用卫星系统投入运行。目前航天员在太空的持续飞行时间长达 438 天,有 12 名航天员踏上月球。空间探测器的探测活动大大更新了有关空间物理和空间天文方面的知识。到 20 世纪末,已有 5000 多个航天器上天。

1. 空间技术概述

空间技术是探索、开发和利用宇宙空间的技术,又称为太空技术和航天技术,其目的是利用空间飞行器作为手段来研究发生在空间的物理、化学和生物等自然现象。空间技术是当代科学技术中发展最快的尖端技术之一。

空间技术是一个国家科学技术发展水平的重要标志,开发和应用空间科技已成为世界各国现代化建设的重要手段。

对"天",目前专家们有两种理解:一种是把地球大气层以外的无限遥远空间称之为"天";另一种是把地球大气层外、太阳系以内的有限空间叫做"天"。若按前一种理解,空间技术和航天技术完全是一回事;若按后一种理解,人们把地球大气层以外、太阳系以内的空间活动称之为航天,超出太阳系以外的空间活动称之为航宇。

这样,空间技术则应涵盖航天技术和航宇技术。但由于在相当长的时间内,人类主要还是在太阳系内从事活动,因此,当今把航天技术和空间技术视为同义词已得到公认。

2. 空间技术的发展历程

(1) 火箭技术

火箭技术推动了人类航天发展的历史。

火药是中国古代的四大发明之一,火箭是在火药发明之后中国人发明的。早在公元 1000 年,宋朝唐福献应用火箭原理制成了战争武器,13 世纪初传到外国。传说在 14 世纪末,中国有个学者万户在坐椅背后安装 47 支当时最大的火箭,两手各持大风筝,试图借助火箭的推力和风筝的升力升空。但是一声爆炸之后,只见烟雾弥漫,碎片纷飞,人也找不见了。为纪念这位世界上第一个试验火箭飞行的勇士,月球表面东方海附近的一个环形山以万户命名。

真正的近代火箭的出现,是在第二次世界大战时的法西斯德国。早在 1932 年,德国就发射了 A2 火箭,飞行高度达 3 公里。1942 年 10 月,又成功发射 V-2 火箭(A4 型),飞行高度 85 公里,飞行距离 190 公里。V-2 火箭的发射成功,把航天先驱者的理论变成现实,是现代火箭技术发展史的重要一页。1945 年 5 月,第二次世界大战德国战败,前苏联俘虏部分德国火箭技术人员,缴获了几枚 V-2 火箭和有关技术资料。在此基础上,1947 年前苏联仿制 V-2 火箭成功。1948 年自行设计了 P-1 火箭,射程达 300 公里。1950 和 1955 年又先后研制成 P-2 和 P-3 火箭,射程分别达到 500 公里和 1750 公里。1957 年 8 月,成功发射两级液体洲际导弹 P-7,射程 8000 公里,经过改装的 P-7 于 1957 年 10 月 4 日,成功发射世界上第一颗人造地球卫星,从而揭开了现代火箭技术新的一页。

1990 年 4 月 7 日,中国 CZ-3 运载火箭成功发射美国制造的"亚洲一号"卫星。长征火箭成功地进入了国际商业发射卫星的行列,至今已将 27 颗外国卫星发射上天。法国从 20 世纪 50 年代开始自行研制探空火箭和导弹,并在此基础上研制"钻石"号运载火箭。1965 年 11 月至 1967 年 2 月,法国"钻石"号火箭将 A-1、D-1 人造卫星送入太空。法国积极推动西欧国家联合发展欧洲航天事业,它是欧洲空间局的主要成员国,并承担"阿里安"号运载火箭的大部分研制工作。欧空局正式成员国有比利时、丹麦、法国、联邦德国、爱尔兰、意大利、荷兰、西班牙、瑞典和英国;非正式成员国有奥地利和挪威;加拿大为观察员国。由欧空局研制的"阿里安"1 号运载火箭,于 1979 年 12 月 24 日首次发射成功。迄今已研制有"阿里安"1～5 号 5 种基本型和多种改进型火箭。"阿里安"4 号为欧空局主要运载工具,至今已发射 80 余次,失败 7 次,成功率在世界商用卫星运载工具中名列前茅。日本自 1963 年开始研制"谬"系列固体运载火箭,共有 4 代。1970 年日本宇宙开发事业团决定引进美国"德尔塔"号运载火箭技术,以发展本国的 N 号运载火箭。1975 年 9 月,日本首次用 N-1 火箭成功地发射了"菊花"1 号技术试验卫星。1994 年试验成功带有氢氧燃料装置的 N-2 火箭。印度自行研制成功运载火箭系列 SLV、ASLV、PSLV 和 GSLV,2001 年 4 月同步轨道卫星运载火箭 GSLV 发射成功。此外,还有英国、意大利、加拿大、印度、巴西、以色列、韩国、朝鲜等国,均有利用本国制造或租用他国运载火箭来发射人造卫星的能力。

(2) 卫星时代

人造地球卫星的计划设想早在 1945 年就在美国出现,美海军航空局已着手研究一种把科学仪器送入太空的卫星,次年美国陆军航空局在审批"兰德计划"的一项类似的研究报告中,就有"实验性环球空间飞行器"的初步设计。随着现代科学技术和一系列大功率运载火箭的发展,为人造地球卫星的研制和发射打下了坚实的基础。

1957 年 10 月 4 日,前苏联用"卫星"号运载火箭把世界上第一颗人造地球卫星送入太空,卫星呈球形,外径 0.58 米,外伸 4 根条形天线,重 83.6 公斤,卫星在天上正常工作了三个月。同年 11 月 3 日,前苏联发射了第二颗卫星,卫星呈圆锥形,重 508.3 公斤,这是一颗生物卫星,除了利用小狗"莱伊卡"作生物试验外,还用于探测太阳紫外线、X 射线和宇宙线。按照今天的标准衡量,前苏联的第一颗卫星只不过是一个伸展开发射机天线的圆球,但它却是世界第一个人造天体,把人类几千年的梦想变成现实,为人类开创了航天新纪元。

人造地球卫星出现之后,20 世纪 60 年代,前苏联和美国发射了大量的科学实验卫星、技术实验卫星和各类应用卫星。20 世纪 70 年代,军、民用卫星全面进入应用阶段,并向侦察、通信、导航、预警、气象、测地、海洋和地球资源等专门化方向发展。同时各类卫星亦向多用途、长寿命、高可靠性和低成本方向发展。20 世纪 80 年代后期新起的、单一功能的、微型化、小型化卫星,是卫星发展上的新动向,这类重量轻、成本低、研制周期短、见效快的小型卫星将是未来卫星的一支生力军。除美、苏外,中国、欧洲航天局、日本、印度、加拿大、巴西、印尼、巴基斯坦等国都拥有自己研制的卫星。为什么经过短短的三十多年,航天活动取得了如此迅速的发展呢?除了美、苏搞空间军备竞赛发射了大量的军事应用卫星外,主要是人类一开始就非常重视航天技术的应用。航天活动大大扩大了人类知识宝库和物质资源,给人类日常生活带来了重大的影响和巨大的经济效益。航天活动大大推动了现代科学技术和现代工农业的向前发展。

(3) 空间探测

空间探测的主要目的是:了解太阳系的起源、演变和现状;通过对太阳系内的各主要行星及其卫星的比较研究,进一步认识地球环境的形成和演变;了解太阳系的变化历史;探索生命的起源和演变。空间探测器实现了对月球和行星的逼近观测和直接取样探测,开创了人类探索太阳系内天体的新阶段。

① 月球探测

月球是地球的唯一的天然卫星,自然成为空间探测的第一个目标。直接考察月球有助于更好地了解地—月系统的起源,月球是未来航天飞行理想的中间站和人类进入太阳系空间的第一个定居点。美国和前苏联自 1958 年至 1976 年 8 月共发射过 83 个无人月球探测器,其中美国 36 个,前苏联 47 个。此后,美、苏再也没有发射过无人月球探测器。1990 年 1 月日本发射了一颗月球探测器,成为第三个向月球发射探测器的国家。探测器由两部分组成,一部分(182 公斤)进入大椭圆轨道,在地—月系统中飞行,另一部分(11 公斤)在月球轨道上飞行。日本还计划在 1996 年 2 月发射一颗重 550 公斤(含推进剂 190 公斤)的月球-A 探测器。月球探测已经实现的主要方式有:①在月球近旁飞过或在其表面硬着陆,利用这个过程的短暂时间探测月球周围环境和拍摄月球照片;②以月球卫星的方式获取信息,其特点是探测时间长并能获取较全面的资料;③在月球软着陆,可拍摄局部地区的高分辨率照片和进行月面土壤分析。1999 年 7 月 31 日,为了确证月球上到底有没有冰,美国"月球勘探者"号进行了飞行器撞击月球实验。

② 行星和行星际探测

人类长期借助于天文望远镜观测行星表面的细节,发现了土星光环、木星卫星和天王星;运用万有引力定律陆续发现了海王星和冥王星;借助于近代照相术、分光术和光度测量技术对行星表面的物理特性和化学组成有了一定的认识。然而人们在地面隔着大气层观测行星,已经不能满足对行星的深入研究。行星和行星际探测器为行星和行星际空间的研究提供了新的手段。

自 1960 年至 1978 年,美、苏和西德共发射了 63 个行星和行星际探测器,其中美国 23 个,前苏联 38 个,西德 2 个。采用的探测方式有:①从行星附近飞过拍摄照片,测定它们的辐射和磁场;②在行星表面硬着陆,直接探测行星大气;③绕行星飞行,成为行星的人造卫星;④在行星上软着陆,对行星表面进行细致的分析和探测。1960 年 3 月发射了第一个行星际探测器"先驱者"5 号,进入了一条 0.8～1.0 天文单位的椭圆日心轨道,测量了行星际磁场、行星际粒子和太阳风,探测表明太阳风像喷水池螺旋形喷水图形;发现地球磁场在向着太阳的一面被太阳风压缩,另一面至少延伸到 500 万公里远。1962 年 8 月发射的"水手"2 号成功地飞过金星,发现金星没有磁场和辐射带。

为了探索宇宙的奥秘,美欧联合研制的"哈勃空间望远镜"于 1990 年 4 月发射升空,这项计划获得了巨大的成功,10 年间进行了 10 多万次的天文观测,观测了大约 13 670 个天体,向地球发回了黑洞、衰亡中的恒星、宇宙诞生早期的"原始星系"、彗星撞击木星以及遥远星系等许多壮观图像,为近 2600 篇科学论文提供了依据。这是人类空间天文观测工作的一个里程碑。1997 年 7 月 4 日,美国"探路者"号火星探测器在火星表面安全着陆,并释放出一辆火星车"漫游者"号,第一次拍摄到火星的彩色三维立体图像,传回地球大量的火星表面的照片。

(4) 载人航天

载人航天在航天活动中占有重要位置。尽管航天器携带的装置精确、灵敏度高,能自动观察、操作、储存、处理数据,但它们不能代替人的思维。初期载人航天器,一方面研究航天技术,另一方面进行生物学和医学试验,研究航天员在长期失重条件下的反应,航天员在密闭舱中的工作能力,航天器对接时和走出航天器时的人的生理反应。前苏联自 1961 年 4 月到 1970 年 9 月,共发射了 17 艘载人飞船("东方"号 6 艘、"上升"号 2 艘、"联盟"号 9 艘)。1965 年 3 月航天员在"上升"号上第一次走出飞船,1966 年 1 月两艘"联盟"号飞船第一次在轨道上交会对接,并实现两个航天员从一艘飞船向另一艘飞船转移。1971 年到 1982 年,发射了 7 艘重量为 18～20 吨的"礼炮"号空间站,截至 1985 年,还发射了 27 艘载人飞船("联盟"T 号、TM 号)和 25 艘无人飞船("进步"号)用作天地往返运输系统。1986 年发射了"和平"号空间站,这是未来永久性空间站的核心舱。俄罗斯计划 21 世纪前期发射无人和载人火星飞船以及建立载人月球基地。设计寿命为 5 年的"和平号"空间站运行了 15 年,于 2001 年 3 月 23 日 13 时 59 分安全地坠落在南太平洋海域。美国自 1961 年 5 月至 1966 年 11 月发射了 16 艘载人飞船("水星"和"双子星座")。"水星"和"双子星座"计划是载人登月飞行目标"阿波罗"计划的头两个阶段。1965 年 6 月"双子星座"飞船上的航天员第一次步入太空,1966 年 3 月"双子星座"-8 号和"阿金纳"飞行器在轨道上第一次成功地实现对接,此后,"双子星座"飞船系统进行过多次交会和对接。1967 年至 1972 年共发射了 14 次"阿波罗"飞船(其中 3 次无人飞行,3 次载人绕月飞行,6 次载人登月飞行,12 名航天员登上月球)。1973 年发射了"天空实验室"并和"阿波罗"飞船进行过对接。1969 年尼克松政府宣布 20 世纪 70 年代研制载人航天飞机,1984 年里根政府宣布 20 世纪 90 年代建立永久性载人空间站。

1993 年 9 月美、俄两国达成协议，合作建造一个有 16 国参加的国际空间站，2006 年完成。2001 年 5 月，美国宇航发烧友蒂托进入国际空间站俄罗斯舱遨游 8 天，成为地球旅客航天游第一人。另外，美国和俄罗斯关于载人火星飞行的计划正在悄悄进行之中。二三十年以后，人类就可能登上红色的行星——火星。

1999 年 11 月 20 日，"长征二号乙"火箭发射"神舟"号无人试验飞船上天，11 月 21 日飞船顺利回收，我国航天技术实现了历史性的跨越。

3. 空间技术的发展与应用

由于空间技术具有重要意义，40 多年来发展极为迅速。继 1957 年苏联发射第一颗卫星之后，美国于 1958 年，法国于 1965 年，日本、中国于 1970 年先后发射了自己的第一颗人造卫星，引起世界轰动。世界上航天投资最多的是前苏联和美国。至今发射的 4000 多个航天器中，前苏联、美国占绝大多数。此外，欧盟、中国、日本、印度、加拿大等也都有一定的规模。中国依靠自力更生，至今共成功研制和发射不同的国产人造卫星约 40 颗，建成了卫星陆海测控网和大量地球站，为国家建设和社会进步做出了重要贡献。

（1）空间技术的发展

航天运载工具的发展是 40 年最重要的成就之一。至今作为空间飞行器的运输工具主要还是一次性的运载火箭，这方面最发达的是前苏联、美国，此外是法国、中国、日本和印度。世界上典型的大型火箭，有前苏联的"质子"号、美国的"大力神"号、法国的"阿里安娜"号，中国"长征"号、日本的"HZ"火箭，它们可以把重型卫星送到远离地点 36 000 公里的地球同步运行轨道。中国已经发展了"长征"系列运载火箭及建成了 3 个发射基地，不仅发射国内卫星，而且提供国际发射服务。另一种运载工具是航天飞机，航天飞机可以多次使用，但造价高、风险大。美国最早发展航天飞机，运载能力 20 吨，载乘 3～7 名宇航员，飞行轨道高度 200～400 公里，倾角大约为 28°。

人造地球卫星对军事和经济建设具有重要价值，因此卫星技术发展极快。世界上美国、前苏联、欧盟、中国、日本和印度等都具有研制卫星的能力，并发射了多种应用卫星。通信卫星具有很高的经济和社会效益。中国 20 世纪 80 年代发射了"东方红二号"同步通信卫星，90 年代又发射了通信能力比前者大 10 倍的"东方红三号"通信卫星。国际通信卫星已经发展到第八代，一颗卫星的通信能力可达几万条话路，可以同时转发几十路电视节目。卫星发射功率的增大及点波束技术的进步，使得地面站小型化成为现实。卫星技术的迅速进步，使卫星的在轨寿命长达 12～15 年。资源卫星的典型代表是美国陆地卫星和法国斯波特卫星，它们具有高分辨率和多谱段的遥感能力，对陆地资源调查具有重要价值。气象卫星有极地轨道和静止轨道两种。极地轨道气象卫星可飞经地球所有地区，可提供长期天气预报资料，世界上只有美国、前苏联、中国研制和发射了这种气象卫星。静止轨道气象卫星相对地球表面固定不变，可实时连续观察本地区的云层分布和变化。1997 年 6 月，我国成功发射的"风云二号"卫星就是一种静止轨道气象卫星。导航定位方面的代表是美国 GPS 卫星，它由 18 颗卫星组成，可在全球导航与定位，精度达到米级。

可返回式卫星具有重要的经济、军事和科学价值,至今世界上只有前苏联、美国、中国具有回收卫星的能力。中国的返回式卫星具有极高的成功率,其水平之高为国际所公认。

载人航天是 40 多年来航天成就的重要组成部分。苏、美在发射本国的第一颗人造卫星后就竟先发射载人飞船,主要是要争夺世界第一。前苏联是世界第一个宇航员上天的国家,而美国宇航员首先登上月球。载人航天的经济效益一直在争论,但在政治上影响很大。至今已有 400 多人次进入太空,前苏联略为领先,进入太空人数和停留时间均超过美国。美国与前苏联发展道路略有不同:前苏联发展的顺序是飞船→轨道站→空间站;而美国是飞船→航天飞机→空间站。载人航天技术进步较快,不仅宇航员可出舱活动,还可以修复出故障的大型航天器,以及操作航天器交汇对接等。

深空探测主要是对太阳系各大行星及其环境进行探测。世界上已发射了 100 多个科学卫星和深空探测器,有许多重大发现,包括对地球周围环境的调查、发现地球内外辐射带,了解地磁场分布、发现月球冰湖等。多种深空探测器还调查了太阳系各行星及其周围情况,如小卫星和大气环等。

40 年来空间技术的发展是迅速的。概括说,运载火箭的运送航天器的能力从几十公斤增到 100 吨;卫星获取和传递信息能力大幅度提高,一颗通信卫星的电话由几十路增至几万路;卫星寿命从几十天增到几年至十几年;人在空间停留时间从几个小时增到一年以上。总之,主要指标都提高了 2～3 个数量级,而价格大幅度下降。

(2) 空间技术的应用

当代航天技术的应用不仅在军事和经济建设方面,而且已深入到每个家庭和个人的生活之中。

① 卫星通信、广播

通信卫星技术进步,使它在通信和广播领域迅速推广应用,世界上跨洋通信几乎全被通信卫星所代替。许多交通不便、通信干线不到之处,以及海上、空中、灾区,通信卫星更显出优越性。目前卫星通信可提供有关信息传递的 100 多种业务。以国际通信卫星系统为例,其业务活动效益每年达 100 亿美元。

② 卫星导航定位

卫星导航定位系统由于范围大、时效好、精度高等特点,已广泛应用于海上舰船、空中飞机、陆上车辆的行驶导航,以及各种工程建设和业务活动中的定位。美国 GPS 系统的定位精度可达到米级。高精度的卫星导航定位,为各种交通提高运输效率及安全保障做出了重要贡献。

③ 资源调查和测绘

利用卫星照片调查陆地和海洋资源已广泛应用,并被证实是有效的方法,不仅节约人力物力,而且时间快。我国已利用国内外卫星对全国的主要经济区的资源和环境进行勘测和调查。同时,还利用卫星照片绘制了地形图和各种专业图。

④ 气象与灾害预报

气象卫星不仅提高了天气预报的准确率,同时对台风、暴风雨等的预测以及海面温度的监测和海洋渔业的发展都起着极为有效的作用。自从有了气象卫星以来,台风天气预报几乎准确无误。我国利用气象卫星资料,对森林火灾、洪水等多种灾害进行监测发挥了积极的作用。

⑤ 军事应用

应用卫星中的军事卫星占有重要地位,包括军事侦察、导弹预警、军事通信指挥、导航和气象保障等。侦察卫星不仅可以实时大范围监视敌方的军事行动,而且可以对重要军事目标进行详查。各种军事卫星不仅提供平时部队的各种需要,而且在战时发挥重要作用。典型应用是 1991 年海湾战争中,美国利用多种军事卫星参加了作战,发挥了极为重要的作用。

此外,空间技术在科学研究等方面也发挥了积极的作用。世界上先进国家的科研机构对生命科学、宇宙科学、空间环境都取得了不少的成就。中国在微重力科学实验和太空植物育种等方面都取得了可喜的成绩。

第6章 科学技术与社会

6.1 科学、技术及其相互关系

6.1.1 什么是科学

1. 科学的含义

（1）科学是系统化、理论化的知识体系，科学是根据已知知识的内在逻辑关系，即一整套的原理、定义、定律、公式等建立起来的探索未知世界的完整的知识体系。

（2）科学是一种复杂的社会现象。

（3）科学是一种生产力，科学是知识形态的生产力，而科学的应用是直接的生产力。

（4）科学是一种方法，科学是人类认识自然、改造自然的工具和手段。

（5）科学是一种社会建制，科学是一项社会化的事业，具备一定的社会组织形式。

科学的特征：客观性、系统性、探索性、重复性、继承性、物化性。

2. 科学为什么

科学完全是客观的吗？确实有人的因素。先有自然界才有人，有了人，才有自然科学，自然科学不管怎样是人造出来的。人的语言、人的思想方法、人做的实验，这里肯定有人约定的因素。但是特别是自然科学，我们研究的是自然界，总要说明和预测自然的现象，这不能随心所欲、指鹿为马的。科学到底哪些有真理性的因素、哪些是人建构的因素，大概是科学哲学里一个难题，目前争论不休，谁也说服不了谁。

科学为什么？过去科学家为科学而科学，满足自己的好奇心，求真。一些早期的科学家是要为科学献身。他们认为科学是价值中立的。现在科学的社会后果很严重，比如造出核弹、生物武器、化学武器可以把人类消灭。克隆、基因工程、试管婴儿、器官移植等这类技术将来对整个人类的生活、伦理都有很大的影响。

所以科学家不能只求真，不问它的社会后果。科学家不能不考虑研究科学到底是为什么？科学归根结底还是要为人服务、为人类的幸福生活服务。所以，现在科学伦理学很时髦。过去逻辑经验论不考虑伦理学，只考虑能不能证实、真不真、假不假，而现在科学哲学很大一批人转到搞科学伦理学上去。特别是现实的很多问题，如安乐死、艾滋病、人体实验等，都跟伦理学有关。现在科学伦理学变成了科学哲学中很热的一个部门。

3. 科学的社会功能

科学与现代技术结合起来，它的社会功能非常之大。有人说，文艺复兴以后这几百年世界的发展，主要靠三个变革器：市场经济、民主政治和现代科学技术。整个世界面貌大换样。马克思在1842年《共产党宣言》里讲："资产阶级在它的不到一百年的阶级统治中所创造的生产力，比过去一切世代创造的全部生产力还要多、还要大。"出现了机器、轮船、火车、电报等。马克思的《共产党宣言》后到今天又过了近 160 年,进步就更不可想象了,飞机、人造卫星、核电站、计算机、互联网等。生产力的增长,就是靠市场经济、民主政治、科学技术这三大法宝。科学产生那么大的影响,科学的威望就很高。我们现在讲科学是第一生产力,马克思说,科学可以转化为直接的生产力。马克思也讲过,生产力里面包含有科学的因素,因为生产里面包括有劳动力。劳动力中有工人、工程师。他们的科学素养越好,生产技能就越高。现在到了知识经济时代,像专利、软件,本身就是产品,又是资源,又是生产力。

6.1.2　什么是技术

1. 什么是技术

技术是人类有目的地利用自然规律,在创造和控制自然的实践中所创造的劳动手段、工艺方法和技能体系的总和。

技术是人类改变或控制其周围环境的手段或活动,是人类活动的一个专门领域。中国在发展技术方面有悠久的历史。《史记》的"货殖列传"中就出现了"技术"一词,意为"技艺方术"。宋朝之前,中国的技术水平曾长期处于世界的前列。英文中的技术一词 technology 由希腊文 techne(工艺、技能)和 logos(词,讲话)构成,意为对工艺、技能的论述。这个词最早出现在英文中是 17 世纪,当时仅指各种应用工艺。到 20 世纪初,技术的含义逐渐扩大,涉及工具、机器及其使用方法,直到 20 世纪后半期,技术的定义才取目前的内容。

从人类的早期起,技术就和宇宙、自然、社会一起,构成人类生活的四个环境因素。几千年来,它在很大程度上改变了社会的面貌。

根据不同的功能,技术可分为生产技术和非生产技术。生产技术是技术中最基本的部分;非生产技术如科学实验技术、公用技术、军事技术、文化教育技术、医疗技术等,是为满足社会生活的多种需要的技术。

技术的基本特征:

(1) 技术是直接的生产力,技术直接决定社会生产力水平的高低;

(2) 技术具有自然和社会两重属性。

① 自然属性:技术要受到自然规律的制约;

② 社会属性:技术要受到社会条件的制约。

2. 技术的作用

(1) 推动人类文明的进步;

(2) 促进社会的变革。

3. 技术对人类的影响

技术本身是中性的,无好坏之分。但技术又是双刃剑,其影响可能是正面的,也可能是负面的。

6.1.3　科学与技术的相互关系

1. 科学与技术的区别

（1）目的任务不同。科学的目的和任务在于认识和解释自然及其规律,属于由实践到理论,即由个别到一般的转化过程;技术的目的和任务在于把理论变为发明创造,变为直接的生产力,属于由理论向实践,即由一般到个别的转化过程。

（2）根本职能不同。科学的根本职能在于认识自然;而技术的根本职能在于改造世界。

（3）评价标准不同。科学判定要讲是非,讲真理性标准,要淘汰谬误;技术评价要讲合理,讲效应性标准,追求效用、效率。

（4）效果不同。科学会导致人们观念的更新和思想的解放;而技术则会引起生产力水平的提高,经济结构的转变和生活方式的转变。

（5）工作主体不同。从事科学研究的是科学家;从事技术发明的是工程师。

2. 科学与技术的联系

（1）科学与技术有一个共同的本质：反映出人对自然的能动关系;

（2）科学与技术最终目的都是为了认识世界、改造世界;

（3）科学与技术的联系还表现在科学与技术的互动。

3. 科学技术的体系结构

关于科学技术体系的研究已经有了很大的进展,这种研究基本上有两个角度：一是研究整个科学技术的整体结构;二是研究每个科学部门的局部结构,即某一学科内部的精细结构,又称功能结构。

（1）功能结构：这种结构按照科学研究目的、侧重点的不同,把现代科学技术划分为基础科学、技术科学和应用科学。

（2）整体结构：是指不同类型的科学部门所构成的最基础的一级结构。

科学与技术,二者本有千丝万缕的联系,尤其是现代中国,在西方文明传进来之时,就科学技术二者并称。由此发端,在之后的现代中国,就不太注重科学与技术二者的区分,在常人看来,科学家也就是技术专家、工程专家,工程师也就是科学家,二者似乎已经融为一体。这种认识虽不算错,但毕竟有有失偏颇的地方。而且在中国,由于这种认识上的偏差,没有注意到科学与技术在发展规律、组织结构等诸多方面的不同,对科学及技术的发展产生了不好的影响。

在现实世界中,想对任何一种科技活动做出非此即彼的划分是不太现实的。科学与技术是一个交集,是相互区别又相互联系的;不过,这个交集彼此都不能覆盖对方的核心部分,否则科学与技术的差异也就无从谈起了。科学至少在研究目的、研究对象、处理及回答问题的词语体系、社会规范四大方面,同技术存在显著差别。

到了 20 世纪五六十年代,随着科学史、科学哲学以及科学社会学的兴起,关于科学与技术之间关系的探讨也越来越热烈。但都基本上局限于认为技术是科学的推广与应用,技术是"应用科学"（applied science）。由于这种认识，科学社会学家开始试图建立科学技术发展的线性模型，最普遍的即是科学—技术—经济发展模型。认为科学上的问题一旦解决，其迟早会得到技术上的运用，并最终推动经济的发展。然而，随后科学史家、科学社会学家以及科学哲学家们就发现，这种对科学与技术之间关系的线性描述过于简单，不能很好地解释科学史上存在的事件。譬如：X 射线早在其成为一种科学发现之前，就已经作为一种技术成果在美国的医院得到应用了；中国的中草药已经得到应用数千年，但其科学原理至今人不能彻底弄清楚。而有些科学上取得的成果也并不见得就一定能够得到技术上的应用，譬如宇宙学研究可能更多的是为了满足人类认识上的兴趣，而非技术应用的要求。因此，到了 20 世纪末，许多这一领域的研究者开始提出了科学与技术的非线性模型。

科学与技术存在着差异，但二者之间也存在异常紧密的联系。历史上，科学与技术二者之间实际上经历了一个由互不相干到紧密合作的历程，这种结合是在双方在各自不丧失自身特性的前提下的结合，而这种结合，对科学与技术本身以至整个社会都带来了意料不到的影响。

古希腊时期，科学作为自然哲学的代名词，是同技术截然分离的；希腊人崇尚追求真理而鄙视功利，"为知识而知识"，即是希腊人科学精神之见证。这种态度就探求真理本身而言，是值得崇尚的。但是这也导致了希腊人重科学、轻技术的倾向，后来终为崇尚技术、讲求功利的罗马人所灭。而罗马人崇尚功利、技术成就很高，造出了诸如罗马斗兽场、万神庙、引水道工程等技术成就，但科学成果却少。这一时期，科学与技术基本上处于相互隔离的状态，但也并没有排除科学成果偶尔得到技术上的应用。像史书上记载，阿基米德利用浮力原理测金冠的真假，利用力学原理造出水泵、滑车，甚至还利用杠杆原理造出了投石炮和起重机，帮助希腊人阻止罗马人的进攻。古希腊和古罗马，分别代表了古代史上科学昌盛时代和技术昌盛时代。这一时代的科学与技术，基本上处在一个平行的发展轨迹上，两者各有自身的发展方向与轨迹。在此之后漫长的中世纪，科学与技术二者的发展也大致如此。这种状态一直持续到近代工业革命，科学与技术的关系方才开始靠近。

科学与技术关系开始靠近，始于中世纪末现代意义上的科学产生之时。甚至在某种意义上看来，现代科学的产生本身就与技术的进步与运用密不可分。古希腊科学的代表人物亚里士多德，其成就不可谓不高，但其方法更多的倾向于自然哲学的玄思与逻辑的推演；而近代科学得以产生，正是由于其开始在科学研究中采用了技术化的手段。近代科学的先驱弗朗西斯·培根写了著名的《新工具》一书，提倡实验的方法，对近代科学的发展产生了重要的影响，而实验本身就是要在科学研究中大量采用技术化的手段。同时期技术手段的进步对科学的发展起了不可估量的作用，最具代表性的技术工具就是望远镜的发明，其对天文学乃至以后牛顿力学体系所起的作用，怎么估计都不为高。伽利略、牛顿等一批科学巨匠，也都在他们的科学研究中采用技术手段，而各种技术手段的采用，对科学本身也起了很大的推动作用，真正现代意义上的科学也借此发端。

到了 18 世纪工业革命时期，社会的发展对技术产生了极大的需求，技术的进步也对社会进步产生了极大的推动作用。此时,已有一个相对完整体系的科学,虽然对技术的进步有一些理论上的指导,但二者之间的关系仍较松散。科学与技术真正开始紧密结合,始自于工业革命之后的电力革命。此后,科学上的成果一旦产生,就很快被转化为技术产品,并应用到工业生产之中。从电磁理论到电力的大规模应用,从相对论、量子力学到核能的发现及运用,无一不体现了科学理论对技术发展的指引。从电力革命到20世纪中期,科学始终作为技术的领路人,指引着技术的发展,因此,这一时期可称之为"科学技术时代"。科学指引着技术的发展,而社会普遍的看法也是技术作为科学的延伸和推广,是一种应用科学。

到了20世纪50年代以后,情况却似乎有所改变。在此时,科学上的重大突破似乎已经很难取得,但人类在技术上却突飞猛进,尤其是在信息技术、生物技术、航空航天技术以及新材料技术等方面。科学与技术的关系似乎展现了新的特点,许多方面似乎并不是首先是科学上有所发现再推广其技术应用,而是科学与技术研究相辅相成,甚至首先是技术上取得了重大突破以后科学才能有所突破。譬如在验证某个科学理论方面,常常需要更为紧密的仪器和工具,若无技术上的进步,科学上的突破就很难取得。由于这种新的变化,有人也将这一全新的时期称之为"技术科学时代",力图以此来反映科学与技术在这一新的时代里的关系。这时,再用科学指引技术发展的理论来解释已经难以站得住脚,因此就有新的理论出现,譬如科学和技术的场作用模型,认为科学和技术各自是一个场,这两个场有各自的核心,但是也有相互交汇、相互作用的区域。这种模型比过去简单的科学—技术—经济这种简单模型更能说明科学与技术的关系,因而得到了很多人的认同。

而到了21世纪,科学与技术的关系更为紧密。许多大学、研究所、实验室,既是科学研究的中心,又是技术研发的发源地。科学研究和技术研究在诸如生物、信息诸领域似乎已经密不可分,甚至已经不可能再对其到底是科学研究还是技术研究做严格的区分。社会正在步入所谓的"大科学时代"。

从科学技术双轨道发展,到科学技术时代,再到技术科学时代,再到如今的"大科学时代",反映了科学与技术逐步靠近、交汇发展的过程。然而由于科学与技术本身不同的特点,这种交汇的过程对科学与技术本身又各有不同的影响。

首先,这种科学与技术的交汇,无疑对科学和技术自身,乃至整个社会的发展起了推动作用。科学成果的产业化,大大推动了各种技术的广泛应用,并且科学理论的发展也不断地拓宽了技术发展的限度,为技术发展提供理论上的支持,使技术得以不断的向前发展。而近、现代以来的数次技术革命,无不是发生在科学革命之后,可以说,正是科学革命为技术革命提供了前提。也正是由于这种原因,使许多人认为技术只是科学的延伸和推广运用。而且就很多事例来看,科学确实是技术的引路人,很多技术难题只有待科学上的难题解决之后才能得以解决。因而,科学和技术的交汇,对技术本身的发展所起的推动作用之大,怎么估计都不为过。当然,这种交汇并不仅仅只是单向地对某一方有利,而是共赢的。科学理论的发展推动了技术应用,而社会对技术的需求也为科学研究开辟了新疆域。技术发展遇到不可逾越的理论难题之时,就需要新的科学理论出来加以解决。而新技术的出现,常常也能帮助解决科学上的理论难题,譬如新的、更为精确的测量技术及工具,就能验证某些原来不能验证的科学假设,从而推动科学的进步;还有一些新的技术,在其本身发展的过程中就会提出新的科学理论难题;现代生物学中,更有一些技术问题其本身亦是科学问题。所以,科学与技术二者是相互依赖、相互促进的。而二者的共同进步极大地推动了社会的发展,促进了社会经济乃至整个文明的进步。

科学与技术的交汇发展,于科学、技术,乃至社会的益处良多。然而,由于科学与技术二者并不能简单地划归为同一事物,各自有不同的内核及组织结构、发展方式,因而这种融合也难免会对各自有不同的影响。

由于自身不同的特点,社会对科学与技术所要求的规范也有所不同。默顿在其科学社会学中,曾详细阐述了科学精神的四大规范,即科学产品作为公众产品,要符合以下四大社会规范:首先,科学要受普遍性规范的制约,即科学成果是具有非个人特征的,而且是普适性的,它的检验标准不是某个人、某一地方性的标准,而是国际性的标准,它的成果要求得到普遍的检验,而且不能为其设置任何禁区。而技术成果则显然同科学成果有鲜明的区别,现代社会中技术成果都通过设置专利条款,为某个人、某公司或组织所垄断专有,未经允许其他任何个人或组织不能使用;而对技术成果的评价标准也不是普适性的,而是根据各自的地方特点来加以评价的。其次,科学要受公有性规范的制约,科学发现的优先权就是对科学家的最高奖励,科学家不能要求自身对科学成果的所有权,而技术成果则一般均要求所有权且要求独占。此外,科学研究还须符合无偏见性规范和合理的怀疑性规范。而在现代社会中,技术与科学的交汇,已经对科学的规范,尤其是默顿论及的前两个规范造成了冲击,科学的普遍性和公有性规范遭受到了不小的冲击。由于现在科学成果转化为技术产品的速度越来越快,一项新的科学成果可能意味着巨大的市场和经济利益,所以许多科学家和研究小组在其科学成果转化为技术产品之前,不愿意向公众发布自己的科学成果。这种情况在现在的生物科学研究方面,尤其显得突出。如果说单纯的个人或者研究小组对科学研究成果保密并不能严重阻碍科学发展的话,那么更为严重、更为普遍的情况则是,国与国之间科学研究成果的封锁。为了保持技术上的领先,一些国家为了自身经济、军事方面的考虑,开始控制科学信息的交流,这导致了科学研究处于地方割据状态,不同国家的科学家各自为战,严重浪费科研资源,与科学本身的国际主义精神和公有性规范不符,并且最终也会阻碍科学的进步。

总之,科学与技术的交汇发展对二者本身的发展起了积极作用,大大推动了科学技术的进步,也推动了整个社会经济的发展。然而,在科学与技术交汇发展带来种种好处的同时,也应当看到,这种交汇融合本身也可能会给科学和技术的发展带来不利的影响,并进而阻碍其发展。因此,在合理利用这种交汇融合带来的好处的同时,也要尽力避免这种融合所引起的种种对科学发展不利的因素,唯有这样,才能使科学与技术在交汇融合中得到长足的发展并推动整个社会的进步。

6.1.4　科学技术

1. 科学技术的含义

（1）传统认为，科学是人类所积累的关于自然、社会、思维的知识体系。

（2）我们所说的"科学"，指研究自然现象及其规律的自然科学；技术泛指根据自然科学原理的生产实践经验，为某一实际目的而协同组成的各种工具、设备、技术和工艺体系，但不包括与社会科学相应的技术内容。

（3）科学与技术是辩证统一体。技术提出课题，科学完成课题；科学是发现，是技术的理论指导；技术是发明，是科学的实际运用。

20世纪中叶以来，一场新技术革命在世界范围内蓬勃展开，一批建立在现代科学基础上的高新技术群体日益崛起。这批高新技术群体在物质生产、精神生产和社会生活中的广泛应用，不仅极大地提高了人们认识世界和改造世界的能力，引起和正在引起经济、政治、思想、文化、教育、劳动方式、生活方式、思维方式、决策方式、阶级关系、民族关系、国际关系等社会生活各个方面的深刻变化，而且引起了科学、技术、生产三者之间相互关系的重大变化，关系到人们对物质生产在社会发展中起决定作用的历史唯物主义基本原理的理解。有人在考察科学和技术之间的相互关系时，认为"先有科学还是先有技术"，是不可能"用一个抽象的公式加以概括"的，亦即其中没有一般规律可以遵循。英国著名的物理学家、英国皇家学会会员、在科学社会学研究领域负有盛望的约翰·齐曼教授，就持这种看法。他在《知识的力量——科学的社会范畴》一书中，对科学和技术发展的历史作了认真的考察。他发现有些技术先于科学，又有些技术则在科学发现之后产生。例如，对于蒸汽机的发明过程，他说了以下一番话："引入蒸汽动力花了200多年时间，这一过程是大家所熟知的。19世纪中叶前，这项现代工业发展史中最重要技术的发展，几乎没有从'纯'科学那儿获得任何帮助。蒸汽机的产生完全是出于工业上的需要——为了解决矿井中抽水这一技术问题。"瓦特利用布莱克的潜热理论发明分离式冷凝器，"这是理论对于蒸汽机作出的唯一重大贡献。""除此之外，蒸汽发动机的发明和改进都是一些数学和物理学上毫无素养而有实际经验的发明家完成的。"这是技术先于科学的例子。又如，对于电磁学及其相关技术，他说了如下一番话："电磁感应这项基本的科学发现到技术上大规模的应用，其间相隔50年之久。"在这段时间中，电磁学的基本理论由于麦克斯韦这样的物理学家所做的工作而完善起来，从而为19世纪无线电的发明奠定了基础。"因而，就电磁学而论，理论始终远远跑在科学的前面，科学似乎没有受到社会需要或实用技术的推动。"这是科学先于技术的例子。他还列举一些其他分别属于上述两种类型的例子。于是在"先有科学还是先有技术"这个问题上，得出了没有一般规律可以遵循的结论。其实，如果我们从上述"生产→技术→科学"和"科学→技术→生产"两个过程中技术的不同含义来看，这个问题是十分清楚的。齐曼所举的第一种类型的例子，属"生产→技术→科学"过程中的技术，当然在科学发现之前；而他举的第二种类型的例子，则属"科学→技术→生产"过程中的技术，当然在科学发现之后。

著名英国科学家斯蒂芬·F.梅森,在研究科学和技术的相互关系的历史的基础上得出结论说:"直到公元 1850 年左右,工程学和一般工业上的技术革新并不怎样依赖当时的科学知识。相反,科学却从某些问题的研究上获得很多好处,如热力学的发展,一部分就是靠蒸汽机的研究。在公元 1850 年之后,把科学应用到工程技术上,就成了工业发展的一个日益重要的因素;到了本世纪,则大多数卓越的技术发明主要都来自科学研究了。"梅森的观点比较符合科学和技术及其相互关系的发展史。

在当代,科学和技术的联系虽然日益紧密,科学技术化、技术科学化的过程日益加速,但二者在社会发展中又不是完全同步的。科学上先进的国家,并不一定在技术上是第一流的、在社会生产上是最先进的;而技术上先进的国家,也并不一定在科学理论上是第一流的。例如日本,从第二次世界大战以后至 20 世纪 70 年代,在基础科学理论方面并没有出现世界性的突破,21 世纪科学上重大突破性的理论,很少是日本人提出来的。但是,战后的日本立足于本国的实际需要,积极吸收外来的技术。日本 1955—1970 年花了 15 年时间,用 101 亿美元的代价,引进 33 000 多项外国技术,取得了外国发明创造需花费 2000 亿美元才能得到的专利、技术,几乎吸收了世界各国用半个世纪创造出来的全部科技成果,使日本不少工业部门的技术水平赶上和超过欧美。这是日本由一个经济上受到极大破坏的战败国,变为第一流的世界经济强国的重要原因之一。科学和技术发展的不完全同步性表明,以知识理论形态存在的科学并不是直接的物质生产力,它只有转化为技术、应用于现实的物质生产过程,才能转化为直接的物质生产力。因而,科学不是社会发展的最后决定力量,只有物质生产才是社会存在和发展的基础,是社会发展的最后决定力量。

科学是技术的基础,技术是科学的应用。科学是原理性的,对技术有理解和指导的作用。没有科学的技术,只能是经验技术;没有技术的科学,是形而上学的学说。科学理论需要技术的实际检验;实际的技术需要科学的指导和理解。这就是科学和技术的关系。

所以一个国家技术的先进要看其科学是否发达,但反过来科学的发达需要技术的支持和检验。例如,科学理论雄厚的国家,其技术最终(需要时间)必然先进(俄罗斯就是一例),而技术先进的国家其理论基础很差,其技术最终必然落后(中国就是一例)。所以,技术上的落后,其本质还是在于科学基础的落后。

其实在科学分支日益细化的今天,科学和技术的距离已经非常接近,有时几乎无法区分,只有形式上的差别而已(一个是用公式计算;一个就是实验和工艺)。所以有些人说,制造计算机芯片所需要的科学理论中国已经掌握(不就是电子学那点科学知识吗),但还是制造不出计算机芯片,所以和科学基础无关。其实,这还是科学水平落后带来的结果。前面我们已经说过,技术靠工具,中国没有制造计算机芯片的机器所需要的科学基础,比如中国的超洁净空间科学理论、材料科学、纳米微加工科学理论等,还没有给制造这个工具提供所需的全部的科学指导。可见科学就像头脑,技术就像双手,没有比这更恰当的比喻了。

科学告诉我们"为什么",技术告诉我们"怎样做"。之所以要对它们进行思考,是因为它们是两个强有力的工具。如何有效地利用、如何规避利用时的风险,都是非常重要的问题。

人文、科学和技术是人类创造的文化的三个不同的组成部分。科学研究的是物,而不是人,它是以客观事物及其发展规律为研究对象,以发现真理为终结,其研究方法是实验和观察。科学之所以成立的前提是,相信人的理性能够认识世界,坚信可知论的哲学信仰。人文研究的对象是人,而不是物,它是对人性以及与之相关文化现象的研究,它所关注的是人的生存状态和人的精神家园,其研究方式主要是体验和感悟。因此,科学不是人文,人文也不是科学,不能用科学的方式研究人文,也不能用人文的方式研究科学。科学和人文的区别,在于其研究的对象和方式各不相同。技术是以科学为基础的,是科学的应用和转化,从其本质来说,它是工具性的,是人类认识和改造世界的工具和方法系统。在一定意义上说,技术是人文和科学相互作用的中介系统。人类所创造的文化(广义的文化),就包括这三个部分,即科学、人文、技术这三个部分构成了人类文化系统的不同方面。

2. 科学技术的意义

科学技术是人类文明的标志。科学技术的进步和普及,为人类提供了广播、电视、电影、录像、网络等传播思想文化的新手段,使精神文明建设有了新的载体。同时,它对于丰富人们的精神生活、更新人们的思想观念、破除迷信等,具有重要意义。

科学技术的进步,已经为人类创造了巨大的物质财富和精神财富。随着知识经济时代的到来,科学技术永无止境的发展及其无限的创造力,必定还会继续为人类文明作出更加巨大的贡献。随着现代科学技术知识体系的不断庞大,作为科学技术变化、发展最高理论概括的科学技术哲学(自然辩证法),对现代科学技术的能动的反作用日益凸显。现代科学技术日益社会化、体系化和复杂化,都使得科学技术必须纳入哲学的视域中考察,哲学也就自然对科学研究和工程技术实践具有普遍的指导作用,以往的那种把哲学排斥到科学技术之外的观点应该得到更正。

科学与技术之间的关系因历史时期而不同,从技术领先到科学领先发展,从技术与科学分离到科学与技术精密结合,现代科技的发展更加使科学的基础研究与技术的应用开发之间的时间缩短,尤其系统科学的诞生,导致了自动化、计算机、通信技术从科技到产业化的迅速转化。而系统科学应用于生物医学又导致了系统生物学与合成生物学之间耦合,将迅速导致系统医学与系统生物工程的应用,从而导致个体化医学、转化医学与医疗工程化系统的生物医学与生物工业革命,使科学技术越来越凸显为社会经济发展的生产力。

"人类的知识将会大大的增长,今天,我们想不到的新发明将会屡屡出现。我有时几乎后悔我出生得过早,不能知道将要发生的一些事情。"

——本杰明·富兰克林

3. 当代世界科学技术发展的突出特点

以信息技术革命为核心的当代科技革命正在全球蓬勃兴起。它标志着人类从工业社会向信息社会的历史性的跨越。在这种革命性的变化当中,科技进步发挥了关键的作用,表现出以下 5 个方面的特点。

　　(1) 科学技术急剧发展,呈现知识爆炸的现象。近 30 年来,人类所取得的科技成果比过去 2000 年的总和还要多。以此推算,人类在 2020 年所拥有的知识当中,有 90% 现在还没有创造出来。今天的大学生到毕业的时候,他所学的知识有 60%～70% 已经过时。预计今后 100 年,从事科研工作的人数将占世界总人口的 20%,创造性的科学工作将成为 21 世纪人类的主要活动。

　　(2) 科学技术更新速度日益加快,科技成果商品化的周期大大缩短。20 世纪前,人类从发明电到应用电,时隔 282 年,电磁波通信从发明到应用时隔 26 年;而到 20 世纪,集成电路仅仅用了 7 年的时间就得到应用,而激光器仅仅用了 1 年。第二次世界大战以来,人类在短短 50 年里,经历了 5 次大的科技变革:1945—1955 年,人类相继开始利用核能;1955—1965 年,人类开始摆脱地球引力,进入外层空间;1965—1975 年,人类开始控制遗传和生命过程;1975—1985 年,微处理机大量生产和应用,扩大了人脑的能力;1985 年以来,以软件和网络化为标志,人类进入了信息化和网络化等新时代。这 5 次大的技术变革,构成了 20 世纪最为壮观又多姿多彩的历史画面。

　　(3) 各学科、各技术领域相互渗透、交叉和融合。最近几十年来,科学的发展越来越依赖多种学科的综合、渗透和交叉,用于解决科学发展所面临的各种问题,也导致了一系列新的跨学科的研究领域的出现,比如环境科学、信息科学、能源科学、材料科学、空间科学等。学科的分支已从 20 世纪初的 600 多门,发展到现在的 6000 多门。

　　(4) 科学技术和人文社会科学的结合。科学的发展揭示了自然科学和人文社会科学所存在的内在紧密联系。比如环境问题,既是科技问题,也是经济问题、社会问题,这些问题的解决已经超出了自然科学家的技术范围。

　　(5) 研究与开发的国际化趋势明显加快。全球性的信息网络,促进了世界各国的科研人员、科研机构、科研仪器、资料等基础设施的流动和信息共享,大幅度降低了研究成本,使得全球研究开发资源有了可以充分流动和利用的、新的、巨大的空间,逐步形成了一个全球的研究村。在这个过程当中,发达国家毫无疑问是最大的受益者,对于发展中国家来说首先是一个挑战。

　　4. 科学技术发展对经济和社会的影响

　　科学技术发展对经济和社会的影响主要表现在以下 6 个方面。

　　(1) 产业结构将发生重大变化,信息产业将成为主导产业。今后 5 年至 10 年,因特网将迅速发展。计算机随着计算机网络的发展,软件技术及其产业将会成为国民经济发展的关键因素,信息产业将成为主导产业,美国社会的计算机和通信的投资占资本设备总投资的 40%,20 世纪 90 年代以来,信息产业为美国创造了 1500 万个高薪就业机会。这种产业结构、就业结构的变化程度,已经远远超过 18 世纪工业革命以后人类从农业化向工业化变革的影响。

　　(2) 生物技术的突破,正酝酿着新的主导产业。20 世纪 70 年以来,以 DNA 重组技术为核心的现代技术蓬勃发展,全世界每年受益的 1 万项专利技术当中,有近 1/3 出自生物技术。生物技术已在酝酿大突破,表现在这几个方面:人类基因组计划、生物芯片技术、源于生物技术的新药、农业生物技术等。

（3）技术创新能力成为国际市场竞争中的决定因素。从 20 世纪 90 年代亚洲金融危机可以看出技术创新的极端重要性。在过去提到的"亚洲四小龙"中，台湾地区受金融危机的影响最小，新加坡次之，韩国最重，它们的科技竞争力强弱也和这个顺序一致。在科技竞争力的排名表上，台湾地区、新加坡、韩国的名次分别是第 7 名、第 9 名、第 28 名。所以，迅速提高科技实力特别是技术创新，已经成为发展中国家发展经济、自强自立的当务之急，是事关民族利益、地位乃至民族生存的迫切任务。

（4）在激烈的技术创新能力竞争中，企业组织结构要经历新的调整有如下特点：高新技术大企业研究开发生产、经营、销售服务的一体化；生产经营的分工专业化；公司之间强强合并、技术结盟，谋取在行业国际市场中的垄断地位；跨国公司则要加强网络化和国际化。

（5）高新科技的发展强烈影响国家安全的观念和格局。这种国家安全观念有：①经济安全。集中表现在对一体化国际市场的占有，在当前的国际竞争中将表现得越来越明显。②文化安全。西方发达国家凭借着科技优势，文化影响力越来越大，这种靠文化传播和渗透的潜在影响不可低估。③国防安全。高技术已经成为国家军事安全的核心技术和支撑力量，是决胜的关键。④生态环境和生态安全。在和平与发展为主题的时代，广义的安全包括了人与自然的关系，包括了人类自身的生存状态。

（6）人类生产工作和生活方式正在经历深刻的变革。终身职业的概念将会成为历史的陈迹。信息革命对生活方式的变革，标志着人类在现代物质和精神文明方面大踏步地跨越。

6.2　科学技术对经济和社会发展的作用

科学技术，特别是科学技术革命，是"在历史上起推动作用的革命力量"。马克思对科学技术的伟大历史作用作过精辟而形象的概括，认为科学是"历史的有力杠杆"，是"最高意义上的革命力量"。

中国古代的四大发明推动了人类社会的历史进程，特别是极大地促进了欧洲近代社会生产力的发展。马克思把火药、指南针和印刷术称为预告资本主义社会到来的三大发明。火药把封建社会的贵族骑士阶层炸得粉碎，指南针帮助资产阶级打开了世界市场并建立了殖民地，印刷术变成了科学复兴的手段。近代分工、蒸汽机和机器的应用，成为"18 世纪中叶起工业用来摇撼旧世界基础的三个伟大的杠杆"。

近代以来，曾经发生过四次科学技术革命。第一次科技革命发生在 18 世纪 70 年代，它以蒸汽机的发明为主要标志，推动了西欧国家相继完成了第一次产业革命，使资本主义生产迅速过渡到机器大工业，为资本主义生产方式的建立奠定了物质基础。第二次科技革命是发生在 19 世纪末 20 世纪初，它以电力的发明为标志。电力取代蒸汽机成为新的动力，使社会生产力又一次得到迅猛发展。第三次科技革命是在 20 世纪 50 年代出现的，它以原子能的利用、电子计算机和空间技术的发展为主要标志。第四次科学技术革命是20 世纪 80 年代出现的,它以信息技术、新材料、新能源、生物工程、海洋工程等高科技的出现为标志,推动了人类社会由工业经济形态向信息社会或知识经济形态的过渡。

每一次科学技术革命,都不同程度地引起生产方式、生活方式和思维方式的深刻变化和社会的巨大进步。

首先,对生产方式产生了深刻影响。其一,改变了社会生产力的构成要素。科技发展使生产过程自动化程度提高了,使劳动者的智能迅速提高了,大大地改变了体力劳动与脑力劳动的比例,使劳动力结构向着智能化趋势发展。其二,改变了人们的劳动形式。微电子技术的出现和广泛应用,智能机器代替了人的部分脑力劳动,使人们的劳动方式正在经历着由机械自动化走向智能自动化、由局部自动化走向大系统管理和控制自动化的根本性变革。其三,改变了社会经济结构,特别是导致产业结构发生变革。新的技术革命在推动传统产业现代化的同时,使第三产业在国民经济中所占的比重日益提高。产业结构的变化又导致就业结构的变化。从事第三产业的人数比例迅速增高,科技人员和管理人员的比例日益增长。科技革命推动了生产规模的扩大,进而推动生产的分工和协作的广泛发展,并使生产社会化的程度进一步提高,最终必然会导致生产关系的变革。

其次,对生活方式产生了巨大的影响。现代科技革命把我们带入了信息时代。伴随科技迅速发展而来的是"知识爆炸",要求人们不断更新和充实知识,以适应时代发展的需要。学习已日益成为生活中的一项重要内容。现代信息技术为我们提供了处理、储存和传递信息的手段,给学习、工作带来极大便利。现代化的交通、通信等手段,为人们的交往提供了方便。劳动生产率的提高,使人们自由支配的闲暇时间增多,为人们全面自由地发展创造了更多的机会,使人们能更多地从事科学、艺术、文化、教育等事业的创造性活动。

最后,促进了思维方式的变革。引起思维变化的最切近的基础是实践。科技革命首先通过改变社会环境来促使思维方式的发展,如扩大了人们的交往、开阔了人们的视野。现代科技革命对人的思维方式产生了更重要的影响,主要表现在新的科学理论和技术手段通过影响思维主体、思维客体和思维工具,引起了思维方式的变革。在现代科技革命条件下,人们具有新的知识理论结构和社会组织结构,能够运用新的理论工具和现代化技术手段,去研究一系列新现象、新领域、新课题。

6.2.1　学会站在巨人的肩膀上

牛顿是位伟大的数学家和物理学家。他在晚年,成为一名专心的神学家。然而,他说过一句名言,那就是,"如果我比一般人看得远,那是因为我站在巨人的肩膀上。"其实,牛顿的这句话,道破了一个天机:真正的人才要会站在巨人的肩膀上。换言之,一个能站在巨人肩膀上的人,要有三种能力:一是辨别谁是巨人;二是能自己爬上巨人的肩膀;三是能自己在巨人的肩膀上站起来,并且看得更远。

1. 少有人走的路

我们从小就处在普世真理的包围之中,对那些发现真理的科学家总是充满敬仰。

17 世纪前后的欧洲科学界可谓众星璀璨、大师云集,哥白尼、伽利略、开普勒、笛卡儿等人在天文学、力学、光学、数学等方面均有非凡的创见。牛顿总结和发展了伽利略等前人的知识,获得了辉煌的成功。1687 年牛顿出版了的《自然哲学的数学原理》,以牛顿运动三定律和万有引力定律为主线,以微积分为工具,巧妙地构造出了牛顿经典力学体系,完成了物理学史上第一次伟大的综合。300 多年来,它一直是全部天文学和物理学思想的基础。牛顿的成就,恢复了人类的自信。

然而,究竟什么参考系才是牛顿运动定律成立的惯性参考系呢?牛顿力学的理论框架本身并不能给出明确的答案。牛顿完全了解自己理论中存在的这一薄弱环节。他的解决办法是引入一个客观标准——绝对时间和绝对空间,用以判断宇宙万物所处的状态究竟是处于静止、匀速直线运动,还是加速运动之中。1905 年,这一薄弱环节终于被年轻的爱因斯坦抓住,他通过否定绝对时间和绝对空间,把"相对性原理"推广到极致,加上他的约定性假设,即单程光速不变原理,创立了狭义相对论,把 19—20 世纪之交物理学达到的认识囊括在他的解释之中,开辟了物理学的新纪元。对此,大部分物理学家包括相对论变换关系的奠基人洛伦兹都难以接受。1922 年,瑞典皇家科学院将诺贝尔奖金授予爱因斯坦时,也只是说"由于他对理论物理学的贡献,更由于他发现了光电效应的定律",只字未提相对论。

牛顿从物理学的一片混沌中解放了自己,创立了经典力学体系,爱因斯坦又从牛顿力学的局限中脱离出来,创立了相对论。挑战权威、挑战固有思维、创立新理论,这是一条只有勇敢者、只有甘于寂寞者才会选择的道路。这是爱因斯坦曾走过的路。如今,国防科技大学教授谭暑生同样踏上了这条少有人走的路。

2. 敢为人先

《数字中关村》报道:在你一文不名的时候,面对机遇,如何占领商机,让梦想照进现实?在央视大型励志创业电视活动《赢在中国》第三季中,阿里巴巴创始人马云给出了两点建议(图 6-1):学会站在巨人的肩膀上;坚定信念往前走。

图 6-1　马云

现在,当我们重温马云当年的这段讲话,发现了另一段往事。十几年前,马云在美国嗅出了互联网的商机。敏锐的他当即作出判断:互联网将改变人类生活的方方面面。也正是基于这一判断,马云决定在中国做互联网。当时,他还是个无人知晓的热血青年。

彼时,对于众多对互联网尚无概念的国人而言,马云此番论断恐怕难被理解和接受,市场自然无从培植。然而,另一个名字正在被全球越来越多的人知道,这个人就是微软公司的创始人比尔·盖茨。马云决定站在盖茨这位"巨人"的肩膀上,为自己的理想呐喊、助威。他坚信,随着互联网的普及,盖茨早晚会说这句话。

于是,便有了后来的这句经典名言:盖茨曾说,互联网将改变人类生活的方方面面。

12 年后,在 2007 年 4 月的微软亚洲政府领导人论坛上,盖茨告诉世界,互联网正在改变人们的生活。盖茨或许并不知道,关于互联网的影响力,一个自信满满的中国人多年前已作出判言。

多年后,马云在谈及这段往事时表示,这样的"借巨人之力"需要有精准的判断以及坚定的信念。正是做到了胸有丘壑,即便在今天看,这位中国电子商务教父当年借力盖茨都显得自然而然。

3. 向伟人和至理名言学习

我们不能成为神,但可以努力成为在神隔壁的人;我们很难成为伟人,但至少可以努力去成为伟人的朋友。甚至可以站在巨人的肩膀上,借用那些闪光的智慧,欣赏更远的人生风景。

阿尔伯特·爱因斯坦是 20 世纪最伟大的物理学家、哲学家,爱因斯坦对科学界的贡献是无与伦比的,他在众多领域的研究成果至今无法超越。

(1) 爱因斯坦 10 个人生成功秘诀

① 保持你的好奇心

"我没什么特殊的才能,我只是保持了我持续不断的好奇心。"

是什么伤害了你的好奇心?我一直好奇的是,为什么有的人可以成功,而有的人却会失败,因此我花了数年的时间来学习成功学。想想你最好奇的事物是什么?追寻你的好奇心,这将是你成功的秘诀。

② 坚持是无价的

"我成功并不是因为我聪明,而是我花了更多的时间来考虑问题。"

正是因为坚持,乌龟最终爬到了方舟上。为了你想达到的目标,你会一直坚持吗?人们都说,邮票的所有价值正是在于它坚持到达了最终的目的地。所以,像张邮票那样吧,完成你已经开始的比赛!

③ 关注眼前

"任何一个男人要想同时安全地开车和亲吻一个漂亮的女孩,那么最简单的方法就是不要在需要有注意力的时候亲吻。"

我的父亲常说你不可能同时骑两匹马。我想说的是,你可以做任何事情,但不是所有事情同时做。学会关注当下,全心全意地投入你手头的事情。集中精力才是王道,这也是成功与失败的差别。

④ 想象力最有力量

"想象力是一切。对将到来的生活的预想才有吸引力,想象力比知识更重要。"

你是否每天都运用了你的想象力?爱因斯坦曾说过想象力比知识更重要。你的想象力将预演你的未来。爱因斯坦还说过,"智慧的标志并不是知识,而是想象力。"你每天训练你的"想象肌肉"吗?千万别让强有力的想象力沉睡过去。

⑤ 学会犯错

"一个永不犯错的人也不会尝试任何新的事物。"

永远不要害怕犯错。错误并不等于失败。只要利用得当,错误只会让你变得更好、更聪明、反应更快。尽力发现犯错的魔力吧。我以前说过,将来还会再说:如果你想成功,让你的错误来得再多点吧。

⑥ 活在当下

"我从不思考未来——它很快就会来。"

唯一描述你未来的方式就是尽可能的"活在当下"、"此时此刻"。你无法改变昨天,也无法改变明天,因此,最重要的事情就是你要竭尽全力地致力于"此刻"。时间是最重要的,并且是此时此刻的时间。

⑦ 创造价值

"不要为成功去奋斗,而是为有价值。"

别把你的时间花在想成功上,而是要把时间用来创造价值。如果你是有价值的,你自然会吸引成功。

挖掘你的才能和天赋,学会如何将你的才能和天赋用来利于他人。

⑧ 不要期望于不同的结果

"所谓愚昧,就是将同一件事做了一遍又一遍,希望每次结果都不一样。"

你不能每天重复做同一件事,还希望会有不同的结果。换句话说,你不能重复做同样的练习,还希望得到不同的结果。要想生活有所改变,你自己就要改变,你的行动和思想能改变多少,你的生活就会改变多少。

⑨ 知识来源于经验

"消息并不是知识;知识的唯一源泉是经验。"

知识来源于经验。你可以讨论一项工作,但是讨论只能给予你哲学上的理解;你必须参与这项工作,才能有所了解。教训是什么?获得经验!别把你的时间花在推测性的信息上面,走出去,开始动手吧,你将获得无价的知识。

⑩ 学会规则,有助于做得更好

"你要学会游戏的规则,这样你才能比别人做得更好。"

简单说来,你必须做两件事。第一,你必须学会你所参与游戏的游戏规则。听起来这没什么有趣的,但是十分重要。第二,你必须致力于比其他人在游戏中做得更好。只要你能做到这两件事,成功一定属于你!

(2) 哈佛图书馆自习室墙上的训言

哈佛大学被誉为美国政府的思想库,先后诞生了八位美国总统、四十位诺贝尔奖得主和三十位普利策奖得主。她的一举一动决定着美国的社会发展和经济的走向,培养了微软、IBM 等一个个商业奇迹的缔造者。

① 此刻打盹,你将做梦;而此刻学习,你将圆梦。

② 我荒废的今日,正是昨日殒身之人祈求的明日。

③ 觉得为时已晚的时候,恰恰是最早的时候。

④ 勿将今日之事拖到明日。

⑤ 学习时的痛苦是暂时的,未学到的痛苦是终生的。

⑥ 学习这件事,不是缺乏时间,而是缺乏努力。

⑦ 幸福或许不排名次,但成功必排名次。

⑧ 学习并不是人生的全部。但,既然连人生的一部分——学习也无法征服,还能做什么呢?

⑨ 请享受无法回避的痛苦。

⑩ 只有比别人更早、更勤奋地努力,才能尝到成功的滋味。

⑪ 谁也不能随随便便成功,它来自彻底的自我管理和毅力。

⑫ 时间在流逝。

⑬ 现在淌的哈喇子,将成为明天的眼泪。

⑭ 狗一样地学,绅士一样地玩。

⑮ 今天不走,明天要跑。

⑯ 投资未来的人是忠于现实的人。

⑰ 教育程度代表收入。

⑱ 一天过完,不会再来。

⑲ 即使现在,对手也不停地翻动书页。

⑳ 没有艰辛,便无所获。

的确,站在巨人的肩膀上,我们能够看得更远,也能看得更清晰,但是,切忌站在巨人肩膀上时迷失自我。

6.2.2　只有创新才能超过别人

1. 创新需要学习

创新的能力和素质不是天生具有的,而是源于深厚的理论底蕴、渊博的科学知识和丰富的实践经验。简言之,创新需要学习,因为创新的基础是要有真才实学。

一般来讲,学习的方法有两种:一是向书本学习;二是向实践学习。不论你采取何种学习方法,都必须要做好善思和善行。善思就是把学到的知识,经过自己的深刻思考、透彻分析、仔细研究、正确判断、不断纳新,使之成为自己的知识。正如叶圣陶先生说的:"活心智,不为书奴仆,泥沙悉淘汰,所取惟珠玉。"善行就是将学到的知识,化为自己的行动,即创造性地再实践。古人云:"学而不化,非学也。"说得非常明白。列宁曾谆谆告诫前苏联的政府官员说:"为了革新我国的国家机关,我们一定要给自己提出这样的任务:第一、是学习;第二、是学习;第三、还是学习。然后要检查,使学问真正深入我们的血肉里面去,真正地、完全地成为生活的组成部分,而不是使学问变成僵死的条文或时髦的辞藻。"列宁的这段谆谆教导,既指出了学问的重要,也强调了学以致用即创新的重要,今天仍然值得我们体味。所以,在学习中只要做到了善思和善行,就能使所学到的知识升华为智慧,转化为解决实际问题的能力和本领,为创新打好基础。

在当今知识经济时代,不学习就会落伍,更谈不上创造性地开展工作。为此,只有牢固树立终身学习的观念并付诸实施,不断学习多方面的知识和积累实际经验,就能在自己的实践过程中,创造性地作出符合实际的、科学的判断和决策,在事物发展的瞬息之变中寻到创新之门、抓到创新之机、取得创新之果。

我国改革开放 30 年来所取得的丰硕成果,正是由于认真学习了外国的市场经济理论和先进的管理方法,并结合中国的国情,坚持以经济建设为中心,创造性地逐步建立和完善了有中国特色的社会主义市场经济体制,使我国的综合国力迈上了新台阶。30 年来,我国国内生产总值由 3645 亿元增长到 24.95 万亿元,年均实际增长 9.8％,是同期世界经济年平均增长率的 3 倍多,我国经济总量上升为世界第二,并依靠自己的力量,稳定解决了 13 亿人口的吃饭问题,而且具有世界先进水平的重大科技创新成果不断涌现。这一切,让世界刮目相看、让炎黄子孙自豪。

时下,不论是在校的学生,还是国家公务员和企业的员工,学习的积极性高涨起来了,社会的竞争和改革开放的重任激发了人们的求知欲,这是一种好现象。一个人的创新才能永远是同知识的多寡联系在一起的。平心而论,谁见过知识贫乏的创新干才? 谁又见过有创新能力和真才实学的草包? 而那些不知以有知、不懂装懂,甚至以无知骄人、决策失误、搞瞎指挥而贻误大事者,我们倒是见得不少了。由此说明,一个人要在某一领域或某一课题或某一科研项目上取得有用的创新成果,就要按照自己工作岗位的实际,刻苦学习本行工作所需要的理论知识、实际知识、管理知识和技术知识。

2. 工作要创新

工作创新需要一定的勇气和胆识。这是在一定的环境中,鼓励冒尖机制的一种手段。在日常工作中,为什么创新的口号喊得很响,而做起来却虎头蛇尾、有头无尾呢? 原因之一就是缺乏勇气和胆识。有的人虽然有经天纬地之才,但缺乏冒险和尝试,前怕狼、后怕虎,结果空有满腹经纶,一事无成。分析原因,无非是:虚荣心作怪,生怕创新不成,受到讥讽嘲笑;保守思想严重,求稳怕乱,不求有功,但求无过;缺乏信心,担心别人说自己出风头,引来非议。这其实是一种不负责任的表现,对领导干部来说也是失职。

工作创新,必须具有一定的素质和能力。俗话说,没有金刚钻,难揽瓷器活。勇气是建立在实力基础之上的,仅有美好的愿望和一腔热情,实现不了创新。八仙过海,凭的是历尽艰难险阻修炼而成的本领,如果没有平时积累的素质和能力,恐怕也只能望"洋"兴叹。我们工作中搞创新,不是小孩"过家家",不合实际的瞎编乱造、照抄照搬的刻意模仿,不能视为创新。所谓工作创新,其实也包括对原有的工作方法、工作技能、工作要素的重新组合。这种组合,是对一个人综合素质的检验,是创新必备的先决条件。然而,素质和能力不是与生俱来的,是靠后天的勤奋造就的。只有在学习中增强素质,在借鉴中规避风险,在实践中不断探索,才能日积月累、厚积薄发。所以,工作创新,最终还是凭实力说话,既不能模仿他人,更不能主观臆想。只有学会综合的方法,掌握创新的本领,善于对未来的事物进行科学预测,把理论与实践密切结合起来,以严肃认真的科学态度,纳百家之言、采众家之长、融古今精华、取中外之要,才能推陈出新、实现创新。而脱离实际的夸夸其谈、削足适履的生搬硬套、想入非非的所谓"创新"，最终难以经得起实践检验。

3. 做企业要创新

每个成功的企业都是一系列创新的结果，所以不要幻想模仿和抄袭能够成就伟大的公司。做企业就是两件事——创新和营销，只有创新才能创业。成功就是把别人认为不可能的变成可能的过程。要追踪用户的需求，不要预设禁忌，不要顾忌别人的质疑，大胆去想，大胆去试，你失去的只是平淡和停滞。一旦创新成功，你获得的将是整个市场！

创新分两类：一类是发现新大陆，例如发现了新的市场或者用户新的需求；一类是打破常规，例如我们用新的产品或者新的方法满足了已有的需求。

所谓常规，本质上是那些已经成功的同行的做法，他们因此而成功，于是后来者纷纷效仿。但如果我们只是亦步亦趋，怎么可能赶超领先者？所以，作为后来者，如果不打破常规，如果不创新，根本没有机会。

创新才是创业最可宝贵的价值。发现消费者的新需求，找到一种方法满足他们的需求，这就是创业的真谛。创始人的使命就是创新，每个成功企业的背后都有一系列的创新，正是这些创新使企业的战斗力倍增，在竞争中脱颖而出。我们熟知的 Groupon、iPhone、拉卡拉、《电脑时代周刊》，出现在市场上时都前无古人，都是创新的结果。

创新是一种经营方式，企业的每一个角落都需要不断创新。创新越多，企业的竞争力越强，为用户创造的价值就越高。

产品创新非常重要，但并不是企业创新的全部，这是每个创业者必须明确的理念。发现用户的真实需求，找到一种简单有效的方法满足这个需求，这是创新；解决用户需求的方法和同行不同，这也是创新；方法一样，但推广方式不一样，也是创新。就企业而言，价格体系、渠道体系、组织结构，甚至股东结构的创新，都会直接提升企业的战斗力，所有成功的企业无一例外是多方面创新的结果。

4. 人类的发展就是创新

人是历史发展的产物。马克思曾经把人的发展划分为三个阶段，即三种历史形态：一是"人的依赖关系形态"；二是"以物的依赖性为基础的人的独立性"形态；三是个人全面发展基础上的"自由人格"联合体形态这三个阶段，表明人的发展是不断实现自我超越的过程。这种超越性体现的是，人的能动性、主体性、理想性。

人只有在不断创新自我中才能不断超越自我。人类历史就是由一代又一代的人所创新的人生组合而成的。因而，历史就是人生史。历史在发展，社会在进步。因而，人生也必须一代胜于一代，一代新于一代，一代强于一代。因而，人生需要创造，人生需要出新。后人要完成先人未竟的事业，后人要开创自己的事业；今人要走古人从未走过的路，今人要实现古人的梦想。这些都需要创新，这些都需要每个人创造人生。创新自我，就是不断突破已达到的标准，向新的目标迈进。冠军，尤其连续冠军，就是不断战胜自我的过程。每个人都有双脚，自己的路自己走；每个人都有双手，自己的事业自己开创。每个人都要创造自己崭新的人生特点；每代人都要创造出每代人崭新的事业特色。有些人只知在先人栽培的大树下乘凉，在先人垒就的安乐窝里享乐，在别人铺就的人生之路上悠闲散步，在别人装满的钱袋子中醉生梦死,那么,这种日子肯定不会长久,而且无意义。

人生就是创新,人生就是开拓,人生就是进取。人生就是开发自我、创新自我的过程。不管人生之路有多长,不管人生之路有多苦,不管人生之路有多难,只要你努力创新,努力开拓,锐意进取,那人生就是一种收获,那人生就是一种享受,那人生就是一种幸福!

超越自我,需要面向世界,面向未来,走在时代的前列。人类已经进入 21 世纪,世界经济全球化,人与社会,人与人之间的联系日益紧密。同时,人与人之间的竞争也日趋激烈。人越是把世界改造成属人的世界,人就越容易被对象所影响、所吞没。在科技文明、市场经济与大众文化三位一体的时代潮流中,我们作为跨世纪的一代,注定要经受时代的新考验:或是挺立时代潮头,搏击风浪,做新世纪主人;或是自我封闭,故步自封于"小我"的设计中。我们应做出自己的选择,不畏浮云遮望眼,在认识时代、把握时代中,在人的现代化中,在振兴民族大业中,认识自身的历史使命,自觉担负起时代重任。我们要不断审视自我,不断认识自我,不断丰富自我,不断创新自我,不断改造自我,不断超越自我,从而不断走向澄明之境,不断创造和接近完美人生。

创新,是人类社会发展的规律。唯有创新,人类才有进步;唯有创新,社会才有发展;唯有创新,人生才有意义。

6.3　科学技术的负面影响

人类近代史上有过三次科技革命,推动了社会的进步和发展。但不可否认,科学技术是一把"双刃剑",每一项科技成果的诞生在推动人类文明进步的同时,也必然产生难以预料的负面影响。

瓦特发明并改良了蒸汽机,把人类带入了蒸汽时代。蒸汽作为动力,广泛应用于纺织业、机器制造业以及交通业,人成为机器的奴隶;而火车、汽船的发明,无疑为人类的交通开创了新纪元。人类不再需要用马匹,更不需要用双脚来长途跋涉,人类经历了数万年而磨砺出来的吃苦耐劳精神,在短短几十年里已被耗去了一半。随着"信息时代"的到来,比尔?盖茨的软件进入了千家万户,由于电脑的思考时常可以代替人脑,导致了人类因为惰性而出现大脑的"生锈",人仅是鼠标的移动者。由此可见,席卷世界的三次科技革命,导致了人类生理上的退化。

"蒸汽时代"初期的英国,新兴的工业城市烟囱林立,空中常常是"乌云密布",伦敦成为名副其实的"雾都";"电气时代"的火力发电、石油冶炼、汽车尾气……居住在城市的居民,要呼吸新鲜空气简直是一种奢望;万吨巨轮上,原油的泄漏殃及无数海洋生物的生命;更可怕的是,第三次科技革命以来,核能源的开发和利用,核燃料泄漏造成的印度博帕尔惨案,至今回想起来仍使人触目惊心;科技的发展带来环境的严重污染,导致人类赖以生存的自然环境退化。难怪人们疾呼:回归自然。

诺贝尔怎能预料,他发明的甘油炸药、无烟炸药成为 20 世纪两次世界大战中最凶残的"杀手"。当一而再、再而三地把炸药用于战争之后,更多的人在心灵上也不由得向着兽性而去。最新的科技成果,如坦克、远程大炮、飞机、无线电通信、电子计算机、核武器统统用于战争,带来了一大批红了眼的杀人凶手。人类善良、友爱、宽容、谦让、忍耐的本性开始退化,通过科技革命强大起来的德国、日本法西斯,成为世界大战的罪魁祸首,南京大屠杀、奥斯维辛集中营……是人性的毁灭。

如今第三次科技革命仍在继续。网络技术、基因工程(尤其克隆技术)的发展,在带给人类巨大利益的同时,也会给人类带来灾难和问题。环视四周,我们不难发现,富有民族特色的服饰、习俗、语言都已经开始绝迹。网络语言随处可见,克隆带来的伦理、道德或法律等问题,必然会导致社会秩序的混乱,因此在科技无限发达的今天,如果人类仍然认为大自然不过是一个可以为满足人类自身需要,无限改造、无限升级、无限更新换代的对象,就可能给地球造成不可恢复的负面影响。而负面影响的对象,会是谁? 负面影响的结果,又将由谁来承担? 是否能承担得起? 这一串问题,留待人类直面解答。

6.3.1　历史的回顾

人类历史已经有几千年了。这部历史充满着激动人心的事件,但总地来说,却是千篇一律的:那就是和平与战争,建设与破坏,发展与衰落的交替。在人类历史上,总是有某些由哲学家发展的基本科学,和某些实际上不依赖于科学而掌握在技工手里的原始技术。两者都发展得很慢,慢得在一个长时期里几乎看不出变化,而且对人类舞台也没有多大影响。

但是,大约在三百年前,突然间爆发了智力活动:现代科学和技术诞生了。从那时以来,它们以不断增长的速度发展着,大概比指数还快,它们现在把这个人类世界已经改变得使人认不出了。但是,这种改变虽然是由精神造成的,却不受精神的控制。这几乎不需要举例说明。医学已经战胜了许多瘟疫和流行病,而且仅仅在一代人的时间里使人的平均寿命增加了一倍:其结果出现了灾难性的人口过剩的前景。城市里挤满了人,同自然界完全失去了接触。野生动物式的生活在迅速地消失。从地球的一个地方到其他地方几乎立即可以通信,旅行已经加速到难以置信的程度,其结果是,这世界的一个角落里的每一个小小的危机,都会影响到其余所有的角落,并且使合理的政治成为不可能了。汽车使整个农村成为所有人都可以到达的地方,但是道路被堵塞了、休养地被污损了。可是,这种技术上的误用,可以由技术上的和行政上的补救办法来及时纠正。

真正的痼疾更为深刻。这种痼疾就在于所有伦理原则的崩溃,从前,即使在残酷的战争和大规模的破坏时期,这些原则也曾在历史进程中进化并保持一种有价值的生活方式。传统的伦理因技术而瓦解的问题,只要举两个例子就够了:一个是和平时期的;另一个是战争时期的。

在和平时期,艰苦的工作是社会的基础。人类因自己学会了做什么以及用自己的双手所生产的东西而感到骄傲。技巧和专心受到高度重视。今天这种情况所剩无几了。机器和自动化已经贬低了人的工作并已摧毁了这种工作的尊严。今天这种工作的目的和报酬是金钱。为了购买别人为金钱而生产的技术产品,就需要金钱。

在战争时期,体力和勇气,对战败了的敌人的宽大,对没有防御能力者的同情,昔日是模范战士的特征。现在,这些东西什么也没有剩下了。现代的大规模毁灭性武器,没有为伦理上的约束留下余地,并且使士兵沦为有技术的屠杀者。

这种伦理上的贬值,是由于人类的行动要经过漫长而复杂的道路才能达到其最终效果的缘故。大多数工人在生产过程的一个特殊部门里,只熟悉自己很小范围内的专门操作,而且几乎从来没有看到过完整的产品,自然他们就不会感到要对这个产品或对这个产品的使用负责。这种使用无论是好还是坏,是无害还是有害,是完全在他们的视野以外的。行动和效果这种分割的最可怕结果是,在德国的纳粹统治时期消灭了几百万人;艾希曼式的屠杀者不服罪,因为他们在"干他们的工作",而与这种工作的最终目的无关。

乐观主义者也许希望,从这个丛林里将会出现一种新的道德观,而且将会及时出现,以避免一场核战争和普遍的毁灭。但是,与此相反,这个问题很可能由于人类思想中科学革命的性质本身而不能得到解决。

普通人都是朴素实在论者:就像动物一样,他把自己的感官印象当作实在的直接信息来接受,而且他确信人人都分享这种信息。他没有意识到,要证实一个人的印象(例如,一棵绿树的印象)和另一个人的印象(这棵树的印象)是否一样,是没有办法的,甚至"一样"这个词在这里也没有意义的。单个感官体验没有客观的,即能表达的和可证实的意义。科学的本质在于,发现两个或者更多的感官印象之间的关系,特别是相同的陈述,是可以由不同的个人来表达和检验的。如果人们只限于使用这样一些陈述,那么就得到一个客观的世界图景,尽管它是没有色彩的和平淡无味的。这就是科学所特有的方法。这种方法是在所谓物理学的古典时期(1900 年以前),慢慢地发展起来的,而在现代原子物理学里,成了占优势的方法。这种方法在宏观宇宙里和在微观宇宙里一样,大大地拓宽了认识的范围,惊人地增强了支配自然力的能力。但是,这种进步是付出了惨痛的损失的。科学的态度对传统的、不科学的知识,甚至对人类社会所依赖的正常的、单纯的行动,都容易造成疑问和怀疑。

还没有一个人想出过不靠传统的伦理原则而能把社会保持在一起的手段,也没有想出过用科学中运用的合理方法来得出这些原则的手段。

科学家本身是不引人注目的少数,但是,令人惊叹的技术成就使他们在现代社会中占有决定性的地位。他们意识到,用他们的思想方法能得到更高级的客观必然性,但是他们没有看到这种客观必然性的极限。他们在政治上和伦理上的判断,因而常常是原始的和危险的。

要避免和尽量减少这些负面影响,当然首先要依靠科学共同体的努力,依靠科学知识水平的提高。但是仅靠这些显然是不够的。首先,无论科学如何发展,科学研究活动所包含的风险都是不可能完全消灭的,甚至随着科学研究活动的发展,风险可能会进一步发展。其次,科学共同体由于其自身的利益冲突,未必一定是对此风险管理的最好人选,例如,严格的管理可能要耗用金钱、耽误时间、影响科学研究的进度,从而可能落后于竞争对手,等等。芮斯认为,科学家们有时在公共关系方面考虑得更多,但是不会实话告诉我们面对的危险。而相关事故如多次出现,即使不谈对于社会的影响,就社会公众对科学共同体的信任来说也会是灾难性的。

6.3.2　对科学技术的讨论

1. 对科学技术双刃剑的讨论

"科技发展给人类社会带来了深刻变化,但也不由地让我们想到,科技给环境、健康和伦理带来了负面影响,有的靠科研人员是无法控制的。比如,疯牛病、转基因、核废料等与人类健康和社会环境的关系,目前我们还没有很好研究,或者研究得还不够。"2005 年 6 月 5 日,法国生物学家、国家健康和医学研究院科研导师雅克·泰斯塔,在北京参加"科技进步与社会协同治理的国际思考"论坛时,表达了对科技负面影响的忧虑。同一天,来自欧洲、非洲、美洲的科学家、学者、社会活动家,与中国科学家、学者、企业家、社会活动家,开展了一场关于"科技进步与社会协同治理"的大讨论。

"公民有监督科学的权利,社会有监督科学家的义务。"中科院北京基因组研究所所长、生物学家杨焕明说。

"对科技发展的治理,必须服从于透明、公民辩论和理性选择三项原则。"雅克·泰斯塔在《治理与民主面对科学技术演进的挑战》的演讲中说,社会有监督科技活动的义务,未经民主协商地异化知识的潜在领域,是对公民纳税资助科学技术的第一个僭越。

与会专家、学者对科技带来的不确定性的忧虑较为相似,而如何寻求更多的协同,以达到更多的和谐,却没有相同答案。清华大学人文社会科学学院历史学教授秦晖则认为:"中国人与西方人,在走向现代文明与人道和自然的和谐之路上面临的'问题'十分不同。因此,西方人文主义的表述方式,无论过去还是现在,都不能原文照搬地应用于中国的'问题'。"

科技部中国科技促进发展研究中心主任王元强调,在全球化背景下,一个国家的科技发展与其他国家有着越来越紧密的联系,这意味着,各国不仅在交往中相互获益,而且这一联系也构成了国家间的相互责任。

法国夏尔·雷奥波·梅耶人类进步基金会主席、治理问题专家皮埃尔·卡蓝默说:"全球化不能被简化为经济全球化,它应该包含各社会间、人类与生态圈之间的相互依赖。"

这次论坛主持、《科技中国》主编陈越光说:"科技进步与社会协同治理是一个世界性的问题,但要求每个社会寻找特殊的解决办法;这是一个永恒的问题,但今天需要从地方到全球层次寻求新的答案。"这次论坛由《科技中国》主办,中科院《电子政务》、法国夏尔·雷奥波·梅耶人类进步基金会(FPH)和绿谷(集团)有限公司协办。

由于科学方法的发现所引起的人类文明的这种破裂,也许是无法弥补的。这种思想时常萦绕在我们脑际。虽然我们热爱科学,但是我们会感到,科学同历史和传统的对立是如此严重,以致它不可能被我们的文明所吸收。我们在一生中目睹的政治上的和军事上的恐怖以及道德的完全崩溃,也许不是短暂的社会弱点的征候,而是科学兴起的必然结果,而科学本身就是人的最高理智成就之一。如果是这样,那么人最终将不再是一种自由的、负责的生物。如果人类没被核战争所消灭,它就会退化成一种处在独裁者暴政下的、愚昧的、没有发言权的生物,独裁者借助于机器和电子计算机来统治他们。

这不是预言,而只是一个噩梦。虽然我们没有参与把科学知识用于像制造原子弹和氢弹那样的破坏性目的,但我们感到我自己也是有责任的。如果我们的推理是正确的,那么人类的命运就是人这个生物的素质的必然结果,在他身上混合着动物的本能和理智的力量。

科学活动存在负面影响的逻辑结论是:科学活动必须要在接受伦理原则的指导下进行,科学研究活动并非毫无禁区可言。对可能带来严重灾难的微生物研究、有毒化学物质研究、核科学研究来说,将对人类的安危如此重要的事情,完全交给科学共同体处理,社会公众没有任何监督、了解的权利,大概是不合理的。因此,为了避免科学研究活动所引发的灾难再度发生,必须明确科学实验的负面影响,加强社会的监管。

在运用科技时,我们提倡重视人文理性,同时,更注重科技理性与人文理性的协调与统一。物质生产力要想进一步提高,科学技术必须有更大的发展,科技理性必须更加发扬光大,但人文理性应当对科技理性进行有益的渗透和补充。其实人们对人与自然关系的思考,从某种意义上讲,正凸显着人类对自身命运的关心和对生命价值、生活意义的追求,这也表明了人文理性的历史需要。人文对科技的指引作用不可被抹杀,那种完全的工具理性终有一天会带来可怕的后果。

在缓解科学技术的负面影响方面,可持续发展是一条新的思路。可持续发展,在1987年第四十二届联合国大会通过的报告《我们共同的未来》中,被表述为"既满足当代人的需要,又不致损害子孙后代满足其需要之能力的发展"。经多方开发,可持续发展概念的内涵有所扩大,已可分为经济可持续发展、社会可持续发展、环境可持续发展等。

2. 科学技术对伦理道德的影响

新世纪知识经济的朝阳正冉冉升起。人们对科学技术与伦理道德关注可谓前所未有。互联网、克隆羊、人类基因图谱等都提出了科技与伦理相互关系。一些尖锐新问题需要进行认真、深入的思考。

(1) 科技与伦理关系

① 科学技术对伦理道德影响

在人类文明史上,科学技术进步都直接或间接地推动着人类伦理道德进步。科学技术是推动包括道德进步在内的文明发展伟大动力。必须以科学"真"促进道德"善"以实现真、善、美统一。科学技术发展扩大了伦理道德领域。在任何时代,科技发展和科技成果应用必然导致人类实践领域拓展。科技进步对伦理道德领域扩展,其具体方式和途径多种多样。从中世纪欧洲宗教统治科学到文艺复兴,正是科学技术不断进步,才使得中世纪宗教道德受到严重冲击,从而促进了人类道德不断发展,促进了新伦理观念的形成。另外科学技术活动对个人优秀道德品质的形成也有重要推动作用。正如科学家萨顿所说:"科学是人类精神最佳清洁剂,它摒弃一切宗教,唯取最高信仰。"

古希腊哲学家认为,智慧和知识是构成道德行为最重要的组成部分。他们提出知识道德。德国现代物理学家包生尔认为,科学知识是构成人类道德的重要部分。他认为时代对知识评价可以用作衡量时代精神标准。由此可见,科学与道德有着较深层次的内在联系。

随着科学技术发展,人类不断走向文明、走向道德。从原始人到现代人,在伦理道德上不知进步了多少。难怪近代伦理学家们对那种知识使人类退化观点提出了强烈反对。他们认为科学技术知识有利于陶冶人的品性,创造丰富物质财富,使人生活幸福。

科技发展和科技成果应用推动了伦理道德进步。科学技术的发展为道德主体全面发展和道德进步创造了有利条件。其对道德建设的推动作用主要表现在以下几个方面:其一,促使道德主体提高科学文化素质。道德主体科学文化素质的提高是道德建设基础和前提。现代科技发展信息化时代的到来,从客观上对劳动者科学文化素质提出了更高要求。在科技现代化条件下,劳动者不再以体力和经验为基础,而是以智力和知识为基础。劳动者科学文化素质得到普遍提高,对社会伦理道德建设具有促进作用。其二,科技现代化有助于提高道德主体民主意识。民主意识是道德建设重要内容,也是道德素质高低标志之一。有关研究表明,政治生活民主化与科学文化水平存在函数关系。人的科学文化水平越高,民主意识越强。用科学知识武装起来的劳动者,通常具有强烈的民主意识。此外,随着系统科学等新兴科学兴起,系统思维等现代思维方式逐渐取代了传统思维方式,人们的智力水平得到了提高,自然也增强了其参政议政意识和能力。其三,促进道德主体个性全面发展——科技现代化对劳动者综合素质提出了更高要求;另外科技成果应用也提高了道德主体认识水平和思维能力,促进了其科学世界观的形成,并为其个性全面发展创造了有利条件。

② 伦理道德对科学技术影响

科技是推动社会发展的第一生产力,也是建设物质文明和精神文明的重要社会行为,承担着社会责任和道德责任。科技一旦不被正确地使用,必将产生恶劣影响。

科技发展必须重视伦理规范,以弘扬科技正面效益、扼制其负面影响,更好地为人类造福。从这一点来说,科技发展必须遵守一定伦理规范,一切不符合伦理道德的科技活动,必将遭到人们异议、反对,被送上道德法庭,甚至受到法律制裁。有些科技活动是现代高新技术活动,存在着可能或潜在风险,也需要伦理规范以预防不良后果或灾难发生,如克隆人问题、基因工程、基因组遗传信息应用和隐私权问题、基因歧视问题、基因诊断与基因治疗问题、转基因食品与转基因农作物问题、遗传资源和多样性保护问题,以及基因武器问题等,不一而足。它们涉及人类个体安全和国家安全、生物多样性和生态环境等重大问题,不可小视。试想,如果克隆人科技活动允许自由进行,许多意想不到的社会问题可能会接踵而至:人伦关系混乱、性别比例失调、希特勒优生理论沉渣泛起,所以应该禁止。又如,基因工程技术可以打破种属之间遗传屏障,很容易在试管中进行各种遗传重组,制造出可能"怪物",直接威胁人类生命安全或破坏生态平衡,所以此类工作不仅需要伦理规范,还要制定一些专门规章制度,以规范其行为,使其负面影响减小至最低程度。基因武器是近来报刊上经常谈论的话题。根据不同种族基因组的多样性特点,采用基因工程技术手段,有可能设计、研制出针对某族的基因武器,从而对某族和国家安全造成潜在和巨大威胁,对此,应达成国际性伦理宣言和协议,反对和禁止此类科技活动。

(2)正确处理科学技术与伦理道德关系

应该辩证地看待人与科技的手段关系。两者关系中,人是目标,科学技术是手段。科学技术是为人服务的,科学技术发展使人有能力支配科技手段,从自然中不断获得自由,与此同时,他也需要尊重工具系统规律和性能,服从工具操作要求。任何时候自由人从自然中获得自由是基于对自然的认识和遵循。那么,人对科技工具服从,也是对自然规律遵循。工具系统是以人工装置方式体现了自然规律,工具技术对人具有一定程度控制和压抑,这是不可避免的。因此,发展科学技术并使人得到幸福和满足,要缓解和减轻科技手段对人控制和压抑程度,就需要伦理道德关怀。伦理道德表征是人的主体精神世界,作为人的自我意识,人文精神力求那些使人规定之为人的东西要穷根究底地追溯,人何以作为人存在、人何以会具有那些属性应作为主体尺度,伦理道德是人本质力量历史积淀和集中的表现。它是人作为主体活动的内在根据,内蕴是以人为本位、尊重人的尊严和价值、维护人的地位和权利、实现人的理想。人类对人生价值和意义的追求是人的精神核心和灵魂。科学技术是中性的,所以科学技术是否运用得当、是否合理,这是科学技术本身所无法解决的这不是技术上的问题,在很大程度上它是伦理道德和价值观问题。所以为保证科学技术合理、正当运用,应该用伦理道德来协调其发展,使其发挥对科技导向与规范作用,让科技发展真正服务于人类。

参 考 文 献

[1] 乔治·巴萨拉. 技术发展简史[M]. 周光发,译. 上海:复旦大学出版社,2000.

[2] 金秋鹏. 中国古代科技[M]. 北京:中国国际广播出版社,2010.

[3] 巴伯. 科学与社会秩序[M]. 顾昕,译. 北京:生活·读书·新知三联书店,1991.

[4] 王鸿生. 科学技术史[M]. 北京:中国人民大学出版社,2008.

[5] 李约瑟. 中国科学技术史[M]. 周曾雄,等,译. 上海:上海古籍出版社,1982.

[6] 陈美东. 简明中国科学技术史话[M]. 北京:中国青年出版社,2009.

[7] 艾素珍,宋正海. 中国科学技术史(年表卷)[M]. 北京:科学出版社,2006.

[8] 王鸿生. 世界科学技术史[M]. 北京:中国人民大学出版社,2008.

[9] 马来平. 通俗科技发展史-综合卷[M]. 济南:山东科学技术出版社,2008.

[10] 林成滔. 科学的发展史[M]. 西安:陕西师范大学出版社,2009.

[11] 姜振寰. 科学技术史[M]. 济南:山东教育出版社,2010.

[12] 李思孟. 科学技术史[M]. 武汉:华中科技大学出版社,2000.

[13] 张子文. 科学技术史概论[M]. 杭州:浙江大学出版社,2010.

[14] 刘金寿. 现代科学技术概论[M]. 北京:高等教育出版社,2008.